Ekkehard Kaier
Edwin Rudolfs

Turbo Pascal-Wegweiser Aufbaukurs

Für die Versionen 5.0 und 5.5

Mikrocomputer sind Vielzweck-Computer (General Purpose Computer) mit vielfältigen Anwendungsmöglichkeiten wie Textverarbeitung, Datei/Datenbank, Tabellenverarbeitung, Grafik und Musik. Gerade für den Anfänger ist diese Vielfalt häufig verwirrend. Hier bieten die Wegweiser-Bücher eine klare und leicht verständliche Orientierungshilfe.

Jedes Wegweiser-Buch wendet sich an Benutzer eines bestimmten Mikrocomputers bzw. Programmiersystems mit dem Ziel, Wege zu den grundlegenden Anwendungsmöglichkeiten und damit zum erfolgreichen Einsatz des jeweiligen Computers zu weisen.

Bereits erschienen:

BASIC-Wegweiser
- für den IBM Personal Computer und Kompatible
- GFA-Basic Wegweiser Komplettkurs

Turbo-Basic-Wegweiser
- Grundkurs

Turbo-C-Wegweiser
- Grundkurs

Quick C-Wegweiser
- Grundkurs

Turbo Pascal-Wegweiser
- Grundkurs
- Aufbaukurs
- Übungen zum Grundkurs
- Kompaktkurs mit Diskette (incl.)

Festplatten-Wegweiser
- für IBM PC und Kompatible unter MS-DOS

MS-DOS-Wegweiser
- Grundkurs
- Festplatten-Management, Kompaktkurs

Multiplan-Wegweiser
- Kompaktkurs

In Vorbereitung
- SQL-Wegweiser
- dBASE-Wegweiser, Datenbankprogrammierung
- Word-Wegweiser, Grundkurs

Zu allen Wegweisern sind die entsprechenden Disketten lieferbar.
(Bestellkarten jeweils beigeheftet)

Ekkehard Kaier
Edwin Rudolfs

Turbo Pascal-Wegweiser Aufbaukurs

Für die Versionen 5.0 und 5.5

Mit 177 Programmen, zahlreichen Struktogrammen und Abbildungen

3., überarbeitete und aktualisierte Auflage

Friedr. Vieweg & Sohn Braunschweig / Wiesbaden

Das in diesem Buch enthaltene Programm-Material ist mit keiner Verpflichtung oder Garantie irgendeiner Art verbunden. Die Autoren und der Verlag übernehmen infolgedessen keine Verantwortung und werden keine daraus folgende oder sonstige Haftung übernehmen, die auf irgendeine Art aus der Benutzung dieses Programm-Materials oder Teilen davon entsteht.

1. Auflage 1986
Nachdruck 1986
Nachdruck 1987
2., überarbeitete und verbesserte Auflage 1987
3., überarbeitete und aktualisierte Auflage 1989

Der Verlag Vieweg ist ein Unternehmen der Verlagsgruppe Bertelsmann.

Umschlaggestaltung: Peter Lenz, Wiesbaden

ISBN-13:978-3-322-83220-7 e-ISBN-13:978-3-322-83219-1
DOI: 10.1007/978-3-322-83219-1

Vorwort zur 3. Auflage

Der vorliegende Turbo Pascal-Wegweiser Aufbaukurs wurde überarbeitet und im Hinblick auf die Sprachmöglichkeiten von Turbo Pascal 5.5 aktualisiert.

Grundkurs und Aufbaukurs: Neben dem Aufbaukurs ist auch ein Grundkurs erhältlich. Die Kurse orientieren sich an der bewährten „Informatik-Gliederung":

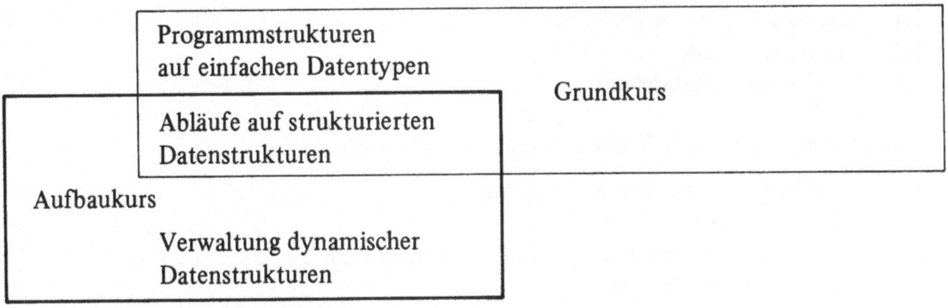

Programmstrukturen
auf einfachen Datentypen

Grundkurs

Abläufe auf strukturierten
Datenstrukturen

Aufbaukurs

Verwaltung dynamischer
Datenstrukturen

Turbo-Pascal-Wegweiser, Grundkurs:
Den Schwerpunkt bilden die Programmstrukturen (Folge, Auswahl, Wiederholung und Unterablauf), d. h. die Algorithmik und das Prozedurkonzept.

Turbo Pascal-Wegweiser, Aufbaukurs:
Den Schwerpunkt bilden die Datenstrukturen (statisch, dynamisch, rekursiv), d. h. die Verwaltung von Daten, die während der Programmausführung gleich bleiben oder sich ändern.

- Da alle Erklärungen und Beispiele in sich abgeschlossen sind, kann der Aufbaukurs auch als eigenständiger Kurs bearbeitet werden.
- Der Kurs befähigt Sie, die Sprachmöglichkeiten von Turbo Pascal zur Lösung solcher Probleme zu nutzen, die strukturierte und dynamisch erzeugte Datentypen erfordern.

Kennzeichen des Aufbaukurses:
- Strukturierte Programmierung als Schwerpunkt.
- Einführung in die Objektorientierte Programmierung (OOP).
- Induktives Vorgehen mit zahlreichen Beispielprogrammen. Zu *jedem* Pascal-Quelltext wird mindestens ein Ausführungsbeispiel wiedergegeben.

Einsatz des Buchs in der Ausbildung: Die Gliederungspunkte sind weitgehend unabhängig voneinander und entsprechen den allgemeinen Richtlinien für die Informatikausbildung. Durch die variable Anordnung der Gliederungspunkte kann das Buch dem jeweiligen Lehr- bzw. Ausbildungsplan angepaßt werden.

Einsatz des Buchs im Selbststudium: Die detaillierte Gliederung und das ausführliche Sachwortverzeichnis ermöglichen ein gezieltes Nachschlagen.

Heidelberg, Juli 1989

Ekkehard Kaier
Edwin Rudolfs

Inhaltsverzeichnis

1 **Bedienung des Turbo Pascal Systems über Menü-Befehle** 1

2 **Befehlsübersicht** 7

2.1 **Standard-Units von Turbo Pascal** 7
2.2 **Compiler-Befehle** 13
2.3 **Vordefinierte Bezeichner** 15

3 **Programmierkurs mit Turbo Pascal – Aufbaukurs** 19

3.1 **Set (Menge) als strukturierter Datentyp** 19
3.1.1 Überblick 20
3.1.2 Mengen-Vereinbarung und Elementprüfung 21
3.1.3 Wertzuweisungen 24
3.1.4 Operationen auf Mengen 26
3.1.5 Vereinfachung von Abfragen mit IN 31

3.2 **Record (Verbund) als strukturierter Datentyp** 35
3.2.1 Überblick 36
3.2.2 Record als Verbund von Daten verschiedener Typen 36
3.2.2.1 Zugriff auf den Record als Einheit 37
3.2.2.2 Zugriff auf den Record komponentenweise 39
3.2.2.3 Qualifizierung und Indizierung 40
3.2.2.4 Explizite und implizite Typvereinbarung 41
3.2.3 Vereinfachte Verarbeitung von Records 42
3.2.3.1 Record als typisierte Konstante 42
3.2.3.2 Zugriff auf Komponenten mit WITH 43
3.2.4 Verwendung von Varianten 46
3.2.5 Schachtelung von Datenstrukturen mit Records 50
3.2.5.1 Record mit Records als Komponenten 50
3.2.5.2 Array mit Records als Komponenten 52
3.2.5.3 Array aus Records aus Arrays 53

3.3 **File (Datei) als strukturierter Datentyp** 55
3.3.1 Überblick 56
3.3.2 Datei mit Datensätzen fester Länge als Komponenten 56
3.3.2.1 Datei öffnen, beschreiben und schließen 57
3.3.2.2 Alle Datensätze aus einer Datei lesen 60
3.3.2.3 Einsatz der Datei-Standardfunktionen 61
3.3.3 Textdatei mit Zeilen variabler Länge als Komponenten 63
3.3.3.1 Datensatz-Datei und Textdatei 63
3.3.3.2 Zeichen in eine Textdatei schreiben 64

3.3.3.3 Eine Textdatei zeilenweise lesen 65
3.3.3.4 Eine Textdatei zeichenweise lesen 67
3.3.3.5 Steuerzeichen in der Textdatei ablegen 68
3.3.3.6 Zur Kompatibilität von Dateitypen 69
3.3.4 Externe Geräte als besondere Textdateien 74
3.3.4.1 Ausgabe auf den Drucker Lst leiten 75
3.3.4.2 Monitor Trm anstelle Console Con aktivieren 75
3.3.4.3 Eingabeanforderung über Kbd als Tastatur 76
3.3.4.4 Funktionen EoF und EoLn 77
3.3.5 Nicht-typisierte Dateien 79
3.3.5.1 Datei löschen und umbenennen mit Erase und Rename 80
3.3.5.2 Fehlerbehandlung mit Funktion IOResult 81
3.3.5.3 Blockweises Übertragen mit Blockread und BlockWrite 83

3.4 Pointer (Zeiger) für dynamische Datentypen 85
3.4.1 Überblick 86
3.4.2 Dynamisch erzeugte Variablen verarbeiten 86
3.4.2.1 Einführungsbeispiel 86
3.4.2.2 Zusammenfassung: Zeigervariable und Bezugsvariable 90
3.4.3 Dynamische Variablen auf Heap speichern 91
3.4.3.1 Kontrolle des Heapzeigers mit HeapPtr 91
3.4.3.2 Platz auf dem Heap freimachen 94
3.4.4 Records gemäß LIFO-Prinzip als Liste verketten 97
3.4.5 Records gemäß FIFO-Prinzip als Liste verketten 100
3.4.5.1 LIFO (Keller) und FIFO (Schlange) 103
3.4.5.2 Liste in drei Schritten verarbeiten 106
3.4.5.3 Alternative Verwaltung einer Schlange 105
3.4.6 Externe und interne Folgen 107

3.5 Rekursive Abläufe 109
3.5.1 Überblick 110
3.5.2 Rekursion als Wiederholen durch Schachteln 110
3.5.2.1 Eine Prozedur ruft sich wiederholt auf 110
3.5.2.2 Heap und Rekursion-Stack als LIFO-Stapel 113
3.5.2.3 Grafische Darstellung der Rekursion 113
3.5.3 Rekursion und Iteration 114
3.5.3.1 Summenbildung 115
3.5.3.2 Fakultät 118
3.5.4 Anwendungen zur direkten Rekursion 122
3.5.4.1 Prozedur wahlweise rekursiv aufrufen 122
3.5.4.2 Test zu den vordefinierten Zeigervariablen 124
3.5.4.3 Verwendung der Rekursion zum Zählen 127
3.5.4.4 Fibonacci-Zahlen 130
3.5.4.5 FORWARD-Vereinbarung zur indirekten Rekursion 133

3.6 Programmorganisation 137
3.6.1 Prozedurtypen und Prozedurvariablen 138
3.6.1.1 Zwei Funktionen über eine Prozedurvariable aufrufen 138
3.6.1.2 Vektor von Prozedurtypen 139

3.6.1.3 Prozedurvariable mit Adresse einer Routine ... 141
3.6.2 Prozedurtypen in Units und Overlays ... 145

3.7 Suchen, Sortieren, Mischen und Gruppieren von Daten ... 149
3.7.1 Überblick ... 150
3.7.2 Suchen ... 151
3.7.3 Sortieren ... 153
3.7.3.1 Zahlen unmittelbar sortieren ... 154
3.7.3.2 Zahlen über Zeiger sortieren ... 157
3.7.3.3 Strings unmittelbar sortieren ... 159
3.7.4 Mischen von Arrays ... 162
3.7.5 Gruppieren von Daten (Gruppenwechsel) ... 164
3.7.6 Bubble Sort ... 165
3.7.7 Shake Sort ... 169
3.7.8 Sortieren durch Einfügen ... 171
3.7.8.1 Einfügen mit seriellem Suchen ... 171
3.7.8.2 Einfügen mit binärem Suchen ... 174
3.7.9 Quick Sort ... 176
3.7.10 Sortieren durch Mischen ... 181
3.7.10.1 Mischen von zwei vorsortierten Dateien ... 181
3.7.10.2 Sortieren einer Datei durch Mischen ... 186
3.7.10.3 Testen des Mischvorganges ... 194

3.8 Sequentielle Dateiorganisation ... 199
3.8.1 Dateiweiser Datenverkehr ... 201
3.8.2 Datensatzweiser Datenverkehr ... 208

3.9 Direktzugriff-Dateiorganisation ... 216
3.9.1 Direktzugriff über Satzzeiger ... 217
3.9.2 Units einbinden ... 221
3.9.3 Direkte Adressierung des Datensatzes ... 226
3.9.4 Indirekte Adressierung des Datensatzes ... 226

3.10 Index-sequentielle Dateiorganisation ... 228
3.10.1 Trennung von Datendatei und Indexdatei(en) ... 229
3.10.2 Zugriff über die Indexdatei ... 230
3.10.3 Primärindexdatei und Sekundärindexdateien ... 236

3.11 Stapel und Schlange ... 237
3.11.1 Stapel als FIFO-Datenstruktur ... 238
3.11.1.1 Verwaltung eines Stapels als Array bzw. statische Struktur ... 238
3.11.1.2 Verwaltung eines Stapels dynamisch über Zeiger ... 243
3.11.2 Schlange als FIFO-Datenstruktur ... 248
3.11.2.1 Verwaltung einer Schlange als Array bzw. statische Struktur ... 248
3.11.2.2 Verwaltung einer Ringschlange als Array ... 252
3.11.2.3 Verwaltung einer Ringschlange über Zeiger mit Release ... 257
3.11.2.4 Verwaltung einer Schlange über Zeiger mit Dispose ... 263
3.11.2.5 Verwaltung einer Ringschlange mit Overlayprozeduren ... 269

3.12 Zeigerverkettete Liste . . . 277
3.12.1 Verwaltung einer linearen Liste als Array . . . 278
3.12.2 Verwaltung einer linearen Liste dynamisch über Zeiger . . . 287
3.12.2.1 Anfügen an die Liste ohne Suchen . . . 287
3.12.2.2 Durchwandern der Liste Element für Element . . . 288
3.12.2.3 Einfügen in die Liste an eine bestimmte Adresse . . . 289
3.12.2.4 Löschen eines Elements . . . 290
3.12.2.5 Sortieren der Liste . . . 291
3.12.3 Verwaltung einer geordneten linearen Liste . . . 300
3.12.4 Liste mit Pseudoelement als Anker . . . 305
3.12.5 Lineare doppelt verkettete Liste . . . 311

3.13 Binärbaum . . . 316
3.13.1 Überblick . . . 317
3.13.2 Binärbaum statisch als Array . . . 320
3.13.2.1 Baum aufbauen . . . 324
3.13.2.2 Baum sortieren über Rekursion . . . 325
3.13.3 Binärbaum als dynamische Struktur: Baum erzeugen . . . 331
3.13.4 Binärbaum als dynamische Struktur: Knoten entfernen . . . 337
3.13.5 Binärbaum als dynamische Struktur: Sortieren und speichern . . . 345
3.13.5.1 Datei in Binärbaum einlesen und sortieren . . . 345
3.13.5.2 Datei über Binärbaum sortieren und schreiben . . . 350
3.13.6 Durchwandern von Binärbäumen . . . 353
3.13.7 Gefädelter Binärbaum . . . 357
3.13.8 Balancierter Binärbaum . . . 363
3.13.8.1 Elemente eines Strings balanciert anordnen . . . 364
3.13.8.2 Balancierten Baum beliebiger Tiefe erzeugen . . . 366
3.13.8.3 Aus einer sortierten Datei einen balancierten Baum erzeugen . . . 368
3.13.9 Liste als Binärbaum strukturieren . . . 372
3.13.10 Baumartige Liste von Listen . . . 376

3.14 Gesteuerter Zugriff auf externe Einheiten . . . 383
3.14.1 Zugriff auf den Drucker . . . 384
3.14.1.1 Druckersteuerung über Steuerzeichen . . . 384
3.14.1.2 Druckausgabe über BIOS-Interrupts . . . 395
3.14.1.3 Verwendung von INLINE-Anweisungen . . . 397
3.14.1.4 Einbindung von Assemblerprogrammen . . . 398
3.14.1.5 INLINE-Deklarationen . . . 399
3.14.1.6 Schreiben eigener Interruptroutinen . . . 400
3.14.2 Zugriff auf die Tastatur . . . 402
3.14.2.1 Lesen von Spezialtasten . . . 402
3.14.2.2 Zeicheneingabe über DOS-Funktionen . . . 405
3.14.3 Ausgabe auf dem Bildschirm . . . 408
3.14.3.1 Bildschirmsteuerung über DOS-Interrupt $10 . . . 408
3.14.3.2 Escape-Sequenzen von ANSI.SYS . . . 414

3.14.4 Zugriff auf Diskette 416
3.14.4.1 Neue DOS-Funktionen 416
3.14.4.2 Klassische DOS-Funktionen 433
3.14.5 Exit-Prozeduren 448

3.15 Objektorientierte Programmierung (OOP) 451
3.15.1 Objekt mit Daten und Methoden als Eigenschaften 452
3.15.2 Vererbung von Daten und Methoden 454
3.15.3 Neudefinition von Methoden 456
3.15.4 Typverträglichkeit 459
3.15.5 Vererbung von in Units definierten Objekten 461
3.15.6 Polymorphe Objekte und virtuelle Methoden 463
3.15.7 Dynamische Objekte und Destruktur 465
3.15.8 Zur Syntax der OOP-Sprachmittel 469
3.15.9 Grundlegende Begriffe der OOP 473

Programmverzeichnis (nach Abschnitten) 475

Programmverzeichnis (nach Alphabet) 477

Sachwortverzeichnis 479

1

Bedienung des Turbo Pascal Systems über Menü-Befehle

Compile

Menübefehl, um einen Pascal-Quelltext durch Direktaufruf des Compilers oder über MAKE bzw. BUILD zu übersetzen.

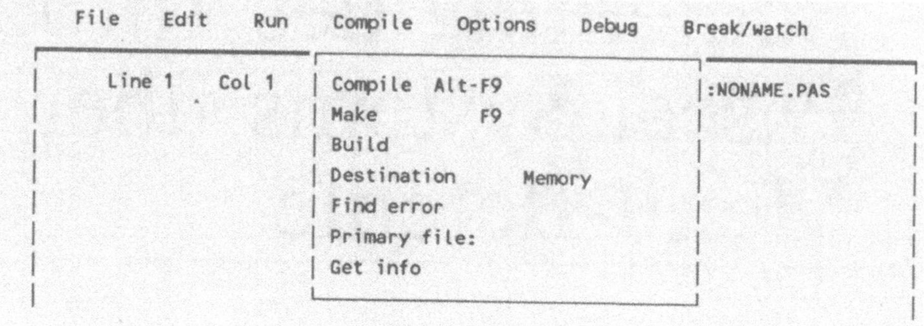

Hauptmenü von Compile

Edit

Über den Befehl Edit wird der Editor aufgerufen und über F10 (nicht bei Pascal 3.0) oder Strg-KD verlassen.

- *Drei neue Funktionen ab Version 5.0: Fill* für "Leerzeichen zwecks Quelltextkomprimierung in optimale Folge von Tabs und Leerzeichen verwandeln" (mit Strg-OF umschalten). Unindent für "Return-Taste umgekehrt zur automatischen Tabulierung verwenden" (mit Strg-OU umschalten). * für "Text wurde neu editiert und ist noch nicht gespeichert worden".
- *Wichtige Block-Operationen:* Blockanfang Strg-KB, Blockende Strg-KK, Kopieren Strg-KC, Verschieben Strg-KV, Löschen Strg-KY, Einlesen Strg-KR, Schreiben Strg-KW, Verdecken-/Anzeigen Strg-KH, Drucken Strg-KP und Unterbrechen Strg-U.
- *Neue Block-Operationen ab Version 5.0:* Strg-KI verschiebt den markierten Block um eine Spalte nach rechts; Strg-KU verschiebt um eine Spalte nach links.
- *Wichtige Hot-Keys in der unteren Bildschirmzeile:* F1=Hilfe, F2=Edit-Fenster vergrößern, F6=Fenster Output und Watch aktivieren, F7=einen neuen Programmschritt ausführen, F8=wie F7, aber in einem Schritt, F9=*Compile/Make* aufrufen bzw. übersetzen und F10=zurück zum Haupmenü.

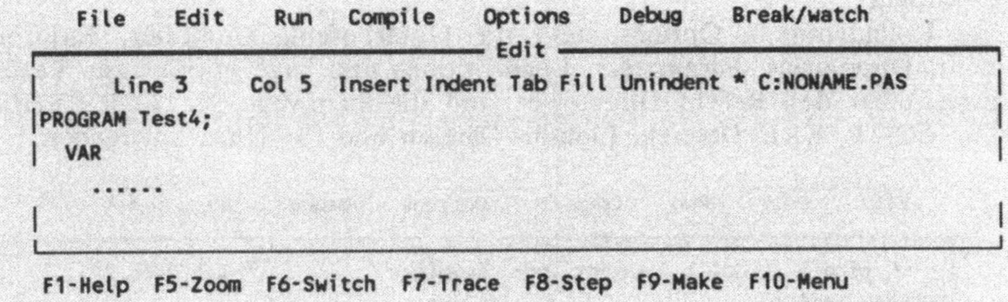

```
   File    Edit    Run   Compile    Options    Debug    Break/watch
 ─────────────────────────────── Edit ────────────────────────────────
|     Line 3     Col 5  Insert Indent Tab Fill Unindent * C:NONAME.PAS |
|PROGRAM Test4;                                                        |
| VAR                                                                  |
    ......
|                                                                      |
 ──────────────────────────────────────────────────────────────────────
 F1-Help  F5-Zoom  F6-Switch  F7-Trace  F8-Step  F9-Make  F10-Menu
```

Menü Edit

File

Der Befehl *File* stellt über ein Rolladenmenü alle Befehle zum Zugriff auf Festplatte bzw. Diskette zur Verfügung (bei 5.0 und 4.0 unverändert).

- *Load-Befehl* zum Laden bzw. Erzeugen einer Datei.
- *Pick-Befehl* zum Auswählen der maximal acht zuletzt bearbeiteten Dateien.
- *New-Befehl* zum Löschen der aktiven Datei im Edit-Fenster.
- *Save-Befehl* zum Speichern der aktiven Datei im Edit-Fenster auf Diskette oder Festplatte.
- *Write to-Befehl* zum Speichern wie mit Save, jedoch unter einem anderen Dateinamen.
- *Directory-Befehl* zum Anzeigen des Inhaltsverzeichnisses von Diskette bzw. Festplatte (Dateigruppenzeichen "*" und "?" möglich).
- *Change dir-Befehl* zum Einstellen eines neuen Suchweges.
- *OS shell-Befehl* zum Wechseln in die Betriebssystem-Ebene von MS-DOS (Rückkehr mittels Exit).
- *Quit-Befehl* zum Verlassen der Turbo Pascal-Ebene.

```
     File    Edit    Run    Compile    Options    Debug    Break/watch
 ┌┌──────────────┐──────────────── Edit ─────────────────────────────────
 || Load      F3 |ol 1   Insert Indent       Unindent   C:NONAME.PAS   |
 || Pick  Alt-F3 |                                                     |
 || New          |                                                     |
 || Save      F2 |                                                     |
 || Write to     |                                                     |
 || Directory    |  ┌──────────── New Name ─────────────┐               |
 || Change dir   |  | b:neuprog4                        |               |
 || OS shell     |  └───────────────────────────────────┘               |
 || Quit   Alt-X |                                                     |
 |└──────────────┘                                                     |
```

Hauptmenü von File (es wird gerade New aufgerufen)

Options

Das Rolladenmenü Options stellt die Unterbefehle Compiler, Environment, Directories, Parameters, Load options und Save options zur Verfügung. Über den Befehl Directories sind die Suchwege für TURBO.HLP, TURBO.TP, EXE-Dateien, Include-Dateien und für Units anzugeben.

```
    File   Edit   Run   Compile   Options   Debug   Break/watch

|     Line 3   Col 1   Insert Inde| Compiler        | * C:NONAME.PAS |
|PROGRAM Test4;                   | Linker          |                |
|  VAR                            | Environment     |                |
|                                 | Directories     |                |
|                                 | Parameters      |                |
|                                 | Save options    |                |
|                                 | Retrieve options|                |
|                                ┌───────── Config File ─────────────┐
|                                | *.TP                              |
|                                └───────────────────────────────────┘
```

Menü von Options (es wird gerade Retrieve options aufgerufen)

Run

Der *Run*-Befehl von Turbo Pascal 4.0 wurde in der Version 5.0 zu einem *Run*-Menü erweitert. *Run/Run* entspricht *Run* in Pascal 4.0:

1. *Make* aufrufen und prüfen, ob eine am Programm beteiligte Unit neu zu compilieren ist (wenn ja: Compiler aufrufen). Dann wird das Programm selbst übersetzt.
2. Den Linker aufrufen, um alle Module zu einem lauffähigen Programm zu binden.
3. Den Quelltext bzw. Inhalt des Edit-Fensters sichern (falls *Options/E/Auto Save Edit* auf ON gesetzt ist)
4. Den Bildschirm löschen und das Programm ausführen.
5. Nach Beenden der Programmausführung am Bildschirm den Text "Press any key to return to Turbo Pascal" zeigen.

Weitere Menüpunkte von Run:

- *Program reset* bzw. Strg-F2 beendet Fehlersuche über Debugger.
- *Go to Cursor* führt ein Programm bis zur Cursorposition aus.
- *Trace into* führt den nächsten Programmschritt aus, wobei Unterprogrammaufrufe verfolgt werden..
- *Step over* führt den nächsten Programmschritt aus.
- *User screen* schaltet auf den Bildschirm von MS-DOS um.

```
   File    Edit    Run    Compile    Options    Debug    Break/watch
┌──────────────────┬───────────────────────┬────────────────────────────────┐
│   Line 1       C│ Run           Ctrl-F9 │  Unindent   C:NONAME.PAS      │
│                 │ Program reset Ctrl-F2 │                                │
│                 │ Go to cursor       F4 │                                │
│                 │ Trace into         F7 │                                │
│                 │ Step over          F8 │                                │
│                 │ User screen    Alt-F5 │                                │
│                 └───────────────────────┘                                │
```

Menü von Run

Debug

In diesem Fenster werden die Funktionen des integrierten Debuggers bereitgestellt:

- *Evaluate:* Pascal-Ausdrücke berechnen bzw. verändern (Strg-F4).
- *Call stack:* Return-Stack des Programms in einem Fenster zeigen (Strg-F3).
- *Find procedure:* Die angegebene Prozedur im laufenden Programm suchen und den 1. Befehl im Edit-Fenster zeigen.
- *Integrated debugging:* "Rettungsanker" bei ggf. zu kleinem RAM.
- *Standalone debugging:* Information zur Fehlersuche in EXE-Datei speichern oder nicht.
- *Display swapping:* Bildschirm ggf. (Smart), nie (None) bzw. immer umschalten.
- *Refresh display:* Bildschirm neu aufbauen.

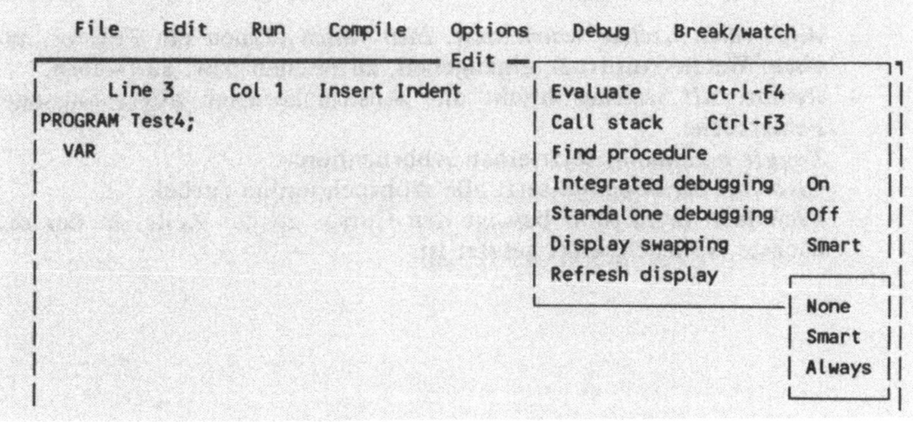

Menü von Debug (Display swapping wurde gerade eingegeben)

Break/watch

Dieses Fenster ersetzt das *Output*-Fenster von Version 4.0; in ihm zeigt der Debugger seine nach jedem Ausführungsschritt neu ermittelten *Watch*-Ausdrücke. Unten am Fenster erscheinen folgende Hot Keys:

- **F6=Switch: zu Edit zurückschalten**
- **Ins-Add: Fenster zur Eingabe eines zusätzlichen Watch-Ausdrucks öffnen.**
- **Del-Delete: Den vom Cursor markierten Watch-Ausdruck löschen (wie Strg-Y).**
- **Enter-Edit: Ein Fenster zur Veränderung des markierten Watch-Ausdrucks öffnen.**

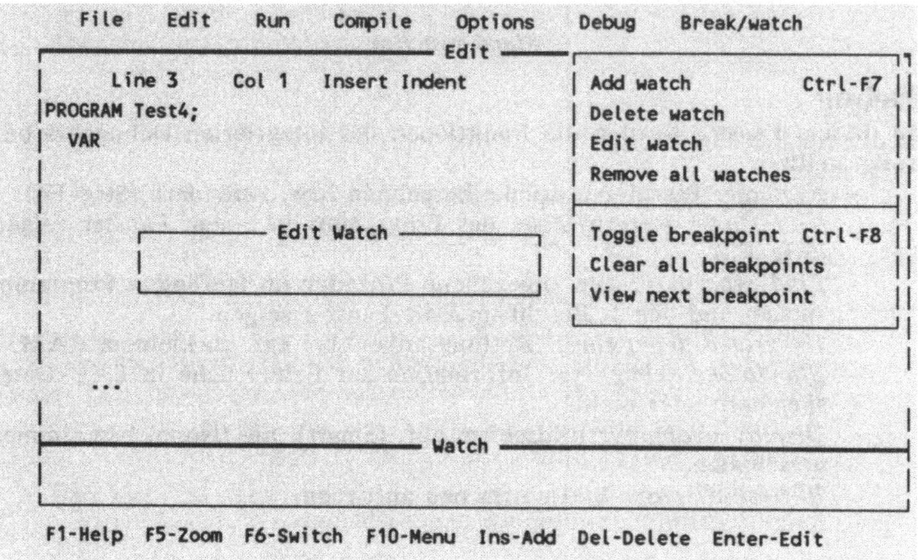

- *Add watch, Delete watch* bzw. *Edit watch* öffnen ein Fenster, um einen Watch-Ausdruck einzugeben, zu löschen bzw. zu ändern.
- *Remove all watches* löscht alle Ausdrücke nach abgeschlossener Fehlersuche.
- *Toggle breakpoint* setzt einen Abbruchpunkt.
- *Clear all breaktpoints* setzt alle Abbruchpunkte zurück.
- *View next breakpoint* bewegt den Cursor zu der Zeile, in der der nächste Abbruchpunkt gesetzt ist.

2 Befehlsübersicht

2.1 Standard-Units von Turbo Pascal	8
2.2 Compiler-Befehle	13
2.3 Vordefinierte Bezeichner	15

2.1 Standard-Units von Turbo Pascal

Crt
Standard-Unit

Die Unit *Crt* erweitert das DOS-Gerät Con und ermöglicht dem Benutzer die vollständige Kontrolle aller Ein- und Ausgaben. Wie alle Standard-Units ist auch *Crt* Bestandteil der Datei TURBO.TPL, die beim Systemstart automatisch geladen wird. Die Unit *Crt* umfaßt folgende Sprachmittel zur Unterstützung der Ein-/Ausgabe auf niedriger Ebene:

Konstanten für TextMode:

BW40=0 (sw 20*25), C40=1 (farbig 40*25), BW80=2 (sw 80*25), C80 (farbig 80*25), Mono=7 (sw 80*25, monochrom).

Konstanten für Vorder- und Hintergrundfarben:

Black=0, Blue=1, Green=2, Cyan=3, Red=4, Magenta=5, Brown=6, LightGray=7.

Konstanten für Vordergrundfarbe:

DarkGrey=8, LightBlue=9, LightGreen=10, LightCyan=11, LightRed=12, LightMagenta=13, Yellow=14, White=15 und Blink=128.

Variablen:

CheckBreak, CheckEoF, CheckSnow, DirectVideo, LastMode, TextAttr, WindMax und WindMin.

Prozeduren:

AssignCrt, ClrEoL, ClrScr, Delay, DelLine, GotoXY, HighVideo, InsLine, LowVideo, NormVideo, NoSound, ReadKey, RestoreCrt, Sound, TextColor, TextMode, Window.

Funktionen:

KeyPressed, WhereX und WhereY.

In der Version 3 werden die meisten Möglichkeiten der Unit Crt standardmäßig bereitgestellt.

Dos
Standard-Unit, ab 4

Die Unit *Dos* stellt die Schnittstelle zum Betriebssystem dar. In dieser Unit sind alle DOS-bezogenen Sprachmittel zusammengefaßt.

Flag-Konstanten:

FCarry = $0001, FParity = $0004, FAuxiliary = $0010, FZero = $0040, DSign = $0080, FOverflow = $0800.

Konstanten zum Öffnen und Schließen von Dateien:

fmClosed = $d7b0, fmInput = $d7B1, fmOutput = $D7B2, fmInOut = $D7B3.

Record-Typen FileRec und TextRec sowie Arraytyp TextBuf zur Speicherung von Dateivariablen.

Dateiattribut-Konstanten:

ReadOnly = $01, Hidden = $02, SysFile = $04, VolumeID = $08, Directory = $10, Archive = $20, AnyFile = $3F.

Vordefinierte Datentypen:

```
TYPE Registers = RECORD CASE Integer OF
  0: (AX,BX,CX,DX,BP,SI,DI,DS,ES,Flags: Word);
  1: (AL,AH,BL,BH,CL,CH,DL,DH: Byte) END.
TYPE DateTime = RECORD Year,Month,Day,Hour,Min,Sec: Integer END.
```

TYPE SearchRec = RECORD Fill: ARRAY[1..2] OF Byte; Attr:Byte; Time,Size:LongInt; Name:STRING[12] END.
VAR DosError: Integer.

Interrupt-Prozeduren:
GetIntVec, Intr, MSDos, SetIntVec.

Datum-Prozeduren:
GetDate, GetFTime, GetTime, PackTime, SetDate, SetFTime, SetTime, UnpackTime.

Plattenstatus-Funktionen:
DiskFree, DiskSize.

Dateieintrag-Funktionen:
FindFirst, FindNext, GetFAttr, SetFAttr.

Prozeß-Funktion:
DosExitCode.

Prozeß-Prozeduren:
Exec, Keep.

Neue Prozeduren ab Version 5.0:
FSplit, GetCBreak, GetVerify, SetCBreak, SetVerify, SwapVectors.

Neue Funktionen ab Version 5.0:
DosVersion, EnvCount, EnvStr, FExpand, FSearch, GetEnv.

Graph Standard-Unit

Die Unit *Graph* stellt ein Grafikpaket mit folgenden Konstanten, Typen, Variablen, Prozeduren und Funktionen bereit:

Grafiktreiber-Konstanten zum Laden des Grafiktreibers durch InitGraph:
Detect = 0 (automatische Erkennung), CGA = 1, MCGA = 2, EGA = 3, EGA64 = 4, EGAMono = 5, Reserved = 6, HercMono = 7, ATT400 = 8, VGA = 9, PC3270 = 10.

Grafikmodus-Konstanten, die durch InitGraph gesetzt werden:
CGAC1 = 0, CGAC2 = 1, CGAHi = 2, MCGAC1 = 0, MCGAC2 = 1, MCGAMed = 2, MCGAHi = 3, EGALo = 0, EGAHi = 1, EGA64Lo = 1, EGA64Hi = 1, EGAMonoHi = 3, HercMonoHi = 0, ATT400C1 = 0, ATT400C2 = 1, ATT400Med = 2, Att400Hi = 3, VGALo = 0, VGAMed = 1, VGAHi = 2, VGAHi2 = 3, PC3270Hi = 0.

Ergebniscode-Konstanten von GraphResult:
grOK = 0, grNoInitGraph = -1, grNotDetected = -2, grFileNotFound = -3, grInvalid-Driver = -4, grNoLoadMem = -5, grNoScanMem = -6, grNoFloodMem = -8, grNoFontMem = -9, grInvalidMode = -10, grError = -11, grIOError = -12, grInvalidFont = -13, grInvalidFontNum = -14, grInvaligDeviceNum = -15.

Farbe-Konstanten für SetPalette und SetAllPalette:
Black = 0, Blue = 1, Green = 2, Cyan = 3, Red = 4, Magenta = 5, Brown = 6, Light-Gray = 7, DarkGray = 8, LightBlue = 9, LightGreen = 10, LightCyan = 11, LightRed = 12, LightMagenta = 13, Yellow = 15, While = 15. Farbzahl-Konst: MaxColors = 15.

Linien-Konstanten für Get/SetLineStyle:
SolidLn = 0, DottedLine = 1, CenterLn = 2, DashedLn = 3, UserBitLn = 4.

Linienbreite-Konstanten:
NormWidth=1, ThickWidth=3.

Text-Konstanten für Set/GetTextStyle:
DefaultFont = 0, TriplexFont = 1, SmallFont = 2, SansSerifFont = 3, GothicFont = 4, HorizDir = 0, VertDir = 1, NormSize = 1.

Clipping-Konstanten (Linien abschneiden):

ClipOn = True, ClipOff = False.

Konstanten für Bar3D:

TopOn = True, TopOff = False.

Füllmuster-Konstanten für Get/SetFillStyle:

EmptyFill = 0, SolidFill = 1, LineFill = 2, LtSlashFill = 3 {///}, SlashFill = 4, BkSlashFill = 5 {\\\}, LtBkSlashFill = 6, HatchFill = 7, XHatchFill = 8, InterleaveFill = 9, WideDotFill = 10, CloseDotFill = 11, UserFill = 12.

Bit-Block-Tranfer-Konstanten für PutImage:

NormalPut = 0 {MOV}, XORPut = 1, OrPut = 2, AndPut = 3, NotPut = 4.

Justierungs-Konstanten für SetTextJustify:

LeftText = 0, CenterText = 1, RightText = 2, BottomText = 0, CenterText = 1, TopText = 2.

Acht definierte Typen:

- **PaletteType = Record Size: Byte; Colors: ARRAY[0..MaxColors] OF ShortInt END.**
- **LineSettingsType = RECORD LineStyle, Pattern, Thickness: Word End.**
- **TextSettingsType = RECORD Font, Direction, CharSize, Horiz, Vert: Word END.**
- **FillSettingsType = RECORD Pattern, Color: Word End.**
- **FillPatternType = ARRAY[1..8] OF Byte {Muster benutzerdef.}.**
- **PointType = RECORD X,Y: Word END.**
- **ViewPortType = RECORD x1,y1,x2,y2:Word; Clip:Boolean END.**
- **ArcCoordsType = RECORD X,Y,Xs,Ys,Xend,Yend: Word END.**

Zeigervariablen:

GraphGetMemPtr (zeigt GraphGetMem) und GraphFreeMemPtr (GraphFreeMem).

Prozeduren:

Arc, Bar, Bar3D, Circle, ClearDevice, ClearViewPort, CloseGraph, DetectGraph, DrawPoly, Ellipse, FillPoly, FloodFill, GetArcCoords, GetAspectRatio, GetFillSettings, GetImage, GetLineSettings, GetPalette, GetTextSettings, GetViewSettings, GraphGetMem, GraphFreeMem, InitGraph, Line, LineRel, LineTo, MoveRel, MoveTo, OutText, OutTextXY, PieSlice, PutImage, PutPixel, Rectangle, RestoreCrt, RestoreCrtMode, SetActivePage, SetAllPalette, SetBkColor, SetColor, SetFillPattern, SetFillStyle, SetGraphMode, SetLineStyle, SetPalette, SetTextJustify, SetTextStyle, SetViewPort, SetVisualPage.

Neue Prozeduren ab Version 5.0:

FillEllipse, GetDefaultPalette, Sector, SetAspectRatio, SetRGBPalette, SetUserCharSize, SetWriteMode.

Funktionen:

GetBkColor, GetColor, GetGraphMode, GetMaxX, GetMaxY, GetPixel, GetX, GetY, GraphErrorMsg, GraphResult, ImageSize, TextHeight, TextWidth.

Neue Funktionen ab Version 5.0:

GetDriverName, GetMaxMode, GetModeName, GetPaletteSize, InstallUserDriver, InstallUserFont.

Graph3

Standard-Unit

Die Unit *Graph3* umfaßt die Prozeduren und Funktionen der Normal- und Turtle-Grafik von Turbo Pascal 3.0.

- Aktivierung in Pascal 3.0: {$I GRAPH.P} und {$I GRAPH.BIN}.
- Aktivierung in Pascal 4.0: USES Crt, Graph3.

Printer

Standard-Unit, ab 4

Die Unit *Printer* unterstützt die Druckausgabe; sie vereinbart eine Textdateivariable Lst und ordnet sie der Geräteeinheit Lpt1 zu. Vor dem Drucken ist die Unit mit dem Befehl USES anzusprechen.

Overlay

Standard-Unit, 5

Die *Unit Overlay* stellt Funktionen, Prozeduren und Konstanten zur Overlay-Verwaltung bereit. Unter Overlays versteht man Programme, die zu verschiedenen Zeitpunkten den gleichen Bereich im RAM belegen.
Die vordefinierte Statusvariable *OvrResult* wird von allen Overlay-Routinen vor dem Rücksprung mit einem Statuscode belegt:

- **VAR OvrResult: Integer;**

Fünf Overlay-Routinen (vgl. Abschnitt 2.4):

- **OvrInit, OvrInitEMS, OvrSetBuf, OvrGetBuf und OvrClearBuf.**

Vordefinierte Konstanten mit möglichen Statuscodes für *OvrResult*:

Konstante	Code	Bedeutung
- ovrOk	0	Fehlerfreie Ausführung
- ovrError	-1	Fehlermeldung der Overlays
- ovrNotFound	-2	OVR-Datei nicht gefunden
- ovrNoMemory	-3	Overlay-Puffer nicht vergrößerbar
- ovrIOError	-4	I/O-Fehler bei OVR-Dateizugriff
- ovrNoEMSDRIVER	-5	EMS-Treiber nicht installiert
- ovrNoEMSMemory	-6	EMS-Karte ist zu klein

System

Standard-Unit, 4

Sämtliche Standardprozeduren und Standardfunktionen sind in der Unit *System* vereinbart. Diese Unit wird automatisch als äußerster Block in das Programm aufgenommen. Eine Anweisung wie "USES *System*" ist weder erforderlich noch zulässig. Die übrigen Standard-Units *Crt*, *Dos*, *Graph3*, *Printer*, *Turbo3* und *Graph* hingegen müssen - bei Bedarf - jeweils mit USES aktiviert werden.
Ab Version 5.0 sind in der Unit *System* zusätzlich folgende globalen Variablen für Overlays und den 8087-Emulator verfügbar.

- OvrCodeList: Word=0	CSeg-Liste der Overlay-Verwaltung
- OvrHeapSize: Word=0	Größe des Overlay-Puffers
- OvrDebugPtr: Pointer=nil	Anfangspunkt für den Debugger
- OvrHeapOrg: Word=0	Startadresse des Overlay-Puffers
- OvrHeapPtr: Word=0	Aktuelle Spitze des Overlay-Puffers
- OvrHeapEnd: Word=0	Obergrenze des Puffers
- OvrLoadList: Word=0	Liste der geladenen Segmente
- OvrDosHandle: Word=0	Handle der OVR-Datei
- OvrEMSHandle: Word=0	Handle für OvrInitEMS

Variablen zur Verwaltung des Heaps:

- **HeapOrg: Pointer=nil** — **Start des regulären Heaps (OvrSetBuf schiebt)**
- **HeapPtr: Pointer=nil** — **Aktuelle Spitze des Heaps**
- **FreePtr: Pointer=nil** — **Start der Fragmentliste**
- **FreeMin: Word=0** — **Minimale Größe der Fragmentliste**
- **HeapError: Pointer=nil** — **Zur Benutzer-Fehlerbehandlung**

Variablen zur Definition eigener Exit-Prozeduren:

- **PrefixSeg: Word=0** — **Programmsegmentpräfix-Segmentadresse**
- **StackLimit: Word=0** — **Untergrenze des Stack**
- **InOutRes: Integer=0** — **Status für IOResult (ab Version 5.0)**

Verschiedene Variablen:

- **RandSeed: LongInt = 0** — **Startwert für Zufallszahlengenerator**
- **FileMode: Byte=2** — **Startmodus zum Öffnen von dateien**
- **Test8087: Byte=0** — **Prüfergebnis "mit {$N+} compiliert"**

Automatisch geöffnete Standarddateien:

- **INPUT: Text** — **Standardeingabe für die Tastatur**
- **OUTPUT: Text** — **Standardausgabe für den Bildschirm**

Variablen zum Speichern der Interruptvektoren:

- **SaveInt00: Pointer** — **Vektor $00 - Division durch 0**
- **SaveInt02: Pointer** — **Vektor $02 - NMI**
- **SaveInt1B: Pointer** — **Vektor $1B - Strg-Break**
- **SaveInt23: Pointer** — **Vektor $23 - Strg-C**
- **SaveInt24: Pointer** — **Vektor $24 - Critical Error**
- **SaveInt75: Pointer** — **Vektor $75 - Gleitkommafehler**

Vektoren, die beim Compilieren mit {$N+} neu gespeichert werden:

- **SaveInt36, SaveInt37, SaveInt38, SaveInt39, SaveInt3A, SaveInt3B, SaveInt3C, SaveInt3D, SaveInt3E, : Pointer**

Turbo3 Standard-Unit, ab 4

In dieser Unit sind Routinen zusammengefaßt, die die Abwärtskompatibilität von Pascal 5.0 und 4.0 zu Pascal 3.0 herstellen.

2.2 Compiler-Befehle

{$B+}** oder **{$B-} Schalter (lokal)
Boolesche Ausdrücke auswerten. {$B-} als Voreinstellung.
Menübefehl: Options/Compiler/Boolean evalutation

{$D+}** oder **{$D-} Schalter (global)
Zusatzinformation zur Fehlersuche erzeugen. {$D+} als Voreinstellung.
Menübefehl: Options/Compiler/Debug Information

{$E+}** oder **{$E-} Schalter (global, ab 5.0))
Emulator für den mathematischen Coprozessor 8087.
Menübefehl: Options/Compiler/Emulation

{$F+}** oder **{$F-} Schalter (lokal)
FAR-Aufrufe erzwingen. {$F-} als Voreinstellung
Menübefehl: Options/Compiler/Force far calls

{$I Name} Parameter (lokal)
Include-Datei einfügen.
Menübefehl: Options/Directories/Include directories

{$I+}** oder **{$I-} Schalter (lokal)
I/O-Fehler automatisch prüfen. {$I+} als Voreinstellung.
Menübefehl: Options/Compiler/I/O checking

{$IF Bedingung} Bedingung
Quelltext bedingt compilieren. {$IF Bed} Text1 {$ENDIF}
Bedingte Compiler-Befehle:

{$DEFINE Symbolname}	*definiert das Symbol.*
{$ELSE}	*beginnt einen ELSE-Teil.*
{$ENDIF}	*beendet das letzte {$IF....}.*
{$IFDEF Symbolname}	*erfaßt definierten Text.*
{$IFNDEF Symbolname}	*erfaßt undefinierten Text.*
{$IFOPT Schalter}	*compiliert je nach Schalter.*
{$UNDEF Symbolname}	*löscht das Symbol.*

{$L Dateiname} Parameter (lokal)
Objekt-Datei einbinden.
Menübefehl: Options/Directories/Object directories

{$L+}** oder **{$L-} Schalter (global, Version 5.0))
Lokale Symbole.
Menübefehl: Options/Compiler/Local symbols

{$L+}** oder **{$L-} Schalter (global, Version 4.0))
Link-Puffer bereitstellen. {$L+} als Voreinstellung.
Menübefehl: Options/Compiler/Link buffer

{$M S,Hmin,Hmax} Parameter (global)
Größe von Stack und Heap einstellen. {$M 16384, 0, 655360} als Voreinst.
Menübefehl: Options/Compiler/Memory sizes

{$N+}** oder **{$N-} Schalter (global)
Numerische Datentypen bereitstellen. {$N-} als Voreinstellung.
Menübefehl: Options/Compiler/Numeric processing

{$O+}** oder **{$O-} Schalter (lokal, ab Version 5.0)
Overlay-Prüfung vornehmen.
Menübefehl: Options/Compiler/Overlays allowed

{$O Unitname} Parameter (lokal, ab Version 5.0)
Overlay-Deklarationen durchführen.

{$R+}** oder **{$R-} Schalter (lokal)
Indexbereichsgrenzen überprüfen. {$R-} als Voreinstellung.
Menübefehl: Options/Compiler/Range Checking

{$S+}** oder **{$S-} Schalter (lokal)
Stack-Speicherplatz überprüfen. {$S+} als Voreinstellung.
Menübefehl: Options/Compiler/Stack checking

{$T+}** oder **{$T-} Schalter (global)
TPM-Datei erzeugen. {$T-} als Voreinstellung.
Menübefehl: Options/Compiler/Turbo pascal map file

{$U Dateiname} Parameter (lokal)
Unit-Dateiname angeben.
Menübefehl: Options/Directories/Unit directories

{$V+}** oder **{$V-} Schalter (lokal)
Stringlänge überprüfen. {$V+} als Voreinstellung
Menübefehl: Options/Compiler/Var-string checking

2.3 Vordefinierte Bezeichner

Die folgenden Wörter dürfen vom Benutzer nicht als Bezeichner verwendet werden, da sie als reservierte Wörter vordefiniert sind:

ABSOLUTE 3.0	FILE	NIL	SET
AND	FOR	NOT	SHL 3.0
ARRAY	IMPLEMENTATION 4.0	OVERLAY 3.0 5.0	SHR
BEGIN	INTERRUPT 4.0	OF	STRING
CASE	FORWARD	OR	THEN
CONST	FUNCTION	PACKED	TYPE
DIV	GOTO	PROCEDURE	TO
DO	IF	INTERFACE 4.0	UNTIL
DOWNTO	IN	UNIT 4.0	VAR
ELSE	INLINE 3.0	PROGRAM	WHILE
END	LABEL	RECORD	WITH
EXTERNAL 4.0	MOD	REPEAT	XOR
			USES 4.0

(3.0, 4.0, 5.0 = zusätzlich in Turbo Pascal 3.0, 4.0 bzw. 5.0)

Reservierte Wörter in Turbo Pascal 5.0, 4.0 und 3.0

Die folgenden Prozeduren und Funktionen sind ab Turbo Pascal 5.0 neu verfügbar:

DosVersion	GetDefaultPalette	InstallUserFont	SetArpectRatio
EnvCount	GetDriverName	OvrClearBuf	SetCBreak
EnvStr	GetEnv	OvrGetBuf	SetRGBPalette
FExpand	GetMaxMode	OvrInit	SetUserCharSize
FillEllipse	GetModeName	OvrInitEMD	SetVerify
FSeach	GetPaletteSize	OvrSetBuf	SetWriteMode
FSplit	GertVerify	RunError	
GetCBreak	InstallUserDriver	Sector	

Neue Routinen ab Turbo Pascal 5.0

Die folgenden Bezeichner sind (zusätzlich oder aber neu vordefiniert) erst ab Turbo Pascal 4.0 verfügbar:

AssignCtr	GetAspectRatio	GraphResult	SetActivePage
Bar3D	GetBkColor	HighVideo	SetDate
Bar	GetDate	ImageSize	SetFAttr
ClearDevice	GetFAttr	Inc	SetFillStyle
ClearViewPort	GetFillSettings	InitGraph	SetFTime
CLoseGraph	GetFTime	Keep	SetIntVec
Dec	GetGraphMode	LineRel	SetLineStyle
DetectGraph	GetImage	LineTo	SetPalette
DiskFree	GetIntVec	MoveRel	SetTextBuf
DiskSize	GetLineSettings	MoveTo	SetTextJustify
DosExitCode	GetMaxX	OutText	SetTextStyle
DrawPoly	GetMaxY	OutTextXY	SetTime
Ellipse	GetPalette	PackTime	SetViewPort
Exec	GetTextSettings	PieSlice	SetVisualPage
FillPoly	GetTime	PutImage	SPtr
FindFirst	GetViewSettings	ReadKey	TextHeight
FindNext	GetX	Rectangle	TextWidth
FloodFill	GetY	RestoreCrt	Truncate
GetArcCoord	GraphErrorMsg	RestoreCrtMode	UnpackTime

Vordefinierte Routinen ab Turbo Pascal 4.0

Arc G	GetDriverName 5	InstallUserDriver 5
Circle G	GetMaxMode 5	InstallUserFont 5
ColorTable G	GetModeName 5	Palette G
Draw G	GetPaletteSize 5	Pattern G
FillEllipse 5	GetPic G	Plot G
FillPattern G	GetPoint G	PutPic G
FillScreen G	GraphBackground G	Sektor 5
FillShape G	GraphColorMode G	SetAspectRatio 5
FSearch 5	GraphMode G	SetRGBPalette 5
FSplit 5	HiRes G	SetUserCharSize 5
GetDefaultPalette 5	HiResColor G	SetWriteMode 5
GetDotColor G		

G = Grafik-Karte in Turbo Pascal 3.0 erforderlich   5 = ab Turbo Pascal 5.0

Vordefinierte Grafik-Routinen bei Turbo Pascal 5.0, 4.0 und 3.0

Abs	EoLn	Move	Str
Addr	Erase	MsDos	Succ
Append	Execute	New	Swap
ArcTan	Exit	NormVideo	TextBackground
Assign	Exp	NoSound	TextColor
Aux	False	Odd	TextMode
AuxInPtr	FilePos	Ofs	Trm
AuxOutPtr	FileSize	Ord	True
Bdos	FillChar	Output	Trunc
Bios	Flush	OvrDrive	Truncate
BiosHL	Frac	OvrPath	Upcase
BlockRead	FreeMem	ParamCount	Usr
BlockWrite	GetDir	ParamStr	UsrInPtr
Boolean	GetMem	Pi	UsrOutPtr
BufLen	GotoXY	Port	Val
Byte	Halt	Pos	WhereX
Chain	HeapPtr	Pred	WhereY
Char	Hi	Ptr	Window
ChDir	Input	Random	Wrap
Chr	Insert	Randomize	Write
Close	InsLine	Read	WriteLn
ClrEol	Int	ReadLn	
ClrScr	Integer	Real	
Con	Intr	Release	
Concat	IOResult	Rename	
ConInPtr	Kbd	Reset	
ConOutPtr	KeyPressed	ReWrite	
ConstPtr	Length	RmDir	
Copy	Ln	Round	
Cos	Lo	Seek	
CrtExit	LowVideo	SeekEoF	
CrtInit	Lst	SeekEoKn	
CSeg	LstOutPtr	Seg	
Delay	Mark	Sin	
Delete	MaxAvail	SizeOf	
DelLine	MaxInt	Sound	
Dispose	Mem	Sqr	
DSeg	MemAvail	Sqrt	
EoF	MkDir	SSeg	

Vordefinierte Routinen (ohne Grafik) bei Turbo Pascal 5.0, 4.0 und 3.0

3

Programmierkurs mit Turbo Pascal Aufbaukurs

3.1 Set (Menge) als strukturierter Datentyp	19
3.2 Record (Verbund) als strukturierter Datentyp	35
3.3 File (Datei) als strukturierter Datentyp	55
3.4 Pointer (Zeiger) für dynamische Datentypen	85
3.5 Rekursive Abläufe	109
3.6 Programmorganisation	137
3.7 Suchen, Sortieren, Mischen und Gruppieren von Daten	149
3.8 Sequentielle Dateiorganisation	199
3.9 Direktzugriff-Dateiorganisation	216
3.10 Index-sequentielle Dateiorganisation	228
3.11 Stapel und Schlange	237
3.12 Zeigerverkettete Liste	277
3.13 Binärbaum	316
3.14 Gesteuerter Zugriff auf externe Einheiten	383
3.15 Objektorientierte Programmierung (OOP)	451

3.1.1 Überblick

In Pascal kann eine *Menge* von einzelnen Werten desselben Typs als *ein* Wert verarbeitet werden. Dabei müssen die einzelnen Werte bzw. Elemente alle denselben einfachen Datentyp (außer Real) aufweisen.

Möglichkeiten zur Bildung von Mengen: Man kann eine Menge durch Aufzählung ihrer Elemente oder als Unterbereich bilden. Die Menge

```
[2,3,4]                         Aufzählung von drei Elementen
```

besteht aus drei Elementen. Da die Reihenfolge von Mengenelementen unwichtig ist, kann diese Menge auch als [4,3,2] oder [3,2,4] geschrieben werden. Alle Mengenelemente sind vom Typ Integer; da ein abgeschlossener Unterbereich von aufeinanderfolgenden Integer-Werten vorliegt, kann man die Menge [2,3,4] auch in der Form

```
[2..4]                          Unterbereich des Integer-Datentyps
```

schreiben, wobei die Anfangs- und Endkonstante stets durch zwei Punkte getrennt werden. Die Menge der Großbuchstaben des Alphabets kann man in der Form

```
['A'..'Z']
```

als Unterbereich des Datentyps Char angeben.

Set-Datentypen in Abschnitt 3.1.2: Im Zusammenhang der "Menge von Elementen desselben einfachen Datentyps" spricht man von SET-Datentypen, da man sie mit den Worten SET OF vereinbart. Die Vereinbarung

```
VAR
  Buchstaben: SET OF 'A'..'Z';
```

definiert die Variable Buchstabe vom SET-Datentyp. Auf SET-Vereinbarungen wird im Abschnitt 3.1.2 eingegangen.

Wertzuweisungen in Abschnitt 3.1.3: Mittels

```
Buchstaben := ['K','A','I'];
```

weist man der Variablen Buchstaben eine 3-Elemente-Teilmenge der vereinbarten Buchstabenmenge zu. Auf diese Art kann man der Variablen Buchstaben eine beliebige Teilmenge der Grundmenge ['A'..'Z'] zuweisen.

Mengenoperationen in Abschnitt 3.1.4: Hier werden Operationen auf Mengen wie z.B. die Vereinigung und der Durchschnitt von Mengen erklärt.

Mengen-Typ in Abfragen in Abschnitt 3.1.5: Variablen vom Mengen-Typ lassen sich in Abfragen zur Ablaufsteuerung einsetzen.

3.1.2 Mengen-Vereinbarung und Elementprüfung

Implizite Typvereinbarung: Im Programm Mengel wird eine Variable M vom *Mengentyp* vereinbart:

```
VAR
  M: SET OF 1..10;
```

Der Mengentyp wird durch Anfügen der Typbezeichnung 1..10 an die Wörter SET OF definiert: M kann z.B. die Werte [1], [2], [2,1], [2,5,9,4,10,1,3] oder aber [] als leere Menge annehmen. Für M ist also ein Datentyp vereinbart worden, der eine Menge von Elementen des Aufzähltyps 1..10 umfaßt.

Explizite Typvereinbarung: Man hätte M auch über

```
TYPE
  Mengentyp1 = SET OF 1..10;
VAR
  M: Mengentyp1;
```

vereinbaren können, d.h. über Mengentyp1 als benannten Typ. In beiden Vereinbarungsformen wird festgelegt, daß M Werte annehmen kann, die Teilmengen der Menge [1,2,3,4,5,6,7,8,9,10] als *Grundmenge* sind. Ein Mengentyp wird somit aus seinem zugeordneten Grundtyp durch die Angabe von SET OF gebildet.

Vereinbarung allgemein:

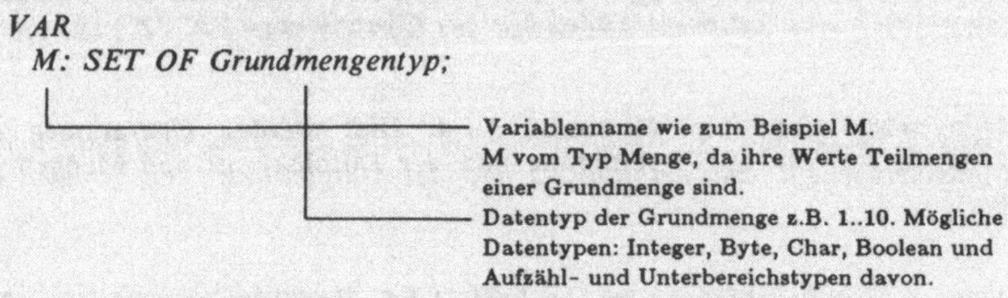

Vereinbarung am Beispiel einer Grundmenge mit 3 Elementen:

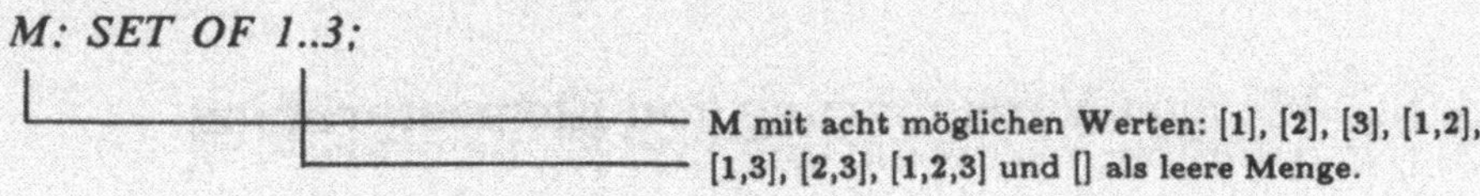

Vereinbarung des Mengentyps mittels SET OF

IN-Operator anhand Programm Menge1: Im Programm Menge1 wird der Variablen M über die Anweisung

```
M := [5,8,2,9,1];
```

eine Menge mit fünf Elementen zugewiesen. Die Elemente von Mengen werden stets in eckige Klammern (Ersatzdarstellung (. .. .)) gesetzt und durch Kommas getrennt. Da die Reihenfolge beim SET-Typ unbedeutend ist, könnte man auch M := [1,2,5,8,9] schreiben. Mit der Anweisung

```
IF Z IN M THEN Write (I,' ');
```

wird geprüft, ob *Z in M enthalten* ist. Man erhält True, wenn Z ein Element von M ist. Dabei sind Z und die Elemente von M Integers. In der Prozedur Ausgabe wird der IN-Operator eingesetzt, um die fünf Elemente von M in aufsteigender Sortierfolge auszugeben. Der IN-Operator ist nur auf Mengentypen definiert.

Pascal-Quelltext zu Programm Menge1:

```
PROGRAM Menge1;
  {Mengenelement prüfen mittels Operator IN}
```

```
VAR
  M:   SET OF 1..10;  {M vom Mengentyp bzw. SET-Typ}
  Z,I: Integer;

PROCEDURE Ausgabe;
BEGIN
  Write('M = [ ');             {Menge M wird sortiert ausgegeben}
  FOR I := 1 TO 10 DO
    IF I IN M THEN Write(I,' ');
  WriteLn(']');
END; {von Ausgabe}

BEGIN
  M := [5,8,2,9,1]; {Menge M ist erst bestimmt, nachdem man ihr
                     Werte zugewiesen hat (Reihenfolge unbedeutend)}
  WriteLn('Prüfen, ob eine Zahl in einer Menge enthalten ist.');
  WriteLn('Gegeben ist folgende Menge:');
  AusGabe;
  Write('Geben Sie eine Zahl ein: '); ReadLn(Z);
  IF Z IN M
    THEN WriteLn(Z,' ist Element von M.')
    ELSE WriteLn(Z,' ist nicht Element von M.');
END.
```

Programmausführung ab Turbo Pascal 5.0: Wenn man ein Programm mit *Run/Run* laufen läßt, erscheint die letzte Ausgabe nur kurz auf dem MS-DOS-Bildschirm, und die Anzeige springt sofort in den Edit-Modus. Mit Alt-F5 kann man zum MS-DOS-Bildschirm umschalten und sich die letzte Ausgabe in Ruhe anschauen. Wird ein compiliertes Programm auf der Betriebssystemebene ausgeführt, bleibt der Ausgabebildschirm erhalten.

Ausführungsbeispiel zu Programm Mengel:

```
Prüfen, ob eine Zahl in einer Menge enthalten ist.
Gegeben ist folgende Menge:
M = [ 1 2 5 8 9 ]
Geben Sie eine Zahl ein: 5
5 ist Element von M.
```

Mengen kann man nicht direkt mit Write ausgeben: Die Ausgabeanweisung Write(M); würde in Programm Mengel zu einem Fehler führen. Deshalb muß man in der Prozedur Ausgabe die Laufvariable I zur Ausgabe der Mengenelemente angeben.

Großer Wertebereich bei Mengen: Da eine n-Elemente-Menge genau 2 hoch n Teilmengen hat, muß bei der Konstanten- wie Variablenvereinbarung der rasch wachsende Wertebereich bedacht werden.

- Der Typ SET OF 1..3 ergibt 8 Werte.
- Die Typen SET OF 1..26 bzw. SET OF 'A'..'Z' ergeben bereits 33554432 Werte.
- Die Vereinbarung eines Typs SET OF 1..10000 wird demnach als fehlerhaft abgewiesen.

Endlicher Grundmengentyp: In Turbo Pascal muß der Typname eines SETs einen endlichen Grundmengentyp beschreiben, der maximal 256 Elemente haben kann. Die Vereinbarung SET OF Integer; ist somit unzulässig; es können nur Unterbereiche von Integer festgelegt werden. Einige Beispiele für gültige Mengenvereinbarungen:

```
VAR
Ziffern:          SET OF 0..9;
Grossbuchstaben:  SET OF 'A'..'Z';
Zeichensatz:      SET OF Char;
Farben:           SET OF (rot,gelb,blau,gruen,weiss);
```

Zu den Begriffen 'endlich' und 'abzählbar':

- In der Mathematik ist eine Menge *endlich*, wenn man die Anzahl ihrer Elemente durch eine natürliche Zahl angegeben kann.
- Die Menge der natürlichen Zahlen ist eine *unendliche* Menge.
- Mengen, die gleich viele Elemente wie die natürlichen Zahlen haben, heißen *abzählbar*. Die Menge der geraden Zahlen ist eine abzählbare Menge.
- Die Menge der reellen Zahlen ist überabzählbar. Einem nichtmathematischen Menschen (gibt es ihn überhaupt?) fällt es mitunter schwer einzusehen, daß man eine unendliche Menge abzählen kann.
- Was ist nun mit dem *endlichen Grundmengentyp* gemeint? Darunter versteht man die Standardtypen Byte, Integer, Char, Boolean und die über Aufzählung oder Unterbereichsbildung vom Benutzer definierten Typen. Real ist kein endlicher Grundmengentyp.

3.1.3 Wertzuweisungen

Mengen lassen sich nicht eingeben und ausgeben, wohl aber zuweisen. Wie in Programm Mengel gezeigt, setzt man dazu die Elementwerte in Klammern:

```
M := [5,8,2,9,1]; _ _ _ _ _ _ (Zwei identische Mengen zuweisen)
M := [1,2,5,8,9];
```

```
M := [];                              Leere Menge als Nullmenge
```

Sollen die Grundmenge selbst oder Teilmengen davon zugewiesen werden, kann dies durch Unterbereichsangaben erfolgen:

```
M := [1..10];                         Grundmenge zuweisen
M := [1..4,6..10];                    Grundmenge außer Element 5
M := [1..3,5,7..9];                   M als 7-Element-Menge
```

Mengenkonstanten als typisierte Konstanten definieren: Diese Konstanten können dann als initialisierte Variablen verarbeitet werden. Mit

```
TYPE
  Mengentyp1 = SET OF 1..10;
CONST
  M: Mengentyp1 = [1..10];
```

wird eine Konstante M mit der Grundmenge als Anfangswert vereinbart.

Beispiele für gültige Wertzuweisungen: Zu den in Abschnitt 3.1.2 angegebenen Mengenvereinbarungen Ziffern, Grossbuchstaben, Zeichensatz und Farben sind folgende Zuweisungen gültig:

```
Ziffern := [0,3];
Ziffern := Ziffern + [5];             {Vereinigung, deshalb [5]}
Grossbuchstaben := ['C'..'H','M'];
Zeichensatz := ['a'..'z'];
Grossbuchstaben := Zeichensatz;       {... als fehlerhaft abgewiesen}
Zeichensatz := Grossbuchstaben;       {möglich}
Farben := [blau,gruen,gelb];          {jetzt eckige Klammern}
Farben := [gelb..gruen];              {identische Zuweisung}
```

Beispiel zur Bildung der Differenzmenge: Vereinbart mittels

```
VAR Buchstabe,Vokal,Konsonant: SET OF 'A'..'Z';
```

drei Variablen vom SET-Typ, so können durch die Zuweisungen

```
Buchstabe := ['A'..'Z'];
Vokal     := ['A','E','I','O','U'];
Konsonant := Buchstabe - Vokal;
```

in Konsonant die Konsonanten des Alphabets als Differenzmange abgelegt werden. Auf die Anwendung des Operators "-" ist im folgenden Abschnitt 3.1.4 einzugehen.

3.1.4 Operationen auf Mengen

Neben der Elementprüfung durch den Operator IN (vgl. Programm Mengel, Abschnitt 3.1.2) sind folgende Operationen auf SETs definiert:

+	Vereinigungsmenge	siehe logisch OR
*	Durchschnittsmenge	siehe logisch AND
-	Differenzmenge	
<=	Teilmenge	vier Vergleichsoperationen
>=	Obermenge	
=	Gleichheit von Mengen	
<>	Ungleichheit von Mengen	

Auf Mengen bzw. SETs definierte Operationen

Pascal-Quelltext zu Programm Menge2:

```
PROGRAM Menge2;
  {Demonstration zu Operationen auf Mengen bzw. SETs}
USES Crt;                        { Erforderlich für ReadKey und ClrScr }
TYPE
  Menge    = SET OF 'A'..'Z';    { Mengentyp benannt }
CONST
  G: Menge = ['A'..'Z'];         { Grundmenge vordefiniert }
VAR
  A,B,C:      Menge;
  Z:          Char;
  N:          Integer;

PROCEDURE Ausgabe(M: Menge);
BEGIN
  Write('[ ');
  FOR Z := 'A' TO 'Z' DO
    IF Z IN M THEN Write(Z,' ');
  WriteLn(']');
END; {von Ausgabe}
```

```
PROCEDURE Eingabe(VAR E: Menge);
BEGIN
  E := [];
  Z := ReadKey; Write(' ',Z);
  WHILE Z <> Chr(13) DO
    BEGIN
      E := E + [Z];
      Z := ReadKey; Write(' ',Z);
    END;
  WriteLn;
END; {von Eingabe}

FUNCTION Maechtigkeit(M: Menge): Integer;
BEGIN
  N := 0;
  FOR Z := 'A' TO 'Z' DO
    IF Z IN M THEN N := N + 1;
  Maechtigkeit := N;
END; {von Maechtigkeit}

BEGIN
  ClrScr;
  WriteLn('Mächtigkeit, Gleichheit, Teilmenge, Vereinigung, Schnittmenge');
  WriteLn('Differenzmenge und Ergänzungsmenge ermitteln.');
  WriteLn('Eingabe von zwei Buchstabenmengen A und B von Großbuchstaben');
  WriteLn('(<RETURN> zur Beendigung einer Mengeneingabe).');
  WriteLn('Menge A = ?'); Eingabe(A);
  WriteLn('Menge B = ?'); Eingabe(B);
  WriteLn;
  Write('Grundmenge = '); Ausgabe(G);
  Write('Eingabemenge A                = '); Ausgabe(A);
  Write('Eingabemenge B                = '); Ausgabe(B);
  WriteLn('Kardinalzahl von A          = ', Maechtigkeit(A) );
  WriteLn('Kardinalzahl von B          = ', Maechtigkeit(B) );
  IF A = B
    THEN WriteLn('A und B sind gleich')
    ELSE WriteLn('A und B sind verschieden');
  IF A <= B THEN WriteLn('A ist Teilmenge von B');
  IF A >= B THEN WriteLn('A ist Obermenge von B');
  C := A * B;
  Write('Schnittmenge von A und B      = '); Ausgabe(C);
  IF C = [] THEN WriteLn('A und B sind elementfremd');
  Write('Vereinigungsmenge von A und B = '); Ausgabe(A+B);
  Write('Differenzmenge A - B          = '); Ausgabe(A-B);
  Write('Differenzmenge B - A          = '); Ausgabe(B-A);
  Write('Ergänzungsmenge von A        = '); Ausgabe(G-A);
END.
```

Ausführung zu Programm Menge2:

```
Mächtigkeit, Gleichheit, Teilmenge, Vereinigung, Schnittmenge
Differenzmenge und Ergänzungsmenge ermitteln.
Eingabe von zwei Buchstabenmengen A und B von Großbuchstaben
(<RETURN> zur Beendigung einer Mengeneingabe).
Menge A = ?
 C
Menge B = ?
 G  F  C
 Grundmenge = [ A B C D E F G H I J K L M N O P Q R S T U V W X Y Z ]
 Eingabemenge A             = [ C ]
 Eingabemenge B             = [ C F G ]
 Kardinalzahl von A        = 1
 Kardinalzahl von B        = 3
 A und B sind verschieden
 A ist Teilmenge von B
 Schnittmenge von A und B   = [ C ]
 Vereinigungsmenge von A und B = [ C F G ]
 Differenzmenge A - B       = [ ]
 Differenzmenge B - A       = [ F G ]
 Ergänzungsmenge von A  = [ A B D E F G H I J K L M N O P Q R S T U V W X Y Z ]
```

Grundmenge G als initialisierte Variable: Die typisierte Konstante G kann wie eine Variable verarbeitet werden.

```
CONST
  G: Menge = ['A'..'Z'];
```

In G können 26 Zeichen 'A' bis 'Z' vorkommen. Der Wertebereich von G umfaßt somit 33554432 (2 hoch 26) Werte bzw. Teilmengen. Die Variablen A, B und C sind ebenfalls vom Typ Menge, jedoch noch undefiniert.

Eingabe von Mengenelementen über Leseschleife in Prozedur Eingabe: Read und Write sind auf Mengen nicht anwendbar. In Programm Menge2 übernimmt eine Schleife in der Prozedur Eingabe die Werteingabe Element für Element:

- Mit E := []; wird E als leere Menge definiert.
- In der Schleife wird durch E := E + [Z]; die Menge E wiederholt mit der Ein-Element-Menge [Z] vereinigt.

- E := E + Z; würde als fehlerhaft abgewiesen, da der Vereinigungsoperator + Mengen als Operanden verlangt.
- Mit Eingabe(A); und Eingabe(B); werden Mengen als Parameter übergeben.

Menge über Prozedur Ausgabe am Bildschirm ausgeben: Zur Ausgabe durchläuft Z die möglichen Elementwerte 'A' bis 'Z'. Z als Laufvariable vom Char-Typ wird auch in der Funktion Maechtigkeit verwendet, um die Anzahl der jeweiligen Mengenelemente festzustellen.

Zu den Operationen auf den Mengen A und B in Programm Menge2:

- Vereinigungsmenge mit allen Elementen, die in A, B *oder* in beiden Mengen enthalten sind.
- Durchschnittsmenge mit Elementen, die in A *und* B vorkommen.
- Differenzmenge A-B mit Elementen, die *nicht* in B enthalten sind.
- Die Operatoren +, * und - liefern Ergebnisse vom SET-Typ, also Mengen.
- Die auf Mengen definierten Vergleichsoperatoren =, <>, <= und >= hingegen liefern die Booleschen Ergebnisse True oder False.

Operator:	Bedeutung:	Ergebnistyp:	Beispiel:	
+	Vereinigungsmenge	SET	A+B	[1,2,3,4]
*	Durchschnittsmenge	SET	A*B	[3]
-	Differenzmenge	SET	A-B	[1,2]
			B-A	[4]
<=	Teil-/Untermenge	Boolean	A<=B	False
>=	Obermenge	Boolean	A>=B	False
=	Gleichheit vom Mengen	Boolean	A=B	False
<>	Ungleichheit von Mengen	Boolean	A<>B	True
IN	Elementprüfung (enthalten in)	Boolean	1 IN A	True

Beispielmengen: A=[1,2,3] und B=[3,4]

Operationen auf Mengen am Beispiel der Mengen A und B

Mengenvariable mit einem Aufzähltyp vereinbaren: In Programm Menge3 wird gezeigt, wie mit dem benutzerdefinierten Aufzähltyp PflanzenTyp eine Mengenvariable namens PflanzenMenge vereinbart wird. Da PflanzenTyp sieben Pflanzen unterscheidet, kann PflanzenMenge genau 128 bzw. 2 hoch 7 verschiedene Werte bzw. Teilmengen annehmen.

Pascal-Quelltext zu Programm Menge3:

```
PROGRAM Menge3;
  {Demonstration zu Operationen auf Mengen aus Aufzähltypen}

TYPE
  PflanzenTyp   = (Efeu,Clematis,Geissblatt,Veilchen,Lilie,Nelke,Tulpe);
  PflanzenMenge = SET OF PflanzenTyp;
  Bezeichnung   = STRING[23];
VAR
  Kletternde, Bluehende, KletterndeBluehende,
  Pflanzen, Blumen                            :PflanzenMenge;

PROCEDURE Ausgabe(Bez:Bezeichnung; Aus:PflanzenMenge);
VAR
  N: Byte;
  I: PflanzenTyp;
BEGIN
  N:=0;
  FOR I:= Efeu TO Tulpe DO
    IF I IN Aus THEN N := N+1;
  WriteLn(Bez:23,' mit ',N,' Elementen.')
END; {von Ausgabe}

BEGIN
  Kletternde := [Efeu..Geissblatt];
  Ausgabe('Kletterpflanzen',Kletternde);
  Bluehende  := [Clematis..Tulpe];
  Ausgabe('Bluehende Pflanzen',Bluehende);
  Pflanzen   := Kletternde + Bluehende;
  Ausgabe('Planzen als Grundmenge',Pflanzen);
  Blumen     := Pflanzen - Kletternde;
  Ausgabe('"Reine" Blumen',Blumen);
  KletterndeBluehende := Kletternde * Bluehende;
  Ausgabe('Kletternde, die blühen',KletterndeBluehende);
END.
```

Ausführung zu Programm Menge3:

```
       Kletterpflanzen mit 3 Elementen.
    Bluehende Pflanzen mit 6 Elementen.
Planzen als Grundmenge mit 7 Elementen.
        "Reine" Blumen mit 4 Elementen.
Kletternde, die blühen mit 2 Elementen.
```

3.1.5 Vereinfachung von Abfragen mit IN

Menüauswahl in Programm Menue1 über IN-Operator abfragen: In Programm Menue1 wird ein Menü mit sieben Wahlmöglichkeiten '1' bis '7' angeboten. Die Abfrage der jeweiligen Auswahl wird über die Schleife

```
REPEAT
  ...
UNTIL W IN ['1'..'7'];
```

vorgenommen und ist wesentlich einfacher als eine OR-Verknüpfung:

```
REPEAT
  ...
UNTIL (W='1') OR (W='2') OR (W='3') OR ...
```

Abfragen mit mehrseitiger Auswahl lassen sich über den IN-Operator stets vereinfachen. "Ersetzt" man in Programm Menue1 die Arrayelemente durch Prozeduren, so kann das Programm zur Kontrolle beliebiger Menüs verwendet werden.

Pascal-Quelltext zu Programm Menue1:

```
PROGRAM Menue1;
  {Verwendung einer Menge zur Vereinfachung der Abfrage}
USES Crt;
CONST
  N = 7;
VAR
  M: ARRAY[1..N] OF STRING[15];
  W: Char;

PROCEDURE Start;
BEGIN
  M[1] := 'Kontostand';
  M[2] := 'Einzahlung';
  M[3] := 'Auszahlung';
  M[4] := 'Neues Konto';
  M[5] := 'Konto Löschen';
  M[6] := 'Gesamtliste';
  M[7] := 'Programmende';
END; {von Start}
```

```
PROCEDURE MenueAngebot;
VAR
  I: Integer;  {lokale Laufvariable}
BEGIN
  REPEAT
    FOR I := 1 TO N DO
      WriteLn(I,'   ', M[I] );
    WriteLn('----------------------');
    Write('Ihre Menü-Auswahl? '); Read(W);
  UNTIL W IN ['1'..'7'];
END; {von MenueAngebot}

BEGIN
  Start;
  REPEAT
    MenueAngebot;
    CASE W OF
      '1':  WriteLn( M[1] );
      '2':  WriteLn( M[2] );
      '3':  WriteLn( M[3] );
      '4':  WriteLn( M[4] );
      '5':  WriteLn( M[5] );
      '6':  WriteLn( M[6] );
      '7':  WriteLn( M[7] );
    END; {von CASE}
    IF W = '7'
      THEN
        BEGIN
          WriteLn('Ende.');
          Delay(1000);       {Warteschleife}
        END
      ELSE
        BEGIN
          Write('Weiter mit <RETURN>');
          ReadLn(W);
        END;
    ClrScr;  {löscht den Bildschirm}
  UNTIL W = '7';
  WriteLn('Ende von Menue1.')
END.
```

Ausführung zu Programm Menu1:

```
1  Kontostand                  1  Kontostand
2  Einzahlung                  2  Einzahlung
3  Auswahlung                  3  Auswahlung
4  Neues Konto                 4  Neues Konto
5  Konto löschen               5  Konto löschen
6  Gesamtliste                 6  Gesamtliste
7  Programmende                7  Programmende
---------------------          ---------------------
Ihre Menü-Auswahl? 4           Ihre Menü-Auswahl? 7
Neues Konto                    Programmende
Weiter mit Return              Ende von Menue1.
```

Werte einer typisierten Mengenkonstante über IN abfragen (Programm Vokale1): Dem Programm Vokale1 liegt folgende Problemstellung zugrunde: "Ersetze Vokale in einer beliebigen Tastatureingabe durch ein vorher festgelegtes Ersatzzeichen." Anders als bei Programm Menue1 wird dazu eine Mengenkonstante namens Vokale vom Typ SET OF CHAR vereinbart. Um ohne den SET-Typ zu arbeiten, wäre IF Zeichen IN Vokale ...; durch eine Bedingung mit zehn OR-Verknüpfungen zu ersetzen.

Pascal-Quelltext zu Programm Vokale1:

```
PROGRAM Vokale1;
  {Vokale als typisierte Mengenkonstante abfragen}
USES Crt;
CONST
  Vokale: SET OF Char = ['a','e','i','o','u','A','E','I','O','U'];
VAR
  Zeichen, Ersatz: Char;

BEGIN
  Write('Vokale durch welches Zeichen ersetzen? '); ReadLn(Ersatz);
  WriteLn('Beginn der Eingabe:');
  Zeichen := ReadKey;
  WHILE Zeichen <> Chr(13) DO
  BEGIN
    IF Zeichen IN Vokale
      THEN Write(Ersatz)
      ELSE Write(Zeichen);
    Zeichen := ReadKey;
  END; {von WHILE}
END.
```

Zwei Ausführungen zu Programm Vokale1:

```
Vokale durch welches Zeichen ersetzen? -
Beginn der Eingabe:
T-rb- P-sc-l W-gw--s-r --s d-m V--w-g V-rl-g

Vokale durch welches Zeichen ersetzen? :
Beginn der Eingabe:
T:rb: P:sc:l W:gw::s:r ::s d:m V::w:g V:rl:g
```

3

Programmierkurs mit Turbo Pascal

Aufbaukurs

3.1 Set (Menge) als strukturierter Datentyp	19
3.2 Record (Verbund) als strukturierter Datentyp	35
3.3 File (Datei) als strukturierter Datentyp	55
3.4 Pointer (Zeiger) für dynamische Datentypen	85
3.5 Rekursive Abläufe	109
3.6 Programmorganisation	137
3.7 Suchen, Sortieren, Mischen und Gruppieren von Daten	149
3.8 Sequentielle Dateiorganisation	199
3.9 Direktzugriff-Dateiorganisation	216
3.10 Index-sequentielle Dateiorganisation	228
3.11 Stapel und Schlange	237
3.12 Zeigerverkettete Liste	277
3.13 Binärbaum	316
3.14 Gesteuerter Zugriff auf externe Einheiten	383
3.15 Objektorientierte Programmierung (OOP)	451

3.2.1 Überblick

Datentyp RECORD für den Verbund: Die kommerzielle Datenverarbeitung ist geprägt durch den Datensatz als *Verbund* von Daten. Mit *Verbund* ist gemeint, daß Daten unterschiedlicher Datentypen zu einer Datenstruktur verbunden werden. So werden z.B. unter dem Namen Kunde die Datenkomponenten Name (vom Typ STRING), Umsatz (vom Typ Real) und Stammkunde (vom Typ Boolean) zu einer Einheit verbunden:

```
TYPE Kunde = RECORD
               Name:       STRING[20];
               Umsatz:     Real;
               Stammkunde: Boolean
             END; (*von RECORD*)
```

Abschnitt 3.2.2: Aus welchen Komponenten lassen sich RECORD-Typen bilden? Wie lassen sich Records als Einheit sowie komponentenweise verarbeiten?

Abschnitt 3.2.3: Welche Sprachmittel stellt Pascal zur vereinfachten Behandlung von Records zur Verfügung? Record als typisierte Variable und Anweisung WITH.

Abschnitt 3.2.4: Wie kann man einen Record mit varianten Teilen verarbeiten, d.h. mit Komponenten, die in Abhängigkeit von einer Bedingung variieren können?

Abschnitt 3.2.5: Wie lassen sich Records schachteln, in dem man z.B. einen Record mit Records als Komponenten vereinbart?

3.2.2 Record als Verbund von Daten verschiedener Typen

Strukturierung mit BEGIN-END und RECORD-END: Mit BEGIN-END faßt man Anweisungen zu einem Block zusammen. Mit RECORD-END lassen sich Daten zu einem Verbund als Datenblock zusammenfassen.

- Das Prinzip der Blockstruktur bzw. Einschachtelung gilt nicht nur für Anweisungen, sondern auch für Daten.
- Niklaus Wirth, der "Erfinder" von Pascal, gab seinem Buch den Titel *Algorithmen und Datenstrukturen.* Die Algorithmen als Lösungsabläufe werden mit BEGIN-END strukturiert, während die Daten u.a. durch den Verbund-Typ mit RECORD-END strukturierbar sind.

Blockstruktur für Daten:

- RECORD als strukturierter Datentyp mit Komponenten, die unterschiedliche Datentypen aufweisen können.
- Jede Komponente eines Records kann - zwischen RECORD-END geklammert - einen weiteren Record beinhalten.
- Es lassen sich Records aus Records, Records aus Arrays, Arrays aus Records usw. bilden.

Entsprechung von Datensatz und RECORD: In der kommerziellen DV wird mit Dateien gearbeitet, die aus Datensätzen als Verbunde von Daten bestehen. Die Datensätze wiederum bestehen aus Datenfeldern.

Eine Datei	Ein FILE
besteht aus gleich aufgebauten Datensätzen,	besteht aus RECORDs,
die alle gleich in Datenfelder strukturiert sind,	die alle gleich in Komponenten strukturiert sind,
wobei der Datentyp von Feld zu Feld verschieden sein kann	die beliebige Datentypen aufweisen können

Datensatz (kommerzielle DV) und RECORD (Sprachmittel in Pascal)

3.2.2.1 Zugriff auf den Record als Einheit

Auf den Record als Einheit zugreifen: In Programm Record1 wird auf einen Record namens Ein zugegriffen, um ihn als Einheit dem Record Vergl zuzuweisen:

```
Vergl := Ein;
```

- Ziel- und Quellrecord müssen dieselbe Datenstruktur aufweisen.
- Ein wird in den Record Vergl als Einheit kopiert.

Pascal-Quelltext zu Programm Record1:

```
PROGRAM Record1;
  {Demonstration der Ein-/Ausgabe für Record- bzw. Verbund-Typen}

TYPE
  SatzTyp = RECORD
              Nr:     Byte;
              Name:   STRING[20];
              Betrag: Real;
            END;
VAR
  Ein,Vergl: SatzTyp;

PROCEDURE Eingabe;
BEGIN
  WriteLn('Eingabe eines Datensatzes:');
  Write('Nummer: '); ReadLn(Ein.Nr);          {Eingabe der drei Komponenten}
  Write('Name:   '); ReadLn(Ein.Name);        {des Records}
  Write('Betrag: '); ReadLn(Ein.Betrag);
  WriteLn;
END; {von Eingabe}

PROCEDURE Ausgabe(Aus: SatzTyp);
BEGIN
  WriteLn(Aus.Nr:6,Aus.Name:20,Aus.Betrag:10:2);
END; {von Ausgabe}

BEGIN
  Eingabe;
  Vergl := Ein;                               {Zuweisung des ganzen Records}
  Eingabe;
  IF Ein.Name = Vergl.Name                    {Records lassen sich nur}
    THEN                                      {komponentenweise vergleichen}
      WriteLn('Namen der beiden Records gleich.');
  AUSGABE(Vergl);
  AUSGABE(Ein);
END. {von Record1}
```

Ausführung zu Programm Record1:

```
Eingabe eines Datensatzes:
Nummer: 100
Name:   Hildebrandt
Betrag: 3560.75
```

```
Eingabe eines Datensatzes:
Nummer: 102
Name:   Hildebrandt
Betrag: 150.05

Namen der beiden Records gleich.
   100        Hildebrandt  3560.75
   102        Hildebrandt   150.05
```

Datensatz als typisierter Record in Programm Record1: Der Verbundtyp namens Datensatz läßt sich als nach DIN 66001 als *Datenhierarchie* grafisch darstellen. Die Unterordnung kommt dabei in den Ebenen 0 (Record als Einheit) und 1 (Komponenten des Records) zum Ausdruck.

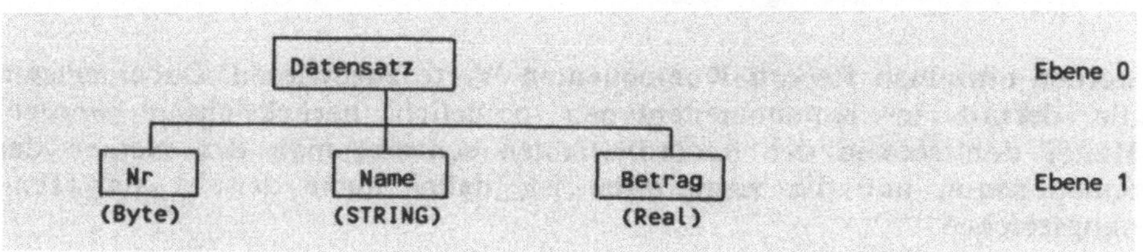

Datenhierarchie als grafische Darstellung des Verbundes

3.2.2.2 Zugriff auf den Record komponentenweise

Records lassen sich als Einheit zuweisen und als Parameter beim Prozeduraufruf übergeben. Die Zuweisung eines anderen Recordtyps sowie einer Konstanten in einen Record ist in Pascal jedoch nicht erlaubt. Vergleiche wie IF Vergl <> Ein ...; sind leider nicht möglich, da Records nur komponentenweise verglichen werden können. Auch die Ein-/Ausgabe kann nur komponentenweise erfolgen, nicht aber als Einheit. Die vier Anweisungen

```
ReadLn(Ein.Betrag);
Ein.Betrag := Ein.Betrag + 10;
IF Ein.Betrag = 50 THEN ...;
WriteLn('Betrag: ',Ein.Betrag);
```

beziehen sich auf das Programm Record1 und greifen jeweils auf Betrag als Komponente von des Records Ein zu.

Eingabe komponentenweise vornehmen: Über die Prozedur Eingabe werden drei Werte in die Recordvariable Ein eingegeben.

Vergleich komponentenweise vornehmen: Durch die Anweisung

```
IF Ein.Name = Vergl.Name ...;
```

werden die Records Ein und Vergl jeweils in der Komponente Name verglichen. Als Operatoren sind neben = auch <, <=, >, >= und <> erlaubt.

Zuweisung komponentenweise vornehmen: Durch die Anweisungen

```
Ein.Nr := 112;
Vergl.Name := 'Hildebrandt';
Ein.Betrag := 52.25;
Vergl.Betrag := Ein.Betrag + 10000;
```

werden einzelnen Record-Komponenten Werte zugewiesen. Dabei müssen die definierten Komponententypen natürlich berücksichtigt werden. Hinter den Namen der Recordvariablen schreibt man den Namen der Komponente, auf die zuzugreifen ist; dabei dient der "." als Trennungszeichen.

Ausgabe komponentenweise vornehmen: Die Bildschirmausgabe der Record-Komponenten wird über die Prozedur Ausgabe abgewickelt. Über

```
PROCEDURE Ausgabe(Aus: Datensatz);
```

wird Aus vom Record-Typ Datensatz als Eingabeparameter definiert, um anschließend über die Prozeduraufrufe Ausgabe(Vergl) und Ausgabe(Ein) die Records Vergl und Ein an die Prozedur zwecks Ausgabe übergeben zu können. Die Prozedur Ausgabe arbeitet demzufolge mit Parametern vom RECORD-Typ, also mit Parametern, die jeweils Verbunde von drei Einzeldaten übergeben.

3.2.2.3 Qualifizierung und Indizierung

Betrachtet man den Zugriff auf die einzelne Komponente der Datenstruktur, so wird die Indizierung beim ARRAY durch die Qualifizierung beim RECORD ersetzt.

- *Indizierung:* Eine Ordnungsnummer bestimmt den Platz einer Array-Komponenten. Die Ordnungsnummer ist der Index.

- *Qualifizierung:* Für jede Komponente wird ein Name vereinbart, über den dann der Zugriff erfolgt. Durch den qualifizierten Namen Ein.Nr wird auf die Komponente Nr des Records Ein zugegriffen.

```
VAR
  Ein: ARRAY[1..3] OF Char;
```

- Zugriff über Ein[1], Ein[2] und Ein[3] mittels Indizierung.
- Indizes 1, 2 und 3, da Reihenfolge der Elemente wichtig ist.

```
VAR
  Ein: RECORD
         Nr:    Byte;
         Name: STRING[20];
         Betrag: Real
       END;
```

- Zugriff über Ein.Nr, Ein.Name und Ein.Betrag.
- Namen Nr, Name und Betrag, da Reihenfolge unwichtig ist.

Qualifizierung (rechts) und Indizierung (links) an einem Beispiel

3.2.2.4 Explizite und implizite Typvereinbarung

Der Datentyp von Record bzw. Recordkomponente kann explizit (über TYPE benannter Typ) und implizit (über VAR) deklariert werden. Benannte Typen sind vorzuziehen (Lesbarkeit, Parameterübergabe). Es ist sinnvoll, den Typnamen im Namen zu kennzeichnen. Beispiel: HosenTyp, HoseT, T_Hose oder tHose.

```
TYPE
  tGroesse = (small, medium, lagre);
  tStoff   = (Wolle, Baumwolle, Kammgarn, Flanell, Acryl);
  tFarbe   = (schwarz, braun, blau, grau);
  tEinkaufsmonat = 1..12;
  tHose = RECORD
            Groesse: tGroesse;
            Stoff: tStoff;
            Farbe: tFarbe;
            Monat: tMonat;
            Preis: Real;
            Reduziert: Boolean
          END; (*von tHose*)
VAR
  Hose,LangeHose,KurzeHose: tHose;
```

3.2.3 Vereinfachte Verarbeitung von Records

3.2.3.1 Record als typisierte Konstante

Typisierte Konstante als initialisierte Variable nutzen: In Programm Record2 wird ein Verbundtyp namens SatzTyp vereinbart, den man sich als Datensatz einer Kundendatei vorstellen kann. Anschließend werden unter CONST zwei typisierte Konstanten namens Kunde1 und Kunde2 definiert, wobei man hinter den Typnamen die jeweiligen Anfangswerte zuweist. Kunde1 und Kunde2 werden später wie Variablen verarbeitet:

- Über die Prozedur Ausgabe werden die Werte von Kunde1 und Kunde2 ausgegeben.
- Den typisierten Konstanten werden neue Werte zugewiesen; z.B. mit der Anweisung Kunde2.Umsatz := 0;.

Pascal-Quelltext zu Programm Record2:

```
PROGRAM Record2;
  {Definition eines Records als typisierte Konstante}

TYPE
  SatzTyp = RECORD
              Nr:     Integer;
              Name:   STRING[20];
              Umsatz: Real;
            END;
CONST
  Kunde1: SatzTyp = (Nr: 1230; Name: 'Krebs'; Umsatz: 1000.5);
  Kunde2: SatzTyp = (Nr: 345; Name: 'Schmidtborn'; Umsatz: 890.25);

PROCEDURE Ausgabe(Aus: SatzTyp);
BEGIN
  WITH Aus DO                            {WITH vereinfacht}
    WriteLn(Nr:4,Name:20,Umsatz:10:2);   {z.B. Aus.Nr zu Nr}
END; {von Ausgabe}

BEGIN
  WriteLn('Inhalt von zwei Kundensätzen ändern und ausgeben:');
  Ausgabe(Kunde1);
  Ausgabe(Kunde2);
  Kunde1.Umsatz := Kunde1.Umsatz + Kunde2.Umsatz;
  Kunde2.Umsatz := 0;
  Ausgabe(Kunde1);
  Ausgabe(Kunde2);
END.
```

Ausführung zu Programm Record2:

```
Inhalt von zwei Kundensätzen ändern und ausgeben:
1230              Krebs   1000.50
 345        Schmidtborn    890.25
1230              Krebs   1890.75
 345        Schmidtborn      0.00
```

3.2.2.5 Zugriff auf Komponenten mit WITH

Anweisung WITH vereinfacht den Zugriff: Durch die Anweisung

```
WITH Recordvariablenname DO ...;
```

kann hinter DO auf die Angabe des Recordnamens verzichtet werden. Mit BEGIN-END kann man einen Block angeben, auf den sich WITH beziehen soll. Das folgende Beispiel bezieht sich auf die Variable Ein von Programm Record2.

```
WriteLn(Aus.Nr, Aus.Name, Aus.Umsatz);                = Zugriff ohne WITH

WITH Aus DO                                           = Zugriff mit WITH
  WriteLn(Nr, Name, Umsatz);

WITH Aus DO BEGIN                                     = Zugriff mit WITH
              WriteLn(Nr);                              und Blockbildung
              WriteLn(Name);
              WriteLn(Umsatz)
            END; (*von WITH*)
```

Auf die Komponenten des Records Aus über WITH vereinfacht zugreifen

Schachtelung von WITH-Anweisungen: Wird ein Record in einen Record eingeschachtelt, kann man WITH-Anweisungen ebenfalls schachteln.

```
WITH Aussen DO                          WITH Aussen, Innen DO
BEGIN                                   BEGIN
  ...                                     ...
  WITH Innen DO                         END;
  BEGIN
    ...
  END (*von WITH Innen*)
END; (*von WITH aussen*)
```

Schachtelung zweier WITH-Anweisungen ausführlich (links) und vereinfacht durch ","-Aufzählung (rechts)

Aufbau einer Bildschirmmaske über Programm BildMask: Die Maske wird in Programm BildMask Schritt für Schritt aufgebaut. Durch die WITH-Anweisung kann in der Prozedur Umwandlung auf die Komponenten von KundenSatz ohne Nennung des Recordnamens zugegriffen werden.

Pascal-Quelltext zu Programm BildMask:

```
PROGRAM BildMask;
  {Aufbau einer Bildschirmmaske in Schritten}
USES Crt;
CONST
  Laengen: ARRAY[1..5] OF Integer = (3,30,10,10,8); {Längen Eingabestrings}
  Maske:   ARRAY[1..5] OF STRING[50] =
                   ('1  Kundennummer    :   :',
                    '2  Kundenname      :                              :',
                    '3  Kontostand      :          :',
                    '4  Umsatz          :          :',
                    '5  Letzte Rechnung:  .  .  :');
VAR
  KundenSatz: RECORD
                KundenNummer: 1..999;
                KundenName:   STRING[30];
                KontoStand:   Real;
                Umsatz:       Real;
                LetzteRech:   STRING[8];
              END;
  Ein: ARRAY[1..5] OF STRING[30];        {enthält die eingegebenen Strings}
  E:   Char;
```

```
PROCEDURE MaskenAusgabe;
VAR
  I: Integer;
BEGIN
  FOR I := 1 TO 5 DO
  BEGIN
    GotoXY(5,I+5); Write( Maske[I] );
  END;
END; {von MaskenAusgabe}

PROCEDURE Eingabe;
VAR
  I,K: Integer;
BEGIN
  FOR I := 1 TO 5 DO
  BEGIN
    K := 0;
    Ein[I] := '';
    GotoXY(24,I+5);
    REPEAT
      E := ReadKey; Write(E);
      IF E <> CHR(13)          {/RET/-Taste}
        THEN
          BEGIN
            K := K+1;
            Ein[I] := Ein[I] + E;
          END;
    UNTIL (E=Chr(13)) OR (K=Laengen[I]);
  END; {von FOR I}
END; {von Eingabe}

PROCEDURE Umwandlung;
VAR
  Code: Integer;  {Fehlercode}
BEGIN
  WITH KundenSatz DO                                {WITH zur Vereinfachung}
  BEGIN                                             {des Zugriffs auf die}
    Val( Ein[1], KundenNummer, Code );              {Recordkomoponenten}
    KundenName := Ein[2];
    Val( Ein[3], KontoStand, Code );
    VAL( Ein[4], Umsatz, Code );
    LetzteRech := Ein[5];
  END; {von WITH}
END; {von Umwandlung}
```

```
BEGIN
  ClrScr;
  GotoXY(1,11); Write('Eingabe eines Kundensatzes: /RET/ '); Read(E);
  GotoXY(1,11); ClrEol;
  GotoXY(1,11); Write('Ausgabe der Eingabemaske /RET/ '); Read(E);
  GotoXY(1,11); ClrEol;
  MaskenAusgabe;
  GotoXY(1,12);
  Write('Einträge in Datenfelder tippen /RET/ '); Read(E);
  GotoXY(1,12); ClrEol;
  Eingabe;
  Umwandlung;
  GotoXY(1,13);
  WriteLn('Der Kundensatz enthält jetzt diese 5 Eintraege:');
  WriteLn( KundenSatz.KundenNummer );
  WriteLn( KundenSatz.KundenName );
  WriteLn( KundenSatz.KontoStand:10:2 );
  WriteLn( KundenSatz.Umsatz:10:2 );
  WriteLn( KundenSatz.LetzteRech );
END.
```

Ausführung zu Programm BildMask:

```
Eingabe eines Kundensatzes: /RET/
Ausgabe der Eingabemaske /RET/
    1 Kundennummer    :   :
    2 Kundenname      :                         :
    3 Kontostand      :           :
    4 Umsatz          :           :
    5 Letzte Rechnung:  .  .  :

Einträge in Datenfelder tippen /RET/

    1 Kundennummer    :101:
    2 Kundenname      :Müller                   :
    3 Kontostand      :135.55     :
    4 Umsatz          :3500.00    :
    5 Letzte Rechnung:31.05.85:
```

3.2.4 Verwendung von Varianten

Datensatz mit "variablem Datenfeld": In Programm RECORD3 ist ein Recordtyp PersonSatzTyp vereinbart, der die Komponenten Name, Geschlecht, Geburtstag, Geburtsort und Stand zu einer Dateneinheit verbindet. Für die ersten vier Komponenten liegen die Datentypen fest, während der Aufbau der letzten Komponente Stand je nach Familienstand variieren kann. Mit der Vereinbarung von

```
CASE Stand: STRING[12] OF
  'ledig': ();
  'sonst': (GebName: STRING[18];
```

wird für eine ledige Person kein Feld vorgesehen, während sonst das Feld GebName definiert wird. Der Record PersonSatzTyp weist also einen *varianten Teil* bzw. eine *Variante* auf. Dieser Teil muß stets als letzte Komponente notiert werden. Die Variante wird ähnlich der mehrseitigen Auswahl mit CASE konstruiert:

- Das Auswahlkriterium Stand ist ein Aufzähltyp, der zwischen CASE und OF angegeben wird.
- Die Datenfelder werden zwischen Klammern geschrieben.

Pascal-Quelltext zu Programm Record3:

```
PROGRAM Record3;
  {Verwendung von Varianten in einem Record}
USES Crt;
TYPE
  PersonSatzTyp = RECORD
                    Name:       RECORD
                                  VorName:  STRING[12];
                                  NachName: STRING[18];
                                END; {von Name}
                    Gesch:      Char;
                    GeburtsTag: STRING[10];
                    GeburtsOrt: STRING[20];
                    CASE Stand: STRING[12] OF           {Varianteteil}
                      'Ledig': ();
                      'Sonst': (GebName: STRING[18]);
                  END; {von PersonSatzTyp}
VAR
  Person: PersonSatzTyp;
  W:      Char;

PROCEDURE Eingabe;
BEGIN
  REPEAT
    WriteLn('Stand ledig   1');
    WriteLn('      verh.   2');
    WriteLn('      verw.   3');
    WriteLn('      gesch.  4');
```

```
    W := ReadKey; WriteLn(W);
  UNTIL W IN ['1'..'4'];
  CASE W OF
    '1':      Person.Stand := 'ledig';
    '2'..'4': Person.Stand := 'sonst';
  END;  {von CASE}
  WITH Person DO
    BEGIN
      Write('Vorname:             '); ReadLn(Name.VorName);
      Write('Nachname:            '); ReadLn(Name.NachName);
      Write('Geschlecht (M/W): '); Gesch := ReadKey; WriteLn(Gesch);
      Write('Geburtsdatum:        '); ReadLn(GeburtsTag);
      Write('Geburtsort:          '); ReadLn(GeburtsOrt);
      IF Stand <> 'ledig'
        THEN
          BEGIN
            Write('Geburtsname = ',Name.Nachname,' (J/N)? ');
            W := ReadKey; WriteLn(W);
            IF W IN ['J','j'] THEN GebName := Name.NachName;
          END;
      IF W IN ['N','n']
        THEN
          BEGIN
            Write('Geburtsname:        '); ReadLn(GebName);
          END;
    END; {von WITH}
END; {von Eingabe}


PROCEDURE Ausgabe;
BEGIN
  WriteLn;
  WITH Person DO
    BEGIN
      WriteLn(Name.VorName,' ',Name.NachName,
              ' geboren am ',GeburtsTag,' in ',GeburtsOrt);
      IF (Stand = 'sonst') AND (GebName <> Name.NachName)
        THEN
          IF Gesch = 'W'
            THEN
              WriteLn('Mädchenname ist ',GebName)
            ELSE
              WriteLn('Geburtsname ist ',GebName);
    END; {von WITH}
END; {von Ausgabe}
```

```
BEGIN
  Eingabe;
  Ausgabe;
END. {von Record3}
```

Zwei Ausführungen zu Programm Record3:

```
Stand ledig   1
      verh.   2
      verw.   3
      gesch.  4
2
Vorname:           Lisa
Nachname:          Schulte
Geschlecht (M/W): W
Geburtsdatum:      12.04.1944
Geburtsort:        Essen/Ruhr
Geburtsname = Schulte (J/N)? N
Geburtsname:       Kneis
Lisa Schulte geboren am 12.04.1944 in Essen/Ruhr
Mädchenname ist Kneis

Stand ledig   1
      verh.   2
      verw.   3
      gesch.  4
1
Vorname:           Lenchen
Nachname:          Oppenhauser
Geschlecht (M/W): W
Geburtsdatum:      03.11.1962
Geburtsort:        Freiburg
Lenchen Oppenhauser geboren am 03.11.1962 in Freiburg
```

Record mit variantem Teil Aktiv/Passiv: Im folgenden Beispiel werden in einem Ballsportclub die Mitglieder in einer Datei erfaßt, deren Datensätze vom Typ Spieler wie folgt definiert sind:

```
TYPE
  Mitglied = (Aktiv,Passiv);
  Sportart = (Handball, Basketball, Faustball);
```

```
Datum = RECORD
          Tag: 1..31;
          Monat: 1..12;
          Jahr: Byte;
        END;
Spieler = RECORD
            Name: STRING[25];
            CASE Status: Mitglied OF  - - - - - - - - - (Varianter Teil)
              Aktiv:  (Disziplin: Sportart;
                       Seit: Datum;
                       Wettpampf: Boolean);
              Passiv: (Eintritt: Datum);
          END;
```

Im varianten Teil von Spieler werden je nach Status drei Eintragungen oder nur eine Eintragung im Record gespeichert. Dabei sind Mitglied und Sportart als Aufzähltypen vom Benutzer selbst definiert worden.

1. Varianter Teil stets als letzte Komponente im RECORD vereinbaren.
2. Variante Datenfelder bei CASE in Klammern schreiben.
3. Variante Stand mit keinem oder oder einem Feld (Programm Record3).
4. Variante Status mit drei Feldern oder einem Feld (Beispiel Spieler).
5. Von allen Varianten eines Records kann je nach dem Wert des Auswahlkriteriums stets nur *eine* Variante aktiviert sein.

RECORD mit variantem Teil (auch als Variante bezeichnet)

3.2.5 Schachtelung von Datenstrukturen mit Records

3.2.5.1 Record mit Records als Komponenten

Einzelne Komponenten eines Records können wieder Datenstrukturen sein, also z.B. Records. Damit gelangt man zur Schachtelung von Records.

"Record aus Records" in Programm Record3 (Abschnitt 3.2.4):

```
TYPE
  PersonSatzTyp = RECORD
                    Name: RECORD
                            VorName:  STRING[12];
                            NachName: STRING[18];
                          END; {von Name}
                          ...
                  END; {von PersonSatzTyp}
VAR
  Person: PersonSatzTyp;
```

Auf den Nachnamen kann man über die Qualifizierung

```
Person.Name.NachName := 'Hildebrandt';
```

zugreifen. Der erste Punkt greift auf Name als Komponente von Person zu, aus welcher der zweite Punkt dann die Komponente NachName auswählt.

WITH-Anweisung bei geschachtelten Records: Die Namen der Komponenten gibt man durch Kommata getrennt z.B. wie folgt an:

```
WITH Person, Name DO
  BEGIN
    ...;
    NachName := 'Hildebrandt';
    ...;
  END; (* von WITH *)
```

Dabei ist die Reihenfolge der hinter WITH aufgezählten Bezeichner zu beachten. So entsprechen sich z.B. die folgenden Anweisungen:

```
WITH Person DO                           WITH Person, Name DO ...;
  WITH Namen DO
    ...;
```

Die Aufzählung von Recordnamen hinter WITH muß somit in der Reihenfolge "von der äußersten zur innersten Datenstruktur" erfolgen.

Im Beispiel zum Ballspielclub (Ende von Abschnitt 3.2.4) wird der Record Datum im Record Spieler geschachtelt. Durch

```
WriteLn(Spieler.Datum.Jahr);
```

kann man sich die Komponente Jahr anzeigen lassen.

3.2.5.2 Array mit Records als Komponenten

Array mit implizit vereinbartem Komponententyp: In einem Array sollen die Geburtstage der sieben Mitglieder einer Familie abgelegt werden. Dazu wird das Geburtsdatum als Record vereinbart:

```
TYPE
  Tage = 1..31;
  Monate = (Jan,Feb,Mar,Apr,Mai,Jun,Jul,Aug,Sep, Okt, Nov, Dez);
  Jahre  = 1907..1981;
  Familie = (Oma,Vater,Mutter,Tillmann,Klaus,Opa,AndereOma);
VAR
  GebDat: ARRAY[Familie] OF RECORD
                             Tag:   Tage;
                             Monat: Monate;
                             Jahr: Jahre
                           END;
```

Um auf eine bestimmte Geburtsangabe zuzugreifen, kann man die Indizierung (durch []) und Qualifizierung (durch .) wie folgt vornehmen:

```
GebDat[Tillmann].Jahr := 1980;          {Tillmann ist 1980 geboren}
GebDat[Oma].Jahr := 1907;
GebDat[Mutter].Monat = Jan;
```

Array mit explizit vereinbartem Komponententyp: Ein Kartenspiel soll als Array mit Komponenten vom Recordtyp wie folgt deklariert werden:

```
CONST
  Anzahl = 32;
TYPE
  Farbe = (Karo,Herz,Pik,Kreuz);
  Werte = (Ass,Koenig,Dame,Bube,Zehn,Neun,Acht,Sieben);
  Karte = RECORD
            Farb: Farbe;
            Wert: Werte
          END;
  Spiel = ARRAY[1..Anzahl] OF Karte;
VAR
  Spiel1, Spiel2, Endspiel: Spiel;
```

Um der 13. Karte von Spiel1 die Farbe Pik zuzuweisen, schreibt man:

```
Spiel1[13].Farb := Pik;
```

Da Spiel1 ein Array ist, sind die Karten in einer bestimmten Reihenfolge abgelegt. Mit der Anweisung

```
WriteLn('Nächste Karte: ',Spiel1[z+1].Wert);
```

kann man sich den Wert der nächsten (gezogenen) Karte zeigen lassen.

3.2.5.3 Array aus Records aus Arrays

Mit dem Record als Verbundstruktur lassen sich Datenstrukturen beliebig schachteln und somit unter- bzw. überordnen. Das folgende Beispiel zeigt dies an einem Schülerdatensatz auf.

```
CONST
  Klassenstaerke = 23;
TYPE
  Fach = (De,En,Fr,Ma,Ph,Ch,Re,Bi,Sp,Ge);
Datum   = RECORD
            Tag:   1..31;
            Monat: 1..12;
            Jahr: Integer
          END;
Adresse = RECORD
            Plz: Integer;
            Str: STRING[30];
            Ort: STRING[25]
          END;
Satz    = RECORD
            Name: STRING[25];
            GebDat: Datum;
            VollJ: Boolean;
            Konf: (Ev,Kath,Sonst);
            Wohnung: Adresse;
            Note: ARRAY[Fach] OF 1..6
          END;
VAR
  Schueler: ARRAY[1..Klassenstaerke] OF Satz;
```

Array Schueler: Für jeden der 23 Schüler einer bestimmten Klasse wird im Array Schueler ein (Daten-)Satz gespeichert. Dabei wird man nach Namen geordnet speichern. Durch die Anweisung

```
Schueler[3].Note[Sp] := 2;
```

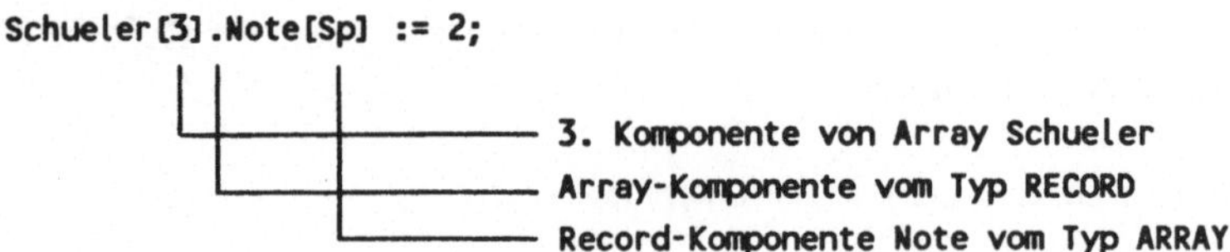

wird für den 3. Schüler die Sportnote 2 erfaßt. Dabei zeigt sich die Schachtelung von Datenstrukturen: Im Array Schueler (Indizierung [3]) wird auf einen Record zugegriffen (Qualifizierung über "." und den Namen), dessen Notenkomponente ein Array ist. Durch die Anweisung

```
IF Schueler[z].Wohnung.Plz = 6900 THEN ...;
```

kann man entscheiden, ob der z. Schüler im Gebiet 6900 wohnt.

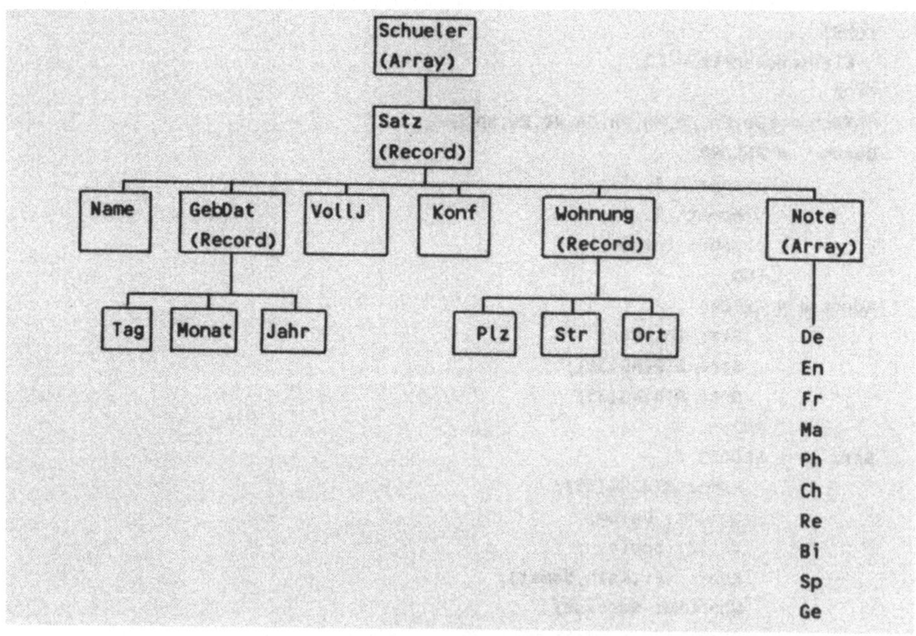

Datenhierarchie bzw. Datenstrukturplan von Schueler nach DIN 66001

3 Programmierkurs mit Turbo Pascal Aufbaukurs

3.1 Set (Menge) als strukturierter Datentyp	19
3.2 Record (Verbund) als strukturierter Datentyp	35
3.3 File (Datei) als strukturierter Datentyp	55
3.4 Pointer (Zeiger) für dynamische Datentypen	85
3.5 Rekursive Abläufe	109
3.6 Programmorganisation	137
3.7 Suchen, Sortieren, Mischen und Gruppieren von Daten	149
3.8 Sequentielle Dateiorganisation	199
3.9 Direktzugriff-Dateiorganisation	216
3.10 Index-sequentielle Dateiorganisation	228
3.11 Stapel und Schlange	237
3.12 Zeigerverkettete Liste	277
3.13 Binärbaum	316
3.14 Gesteuerter Zugriff auf externe Einheiten	383
3.15 Objektorientierte Programmierung (OOP)	451

3.3.1 Überblick

Datei mit Datensätzen als Komponenten (Abschnitt 3.3.2):
In der kommerziellen Datenverarbeitung wird als Datei "normalerweise" die Datensatz-Datei bezeichnet. Beispiel: Für die Kunden einer Firma werden jeweils die Kundennummer, der Name und der Umsatz notiert. Jeder *Datensatz* ist gleich lang und besteht aus drei Komponenten.

- Auf einen Datensatz kann man direkt oder sequentiell zugreifen.
- Dateityp FILE OF in Pascal.

Textdatei mit Zeilen als Komponenten (Abschnitt 3.3.3):
Anstelle von Datensätzen konstanter Länge besteht dieser Dateityp aus Textzeilen unterschiedlicher Länge. Das Zeilenende wird durch CR-LF markiert.

- Nur sequentieller Zugriff auf die Zeile möglich.
- Dateityp TEXT in Pascal.

Externe Geräte als besondere Textdateien (Abschnitt 3.3.4):
Logische Geräteeinheiten wie der Drucker namens LST (für LiSTer) werden von Turbo Pascal ähnlich wie Textdateien angesteuert.

Nicht-typisierte Dateien (Abschnitt 3.3.5):
Datensatz-Dateien und Textdateien sind insofern typisiert, als ihre Komponenten jeweils denselben zuvor vereinbarten Datentyp aufweisen; zum Beispiel den RECORD-Typ bei der Datensatz-Datei oder den Char-Typ als Grundtyp der Textdatei. Nicht-typisierte Dateien hingegen sind unstrukturiert und werden in 128-Byte-Blöcken übertragen. Die Kontrolle liegt somit ausschließlich beim Programmierer.

3.3.2 Datei mit Datensätzen konstanter Länge als Komponenten

Einfachste Form einer Datensatz-Datei: Eine solche Datei ist eine Sammlung von Datensätzen, die auf Diskette bzw. Festplatte abgelegt ist. Im einfachsten Fall besteht der Datensatz nur aus einer Komponente. Als Beispiel dient die Datei Ganzzahl.DAT mit Integers als Komponenten. Auf diese Datei soll über die Programme NeuDatei.PAS, LesDat1.PAS und LesDat2.PAS zugegriffen werden.

Zur Terminologie von Datei bzw. File: Program-File und Data-File sind als Programm-Datei bzw. Daten-Datei zu übersetzen. Spricht man ohne nähere Kennzeichnung von der *Datei*, dann ist damit die Daten-Datei gemeint.

Programm-Datei (kurz Programm):
- Befehle bzw. Anweisungen als Inhalt.
- Datei als Folge von Anweisungen.
- Beispiele: LesDat1.PAS, LesDat2.PAS, NeuDatei.PAS.

Daten-Datei (kurz Datei):
- Daten (Datensätze, Zeilen, Blöcke als Komponenten) als Inhalt.
- Datei als Sammlung von Datensätzen bzw. Komponenten.
- Beispiel: Ganzzahl.DAT.

Unterscheidung von Programm-Datei (Program File) und Daten-Datei (Data-File)

3.3.2.1 Datei öffnen, beschreiben und schließen

Datei einrichten und beschreiben über Programm NeuDatei: Man definiert eine Datei namens F vom DateiTyp. F bezeichnet man auch als *Dateivariable.* FILE OF dient zur Definition von Dateitypen. DateiTyp = FILE OF Integer; legt den Integer-Typ für die Komponenten fest. Nach dieser Vereinbarung wird die Datei 1. geöffnet, 2. verarbeitet und 3. wieder geschlossen. Der Dreier-Schritt kennzeichnet jede Form des Dateizugriffs.

Datei GanzZahl.DAT mit Assign und Rewrite öffnen (Schritt 1): Mittels

```
Assign(F,'b:ganzzahl.dat');          {Dateiname der Dateivariablen F zuweisen}
```

wird die Verbindung zwischen dem physischen Dateinamen GanzZahl.DAT auf Diskette und dem logischen Dateinamen F hergestellt. Im Programm kann B:GanzZahl.DAT ab jetzt unter dem Namen F angesprochen werden. Anders formuliert: Assign weist den Dateinamen B:GanzZahl.DAT der Dateivariablen F zu. Anschließend wird mit

```
Rewrite(F);                          {Datei leer öffnen, Dateizeiger auf 0}
```

die Datei B:GanzZahl.DAT (als Inhalt der Dateivariablen F) neu eingerichtet. Rewrite übernimmt zwei Aufgaben:

1. Eine unter dem gleichen Namen existierende Datei löschen.
2. Den Dateizeiger auf die erste Komponente mit der Nummer 0 positionieren.

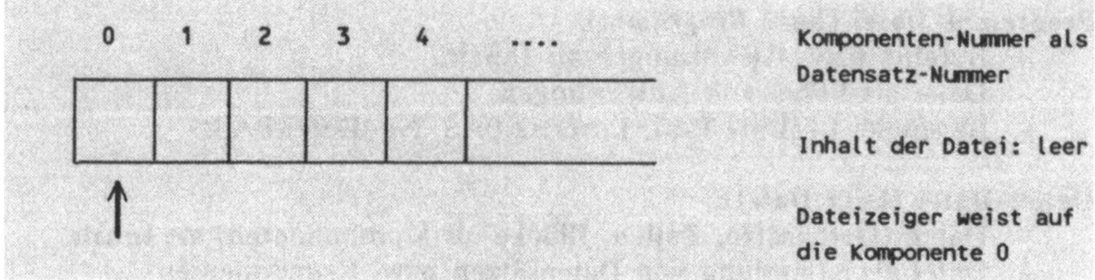

Zustand der Datei GanzZahl.DAT nach dem Öffnen mit Assign und Rewrite

Pascal-Quelltext zu Programm NeuDatei:

```
PROGRAM NeuDatei;
  {Eine Datei leer einrichten und mit Zahlen beschreiben}

TYPE
  DateiTyp = FILE OF Integer;
VAR
  F: DateiTyp;                {Dateivariable namens F}
  Z: Integer;                 {Zahl Z als Dateikomponente}

BEGIN
  Assign(F, 'b:ganzzahl.dat');
  ReWrite(F);
  Randomize;               {Setzt einen Startwert für eine}
                           {neue Serie von Zufallszahlen}
  REPEAT
    Z := Random(49);       {Eingeben nach Z}
    Write(' ',Z);          {Ausgeben Bildschirm}
    Write(F, Z);           {Schreiben auf Datei}
  UNTIL Z = 0;
  WriteLn;
  Close(F);
END.
```

Ausführung zu Programm NeuDatei:

```
38 46 13 15 3 32 42 2 7 16 43 31 16 28 40 13 37 14 28 35 45 40 24 32
17 27 23 3 8 10 40 42 8 1 24 38 39 25 13 6 18 3 1 25 31 21 18 0
```

Datei GanzZahl.DAT mit Write schreibend verarbeiten (Schritt 2): Nach dem Öffnen (Assign, Rewrite) kann die Datei verarbeitet werden.

- *Lesend:* Dateikomponente von Diskette in den RAM eingeben.
- *Schreibend:* Dateikomponente vom RAM auf Diskette ausgeben.

Das Programm NeuDatei gibt Datensätze aus bzw. schreibt diese auf die Diskettendatei. NeuDatei wird auch als Schreibprogramm bezeichnet. Mit

```
Write(F,Z);                        {Schreibanweisung von Z auf Datei F}
```

wird eine zuvor zufällig erzeugte Zahl Z in die Datei F geschrieben, um dann den Dateizeiger um die Länge der Dateikomponente zu erhöhen. Die Write-Prozedur übernimmt somit zwei Aufgaben:

1. Daten vom RAM auf die Datei schreiben und ab der Position speichern, auf die der Dateizeiger gerade weist.
2. Den Dateizeiger so erhöhen, daß er auf den Anfang der nächsten Komponente zeigt.

In Programm NeuDatei wiederholt sich dieser Schreibvorgang solange, bis in Z die Zahl Null gefunden wird.

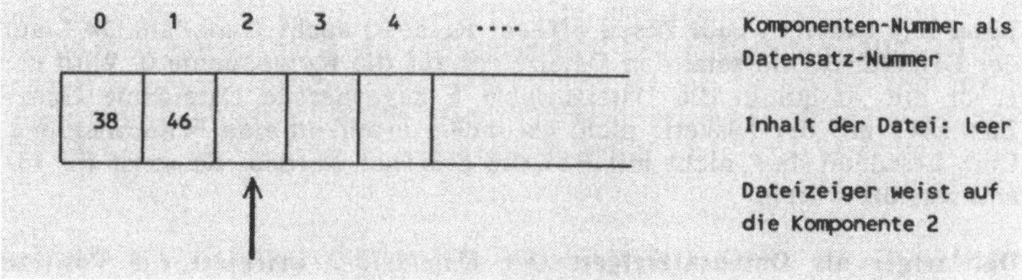

Zustand der Datei B:GanzZahl.DAT nach dem Schreiben von zwei Datensätzen bzw. Zahlen über Write(F,A)

Datei B:GanzZahl.DAT mit Close schließen (Schritt 3). Mit Close(F); wird die Datei GanzZahl.Dat auf der Diskette geschlossen:

1. Directory auf Diskette aktualisieren.
2. Zuordnung von Dateivariable F (im RAM) und GanzZahl.DAT in Laufwerk B: lösen.

Insbesondere nach dem schreibenden Dateizugriff darf der Aufruf der Close-Prozedur nicht vergessen werden.

3.3.2.2 Alle Datensätze aus einer Datei lesen

Programm LesDat1 als Leseprogramm: Über dieses Programm werden alle Datensätze (Komponenten bzw. Zahlen) aus der Datei GanzZahl.DAT wieder Satz für Satz in den RAM eingelesen und am Bildschirm angezeigt.

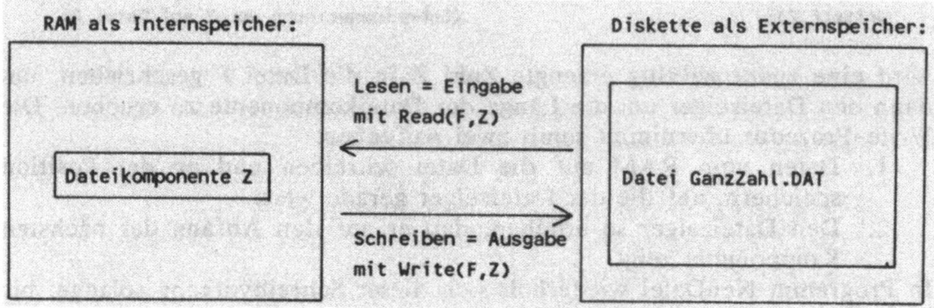

Datei-Prozeduren Read und Write

Datei mit Reset(F) zum Lesen öffnen: Reset(F) sucht GanzZahl.DAT auf der Diskette B: und setzt den Dateizeiger auf die Komponente 0. Wird der zuvor mit Assign in die Dateivariable F zugewiesene Dateiname GanzZahl.DAT auf der Diskette nicht gefunden, erscheint eine Fehlermeldung. Eine Lesedatei darf nicht mit Rewrite geöffnet werden, da sonst ihr Inhalt zerstört würde.

Dateizeiger als Datensatzzeiger: Der *Dateizeiger* markiert die Position bzw. den Datensatz in der geöffneten Datei, auf die der nächste Lese- bzw. Schreibbefehl zugreift. Aus diesem Grunde spricht man auch von *Datensatzzeiger* bzw. von *Satzzeiger*.

Pascal-Quelltext zu Programm LesDat1:

```
PROGRAM LesDat1;
  {Einfaches Leseprogramm: Datei Satz für Satz lesen und zeigen}

VAR
  F: FILE OF Integer;
  Z: Integer;

BEGIN
  Assign(F, 'b:ganzzahl.dat');                    {Datei öffnen}
  Reset(F);
  WriteLn('Inhalt der Datei GANZZAHL.DAT:');
```

```
    REPEAT                                          {Datei lesen}
      Read(F, Z);
      Write(' ', Z);
    UNTIL Z = 0;
    WriteLn;
    Close(F);                                       {Datei unverändert schließen}
  END.
```

Ausführung zu Programm LesDat1:

```
Inhalt der Datei GANZZAHL.DAT:
 38 46 13 15 3 32 42 2 7 16 43 31 16 28 40 13 37 14 28 35 45 40 24 32
 17 27 23 3 8 10 40 42 8 1 24 38 39 25 13 6 18 3 1 25 31 21 18 0
```

3.3.2.3 Einsatz der Datei-Standardfunktionen

Gegenüberstellung der Programme LesDat1 und LesDat2: Das Programm LesDat2 dient dem gleichen Zweck wie das Programm LesDat1 von Abschnitt 3.3.2.2: "Alle Datensätze der Datei sequentiell Satz für Satz in den RAM einlesen und anzeigen." Abweichend verwendet Programm LesDat2 jedoch die Standardfunktionen EoF, FilePos und FileSize.

Pascal-Quelltext zu Programm LesDat2:

```
PROGRAM LesDat2;
  {Gebrauch der Datei-Standardfunktionen Eof, FilePos und FileSize}

CONST
  DateiName: STRING[14] = 'b:ganzzahl.dat';
VAR
  F: FILE OF Integer;
  Z: Integer;

BEGIN
  Assign(F, DateiName);
  Reset(F);
  WriteLn('Position des Dateizeigers: ', FilePos(F));
  WriteLn('Anzahl der Datensätze: ', FileSize(F)); WriteLn;
  WriteLn('"Datensatzinhalt": Datei- bzw. Satzzeiger:');
  WHILE NOT EoF(F) DO
  BEGIN
    Read(F, Z);
    WriteLn(Z:10, FilePos(F):20);
```

```
    END; {von WHILE}
    WriteLn('Dateizeiger: ', FilePos(F));
    WriteLn('Dateiende:   ', EoF(F));
    Close(F);
    WriteLn; WriteLn('Datei geschlossen.');
  END.
```

Ausführung zu Programm LesDat2:

```
Position des Dateizeigers: 0
Anzahl der Datensätze:     47
"Datensatzinhalt": Datei- bzw. Satzzeiger:
          38             1
          46             2
          13             3
          ...            ...
          31             44
          21             45
          18             46
           0             47
Dateizeiger: 47
Dateiende:   TRUE
Datei geschlossen.
```

Dateiende abfragen mit Funktion EoF(): EoF steht für "End OF File" bzw. Dateiende. Sobald der Dateizeiger auf das Ende der Datei zeigt, gibt EoF als Boolesche Funktion den Wert True zurück. Die Ausführung zu Programm LesDat2 zeigt folgendes: Nachdem die 0 als letzte Zahl in den RAM eingelesen wird, setzt Read den Dateizeiger auf die Position 47, also *hinter* den letzten Datensatz. EoF gibt nun True zurück.

Dateizeiger-Position abfragen mit Funktion FilePos(): Mit dem Aufruf WriteLn(FilePos(F)) gibt das System die aktuelle Position des Dateizeigers aus; das ist die Nummer der Komponente, die als *nächste* verarbeitet werden kann.

- Die Numerierung von Dateikomponenten beginnt stets bei 0.
- Nach dem Schließen der Datei F ergibt FilePos(F) weiter den Wert 17.

Dateilänge abfragen mit Funktion FileSize(): Unter den Dateilänge versteht man die Anzahl ihrer Datensätze bzw. Komponenten. Für eine mit Rewrite geöffnete Datei meldet FilePos die Länge 0.

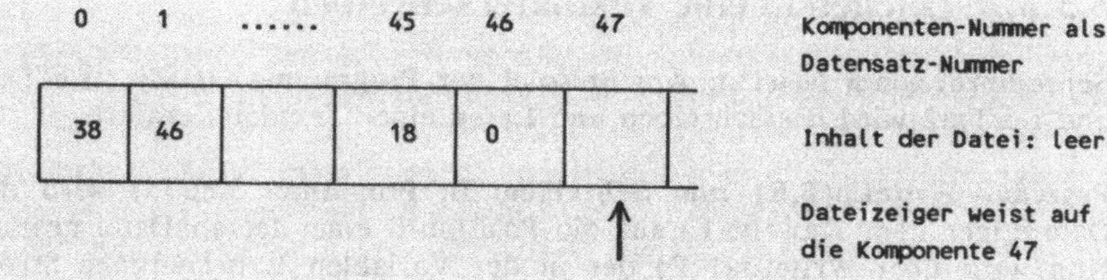

Zustand der Datei B:GanzZahl.DAT nach dem Lesen aller Datensätze

3.3.3 Textdatei mit Zeilen variabler Länge als Komponenten

3.3.3.1 Datensatz-Datei und Textdatei

Im Gegensatz zu der in Abschnitt 3.3.2 erläuterten Datensatz-Datei (FILE OF-Datei) besteht die Textdatei aus Zeilen unterschiedlicher Länge. Das Zeilenende wird durch RET (Return, CR-LF-Sequenz, Chr(13)) und das Dateiende durch Strg-Z bzw. Chr(26) markiert.

Datensatz-Datei:

- Datensätze konstanter Länge als Komponenten.
- Beispiel: Kundendatei mit Datensatzlänge 23 und vier Datensätzen:

```
VAR
  D: FILE OF RECORD
       Kundennummer: Integer;
       Kundenname: STRING[15];
       Kundenumsatz: Real
     END;
```

```
10 Tilli         12300.75
13 Kaier         0
17 Schulte       444444.50
15 Hildebrandt   11000
```

Textdatei:

- Textzeilen variabler Länge als Komponenten.
- Beispiel: TextDemo.DAT mit 3 Zeilen zu 29, 20 bzw. 26 Zeichen.

```
VAR
  F: TEXT;
```

```
Dies ist die erste Textzeile,RET
und dies die zweite.RET
Dies ist die letzte Zeile.RET
```

Datensatz-Datei mit konstanter Komponentenlänge (oben) und Textdatei mit variabler Komponentenlänge (unten)

3.3.3.2 Zeichen in eine Textdatei schreiben

Schreibprogramm NeuTxt: Am Beispiel der Programme NeuTxt, LesTxt1 und LesTxt2 wird das Schreiben und Lesen einer Textdatei erklärt.

Prozedur WriteLn(F,E) zum Schreiben: In Programm NeuTxt wird der Dateizeiger über Rewrite(F) auf die Position 0 einer leeren Datei gesetzt. Nun wird über WriteLn(F,E) der in der Variablen E befindliche String auf die Datei geschrieben und der Dateizeiger um die Länge des Strings erhöht. Dieser Schreibvorgang wiederholt sich, bis Strg-Z eingetippt wird; EoF ergibt den Wert True und die Schleife wird verlassen. Da eine nichtabweisende Schleife programmiert ist, wird Strg-Z zuvor noch in die Datei geschrieben.

Pascal-Quelltext zu Programm NeuTxt:

```
PROGRAM NeuTxt;
  {Eine neue Textdatei einrichten und Text eingeben}
VAR
  E: STRING[255];
  F: TEXT;
  Fs: STRING[14];

BEGIN
  WriteLn('Eine neue Textdatei erzeugen.');
  Write('Name der Ausgabedatei: '); ReadLn(Fs);
  Assign(F,Fs);
  ReWrite(F);                          {Leer-Datei, bisherige Datei gelöscht}
  WriteLn('Textzeilen eintippen (/RET/ Zeilenende, /CTRL-Z/ Ende):');
  REPEAT
    ReadLn(E);
    WriteLn(F,E);
  UNTIL Eof;
  Close(F);
  WriteLn; WriteLn ('Textdatei ',Fs,' geschlossen.');
END.
```

Ausführung zu Programm NeuTxt:

```
Eine neue Textdatei erzeugen.
Name der Ausgabedatei: b:textdemo.dat
Textzeilen eintippen (/RET/ Zeilenende, /CTRL-Z/ Ende):
Dies ist die erste Textzeile,
und dies die zweite.
Dies ist die letzte Zeile.
^Z
Textdatei b:textdemo.dat geschlossen.
```

WriteLn(F,E);
- String E ab Dateizeigerposition auf die Datei schreiben.
- Nach dem letzten Zeichen ein Return schreiben (CR/LF).
- Dateizeiger um die Anzahl der geschriebenen Zeichen erhöhen.

WriteLn(F,E:50);
- String E in ein 50-Zeichen-Feld rechtsbündig mit führenden Leerstellen schreiben.
- String E formatiert ausgeben.

WriteLn(F);
- CR/LF-Sequenz schreiben, also eine Leerzeile ausgeben.
- Eine Zeilenende-Markierung ausgeben.

Write(F,E); **bzw.** **Write(F,E:50);**
- Entsprechend WriteLn, aber ohne CR/LF-Sequenz als Zeilenende.

Prozeduren WriteLn und Write zur Ausgabe in eine Textdatei

3.3.3.3 Eine Textdatei zeilenweise lesen

Leseprogramm LesTxt1: Die zuvor durch das Programm NeuTxt geschriebene Textdatei wird durch das Programm LesTxt1 Zeile für Zeile gelesen und am Bildschirm gezeigt.
- Die Datei muß durch Reset(F) als Lesedatei geöffnet werden. Mit Rewrite(F) würde der Dateiinhalt zerstört.
- ReadLn(F,E) als Gegenstück zu WriteLn(F,E) liest bis zum nächsten Zeilenende.
- WHILE NOT EoF() ... wiederholt den Lesevorgang bis zum Einlesen der Dateiendemarkierung Strg-Z Bzw. Chr(26).

Pascal-Quelltext zu Programm LesTxt1:

```
PROGRAM LesTxt1;
  {Alle Zeilen einer Textdatei lesen und zeigen}

VAR
  F:  Text;
  Fs: STRING[14];
  E:  STRING[255];

BEGIN
  Write('Dateiname: '); ReadLn(Fs);
  Assign(F,Fs);
  Reset(F);
  WHILE NOT Eof(F) DO
    BEGIN
      ReadLn(F,E);
      WriteLn(E);
    END;
  Close(F);
  WriteLn('Datei ',Fs,' unverändert geschlossen.');
END.
```

Ausführung zu Programm LesTxt1:

```
Dateiname: b:textdemo.dat
Dies ist die erste Textzeile,
und dies die zweite.
Dies ist die letzte Zeile.
Datei b:textdemo.dat unverändert geschlossen.
```

ReadLn(F,E);
- Ab der Position des Dateizeigers alle Zeichen in die Stringvariable E einlesen, bis Return oder Strg-Z gelesen wird oder bis die für E vereinbarte Maximallänge erreicht ist.
- Das zuletzt gelesene Steuerzeichen (Chr(13), Chr(26)) wird *nicht* in die Variable E eingegeben.
- Nach dem Lesen den Dateizeiger an den Beginn der nachfolgenden Zeile positionieren.

ReadLn(F);
- Den Dateizeiger auf das erste Zeichen nach dem nächsten Return positionieren.
- Anders formuliert: Eine Zeile überspringen.

Read(F,E);
- Wie ReadLn, aber ein übrig bleibender Zeilenrest (falls E kürzer ist als die Anzahl der Zeichen bis zum hächsten CR/LF) entfällt *nicht*, d.h. wird nicht überlesen.

Prozeduren ReadLn und Read zum Lesen aus einer Textdatei

3.3.3.4 Eine Textdatei zeichenweise lesen

Ein bestimmtes Zeichen suchen über Programm LesTxt2: Über Read(F,Z) wird aus der Textdatei F das nächste Zeichen in die Char-Variable Z eingelesen. Im Ausführungsbeispiel zu Programm LesTxt2 wird in N die ASCII-Codezahl 101 eingegeben, die dem Zeichen 'e' entspricht. Ist Z=Chr(N) erfüllt, d.h. wurde gerade ein 'e' gelesen, wird durch die Anweisung Write(Chr(7)) ein Ton ausgegeben.

Pascal-Quelltext zu Programm LesTxt2:

```
PROGRAM LesTxt2;
  {Eine Textdatei nach einem Zeichen durchsuchen}
USES Crt;
VAR
  F:  Text;
  Fs: STRING[14];
  Z:  Char;
  N:  Integer;

BEGIN
  Write('Name der Textdatei: '); ReadLn(Fs);
  Assign(F,Fs);
  Reset(F);
  WriteLn('Textdatei ',Fs,' geöffnet');
  Write('Nummer des zu suchenden ASCII-Zeichens: '); ReadLn(N);
  WriteLn;
  REPEAT
    Read(F,Z);   - - - - - - - - - - - - - - - - Leseschleife
    Write(Z);
    IF Z = Chr(N)        {Zeichen gefunden?}
      THEN
        BEGIN
          Write(Chr(7));  {Ton, falls Zeichen gefunden}
          Delay(2000);    {Warten, falls Zeichen gefunden}
```

```
        END;
    UNTIL Z = Chr(26);        {Codezahl 26: /CTRL-Z/ für Ende der Textdatei}
    WriteLn;
    Close(F);
    WriteLn('Textdatei unverändert geschlossen.');
  END.
```

Ausführung zu Programm LesTxt2:

```
Name der Textdatei: b:textdemo.dat
Textdatei b:textdemo.dat geöffnet
Nummer des zu suchenden ASCII-Zeichens: 101

Dies ist die erste Textzeile,             17 mal einen Ton ausgeben,
und dies die zweite.                      da 17 mal 'e' bzw. Chr(101)
Dies ist die letzte Zeile.                gelesen wird

Textdatei unverändert geschlossen.
```

3.3.3.5 Steuerzeichen in der Textdatei ablegen

Chr(19) als Steuerzeichen in Programm LesTxt3: Das Programm LexTxt3 dient dem Unterstreichen eines Strings, der durch Strg-S bzw. Chr(19) eingeschlossen ist.

- Ein Wort wie z.B. 'letzte' wird durch Strg-S eingerahmt.
- Durch die Abfrage IF E[I]=Chr(19) ... prüft man, ob dieses Steuerzeichen gerade aus der Textdatei eingelesen wurde.
- Die Ausgabe wird gedruckt (siehe Abschnitt 3.3.4).

Pascal-Quelltext zu Programm LesTxt3:

```
PROGRAM LesTxt3;
  {Steuerzeichen in einer Textdatei}
USES Printer;
VAR
  F:   Text;
  Fs:  STRING[14];
  B:   Char;
  I:   Integer;
  E,S: STRING;
```

```
PROCEDURE Aendern(VAR B:Char);
BEGIN
  IF B = ' '
    THEN B := CHR(95)  {Unterstreichungsstrich}
    ELSE B := ' ';
END; {von Aendern}

BEGIN
  Write('Welche Textdatei lesen ? '); ReadLn(Fs);
  WriteLn(Lst,'Unterstreichen einer durch ^S eingeschlossenen Textstelle.');
  Assign(F,Fs);
  Reset(F);
  B := ' ';
  Repeat
    S := ''; E := '';
    ReadLn(F,E);                       {Lesen der nächsten Textzeile}
    FOR I := 1 TO Length(E) DO
      IF E[I] = Chr(19)                {ASCII-Codezahl 19 für /CTRL-S/}
        THEN
          Aendern(B)
        ELSE
          S := S + B;
    Write(Lst,S);                      {Unterstreichungsstrich ohne Zeilenvorschub}
    Write(Lst,Chr(13));                {Wagenrücklauf ohne Zeilenvorschub}
    WriteLn(Lst,E);                    {Textzeile mit CR und LF}
  UNTIL Eof(F);
  Close(F);
  WriteLn('Ende des Programmes. Textdatei unverändert geschlossen.');
END.
```

Ausführung zu Programm LesTxt3:

```
Welche Textdatei lesen? b:textdemo.dat
Unterstreichen einer durch ^S eingeschlossenen Textstelle.
Dies ist die erste Textzeile,
und dies die zweite.
Dies ist die letzte Zeile.
Ende des Programms. Textdatei unverändert geschlossen.
```

3.3.3.6 Zur Kompatibilität von Dateitypen

Programm TBC zum Testen: Im Turbo Pascal Wegweiser-Grundkurs wurde auf die Kompatibilität der einfachen Datentypen Char und STRING eingegangen. Definiert man diese Datentypen als Dateikomponenten, so ergeben sich die entsprechenden Probleme. Das Programm TBC ermöglicht es, diese Probleme selbst zu testen. Über die entsprechenden Prozeduren können die Dateitypen TEXT, FILE OF Char und FILE OF Byte geschrieben und testweise wieder gelesen werden.

FILE OF Char als TEXT-File verarbeiten: Wie die Ausführung zu Programm TBC zeigt, läßt sich die mit der Prozedur CharEingabe erzeugte FILE OF Char-Datei auch mit der Prozedur TextAusgabe lesen, d.h. als TEXT-File verarbeiten. Das Entsprechende gilt für die Behandlung der Char-Datei mit der Prozedur ByteAusgabe, d.h. als FILE OF Byte.

- Eine Datei vom Typ TEXT läßt sich jedoch nicht als FILE OF Byte lesen.
- Eine mit ByteEingabe erzeugte Datei läßt sich als FILE OF Byte, FILE OF Char sowie als TEXT-File lesen.
- Ist in TextAusgabe der von der TEXT-Datei gelesene String kürzer als die Zeilenlänge, so wird der Rest der Zeile abgeschnitten.
- Versucht man in TextAusgabe mit Read statt mit ReadLn zu lesen, so arbeitet das Programm unkorrekt.
- Versucht man, eine TEXT-Datei mit Reset als FILE OF Char zu öffnen, ergibt sich ein IO-Fehler.

Pascal-Quelltext zu Programm TBC:

```
PROGRAM Tbc;
  {Text Byte Char: zur Kompatibilität der Typen Text, Byte und Char}
VAR
  W:  STRING[2];

PROCEDURE TextEingabe;
VAR
  Tf: Text;
  E:  STRING;
  Dn: STRING[14];
BEGIN
  Write('Dateiname: '); ReadLn(Dn);
  Assign(Tf,Dn);
  Rewrite(Tf);
  WriteLn('Text eingeben: ( /RETURN/ = Ende )');
  ReadLn(E);
  WHILE E <> '' DO
    BEGIN
      WriteLn(Tf,E);
      ReadLn(E);
```

```
    END;
  Close(Tf);
  Write('Weiter mit /RETURN/'); ReadLn;
END; {von TextEingabe}

PROCEDURE TextAusgabe;
VAR
  Dn: STRING[14];
  Tf: Text;
  A:  STRING;
  A1: STRING[5];
BEGIN
  Write('Dateiname: '); ReadLn(Dn);
  Assign(Tf,Dn);
  Reset(Tf);
  WHILE NOT Eof(Tf) DO
    BEGIN
      ReadLn(Tf,A);
      WriteLn(A);
    END;
  Reset(Tf);
  WHILE NOT Eof(Tf) DO
    BEGIN
      ReadLn(Tf,A1);
      WriteLn(A1);
    END;
  Close(Tf);
END;  {von TextAusgabe}

PROCEDURE CharAusgabe;
VAR
  Cf: FILE OF Char;
  Dn: STRING[14];
  E:  Char;
BEGIN
  Write('Dateiname: '); ReadLn(Dn);
  Assign(Cf,Dn);
  Reset(Cf);
  REPEAT
    Read(Cf,E);
    Write(E);
  UNTIL E = Chr(26);  {^Z}
  Close(Cf);
END; {von CharAusgabe}
```

```
PROCEDURE CharEingabe;
CONST
  ContrlZ: Char = ^Z; Cr: Char = ^M; Lf: Char = ^J;
VAR
  Cf: FILE OF Char;
  Dn: STRING[14];
  E:  STRING;
  I:  Integer;
BEGIN
  Write('Dateiname: '); ReadLn(Dn);
  Assign(Cf,Dn);
  ReWrite(Cf);
  WriteLn('Text eingeben: (\RETURN\ = Ende)');
  ReadLn(E);
  WHILE E <> '' DO
    BEGIN
      FOR I := 1 TO Length(E) DO Write(Cf,E[I]);
      Write(Cf,Cr,Lf);
      ReadLn(E);
    END;
  Write(Cf,ContrlZ);
  Close(Cf);
END; {von CharEingabe}
```

^Z für Strg-Z

```
PROCEDURE ByteAusgabe;
VAR
  Bf: FILE OF Byte;
  Dn: STRING[14];
  E:  Byte;
BEGIN
  Write('Dateiname: '); ReadLn(Dn);
  Assign(Bf,Dn);
  Reset(Bf);
  REPEAT
    Read(Bf,E); Write(Chr(E));
  UNTIL E = 26;
END; {von ByteAusgabe}

PROCEDURE ByteEingabe;
VAR
  Bf: FILE OF Byte;
  Dn: STRING[14];
  E:  Byte;
  S:  STRING;
  I:  Integer;
```

```
BEGIN
  Write('Dateiname: '); ReadLn(Dn);
  Assign(Bf,Dn);
  ReWrite(Bf);
  WriteLn('Text eingeben: \RETURN\ = Ende');
  ReadLn(S);
  WHILE S <> '' DO
    BEGIN
      FOR I := 1 TO Length(S) DO
        BEGIN
          E := Ord(S[I]);
          Write(Bf,E);
        END;
      ReadLn(S);
      E := 13; Write(Bf,E);
      E := 10; Write(Bf,E);
    END;  {von WHILE}
  E := 26; Write(Bf,E);
  Close(Bf);
END; {von ByteEingabe}

BEGIN
  WriteLn('Das Progamm TBC zeigt die Zusammenhänge der Dateitypen Text,');
  WriteLn('FILE OF Byte und FILE OF Char. Sie können eine Datei vom einen');
  WriteLn('Typ erzeugen, um sie als Datei vom anderen Typ zu lesen.');
  REPEAT
    WriteLn; WriteLn('E=Ende');
    WriteLn('LT=Lesen-Textdatei  LC=Lesen-Chardatei  LB=Lesen-Bytedatei');
    WriteLn('NT=Neue-Textdatei   NC=Neue-Chardatei   NB=Neue-Bytedatei');
    Write('Wahl E, LT, LC, LB, NT, NC oder NB? '); ReadLn(W);
    IF W = 'NT' THEN TextEingabe          {CASE geht nicht mit dem STRING-Typ}
      ELSE IF W = 'LT' THEN TextAusgabe
        ELSE IF W = 'LC' THEN CharAusgabe
          ELSE IF W = 'NC' THEN CharEingabe
            ELSE IF W = 'LB' THEN ByteAusgabe
              ELSE IF W = 'NB' THEN ByteEingabe
  UNTIL W = 'E';
END.
```

Ausführung zu Programm TBC:

```
Das Progamm TBC zeigt die Zusammenhänge der Dateitypen Text,
FILE OF Byte und FILE OF Char. Sie können eine Datei vom einen
Typ erzeugen, um sie als Datei vom anderen Typ zu lesen.

E=Ende
LT=Lesen-Textdatei   LC=Lesen-Chardatei   LB=Lesen-Bytedatei
NT=Neue-Textdatei    NC=Neue-Chardatei    NB=Neue-Bytedatei
Wahl E, LT, LC, LB, NT, NC oder NB? NC
Dateiname: CHARDAT
Text eingeben: (\RETURN\ = Ende)
Tillmann und Klaus

E=Ende
LT=Lesen-Textdatei   LC=Lesen-Chardatei   LB=Lesen-Bytedatei
NT=Neue-Textdatei    NC=Neue-Chardatei    NB=Neue-Bytedatei
Wahl E, LT, LC, LB, NT, NC oder NB? LT
Dateiname: CHARDAT
Tillmann und Klaus
Tillm

E=Ende
LT=Lesen-Textdatei   LC=Lesen-Chardatei   LB=Lesen-Bytedatei
NT=Neue-Textdatei    NC=Neue-Chardatei    NB=Neue-Bytedatei
Wahl E, LT, LC, LB, NT, NC oder NB? LB
Dateiname: CHARDAT
Tillmann und Klaus

E=Ende
LT=Lesen-Textdatei   LC=Lesen-Chardatei   LB=Lesen-Bytedatei
NT=Neue-Textdatei    NC=Neue-Chardatei    NB=Neue-Bytedatei
Wahl E, LT, LC, LB, NT, NC oder NB? E
```

3.3.4 Externe Geräte als besondere Textdateien

Externe Geräte werden in Turbo Pascal als Textdateien verarbeitet und mit Namen wie LST (Drucker) angesprochen. Folgende Namen sind standardmäßig bestimmten logischen Geräten zugeordnet:

- INPUT — Erste Eingabedatei
- OUTPUT — Erste Ausgabedatei
- CON — Konsole

- TRM Terminal
- KBD Keyboard bzw. Tastatur
- LST Drucker bzw. Lister
- AUX Auxiliary bzw. Hilfsdatei (Modem)
- USR User bzw. Benutzer

Assign, Rewrite, Reset und Close bei Geräten nicht möglich: Diese Prozeduren können nicht verwendet werden, da bei Gerätedateien die Zuordnung von Bezeichner zu Gerät standardmäßig vorgenommen ist.

Seek, Flush, FilePos und FileSize bei TEXT-File nicht möglich: Textdateien können nur sequentiell verarbeitet werden. Aus diesem Grunde sind die Prozeduren Seek und Flush und die Funktionen FileSize und FilePos nicht verwendbar, da sie den Direktzugriff unterstützen.

	Textdatei:	Datensatzdatei:
Logische Gerätedatei	Read, Write ReadLn, WriteLn, EoF	
Disketten-Datei	Assign, Rewrite, Reset, Close, Read, Write, ReadLn, WriteLn, EoF, Append	Assign, Rewrite, Reset, Close, Read, Write, ReadLn, WriteLn, EoF, Seek, Flush, FilePos, FileSize

Prozeduren und Funktionen bei Gerätedateien

3.3.4.1 Ausgabe auf den Drucker Lst leiten

Pascalprogramm als Textdatei drucken: Das Programm ProgDrk leitet die gesamte Ausgabe über die Anweisung WriteLn(Lst,E) zum Drucker.

- In E steht jeweils die Folgezeile eines Pascalprogramms.
- Das Programm bzw. der Quelltext wird als Textfile F eröffnet.
- Da jede Zeile im Quelltext mit Return abgeschlossen ist, kann man Zeile für Zeile mit WriteLn(Lst,E) ausdrucken.

Pascal-Quelltext zu Programm ProgDrk:

```
PROGRAM ProgDrk;
  {Utility zum Ausdrucken eines Pascal-Programms als Textdatei}
USES Printer;
VAR
  F:  Text;
```

```
    Fs: STRING[14];
    E:  STRING;

BEGIN
  WriteLn('Ausdrucken eines PAS-Programms.');
  Write('Programmname ohne PAS: '); ReadLn(Fs);
  Fs := Fs + '.PAS';
  Assign(F,Fs);
  Reset(F);
  WHILE NOT Eof(F) DO
    BEGIN
      ReadLn(F,E);
      WriteLn(Lst,E);           {Lst=Lister=Drucker als logische Geräteeinheit}
    END;
  Close(F)
END.
```

3.3.4.2 Monitor Trm anstelle Console Con aktivieren

In Programm BildMask (Abschnitt 3.2.3) wird durch den Compilerbefehl

```
{$B-}                    (*Ein-/Ausgabe von Con auf Trm umleiten*)
```

die Voreinstellung $B+ abgeschaltet. Die Voreinstellung ordnet den Standarddateien Input und Output die Console Con zu - mit entsprechender Eingabepufferung und Editoreigenschaften. Mit $B- wird der Monitor Trm aktiviert. Die Ausgabe ändert sich nicht, während die Eingabe keine Editoreigenschaften mehr besitzt. Dadurch wird es z.B. möglich, über die Anweisung IF E <> Chr(13) ... die Return-Taste abzufragen, ohne damit automatisch die Eingabezeile abzuschließen. In Programm BildMask ist diese Abfrage erforderlich, um die Menüeingabe zu steuern.

3.3.4.3 Eingabeanforderung über Kbd als Tastatur

Definiert man E vom Char-Typ, dann wird mittels

```
Read(Kbd,E);                            E := ReadKey;
```

jedes eingetippte Zeichen ohne die Return-Taste und ohne Eingabeecho angenommen. Bis Turbo Pascal 3.0 wird über die logische Geräteeinheit Kbd (Keyboard) gelesen, ab der Version steht die Funktion ReadKey bereit. Programmbeispiel EingabeB, Abschnitt 3.6.10, Grundkurs). Schaltet man zuvor durch {$B-} den Editor ab, können auch Return sowie EoF bzw. EoLn abgefragt werden.

3.3.4.4 Funktionen EoF und EoLn

Bei FILE OF- und TEXT-Dateien wirken EoF und EoLn vorgreifend:

- EoF ergibt True, wenn das nächste Zeichen Strg-Z ist.
- EoLn ergibt True, wenn das nächste Zeichen Strg-Z oder CR ist.
- ReadLn(F,E) liest auch das am Dateiende stehende Strg-Z in die Variable E ein.

Bei logischen Geräteeinheiten wirken EoF und EoLn anders:

- EoF ergibt True, wenn das zuletzt gelesene Zeichen Strg-Z ist. EoLn bezieht sich entsprechend auf das zuletzt gelesene Zeichen einer Zeile.
- ReadLn(Con,E) kann nur *bis* zum Strg-Z bzw. CR lesen, nicht aber darüber hinaus.

Eingabe durch Return beenden (Programm EoLn1): Nach dem Drücken der Return-Taste liefert EoLn den Wert True.

Pascal-Quelltext und Ausführung zu Programm EoLn1:

```
PROGRAM EoLn1;
  {EoLn als Signal zum Beenden einer Eingabezeile}
VAR
  Zeichen: Char;

BEGIN
  WHILE NOT EoLn DO
    BEGIN
      Read(Zeichen)
    END;
  WriteLn; WriteLn('Zeichen: ', Zeichen);
  WriteLn('Eof, EoLn: ', Eof, ' ', EoLn)
END.
```

```
Diese Zeichen werden getippt und dann beendet.

Zeichen: .
Eof, EoLn: FALSE TRUE
```

Pascal-Quelltext und Ausführung zu Programm EoLn2:

```
PROGRAM EoLn2;
VAR
  Zeichen: Char;

BEGIN
  WriteLn('Zur Beendigung Taste ''t'' und /RETURN/ tippen.');
  REPEAT
    Read(Zeichen)
  UNTIL Zeichen = 't';
  WriteLn('Eof, EoLn: ', Eof, ' ', EoLn);
END.
```

```
Zur Beendigung Taste 't' und /RETURN/ tippen.
Freiburg im Schwarzwald hat
Eof, EoLn: FALSE TRUE
```

Strg-Z ans Dateiende schreiben: Das Programm EoF1 zeigt, daß beim Drücken der Return-Taste vom System automatisch ein Strg-Z an das Dateiende gespeichert wird.

Pascal-Quelltext und Ausführung zu Programm EoF1:

```
PROGRAM EoF1;
  {Funktion EoF testen}
VAR
  S: STRING;
CONST
  Beenden: Boolean = False;

BEGIN
  REPEAT
    ReadLn(S);
    IF Eof
      THEN
        BEGIN
          WriteLn('EoF erfüllt');
          Beenden := True;
        END;
  UNTIL Beenden;
END.
```

```
Nach Eingabe von RETURN beenden
EoF erfüllt
```

Pascal-Quelltext und Ausführung zu Programm EoF2:

```
PROGRAM EoF2;
  {Strg-Z erzeugt Dateiendemarkierung nur, wenn CheckEoF True ist}
USES Crt;
```

```
VAR
  S: STRING;

BEGIN
  CheckEof := True;
  WriteLn('Tastatureingabe mit /CTRL-Z/ beenden:');
  REPEAT
    ReadLn(S);
    IF Eof THEN WriteLn('EoF erfüllt');
  UNTIL Eof;
END.
```

```
Tastatureingabe mit /CTRL-Z/ beenden
Am Zeilenende RETURN gedrückt,
Jetzt wird CTRL-Z eingegeben
EoF erfüllt
```

Pascal-Quelltext und Ausführung zu Programm EoF3:

```
PROGRAM EoF3;
  {Text von EoF bzw. von /Ctrl-Z/}
USES Crt;

CONST
  Z: Char = Chr(0);

BEGIN
  CheckEof := True;
  WriteLn('Tastatureingabe mit /Ctrl-Z/ beenden:');
  WHILE NOT (Z = Chr(26)) DO          {^Z für Dateiende}
    BEGIN
      Z := ReadKey; Write(Z);
    END;
  WriteLn('Programmende EoF3.');
END.
```

```
Tastatureingabe mit /CTRL-Z/ beenden:
kondrol zett beendet. return geht auch nicht mehrProgrammende EoF3.
```

3.3.5 Nicht-typisierte Dateien

Nicht-typisierte Datei ohne Vereinbarung von Datei-Komponenten: Bei den typisierten Dateien werden Datensätze (FILE OF) oder Textzeilen (TEXT) als Komponenten vereinbart. Die Dateien unterscheiden sich dann durch den Datentyp ihrer Komponenten. Bei der nicht-typisierten Datei hingegen kann man keine Komponenten mit Datentypen vereinbaren, da das System die Ein-/Ausgabe blockweise in Längen von 128 Byte (bzw. 128 Byte-Vielfachen) vornimmt.

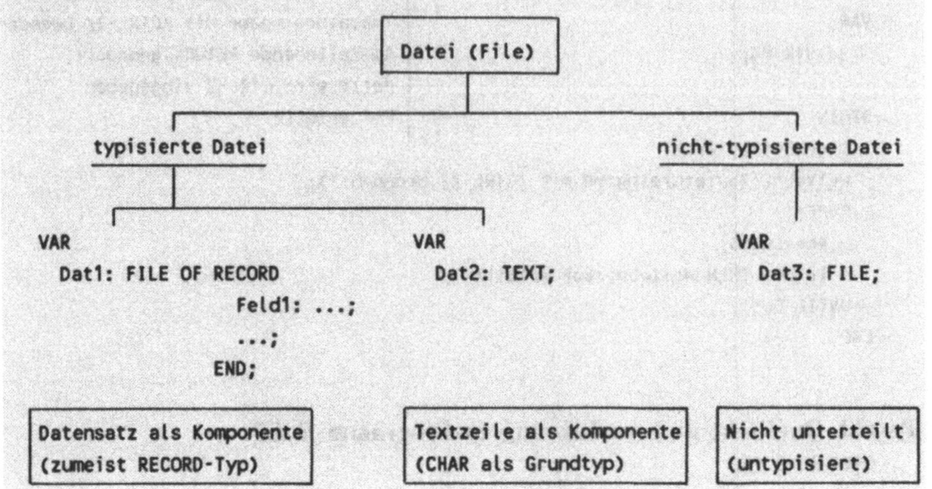

Typisierte und nicht-typisierte Dateien

Kompatibilität von Dateitypen: Eine nicht-typisierte Datei ist zu jedem anderen Dateityp kompatibel. Das bedeutet:

- Alle Dateiprozeduren und -funktionen sind verwendbar, außer Read, Write und Flush. Grund: Ein- und Ausgaben erfolgen nicht komponentenweise, sondern blockweise in 128-Byte-Blöcken. Man verwendet dazu BlockRead und BlockWrite.

Eine typisierte Datei (datensatz- und zeilenorientiert) kann auch als nicht-typisierte Datei verarbeitet werden. Die folgenden Programmbeispiele DelFile, RenFile und CopFile zeigen dies auf.

3.3.5.1 Datei löschen und umbenennen mit Erase und Rename

Programm DelFile als Löschprogramm:

- Mit VAR F: File wird eine Dateivariable F als nicht-typisierte Datei definiert.
- Da die FILE-Datei zu typisierten Dateien kompatibel ist, kann durch Assign(F,Fs) nach F der Dateiname Fs jeder beliebigen Datei vom Typ FILE, FILE OF oder TEXT zugewiesen werden.
- Erase(F) löscht somit beliebige Dateien von Diskette, sofern sie nicht mit Reset bzw. Rewrite geöffnet ist.

Pascal-Quelltext und Ausführung zu Programm DelFile:

```
PROGRAM DelFile;
  {Utility zum Löschen eines Files von der Diskette}
VAR
  F:  FILE;
  Fs: STRING[14];

BEGIN
  WriteLn('Einen File von der Diskette entfernen.');
  Write('Filename: '); ReadLn(Fs);
  Assign(F,Fs);
  Erase(F);
  WriteLn('File ',Fs,' gelöscht.')
END.
```

```
Name eines Files auf Diskette ändern.
Alter Filename: b:lestxt2.bak
Neuer Filename: b:sicher2.bak
Filename jetzt: b:sicher2.bak
```

Eine Datei umbenennen über Programm RenFile1: Rename(F,NeuName) weist der Dateivariablen einen neuen Dateinamen zu und aktualisiert das Directory.

Pascal-Quelltext und Ausführung zu Programm RenFile1:

```
PROGRAM RenFile1;
  {Utility zum Umbenennen eines Files auf Diskette}
VAR
  F:               FILE;
  AltName,NeuName: STRING[14];

BEGIN
  WriteLn('Name eines Files auf Diskette ändern.');
  Write('Alter Filename: '); ReadLn(AltName);
  Write('Neuer Filename: ');
  ReadLn(NeuName);
  Assign(F,AltName);
  Rename(F,NeuName);
  WriteLn('Filename jetzt: ',NeuName)
END.
```

```
Einen File von der Diskette entfernen.
Filename: b:lestxt3.bak
File b:lestxt3.bak gelöscht.
```

3.3.5.2 Fehlerbehandlung mit Funktion IOResult

**Automatische Fehlerprüfung mit {$B-} abschalten:** Das System nimmt automatisch eine Fehlerprüfung vor. Wird z.B. beim Umbenennen über Programm RenFile1 ein Dateiname angegeben, der bereits vergeben ist, so bricht das Programm die Ausführung mit einer Fehlermeldung ab. Soll ein solcher Abbruch nicht erfolgen, so kann die Prüfung über den Compilerbefehl {$B-} abgeschaltet werden. Das Programm RenFile2 zeigt, wie die Fehlerprüfung vom Programm übernommen werden kann:

- Mit {$B-} Reset(F); {$B+} die System-Fehlerprüfung abschalten.
- Kann Reset keine Datei öffnen, liefert die Funktion IOResult die entsprechende Fehlernummer. Bei korrektem Öffnen ergibt IOResult die Nummer 0.
- Wichtig: Nach jedem Aufruf der Funktion IOResult wird sofort wieder "auf Null" zurückgeschaltet. Aus diesem Grunde die Wertzuweisung an die Variable IOR.

Pascal-Quelltext zu Programm RenFile2:

```
PROGRAM RenFile2;
  {Utility zum Umbenennen eines Files mit Fehlerprüfung}
VAR
  F:                FILE;
  AltName,NeuName: STRING[14];
  Ior:              Integer;

BEGIN
  WriteLn('Den Namen eines Files auf Diskette ändern.');
  Write('Alter Filename: '); ReadLn(AltName);
  Write('Neuer Filename: '); ReadLn(NeuName);
  Assign(F,NeuName);
  {$I-}                         {Automatische I/O-Fehlerbehandlung aus}
  Reset(F);                     {Jetzt kein Programmabbruch, wenn
                                 File nicht existiert.}
  {$I+}                         {Automatische I/O-Fehlerbehandlung wieder an}
  IOR := IoResult;              {0 oder Fehlertyp-Nr. in IOR ablegen}
  IF IOR = 0                    {Kein I/O-Fehler: der File existiert.}
    THEN
      WriteLn('File namens ',NeuName,' existiert schon.')
    ELSE
      BEGIN
        Assign(F,AltName);
        Rename(F,NeuName);
        WriteLn('Filename jetzt: ',NeuName);
      END;
END.
```

Ausführung zu Programm RenFile2:

```
Den Namen eines Files auf Diskette ändern.
Alter Filename: lestxt2.bak
Neuer Filename: sicher2.bak
File namens sicher2.bak existiert schon.
```

3.3.5.3 Blockweises Übertragen mit BlockRead und BlockWrite

Datei kopieren über Programm CopFile: Über dieses Programm läßt sich eine Datei beliebigen Typs kopieren.

- Mit BlockRead(Von,Buf,1) werden die ersten 128 Byte der Von-Datei in die Variable Buf gelesen.
- Mit BlockWrite(Nach,Buf,1) wird dieser 128-Byte-Block dann auf die Nach-Datei geschrieben.
- Durch '1' wird angegeben, daß jeweils ein 128-Byte-Block zu übertragen ist.
- Die Ausführung zum Programm CopFile zeigt, daß die Blocklänge von 128 Byte über die Funktion FileSize als Komponentenlänge angegeben wird: Blöcke 0,1,2,...
- Die Recordlänge wurde in den Anweisungen Reset(Von,1) bzw. Rewrite(Nach,1) auf 1 Byte festgelegt.

Pascal-Quelltext zu Programm CopFile:

```
PROGRAM CopFile;
  {Utility zum Kopieren eines Files auf Diskette}
VAR
  Von,Nach:    FILE;
  VonS,NachS:  STRING[14];
  I:           Word;
  Buf:         ARRAY[1..128] OF Byte;

BEGIN
  WriteLn('Kopieren eines Files in ein anderes Diskettenfile.');
  Write('Name des Ursprungsfiles: '); ReadLn(VonS);
  Write('Name des Zielfiles:      '); ReadLn(NachS);
  Assign(Von,VonS);
  Assign(Nach,NachS);
  Reset(Von,1);
  Rewrite(Nach,1);
```

```
  WriteLn; Write('Übertragung von Komponente ');
  FOR I := 1 TO FileSize(Von) DO
    BEGIN
      BlockRead(Von,Buf,1);
      BlockWrite(Nach,Buf,1);
      Write(I,' ');
    END;
  Close(Nach); Close(Von);
  WriteLn; WriteLn('Zielfile ',NachS,' kopiert.');
END.
```

Ausführung zu Programm CopFile:

```
Name des Ursprungsfiles: b:eof1.bak
Name des Zielfiles:      b:eof1neu.bak

Übertragung von Komponente 1 2 3 4 5 6 7 8 9 10 11 12 13 14 15 16 17 18 19 20
 21  22 23 24 25 26 27 28 29 30 31 32 33 34 35 36 37 38 39 40 41 42 43 44
 45 46 47  ...  241 242 243 244 245 246 247 248
Zielfile b:eof1neu.bak kopiert.
```

Von Tastatur lesen: Gibt man als Dateinamen einen leeren String '' an (Return tippen), dann kann BlockRead von der Tastatur lesen bzw. BlockWrite auf den Bildschirm schreiben.

3

Programmierkurs mit Turbo Pascal Aufbaukurs

3.1 Set (Menge) als strukturierter Datentyp	19
3.2 Record (Verbund) als strukturierter Datentyp	35
3.3 File (Datei) als strukturierter Datentyp	55
3.4 Pointer (Zeiger) für dynamische Datentypen	85
3.5 Rekursive Abläufe	109
3.6 Programmorganisation	137
3.7 Suchen, Sortieren, Mischen und Gruppieren von Daten	149
3.8 Sequentielle Dateiorganisation	199
3.9 Direktzugriff-Dateiorganisation	216
3.10 Index-sequentielle Dateiorganisation	228
3.11 Stapel und Schlange	237
3.12 Zeigerverkettete Liste	277
3.13 Binärbaum	316
3.14 Gesteuerter Zugriff auf externe Einheiten	383
3.15 Objektorientierte Programmierung (OOP)	451

3.4.1 Überblick

Grundlagen in Abschnitt 3.4.2: Hier wird erklärt, wie man dynamische Variablen während der Programmausführung erzeugt und verarbeit. In Abschnitt 3.9 von Turbo Pascal-Wegweiser, *Grundkurs*, wurde bereits auf Zeiger für dynamische Datentypen eingegangen. In Abschnitt 3.4.2 werden die Grundlagen dynamischer Strukturen an einem Beispiel wiederholt und zusammengefaßt.

Heap-Verwaltung in Abschnitt 3.4.3: Wie verwaltet Turbo Pascal dynamisch erzeugte Variablen auf dem Heap (Stapel, Haufen)? Dabei wird auf 32-Bit-Adressen von PCs im Format *Segment:Offset* Bezug genommen.

LIFO-Struktur in Abschnitt 3.4.4: Im Gegensatz zu den vorangehenden Abschnitten werden Datenelemente nicht voneinander losgelöst erzeugt und verarbeitet, sondern durch Zeiger verkettet. Die LIFO-Struktur führt zum Stapel, Keller bzw. Stack als Datenstruktur.

FIFO-Struktur in Abschnitt 3.4.5: Anders als "Last in - First Out" führt das Prinzip "First in - First Out" zu einer Struktur mit zwei Zugängen - zur Schlange bzw. Queue.

3.4.2 Dynamisch erzeugte Variablen verarbeiten

3.4.2.1 Einführungsbeispiel

Das Programm Zeiger1 demonstriert an einem einfachen Beispiel, wie Variablen dynamisch erzeugt und verarbeitet werden.

Dynamische Variable P^ mit New(P) erzeugen (Programm Zeiger1):

- *Bezugstyp:* StringTyp1 wird als Bezugstyp vereinbart; die später dynamisch eingerichteten Variablen sollen sich dann auf diesen Typ beziehen.
- *Zeigertyp:* NeuerTyp wird als ^StringTyp1 (lies als: "Zeiger auf StringTyp1") vereinbart.
- *Zeigervariablen:* P und Q werden als Zeiger(-variablen) vereinbart.
- *Dynamische Variable P^ als Bezugsvariable:* Mit New(P) wird für eine dynamische Variable P^ Speicherplatz zur Ablage eines bis zu 20 Zeichen langen Strings reserviert und dem Zeiger P die Adresse von P^ zugewiesen. P^ heißt Bezugsvariable, da der Zeiger P auf P^ Bezug nimmt.

- *Statische und dynamische Variablen:* Der Zeiger P wird statisch unter VAR vereinbart. P^ hingegen wird dynamisch durch New(P) erzeugt, also erst zur Ausführungszeit.

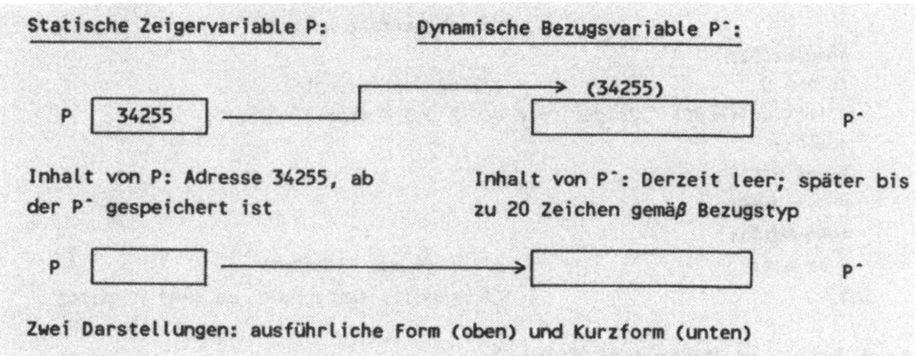

*New(P) grafisch dargestellt: Zeiger P verweist auf Bezugsvariable P^*

Pascal-Quelltext zu Programm Zeiger1:

```
PROGRAM Zeiger1;
  {Wertzuweisungen und Vergleiche mit Zeigervariablen}
TYPE
  StringTyp1 = STRING[20];             {Bezugstyp}
  NeuerTyp1  = ^StringTyp1;            {Zeigertyp zum Bezugstyp}
VAR
  P,Q:  NeuerTyp1;                     {Zwei Zeiger als statische Variablen}
  Name: StringTyp1;

PROCEDURE Ausgabe(N: Byte);
BEGIN
  {WriteLn(P,Q); ist fehlerhaft, da Zeiger-Eingabe/Ausgabe nicht erlaubt}
  WriteLn(N,': ',P^,' und ',Q^)
END; {von Ausgabe}

BEGIN
  WriteLn('Verarbeitung von Zeigern in Schritten:');
                              {Ausgabe(0) fehlerhaft, da kein P^ und Q^}
  New(P);
  New(Q);
  Ausgabe(0);
  Name := 'Irene';
  Q^ := 'Tillmann';           {Werte in Bezugsvariablen zuweisen}
  P^ := Q^;
  Ausgabe(1);
```

```
    Q^ := 'Klaus';
    Ausgabe(2);
    IF P^ <> Q^                         {Werte von Bezugsvariablen vergleichen}
      THEN WriteLn('   Bezugsvariablen P^ und Q^ sind verschieden.');
    P := Q;                             {Zeigerwerte zuweisen}
    Ausgabe(3);
    IF P = Q                            {Zeigerwerte vergleichen}
      THEN WriteLn('   Zeigerwerte von P und Q sind gleich.');
    New(P);
    Ausgabe(4);
    P^ := Name;
    Ausgabe(5);
    P := Nil;                           {P zeigt auf "nichts"}
  END.                                  {Ausgabe(6) fehlerhaft, da kein P^ mehr}
```

Ausführung zu Programm Zeiger1:

```
Verarbeitung von Zeigern in Schritten:
0: Tillmann und Klaus
1: Tillmann und Tillmann
2: Tillmann und Klaus
   Bezugsvariablen P^ und Q^ sind verschieden.
3: Klaus und Klaus
   Zeigerwerte von P und Q sind gleich.
4: Irene und Klaus
5: Irene und Klaus
```

Zuweisung und Vergleich der Werte von dynamischen Variablen:

- *Stringkonstante zuweisen:* Mit Q^ := 'Tillmann' wird der Bezugsvariablen ein 8-Zeichen-String zugewiesen.
- *Dynamische Variable zuweisen:* Mit P^ := Q^ wird der Inhalt von Q^ nach P^ kopiert. Beide Bezugsvariablen haben den gleichen Inhalt.
- *Dynamische Variablen vergleichen:* P^=Q^ THEN ... zeigt, daß sich dynamische Variablen wie statische Variablen vergleichen lassen.

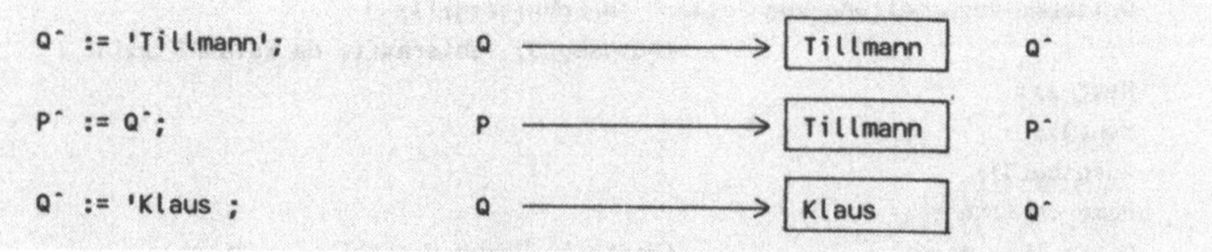

Zeiger Q und P zeigen auf Bezugsvariablen mit Strings als Inhalt

Zuweisung von Zeigerwerten anhand Programm Zeiger1:

- *Zeiger zuweisen:* Mit P := Q wird die Anfangsadresse von Q^ (bisheriger Inhalt von Zeiger Q) dem Zeiger P zugewiesen. Nun zeigt nicht nur Q, sondern auch P auf 'Klaus'.
- *Bitte unterscheiden:* Die Wertzuweisung von statischen Zeigervariablen (z.B. P:=Q) ist streng zu trennen von der Wertzuweisung von dynamischen Bezugsvariablen (z.B. P^:=Q^, siehe oben).

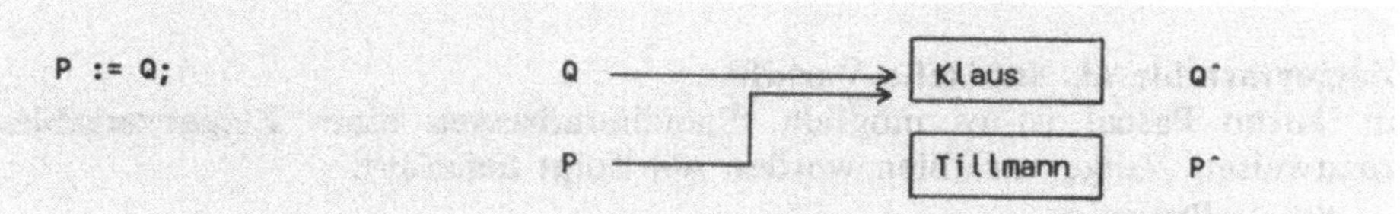

Wertzuweisung von Zeigern: Zeiger Q nach P zuweisen

New(P) erzeugt bei jedem Aufruf eine neue dynamische Variable:

- In Programm Zeiger1 wird nach New(P) erneut New(P) aufgerufen, um nochmals eine *neue* Variable zu erzeugen.
- Es liegen nun zwei Bezugsvariablen P^ vor: eine "alte und unerreichbar gewordene" Variable und eine neue Variable.

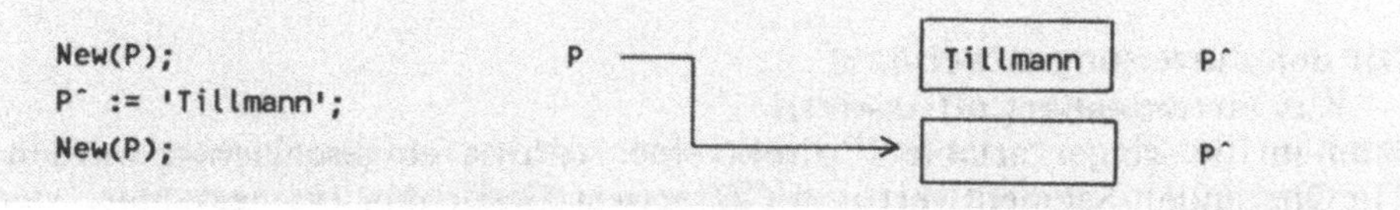

Mit New(P) nacheinander zwei Bezugsvariablen erzeugen

Zuweisung von Nil (Nichts) an einen Zeiger:

- Weist man P das Ergebnis der Funktion Nil zu, dann zeigt P auf "nichts", d.h. auf (noch) keine Bezugsvariable bzw. Adresse.
- Nil ist zu allen Bezugstypen kompatibel.

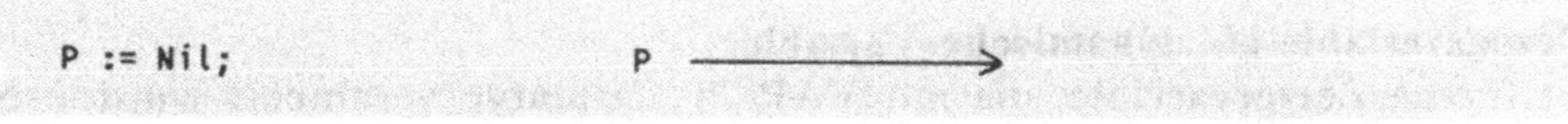

P zeigt auf nichts: P^ kann über P nicht mehr erreicht werden

Operationen auf Zeigervariablen:

- Wertzuweisungen und Vergleichsoperationen sind erlaubt.
- Die Prozedur Ausgabe von Programm Zeiger1 verdeutlicht: Den Inhalt von Zeigern kann man sich nicht direkt ausgeben lassen.

3.4.2.2 Zusammenfassung: Zeigervariable und Bezugsvariable

Zeigervariable als statische Variable:
In Turbo Pascal ist es möglich, Speicheradressen einer Zeigervariablen zuzuweisen. Zeigervariablen werden wie folgt definiert:

```
VAR P: ^Datentyp;
```

Beispiel: VAR P: ^Byte. Mit P:=Addr(Variablenname) wird dem Zeiger P die Adresse der Variablen als 32-Bit-Zeiger auf Segment und Offset zugewiesen.
Eine Adresse besteht bei 16-Bit-Rechnern aus zwei Integerzahlen, einem Segmentwert und einem Offsetwert. Den Segmentteil der Adresse einer Variablen kann man sich zeigen lassen mit:

```
WriteLn(Seg(Variablenname));
```

Der Offsetteil der Adresse einer Variablen wird gezeigt mit:

```
WriteLn(Ofs(Variablenname));
```

Mit der Zuweisungsanweisung

```
P := Ptr(Segmentwert,Offsetwert);
```

kann in die Zeigervariable P direkt eine Adresse eingeschrieben werden. Die Operanden Segmentwert und Offsetwert sind dabei Integerzahlen. Der Inhalt der Variablen, deren Adresse in P ist, kann folgendermaßen angezeigt werden:

```
WriteLn(P^);
```

Will man den Segmentwert und den Offsetwert der Adresse wissen, die in P steht, so schreibt man:

```
WriteLn(Seg(P^)); WriteLn(Ofs(P^));
```

Bezugsvariable als dynamische Variable:
Ist P eine Zeigervariable, die mit VAR P: ^Datentyp vereinbart wurde, so kann mit

```
New(P);
```

eine dynamische Variable P^ erzeugt werden. "Dynamisch" heißt, daß die Variable P^ erst während des Programmlaufes auf dem Heap eingerichtet wird. Der von P^ belegte Speicherplatz kann über Mark und Release bzw. über Dispose wieder freigegeben werden. Die dynamische Variable selbst

hat selbst keinen Namen; sie ist anonym und kann nur über eine Zeigervariable angesprochen werden.
Die Anweisung New(P) bewirkt, daß P die Anfangsadresse der neuen Variablen P^ enthält. Der Datentyp der Variablen P^ wird im Zuge der Vereinbarung der Variablen P angegeben. So ist im folgenden Beispiel P^ eine reelle Zahl, die auf dem Heap ab der Adresse gespeichert ist, auf die P zeigt:

```
VAR
  P: ^Real;                       {Bezugstyp Real; P als Zeiger auf Real}
BEGIN
  New(P);                         {Auf Heap 6 Bytes für P^ reserviert}
  P^ := 3.75;                     {3.75 in dynamische Variable ablegen}
  WriteLn(P^:5:2);                {Dynamische Var. über den Zeiger P}
END.                              {aufrufen und Inhalt anzeigen}
```

3.4.3 Dynamische Variablen auf Heap speichern

3.4.3.1 Kontrolle des Heapzeigers mit HeapPtr

Dynamische Variablen werden auf dem Heap bzw. Haufen als Speicherbereich des RAM verwaltet. Das Programm Zeiger2 gibt ein Beispiel an.

32-Bit-Adresse mit Segment und Offset anhand Programm Zeiger2:

- Zeigervariablen enthalten Adressen, die bei PCs aus der Segmentadresse (16 Bit=1 Wort) und der Offsetadresse (16 Bit=1 Wort) bestehen.
- WriteLn(Seg(P^)) zeigt das Segment des Inhalts von Zeiger P an.
- WriteLn(Ofs(P^)) zeigt den Offset des Inhalts von Zeiger P an.
- WriteLn(Seg(HeapPtr^),Ofs(HeapPtr^)) zeigt die obere Adresse des Heap an. Der vordefinierte Zeiger HeapPtr zeigt auf die Spitze des Heap, also auf den nächsten freien Speicherplatz.
- WriteLn(MemAvail) nennt die Anzahl der auf dem Heap derzeit noch verfügbaren Bytes.
- WriteLn(MaxAvail) nennt den größten zusammenhängenden freien Speicherplatz auf dem Heap in Bytes.
- P:=Ptr(Seg(P^),Ofs(P^)+24) weist dem Zeiger P direkt einen neuen Adreßwert zu (um 24 Bytes noch oben gerückt).
- Mark(Q) speichert die aktuelle Heapspitze, also den Wert des HeapPtr, im Zeiger Q ab.
- Release(Q) setzt die Heapspitze auf die Adresse von Zeiger Q zurück (Heap verkürzen) oder auch vor (höhere Adresse). Damit werden alle dynamischen Variablen über dieser Adresse gelöscht bzw. unerreichbar.

Pascal-Quelltext zu Programm Zeiger2:

```
PROGRAM Zeiger2;
  {Heapzeiger bei dynamischen Variablen}
TYPE
  StringTyp1 = STRING[20];
  NeuerTyp1  = ^StringTyp1;
VAR
  P,Q:  NeuerTyp1;
  Name: StringTyp1;

PROCEDURE Zeigerinhalt( N: Byte; Zc: Char; Z: NeuerTyp1);
BEGIN
  WriteLn( N, ': Inhalt von Zeiger ', Zc, ': ',Seg(Z^):6,':',Ofs(Z^));
END; {von Zeigerinhalt}

BEGIN
  WriteLn('Adresse des freien Speicherplatzes (Heap): ',
          Seg(HeapPtr^):6,':',Ofs(HeapPtr^));
  WriteLn('Noch freier Speicherplatz MemAvail: ', MemAvail, ' Bytes.');
  WriteLn('Größter zusammenhängender Block MaxAvail: ', MaxAvail, ' Bytes.');
  New(P);
  WriteLn('MemAvail nach New(P): ', MemAvail);
  WriteLn('MaxAvail nach New(P): ', MaxAvail);
  New(Q);
  WriteLn('MemAvail nach New(Q): ', MemAvail);
  WriteLn('MaxAvail nach New(Q): ', MaxAvail);
  Zeigerinhalt(1,'P',P);
  Zeigerinhalt(2,'Q',Q);
  Mark(Q);                                    {Adresse in Q merken für später}
  P := Q;
  Zeigerinhalt(3,'P',P);
  New(P);
  Zeigerinhalt(4,'P',P);
  New(P);
  Zeigerinhalt(5,'P',P);      {P:=P+24; unkorrekt, da falscher Operandentyp 24}
  P := Ptr( Seg(P^), Ofs(P^)+24 );
  Zeigerinhalt(6,'P',P);
  Release(Q);
  Zeigerinhalt(7,'Q',Q);
  WriteLn('Ende von Programm Zeiger2.');
END.
```

Ausführung zu Programm Zeiger2:

```
Adresse des freien Speicherplatzes (Heap):  28098:0
Noch freier Speicherplatz MemAvail: 74704 Bytes.
Größter zusammenhängender Block MaxAvail: 74704 Bytes.
MemAvail nach New(P): 74683
MaxAvail nach New(P): 74683
MemAvail nach New(Q): 74662
MaxAvail nach New(Q): 74662
1: Inhalt von Zeiger P:  28098:0
2: Inhalt von Zeiger Q:  28099:5
3: Inhalt von Zeiger P:  28100:10          {Mark(Q) wurde ausgeführt}
4: Inhalt von Zeiger P:  28100:10
5: Inhalt von Zeiger P:  28101:15
6: Inhalt von Zeiger P:  28101:39
7: Inhalt von Zeiger Q:  28100:10          {Release(Q) wurde ausgeführt}
Ende von Programm Zeiger2.
```

Adressen berechnen anhand der Ausführung von Programm Zeiger2:

- *Negative Adreßwerte:* Adressen setzen sich aus 16-Bit-Werten (Integer) zusammen. Da Pascal Integers, die über 32767 bzw. MaxInt liegen, als negative Zahlen interpretiert, müssen diese um 65536. vergrößert werden.
- *Adresse berechnen:* Aus **16*Segmentwert + Offsetwert** erhält man die jeweilige tatsächliche Adresse.
- *Zwei Beispiele zur Adreßberechnung:* Der Inhalt von Zeiger P ist 28098:0 bzw. 449568 (16*28098+0); in Q ist 28099:5 bzw. 449589 (16*28099+5) abgelegt. Durch New(Q) hat sich der Heapzeiger somit um genau 21 Bytes (449589-449568) nach oben verschoben.
- Bei Programmbeginn zeigt der Heapzeiger zunächst auf die Adresse 28098:0; das ist das erste freie Byte hinter dem Objektcode von Programm Zeiger2. Der Heap fängt somit hinter dem Code an.

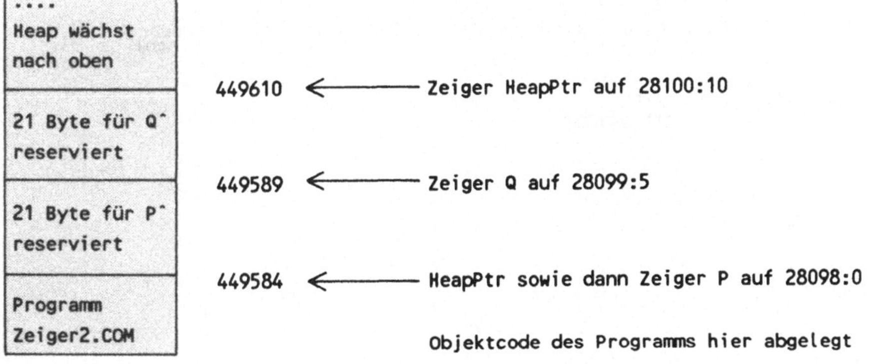

3.4.3.2 Platz auf dem Heap freimachen

Mit Mark und Release Heap-Speicherplatz löschen (Programm Zeiger2): Die Prozeduren Mark und Release verwendet man, um überflüssigen Speicherplatz auf dem Heap zu löschen bzw. für neue dynamische Variablen frei zu machen. Dazu das Ausführungsbeispiel zu Programm Zeiger2:

- Mark(Q) weist den aktuellen Adreßwert des Heapzeigers nach Q zu. Dies ist 28100:10 bzw. 449610. Q zeigt jetzt auf 449610.
- Nachdem durch zweimaligen Aufruf von New(P) zusätzliche dynamische Variablen P^ erzeugt wurden, steht der Heapzeiger auf einer entsprechend höheren Adresse. Der Zeigerwert von Q hingegen ist unverändert geblieben.
- Release(Q) setzt nun den Heapzeiger zurück auf 449610. Dadurch wird der darüberliegende Speicherplatz frei gemacht, d.h. alle in diesem Bereich liegenden dynamischen Variablen werden gelöscht bzw. unerreichbar..

Mit Dispose Heap-Speicherplatz einzeln löschen (Programm Zeiger21): Im Gegensatz zu Release(Zeiger) wird über die Prozedur Dispose(Zeiger) Speicherplatz auf dem Heap gezielt gelöscht; es entsteht somit gegebenenfalls eine Lücke.

- HeapPtr zeigt auf den nächsten freien Speicherplatz des Heap.
- Durch New(P) erhält P den Wert des HeapPtr und P^ kann unter dieser Adresse abgelegt werden.
- Durch New(P) wird der HeapPtr um jeweils 21 Bytes erhöht.
- Mittels Dispose(P) wird der HeapPtr zurückgesetzt, wobei P seinen Wert behält und P^ einen leeren String aufweist.
- Dispose(P) ohne vorheriges New(P) bringt die Heap-Verwaltung natürlich durcheinander.

Pascal-Quelltext zu Programm Zeiger21:

```
PROGRAM Zeiger21;
  {Demonstration zur Prozedur Dispose: Variablen gezielt löschen}
TYPE
  ZeigerTyp1 = ^Typ1;
  Typ1       = STRING[20];
```

```
    ZeigerTyp2 = ^Typ2;
    Typ2       = STRING[10];
  VAR
    P: ZeigerTyp1;
    Q: ZeigerTyp2;

  PROCEDURE Anzeige;              {Unterscheidung von Segment und Offset}
  BEGIN
    WriteLn('HeapPtr= ', Seg(HeapPtr^)*16 + Ofs(HeapPtr^),
            ' P= ', Seg(P^)*16 + Ofs(P^), ' Q= ', Seg(Q^)*16 + Ofs(Q^),
            ' MemAvail= ', MemAvail, ' MaxAvail= ', MaxAvail);
  END;

  BEGIN
    Anzeige;
    New(P); WriteLn('New(P)'); Anzeige;
    P^ := 'erster'; WriteLn(P^);
    Dispose(P); WriteLn('Dispose(P)'); Anzeige;
    WriteLn('P^= ',P^);
    New(Q); WriteLn('New(Q)'); Anzeige; Q^ := 'zweiter';
    New(Q); WriteLn('New(Q)'); Anzeige; Q^ := 'dritter';
    WriteLn('P^= ',P^); WriteLn('Q^= ',Q^);
    Dispose(P); WriteLn('Dispose(P)'); Anzeige;
    Dispose(Q); WriteLn('Dispose(Q)'); Anzeige;
    WriteLn('Ende von Programm Zeiger21.')
  END.
```

Ausführung zu Programm Zeiger21:

```
HeapPtr= 56128 P= 9072 Q= 23136 MemAvail= 74928 MaxAvail= 74928
New(P)
HeapPtr= 56149 P= 56128 Q= 23136 MemAvail= 74907 MaxAvail= 74907
erster
Dispose(P)
HeapPtr= 56128 P= 56128 Q= 23136 MemAvail= 74928 MaxAvail= 74928
P^= erster
New(Q)
HeapPtr= 56139 P= 56128 Q= 56128 MemAvail= 74917 MaxAvail= 74917
New(Q)
HeapPtr= 56150 P= 56128 Q= 56139 MemAvail= 74906 MaxAvail= 74906
P^= zweiter
Q^= dritter
Dispose(P)
HeapPtr= 56150 P= 56128 Q= 56139 MemAvail= 74919 MaxAvail= 74898
Dispose(Q)
HeapPtr= 56128 P= 56128 Q= 56139 MemAvail= 74928 MaxAvail= 74928
Ende von Programm Zeiger21.
```

Heap aufbauen und wieder freimachen über Programm Haufen1:

- Über die Prozeduren New wird der Heap aufgebaut; er wächst als Haufen von unten nach oben.
- Über Mark und Release wird der auf dem Heap belegte Speicherplatz wieder gelöscht und der Heap verkleinert.
- Über HeapPtr, MemAvail und MaxAvail läßt sich das Aufbauen und Abbauen des Heap kontrollieren.

Pascal-Quelltext zu Programm Haufen1:

```
PROGRAM Haufen1;
  {Demonstration zur Verwaltung des Heap}
TYPE
  Typ       = STRING[20];
  ZeigerTyp = ^Typ;
VAR
  P,Q: ZeigerTyp;

PROCEDURE Anzeige;
BEGIN
  WriteLn('HeapPtr= ', Seg(HeapPtr^)*16 + Ofs(HeapPtr^),
          ' P= ', Seg(P^)*16 + Ofs(P^), ' Q= ', Seg(Q^)*16 + Ofs(Q^),
          ' MemAvail= ', MemAvail, ' MaxAvail= ', MaxAvail);
END;

BEGIN
  WRITELN('Demonstration zur Kontrolle des Heap bzw. Haufens über');
  WRITELN('die Prozeduren New, Mark und Release und den Zeiger HeapPtr.');
  Anzeige;
  Write('Mark(P) '); Mark(P); WriteLn(' Mark(Q)'); Mark(Q); Anzeige;
  WriteLn('New(P) ');  New(P); Anzeige;
  WriteLn('New(P) ');  New(P); Anzeige;
  WriteLn('New(P) ');  New(P); Anzeige;
  WriteLn('New(P) ');  New(P); Anzeige;
  WriteLn('Release(P) ');  Release(P); Anzeige;
  WriteLn('Release(Q) ');  Release(Q); Anzeige;
  WriteLn('Ende von Programm Haufen1.')
END.
```

Ausführung zu Programm Haufen1:

```
Demonstration zur Kontrolle des Heap bzw. Haufens über
die Prozeduren New, Mark und Release und den Zeiger HeapPtr.
HeapPtr= 55968 P= 2464 Q= 8192 MemAvail= 75088 MaxAvail= 75088
Mark(P)  Mark(Q)
HeapPtr= 55968 P= 55968 Q= 55968 MemAvail= 75088 MaxAvail= 75088
New(P)
HeapPtr= 55989 P= 55968 Q= 55968 MemAvail= 75067 MaxAvail= 75067
New(P)
HeapPtr= 56010 P= 55989 Q= 55968 MemAvail= 75046 MaxAvail= 75046
New(P)
HeapPtr= 56031 P= 56010 Q= 55968 MemAvail= 75025 MaxAvail= 75025
New(P)
HeapPtr= 56052 P= 56031 Q= 55968 MemAvail= 75004 MaxAvail= 75004
Release(P)
HeapPtr= 56031 P= 56031 Q= 55968 MemAvail= 75025 MaxAvail= 75025
Release(Q)
HeapPtr= 55968 P= 56031 Q= 55968 MemAvail= 75088 MaxAvail= 75088
Ende von Programm Haufen1.
```

3.4.4 Records gemäß LIFO-Prinzip als Liste verketten

Datenstrukturen durch Verkettung über Zeiger bilden: In den Programmen Zeiger1, Zeiger2 und Zeiger21 wurden Variablen dynamisch erzeugt, um sie dann voneinander losgelöst bzw. beziehungslos zu verarbeiten. Nun kann man aber auch Beziehungen zwischen den Datenelementen herstellen: Man richtet Records ein und macht Record-Komponenten zu Zeigern, die auf andere Records verweisen. Auf diese Weise können komplexe Datenstrukturen aufgebaut werden. Am Programm Zeiger 3 wird auf die einfachste Möglichkeit zur Verkettung von Records eingegangen: Jeder Record enthält *eine* Komponente, die als Zeiger auf den nächsten Record als *Nachfolger* verweist.

Liste als Verkettung von Records anhand Programm Zeiger3:

- *Zwei Feldtypen:* Der Record vom ElementTyp besteht aus zwei Nutzdatenfeldern (Name, Nummer) und einem Zeigerfeld (Nachfolger) zur Verkettung.
- *Liste:* Die Folge von sieben Records bildet eine *Liste*: Tillmann wird zuerst und Irene zuletzt eingegeben.
- *Zwei Zeiger:* P_Anker zeigt auf den zuletzt eingegebenen Record und P_Aktuell zeigt auf den zur Eingabe anstehenden Record.

Eingabe des ersten Listenelements (Schritt 1 in Programm Zeiger3):

- P_Anker := Nil versieht die Liste vor dem Eintritt in die WHILE-Schleife mit einer *Erdung*, indem der Zeiger P_Anker auf *nichts* zeigt. Diese Erdung wird nur einmal vorgenommen.
- New(P_Aktuell) kann das folgende Listenelement dynamisch erzeugen. Dem Zeiger P_Aktuell wird die Anfangsadresse eines Records in der Größe von ElementTyp zugewiesen.
- Nach P_Aktuell^.Name:=Eingabe und P_Aktuell^.Nummer:=1 sieht die Liste nun wie folgt aus:

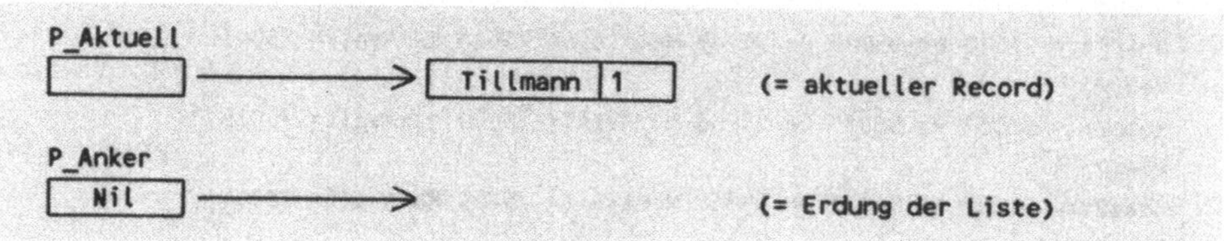

Anfügen weiterer Listenelemente (Schritt 2):

- P_Aktuell^.Nachfolger:=P_Anker erdet das aktuelle Listenelement mit Tillmann (P_Anker hat derzeit ja den Wert Nil).
- P_Anker:=P_Aktuell als Zeigerzuweisung richtet nun den Zeiger P_Aktuell auf das aktuelle Element.
- New(P_Aktuell) erzeugt ein neues Element, um die zwei Nutzdaten 'Klaus'und 2 in der Bezugsvariablen P_Aktuell^ abzulegen.
- Durch die Anweisungsfolge

```
P_Aktuell^.Nachfolger := P_Anker;        = Verankerung hoch setzen
P_Anker := P_Aktuell;                    = Listenelement verketten
New(P_Aktuell);                          = Neues Element erzeugen
```

  baut man in der Schleife die verkettete Liste auf.

Pascal-Quelltext zu Programm Zeiger3:

```
PROGRAM Zeiger3;
  {Aufbau einer Namensliste als Stack, Keller nach dem LIFO-Prinzip}
TYPE
  StringTyp1 = STRING[20];
  ZeigerTyp  = ^ElementTyp;
  ElementTyp = RECORD                           {Bezugstyp}
                Name:       StringTyp1;       {Zwei Nutzdatenfelder}
                Nummer:     Byte;
                Nachfolger: ZeigerTyp;        {Verkettung zum nächsten Element}
              END;
```

```
VAR
  Eingabe:   StringTyp1;
  Zaehler:   Byte;
  P_Anker:   ZeigerTyp;                    {Anfangsadressen-Zeiger}
  P_Aktuell: ZeigerTyp;                    {Aktuelle Adressen-Zeiger}

PROCEDURE Eingeben;
BEGIN
  WriteLn('Namen in eine Liste eingeben (RETURN fuer Ende):');
  Zaehler := 1;
  P_Anker := NIL;
  New(P_Aktuell);                          {Erstes Element erzeugen}
  Write('Erster Name ? '); ReadLn(Eingabe);
  P_Aktuell^.Name := Eingabe;
  P_Aktuell^.Nummer := Zaehler;
  WHILE Eingabe <> '' DO
  BEGIN
    P_Aktuell^.Nachfolger := P_Anker;      {Verkettung: Adresse speichern}
    P_Anker := P_Aktuell;
    New(P_Aktuell);                        {Neues Element erzeugen}
      Zaehler := Zaehler+1;
      Write('Name ',Zaehler,' ?       ');
      ReadLn(Eingabe);
    P_Aktuell^.Name := Eingabe;
    P_Aktuell^.Nummer := Zaehler;
    END; {von WHILE}
END; {von Eingeben}

PROCEDURE Ausgeben;
BEGIN
  WriteLn; WriteLn('Namen aus der Liste wieder ausgeben:');
  P_Aktuell := P_Anker;
  WHILE P_Aktuell <> NIL DO
  BEGIN
    WriteLn(P_Aktuell^.Nummer,'  ',P_Aktuell^.Name);
    P_Aktuell := P_Aktuell^.Nachfolger;
  END; {von WHILE}
END; {von Ausgeben}

BEGIN
  Eingeben;
  Ausgeben;
  WriteLn('Ende von Programm Zeiger3.')
END.
```

Ausführung zu Programm Zeiger3: **Aufgebaute Liste:**

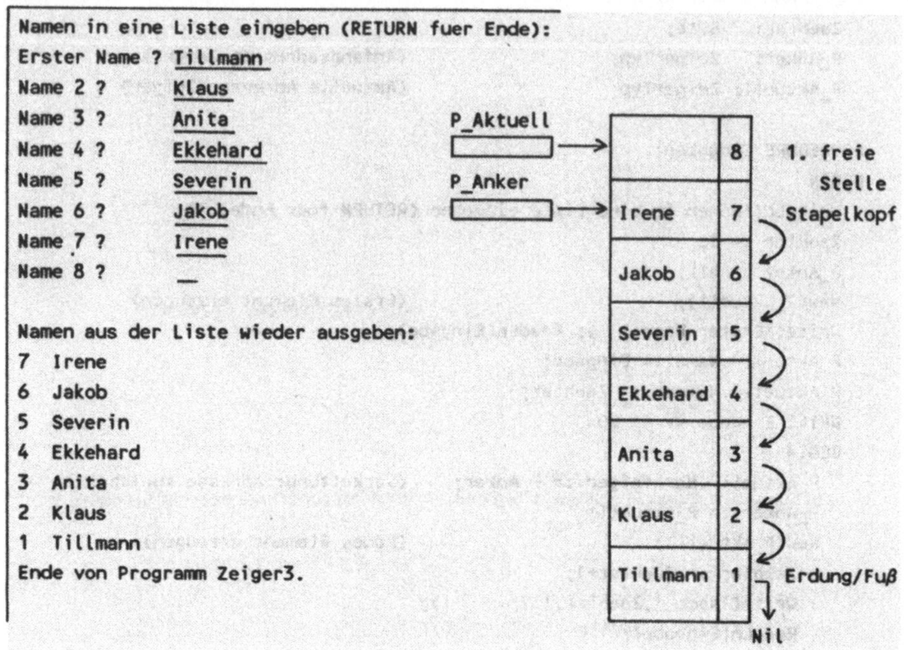

Liste nach dem LIFO-Prinzip ausgeben (Schritt 3, Programm Zeiger3):

- LIFO steht für "Last in - First Out". Über die Prozedur Ausgeben von Programm Zeiger3 wird "... was zuletzt eingegeben wurde, zuerst am Bildschirm ausgegeben".
- P_Aktuell := P_Aktuell^.Nachfolger schreitet nach jeder Ausgabe zum nachfolgenden Element fort. Der im aktuellen Listenelement gefundene Zeigerwert Nachfolger wird dem Zeiger P_Aktuell zugewiesen.
- Die Zeigerzuweisungen werden über WHILE P_Aktuell <> Nil ... wiederholt, bis P_Aktuell auf "nichts" mehr zeigt, d.h. bis wieder die Erdung der Namensliste erreicht ist.

3.4.5 Records gemäß FIFO-Prinzip als Liste verketten

Unterschiede der Programme Zeiger40 und Zeiger3 (Abschnitt 3.4.3):

1. Das Listenelement besteht nur noch aus zwei anstelle von drei Elementen: Element.Name zur Aufnahme der Nutzdaten (hier: des

Namens) und Element.Nachfolger für den Zeiger auf das nachfolgende Listenelement.

2. Das LIFO-Prinzip wird durch das FIFO-Prinzip ersetzt: "First in - First out" bzw. "was zuerst eingegeben wurde, wird auch zuerst ausgegeben".

Pascal-Quelltext zu Programm Zeiger40:

```
PROGRAM Zeiger40;
  {Aufbau einer Namensliste als Schlange nach dem FIFO-Prinzip}
TYPE
  StringTyp1 = STRING[20];
  ZeigerTyp  = ^ElementTyp;
  ElementTyp = RECORD
                 Name:       StringTyp1;
                 Nachfolger: ZeigerTyp;
               END;
VAR
  Erster: ZeigerTyp;

PROCEDURE Eingeben;
LABEL E;
VAR
  Neu, P: ZeigerTyp;
BEGIN
  WriteLn('Namen in die Liste eingeben (/RETURN/ für Ende):');
  New(Erster); Neu := Erster;
  ReadLn(Neu^.Name);
  IF Neu^.Name = ''    {Sonderfall, falls gleich zu Beginn /RETURN/ gedrückt}
    THEN
      BEGIN
        Erster := NIL; GOTO E;
      END;
  WHILE Neu^.Name <> '' DO
    BEGIN
      P := Neu; New(Neu); P^.Nachfolger := Neu;              {P weiterrücken}
      ReadLn(Neu^.Name);
    END; {von WHILE}
  P^.Nachfolger := NIL;                              {P^ ist das letzte Element}
E:Release(Neu);                                    {Neu^ wird nicht mehr benötigt}
END; {von Eingeben}
```

```
PROCEDURE Ausgeben;
VAR
  P: ZeigerTyp;
BEGIN
  WriteLn('Ausgabe der Namen:');
  P := Erster;                                    {First In - First Out}
  WHILE P <> NIL DO
    BEGIN
      WriteLn(P^.Name); P := P^.Nachfolger;
    END;
END; {von Ausgeben}

BEGIN
  WriteLn('Aufbau und Wiedergabe einer Liste nach dem FIFO-Prinzip.');
  Eingeben;
  Ausgeben;
  WriteLn('Ende des Programms Zeiger40.');
END.
```

Ausführung zu Programm Zeiger40:

```
Aufbau und Wiedergabe einer Liste nach dem FIFO-Prinzip.
Namen in die Liste eingeben (/RETURN/ für Ende):
Tillmann
Klaus
Anita
Ekkehard
Severin
Jakob
Irene

Ausgabe der Namen:
Tillmann
Klaus
Anita
Ekkehard
Severin
Jakob
Irene
Ende des Programms Zeiger40.
```

3.4.5.1 LIFO (Keller) und FIFO (Schlange)

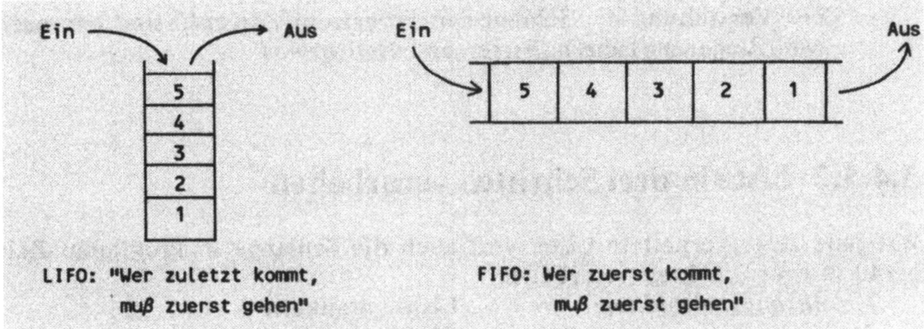

Gegenüberstellung von LIFO-Struktur und FIFO-Struktur

LIFO-Struktur in Programm Zeiger3 als Stapel: Eine Liste mit nur einem Zugang bezeichnet man als *Stapel*, *Keller* bzw. *Stack*. Bei dieser sequentiellen Datenstruktur kann also nur über das zuletzt abgelegte Datenelement zugegriffen werden. Eine solche LIFO-Struktur wurde in Programm Zeiger3 (Abschnitt 3.4.4) aufgebaut:

- Der Zeiger P_Anker markiert das auf dem Stapelkopf befindliche Listenelement, von dem aus dann bis zu Nil Element für Element gelesen werden kann.
- Da ein Stapel wachsen und schrumpfen kann, nimmt der Stapelkopf zu oder auch ab.

FIFO-Struktur in Programm Zeiger40 als Schlange: Die FIFO-Struktur arbeitet wie eine Warteschlange und wird als Schlange bzw. Queue bezeichnet. Die Datenelemente werden am Ende der Schlange (Kopf) angesammelt und vom Anfang der Schlange (Fuß) her verarbeitet.

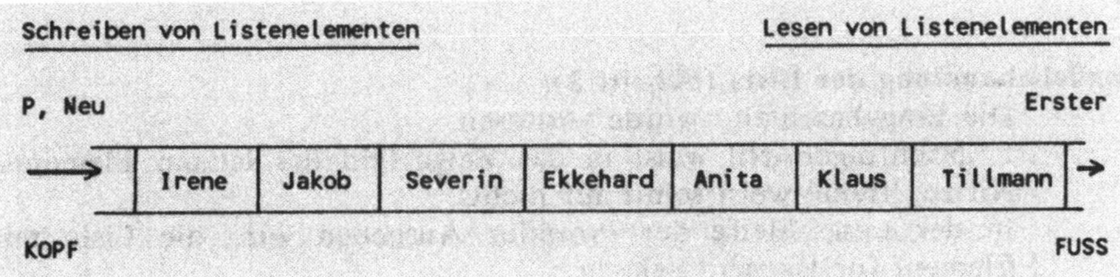

Liste als FIFO-Struktur, Schlange bzw. Queue in Programm Zeiger40

- Die FIFO-Struktur besitzt zwei Zugänge: Schreiben über den Kopf (Hinzufügen stets ans Ende) und Lesen über den Fuß (Entnehmen stets vom Anfang her).
- Zur Verwaltung der Schlange in Programm Zeiger40 sind demnach zwei Zeiger zu führen: Erster und Neu bzw. P.

3.4.5.2 Liste in drei Schritten verarbeiten

Wie jede zeigerverkettete Liste wird auch die Schlange in Programm Zeiger40 in drei Schritten verarbeitet:

1.	*Anfangsbehandlung:*	Liste verankern
2.	*Wiederholungsbehandlung:*	Elemente schreiben bzw. lesen
3.	*Endebehandlung:*	Liste auf dem Heap schließen

Liste verankern als Anfangsbedingung (Schritt 1):

- Prozedur Eingeben von Programm Zeiger40.
- New(Erster); Neu:=Erster; ReadLn(Neu^.Name); erzeugt das erste Listenelement für 'Tillmann'.
- Zwei Zeiger verweisen auf 'Tillmann': Erster und P bzw. Neu.
- Erster als globale Variable bleibt dauernd auf 'Tillmann' stehen und wird später zum Lesen gebraucht.
- Neu als lokale Variable wird immer um ein Element weitergerückt und zeigt auf das jeweils neue bzw. aktuelle Element.

Wiederholungsbehandlung der Liste (Schritt 2):

- Nach der Zeigerverkettung P:=Neu zeigt auch P auf 'Tillmann'.
- New(Neu) erzeugt ein neues Element.
- P^.Nachfolger:=Neu verkettet 'Tillmann' mit dem später einzugebenden Namen (hier mit 'Klaus').
- Nach Eingabe von 'Klaus' wird der Vorgang wiederholt, bis für Neu^.Name der Leerstring '' bzw. Return eingegeben wird.

Endebehandlung der Liste (Schritt 3):

- Die Eingabeschleife wurde verlassen.
- P^.Nachfolger:=Nil weist in das Zeigerfeld des letzten Elementes Nil zu: 'Irene' weist somit auf nichts.
- In der Leseschleife der Prozedur Ausgeben wird die Liste nun Element für Element gelesen
- Abschließend setzt Release(Neu) den Heapzeiger auf die Adresse von Neu; die dynamische Variable ^Neu wird gelöscht, da der HeapPtr immer auf das erste freie Byte des Heap zeigt

3.4.5.3 Alternative Verwaltung einer Schlange

Zeiger41 als Änderung zu Programm Zeiger40: Im folgenden Programm Zeiger41 wird die gleiche Schlange wie von Programm Zeiger40 (vgl. Abschnitte 3.4.5.1 und 3.4.5.2) aufgebaut. Die Programmierung sieht jedoch ein anderes Vorgehen vor:

- New(P^.Nachfolger) erzeugt einerseits ein neues Listenelement und stellt andererseits die Verbindung zum Nachfolger her. Auf das neue Element weist der Zeiger P^.Nachfolger.
- Eingabe über die WHILE-Schleife. Zum Zeitpunkt der Abfrage WHILE P^.Nachfolger^.Name<>'' DO ... müssen bereits *zwei* Listenelemente existieren. Wenn schon nach dem ersten Namen oder gleich zu Beginn die Return-Taste gedrückt wird, dann sind diese Eingaben als Sonderfälle zuvor zu behandeln. Im Programm Zeiger41 werden dazu GOTO-Anweisungen (sehr mutig!) verwendet.

Pascal-Quelltext zu Programm Zeiger41:

```
PROGRAM Zeiger41;
  {Aufbau einer Namensliste als Schlange nach dem FIFO-Prinzip}
TYPE
  StringTyp  = STRING[20];
  ZeigerTyp  = ^ElementTyp;
  ElementTyp = RECORD
                 Name:       StringTyp;
                 Nachfolger: ZeigerTyp;
               END;
VAR
  Erster: ZeigerTyp;

PROCEDURE Eingeben;
LABEL E,F;
VAR
  P,H: ZeigerTyp;
BEGIN
  WriteLn('Namen in eine Liste eingeben (/RETURN/ für Ende):');
  New(Erster); P := Erster;
  ReadLn(P^.Name);
  IF P^.Name = ''
    THEN
      BEGIN
        Erster := NIL; GOTO E;
      END;
  New(P^.Nachfolger);
  ReadLn(P^.Nachfolger^.Name);
```

```
    IF P^.Nachfolger^.Name = '' THEN GOTO F;
    WHILE P^.Nachfolger^.Name <> '' DO
      BEGIN
        P := P^.Nachfolger;
        New(P^.Nachfolger);
        ReadLn(P^.Nachfolger^.Name);
      END;  {von WHILE}
  F: H := P^.Nachfolger; P^.Nachfolger := NIL; P := H;
  E: Release(P);
  END; {von Eingeben}

  PROCEDURE Ausgeben;
  VAR
    P: ZeigerTyp;
  BEGIN
    WriteLn('Ausgabe der Namen:');
    P := Erster;
    WHILE P <> NIL DO
      BEGIN
        WriteLn(P^.Name); P := P^.Nachfolger;
      END;
  END; {von Ausgeben}

  BEGIN
    Eingeben;
    Ausgeben;
    WriteLn('Ende von Programm Zeiger41.')
  END.
```

Ausführung zu Programm Zeiger41:

```
Namen in eine Liste eingeben (/RETURN/ für Ende):
K
l
a
u
s

Ausgabe der Namen:
K
l
a
u
s
Ende von Programm Zeiger41.
```

3.4.6 Externe und interne Folgen

Dateien als Folgen: In Abschnitt 3.3 wurden Dateien (Files) durch die reservierten Wörter FILE OF, TEXT und FILE vereinbart:

Dateityp:	*Kennzeichen:*
- FILE OF Komponententyp	typisiert, datensatzorientiert
- TEXT	typisiert, zeilenorientiert
- FILE	nicht-typisiert

Da es dabei auf die Reihenfolge der Eintragungen der Dateikomponenten ankommt, bezeichnet man Dateien oft auch als *Folgen.*

Array als Folge: Auch der Array zählt zu den Folgen. Im Gegensatz zu den Files muß die Anzahl der Komponenten eines Arrays jedoch zum Zeitpunkt der Vereinbarung festgelegt werden.

Menge und Folge: Das Gegenstück zur Folge bildet der SET als Mengentyp: Die Elemente einer Menge werden ungeordnet gespeichert; die Reihenfolge wie auch Mehrfachnennungen von Mengenelementen sind unwichtig.

Externe und interne Folgen: Folgen lassen sich extern auf einem on-line angeschlossenen Speicher oder intern im RAM ablegen.

- *Dateizeiger:* Für externe Folgen verwaltet das System einen Dateizeiger. Die Funktion EoF gibt True, wenn dieser Zeiger am Dateiende steht.
- *Heapzeiger:* Für interne Folgen weist der HeapPtr als Zeiger stets auf das Ende des für dynamischen Variablen verwalteten Heap.

Externe Folge: Datei (File) auf Externspeicher abgelegt

- Dateivariable stellt Verbindung zwischen Programm und Externspeicher her (Assign, Reset/Rewrite).
- Drei Dateitypen:

```
FILE OF ...;
TEXT;
FILE
```

Interne Folge: Über Zeiger dynamische Datenstrukturen erzeugen

- Folge bei Abschalten des PCs auf dem Heap gelöscht.
- FIFO-Struktur und LIFO-Struktur als Grundformen:

```
TYPE Zeiger = ^Daten;
VAR P1,P2: Zeiger;
```

Unterscheidung von externen und internen Folgen

3

Programmierkurs mit Turbo Pascal

Aufbaukurs

3.1 Set (Menge) als strukturierter Datentyp	19
3.2 Record (Verbund) als strukturierter Datentyp	35
3.3 File (Datei) als strukturierter Datentyp	55
3.4 Pointer (Zeiger) für dynamische Datentypen	85
3.5 Rekursive Abläufe	109
3.6 Programmorganisation	137
3.7 Suchen, Sortieren, Mischen und Gruppieren von Daten	149
3.8 Sequentielle Dateiorganisation	199
3.9 Direktzugriff-Dateiorganisation	216
3.10 Index-sequentielle Dateiorganisation	228
3.11 Stapel und Schlange	237
3.12 Zeigerverkettete Liste	277
3.13 Binärbaum	316
3.14 Gesteuerter Zugriff auf externe Einheiten	383
3.15 Objektorientierte Programmierung (OOP)	451

3.5.1 Überblick

Begriff der Rekursion: Ein Unterprogramm (Prozedur, Funktion) kann aufgerufen werden, sobald es vereinbart worden ist. Das einmal definierte Unterprogramm kann mehrmals bzw. an verschiedenen Stellen im Programmtext aufgerufen werden. Erfolgt der Aufruf innerhalb des Unterprogramms selbst, spricht man von *Rekursion*:

Das rekursive Unterprogramm ruft sich selbst auf.

Der Begriff der Rekursion kommt aus dem Lateinischen von "recurrere", also von Zurücklaufen: Ein Unterprogramm, das sich selbst aufruft, "läuft auf sich selbst zurück", in dem es sich wiederholt. Dadurch schachtelt sich das rekursive Unterprogramm immer wieder erneut ein. Entscheidend ist, daß das "wiederholte Selbst-Aufrufen bzw. Ineinanderschachteln" einmal endet. Hier ein Beispiel für eine Rekursion aus dem Alltag:

Auf dem Fensehbild ist neben dem Moderator ein Fernsehgerät installiert, dessen Bild wiederum den Moderator zeigt, dessen Bild wiederum ...

Grundlagen der Rekursion in Abschnitt 3.5.2: Es wird dargestellt, wie die Rekursion im Sinne einer *Wiederholung mittels Schachtelung* zur Lösung von Problemen eingesetzt werden kann.

Rekursion und Iteration in Abschnitt 3.5.3: Es wird gezeigt, daß sich ein über eine Rekursion gelöstes Problem stets auch über eine Iteration bzw. Schleifenbildung lösen läßt.

Direkte Rekursion in Abschnitt 3.5.4: Unterprogramme rufen sich selbst auf.

Indirekte Rekursion in Abschnitt 3.5.5: Unterprogramme rufen sich gegenseitig auf (FORWARD-Vereinbarung).

3.5.2 Rekursion als Wiederholen durch Schachteln

3.5.2.1 Eine Prozedur ruft sich wiederholt auf

Problemstellung zu Programm Stapeln1: Über das Programm Stapeln1 werden Strings eingegeben, gestapelt und wieder ausgegeben. Im ersten Ausführungsbeispiel werden dazu einzeln sieben Namen eingetippt, um dann über 'Ende' den Eingabevorgang zu beenden. Anschließend gibt das Programm die sieben Namen in umgekehrter Reihenfolge wieder aus.

- *Iteration:* Ein solches Problem läßt sich über eine Schleife bzw. Iteration lösen.
- *Rekursion:* Das Programm Stapeln1 hat jedoch keine Schleife. Das wiederholte "... einen neuen Namen eingeben" wird dadurch erreicht, daß sich eine Prozedur NameNeu bis zur Eingabe von 'Ende' immer wieder selbst aufruft. NameNeu ist eine rekursive Prozedur. Das Problem wird über eine Rekursion gelöst.

NameNeu als rekursive Prozedur in Programm Stapeln1:

- Beim 1. Aufruf der Prozedur NameNeu wird 'Tillmann' eingegeben und in der lokalen Variablen Ein gespeichert.
- Beim 2. Aufruf von NameNeu wird Ein nochmals vereinbart, d.h. für ein zweites Ein wird Speicherplatz im RAM reserviert. In das zweite Ein (wir kürzen es als Ein-2 ab) wird 'Klaus' abgelegt. Da *Ein als lokale Variable* nur innerhalb der Prozedur NameNeu definiert ist, können für Ein-1, Ein-2, Ein-3, ... verschiedene Werte gespeichert werden.
- Bei jedem Aufruf von NameNeu wird der nächste Name abgespeichert. Nachdem in Ein-7 der Name 'Irene' abgelegt wurde, erhält Ein-8 den String 'Ende'.

Lokale Variablen auf Rekursion-Stack speichern: Turbo Pascal legt zur Speicherung der Variablen Ein-1 bis Ein-8 einen Stack an, d.h. einen Stapelspeicher, auf dem der zuletzt eingegebene Wert stets über die vorhergehenden Werte gestapelt wird.

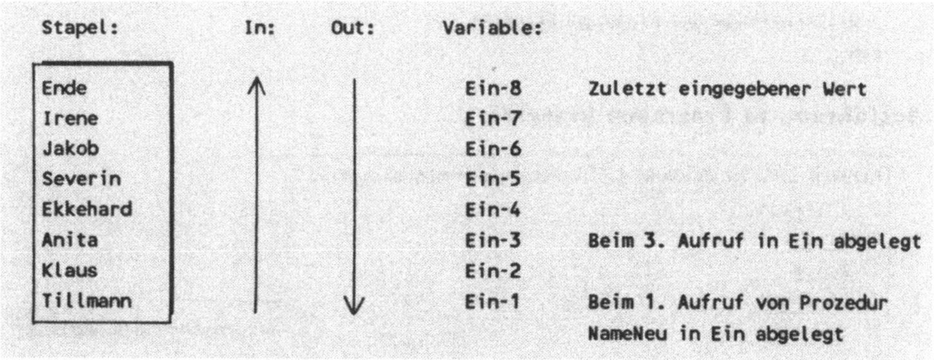

```
Stapel:        In:    Out:    Variable:

Ende            ^      |       Ein-8    Zuletzt eingegebener Wert
Irene           |      |       Ein-7
Jakob           |      |       Ein-6
Severin         |      |       Ein-5
Ekkehard        |      |       Ein-4
Anita           |      |       Ein-3    Beim 3. Aufruf in Ein abgelegt
Klaus           |      |       Ein-2
Tillmann        |      v       Ein-1    Beim 1. Aufruf von Prozedur
                                        NameNeu in Ein abgelegt
```

Rekursion-Stack am Beispiel von Programm Stapeln1

Rekursion-Stack wieder leeren: Eine Rekursion darf nicht endlos ablaufen, da sonst der Stack einmal überlaufen würde.

- Der rekursive Aufruf von Prozedur NameNeu wird beendet, sobald die Abbruchbedingung Ein='Ende' erfüllt ist.
- Nach Eingabe von 'Ende' wird die Anweisung WriteLn(Ein) ausgeführt. Pascal räumt nun Name für Name vom Stack und gibt ihn am Bildschirm aus.

Der Stapel ist nach dem LIFO-Prinzip organisiert. Da er nur von oben bedient werden kann, erscheint 'Tillmann' als zuerst eingegebener Name auch als letzter am Bildschirm. Die Reihenfolge der Eingabe kehrt sich bei der Ausgabe somit um.

Pascal-Quelltext zu Programm Stapeln1:

```
PROGRAM Stapeln1;
  {Strings mittels Rekursion eingeben, stapeln und wieder ausgeben}

PROCEDURE NameNeu;
VAR
  Ein: STRING[20];
BEGIN
  Write('?  ');
  ReadLn(Ein);
  IF Ein <> 'Ende' THEN NameNeu;              {Rekursiver Aufruf von NameNeu}
  WriteLn('-> ',Ein);
END; {von NameNeu}

BEGIN
  WriteLn('Strings bis 20 Zeichen bzw. ''Ende'' einzeln eingeben:');
  NameNeu;
  WriteLn('Alle auf dem Rekursion-Stack gestapelten Strings ausgegeben.');
  WriteLn('Ende von Programm Stapeln1.')
END.
```

Ausführung zu Programm Stapeln1:

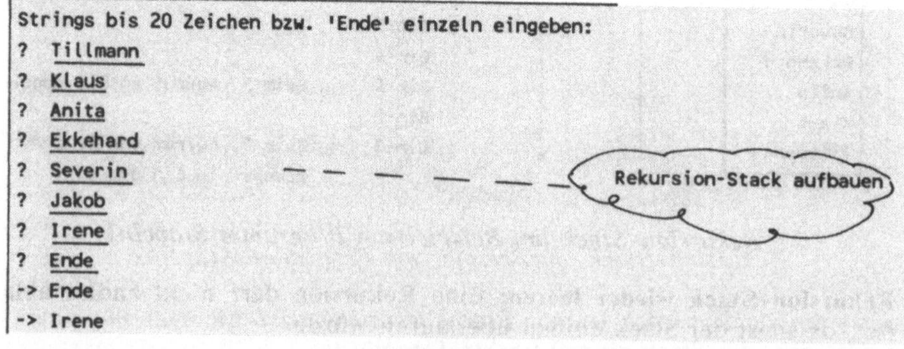
```
Strings bis 20 Zeichen bzw. 'Ende' einzeln eingeben:
? Tillmann
? Klaus
? Anita
? Ekkehard
? Severin
? Jakob
? Irene
? Ende
-> Ende
-> Irene
```

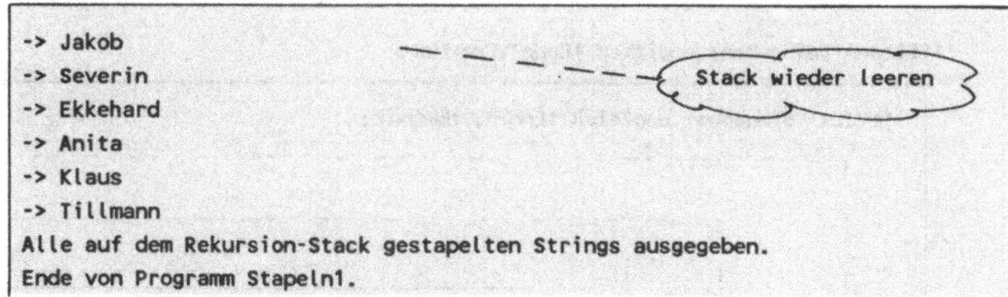

3.5.2.2 Heap und Rekursion-Stack als LIFO-Stapel

In Abschnitt 3.4 wurde der Heap bzw. Haufen als Speicher zur Verwaltung von dynamischen Variablen erklärt. Stellt man die Ausführungen der Programme Stapeln1 (Abschnitt 3.5.2.1) und Zeiger3 (Abschnitt 3.4.4.1) gegenüber, dann zeigen sich deutliche Parallelen zwischen dem rekursiven Prozeduraufruf einerseits und der Verkettung von Listenelementen durch Zeiger andererseits:

- Rekursion-Stack und Heap werden beide nach dem LIFO-Prinzip verwaltet (Last in - First Out).
- Zur Kontrolle stellt das System vordefinierte Variablen bereit: RecurPtr für die Rekursion (nur für 8-Bit-Rechner; bei 16-Bit-Rechnern werden Rücksprungadressen im Stacksegment übergeben) und HeapPtr für dynamische Variablen.
- Im Gegensatz zum Heap wächst der Rekusion-Stack *von oben nach unten*, also abwärts in Richtung kleinerer Adressen.

3.5.2.3 Grafische Darstellung der Rekursion

Aufgrund des "wiederholt geschachtelten Aufrufens einer Prozedur durch sich selbst" kann die Rekursion nicht exakt grafisch dargestellt werden. Als Struktogramm könnte man die rekursive Prozedur NameNeu z.B. wie folgt darstellen:

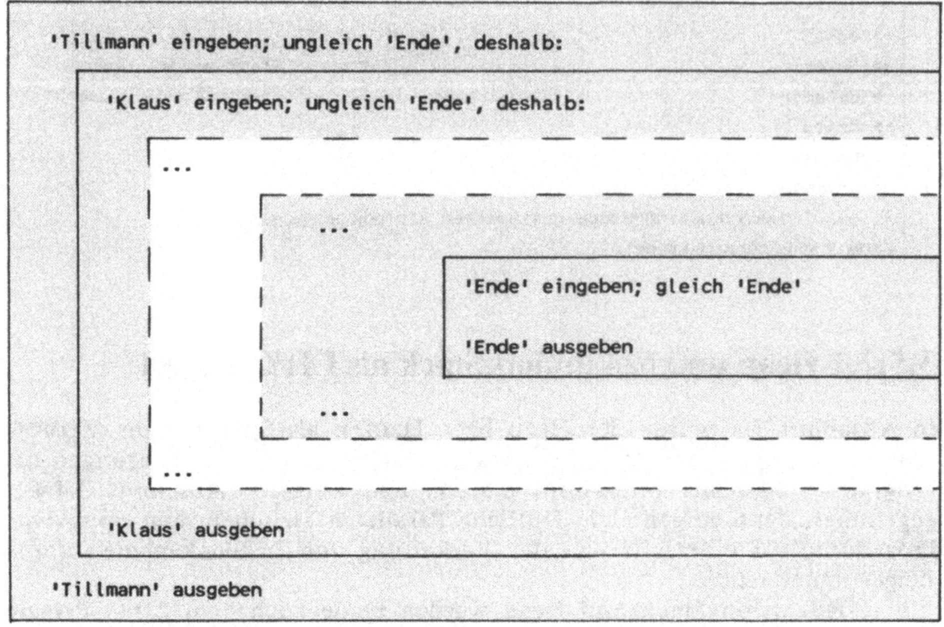

Versuch, die Rekursion als Struktogramm darzustellen

Offene Rekursionstiefe: Die Anzahl der Stufen, auf denen sich eine Prozedur selbst immer wieder aufruft, bezeichnet man als Rekursionstiefe, Schachtelungstiefe bzw. Aufruftiefe. In Programm Stapeln1 ist die Rekursionstiefe unbestimmt bzw. offen. Im wiedergegebenen Ausführungsbeispiel wird mit der "Tiefe 7" gearbeitet.

3.5.3 Rekursion und Iteration

Prinzipiell läßt sich jede Rekursion durch eine Iteration ersetzen. Im folgenden wird gezeigt:

- Eine Rekursion kann klarer und kürzer als die nicht-rekursive Lösung sein.
- Eine Iteration kann bedeutend schneller als die Rekursion sein.

Die zu wählende Methode hängt vom jeweiligen Problem ab. Häufig ist die rekursive Lösung eines Problems für den Benutzer einfacher als für den Computer (der den Rekursion-Stack verwalten muß). Umgekehrt kann die iterative Lösung für den Benutzer schwieriger sein (da er die Schleifenkontrolle planen muß).

Rekursion =
Wiederholung durch *Schachtelung* (einfach für den Benutzer)

Iteration =
Wiederholung durch *Schleifenbildung* (einfach für das System)

Zwei Methoden zur Programmierung einer Wiederholung

3.5.3.1 Summenbildung

Am Beispiel des Problems der Summenbildung soll gezeigt werden, wie ein und dasselbe Problem rekursiv und iterativ zu lösen ist:

"Summiere wiederholt Zahlen auf, die in die Variable Zahl eingetippt werden, bis die Zahl 0 eingegeben wird."

Rekursive Lösung der Summenbildung durch Programm SummReku:

- Über Write(Summe) wird eine parameterlose Funktion Summe zum ersten Mal aufgerufen.
- Das ganzzahlige Ergebnis von Summe kann jedoch nicht sofort ausgegeben werden, da in Summe ein rekursiver Aufruf vorgenommen wird:

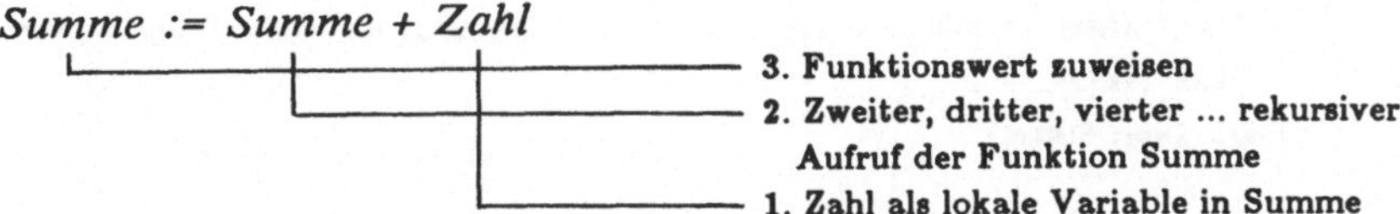

Stack aufbauen: Der rekursive Aufruf von Summe soll anhand der im Ausführungsbeispiel wiedergegebenen Werte 3, 7, 2 und 0 erklärt werden:

- Beim 1. Aufruf von Summe erhält Zahl den Wert 3. Da 3 ungleich 0 ist, wird Summe erneut aufgerufen. Auf dem Rekursion-Stack wird 3 als erster Wert abgelegt und anschließend für die lokale Variable Zahl *erneut* Speicherplatz auf dem Stack zugewiesen.
- Nachdem 7 eingetippt wurde, befinden sich auf dem Stack die 3 (auf die nicht mehr zugegriffen werden kann) und die 7 (die sich gerade im Zugriff befindet). Beim 3. Aufruf von Summe wird die 2 auf dem Stack abgelegt.
- Beim 4. Aufruf wird die 0 mittels Summe:=0 der Funktion als Ergebnis zugewiesen. Da 0 als Endebedingung definiert wurde, folgt kein weiterer rekursiver Aufruf von Summe mehr.

Stack wieder abbauen bzw. leeren: Nach dem Aufbauen kann der Stack nun wieder abgebaut werden: Auf dem Stack wird der dritte Wert 2 in Zahl verfügbar. Die Anweisung Summe:=Summe+Zahl kann jetzt endlich ausgeführt werden: Summe:=0+2 ergibt 2. Jetzt wird der zweite Stack-Wert 7 aktiviert und mit Summe:=2+7 ergibt sich 9. Anschließend kommt der erste Wert 3 an die Reihe und Summe:=9+3 ergibt 12 als Endergebnis. Der Rekursion-Stack ist wieder abgebaut; jetzt kann die Anweisung Write(Summe) endlich abschließend die 12 ausgeben.

Zahl als lokale oder globale Variable: *Die Rekursion setzt die Lokalisierung von Variablen voraus.* Was würde passieren, wenn Zahl als globale Variable in einer der Funktion Summe übergeordneten Ebene vereinbart worden wäre? Es wird kein Stack aufgebaut und Summe liefert stets den Wert 0.

Pascal-Quelltext zu Programm SummReku:

```
PROGRAM SummReku;
  {Aufsummieren von ganzen Zahlen als  r e k u r s i v e  Lösung}

FUNCTION Summe: Integer;
VAR
  Zahl: Integer;
BEGIN
  Write('Zahl? '); ReadLn(Zahl);
  IF Zahl <> 0
    THEN Summe := Summe + Zahl            {Rekursiver Aufruf von Funktion Summe}
    ELSE Summe := 0
  END; {von Summe}

BEGIN
  WriteLn('Summenbildung als rekursive Lösung.');
  WriteLn('Zahlen nacheinander eingeben (0=Ende):');
  Write(Summe);
  WriteLn(' als ermittelte Summe. Programmende SummReku.')
END.
```

Ausführung zu Programm SummReku:

```
Summenbildung als rekursive Lösung.
Zahlen nacheinander eingeben (0=Ende):
Zahl? 3
Zahl? 7
Zahl? 2
Zahl? 0
12 als ermittelte Summe. Programmende SummReku.
```

Iterative Lösung der Summenbildung durch Programm SummIter: In diesem Programm wird dasselbe Problem wie bei Programm SummReku gelöst - aber durch eine *Iteration.* An die Stelle der rekursiven Schachtelung der Funktion Summe tritt jetzt eine UNTIL-Schleife, die innerhalb der Funktion Summe wiederholt durchlaufen wird.

Pascal-Codierung zu Programm SummIter:

```
PROGRAM SummIter;
  {Aufsummieren von ganzen Zahlen als  i t e r a t i v e  Lösung}

FUNCTION Summe: Integer;
VAR
  Zahl,Sum: Integer;
BEGIN
  Sum := 0;
  REPEAT                                  {Schleifenbildung, Iteration}
    Write('Zahl? '); ReadLn(Zahl);
    Sum := Sum + Zahl;
  UNTIL Zahl = 0;
  Summe := Sum
END; {von Summe}

BEGIN
  WriteLn('Summenbildung als iterative Lösung.');
  WRITELN('Zahlen nacheinander eingeben (0=Ende):');
  Write(Summe);
  WriteLn(' als ermittelte Summe. Ende von Programm SummIter.')
END.
```

Ausführung zu Programm SummIter:

```
Summenbildung als iterative Lösung.
Zahlen nacheinander eingeben (0=Ende):
Zahl? 7
Zahl? 7
Zahl? 2
Zahl? 0
16 als ermittelte Summe. Ende von Programm SummIter.
```

3.5.3.2 Fakultät

Die Ermittlung von n! (n Fakultät) soll als weiteres Beispiel zur iterativen und rekursiven Lösung ein und desselben Problems betrachtet werden.

n! iterativ über Programm FakuIter bestimmen:

- n! ist das Produkt der natürlichen Zahlen von 1 bis n. Man kann also n!=1*2*3*4*...*n schreiben. Für n=7 ergibt sich 7! = 1*2*3*4* 5*6*7 bzw. 5040.
- In Pascal bietet sich dazu eine Zählerschleife an. In Programm FakuIter wird ausgehend von dem Anfangswert Fak:=1 über die Schleife FOR I:=1 TO 7 sieben Mal das Produkt Fak:=Fak*I gebildet.

Pascal-Quelltext zu Programm FakuIter:

```
PROGRAM FakuIter;
  {Berechnung der Fakultät als  i t e r a t i v e  Lösung}

TYPE
  DefinitionsBereich = 0..13;              {14! wird falsch}
VAR
  N: DefinitionsBereich;

FUNCTION Fakult(Z:DefinitionsBereich): LongInt;
VAR
  I  : Byte;
  Fak: LongInt;
BEGIN
  Fak := 1;
    FOR I := 1 TO Z DO               {Fakultät iterativ als Zählerschleife}
      BEGIN
        Fak := Fak * I;
```

```
        WriteLn('    ',I,' mal')
      END; {von FOR}
    Fakult := Fak;
  END; {von Fakult}

  BEGIN
    WriteLn('Fakultät als  I t e r a t i o n :');
    Write('Zahl N zur Fakultätsberechnung N! eingeben? ');
    ReadLn(N);
    WriteLn(N,'! ergibt');
    WriteLn (Fakult(N),' als Ergebnis.');        {Einziger Aufruf von Fakult}
    WriteLn('Ende von Programm Fakulter.')
  END.
```

Ausführung zu Programm Fakulter:

```
Fakultät als  I t e r a t i o n :
Zahl N zur Fakultätsberechnung N! eingeben? 7
7! ergibt
   1 mal
   2 mal
   3 mal
   4 mal
   5 mal
   6 mal
   7 mal
5040 als Ergebnis.
Ende von Programm Fakulter.
```

n! rekursiv über Programm FakuReku bestimmen: Neben der iterativen Definition von n! als 1*2*3*...*n läßt sich die Fakultät auch rekursiv definieren. Für n als natürliche Zahl gilt:

```
      ┌──────── 1              für n = 1
n! ───┤
      └──────── n * (n-1)!     für n größer als 1
```

Die Fakultät n! ist also wieder durch n*(n-1)! definiert. Dementsprechend ergeben z.B. (n-3)! das Produkt (n-3)*(n-4)! oder 7! das Produkt 7*6!. Im Programm FakuReku wird entsprechend dieser Auflösung eine Funktion namens Fakult rekursiv wie folgt aufgerufen:

- Zweiseitige Auswahl zur Steuerung der Rekursion.
- Für die Endebedingung Z=0 wird Fakult das Funktionsergebnis 1 zugewiesen (THEN-Zweig der Auswahl).

- Sonst wird im ELSE-Zweig der Auswahl über die Anweisung

```
Fakult := Z * Fakult(Z-1)
```

wiederholt die Funktion aufgerufen (der Ausfruf steht auf der rechten Seite von :=).
- Die Parameterwerte von Z werden wie folgt auf dem Stack abgelegt: Beim ersten Funktionsaufruf über WriteLn(Fakult(7)) wird Z=7 auf dem Stack abgelegt. Durch Fakult:=7*Fakult(7-1) wird ein zweites Z mit dem Wert 6 erzeugt und auf dem Stack abgelegt. Dieser Ablauf wiederholt sich bis Z=0.
- Die Werte von Z werden nun vom Stack "abgebaut". Dazu werden in umgekehrter Reihenfolge die Parameterwerte 1,2,...,7 jeweils zum Ergebnis Fakult multipliziert.

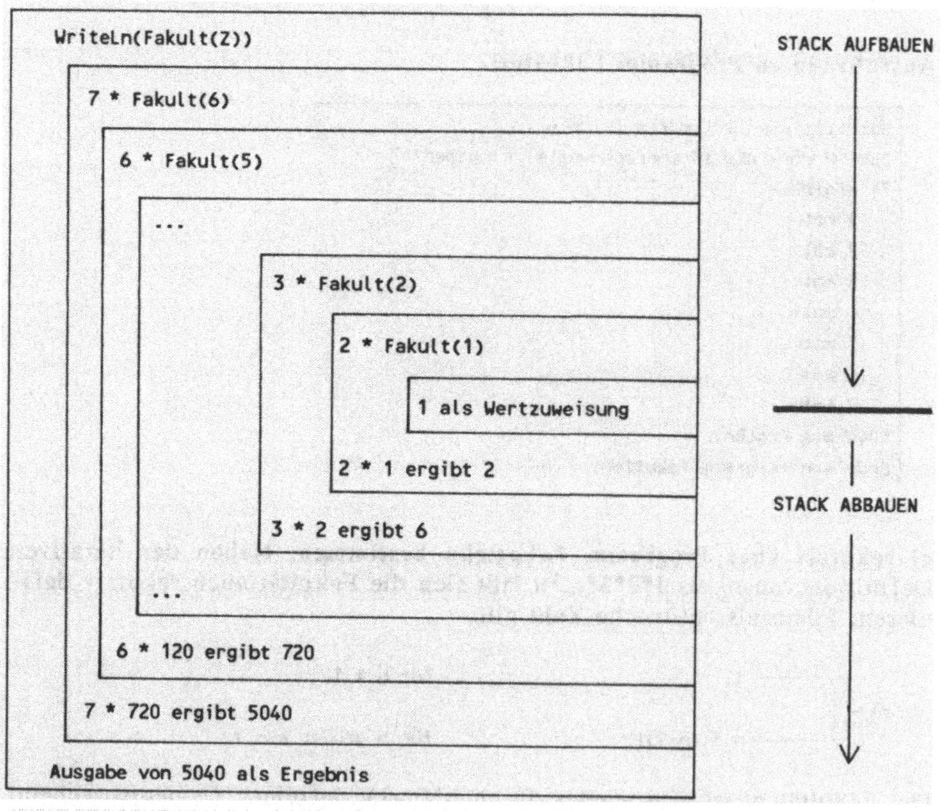

Rekursiver Funktionsaufruf Fakult(7= in Programm FakuReku

Pascal-Quelltext zu Programm FakuReku:

```
PROGRAM FakuReku;
  {Berechnung der Fakultaet als  r e k u r s i v e  Lösung}

TYPE
  DefinitionsBereich = 0..13;
VAR
  N: DefinitionsBereich;

FUNCTION Fakult(Z:DefinitionsBereich): LongInt;
BEGIN
  WriteLn('   ',Z,' mal');
  IF Z = 0
    THEN Fakult := 1                       {0! = 1 als Rekursionsabbruch}
    ELSE Fakult := Z * Fakult(Z-1)         {Rekursiver Aufruf von Fakult}
END; {von Fakult}

BEGIN
  WriteLn('Fakultät als  R e k u r s i o n :');
  Write('Zahl N zur Fakultätsberechnung N! eingeben? ');
  ReadLn(N);
  WriteLn(N,'! ergibt');
  WriteLn (Fakult(N),' als Ergebnis.');   {Erster Aufruf von Fakult}
END. {von FakuReku}
```

Ausführung zu Programm FakuReku:

```
Fakultät als  R e k u r s i o n :
Zahl N zur Fakultätsberechnung N! eingeben? 7
7! ergibt
   7 mal
   6 mal
   5 mal
   4 mal
   3 mal
   2 mal
   1 mal
   0 mal
5040 als Ergebnis.
```

3.5.4 Anwendungen zur direkten Rekursion

3.5.4.1 Prozedur wahlweise rekursiv aufrufen

Rekursive Prozedur Upro in Programm Rekurs0: Wie das Struktogramm zu Programm Rekurs0 zeigt, weist dieses Programm eine Prozedur Upro auf, in der eine Prozedur Menue eingeschachtelt ist.

- Upro ruft sich rekursiv selbst auf, wenn W=1 ist, d.h. wenn über das Menü die Wahl 1 eingegeben wird. Dabei wird Z+1 an die nächste Aufrufebene übergeben.
- Bei jedem Aufruf von Upro wird eine neue Variable Z (als Eingabeparameter) und eine neue Variable W (ebenfalls lokal) angelegt und auf dem Rekursion-Stack gespeichert. Beide Variablen sind nur in der jeweiligen Aufrufebene bekannt.
- Die Rekursion wird beendet, wenn Z=0 gewählt wird. Dann werden Z und W ausgegeben, um zur nächsten Aufrufebene zurückzukehren. Auch hier werden Z und W ausgegeben, usw.
- Da A eine globale Variable ist, wird bei jedem Aufruf von Upro keine neue Variable A angelegt. A hat jeweils den Wert, der zuletzt zugewiesen wurde.

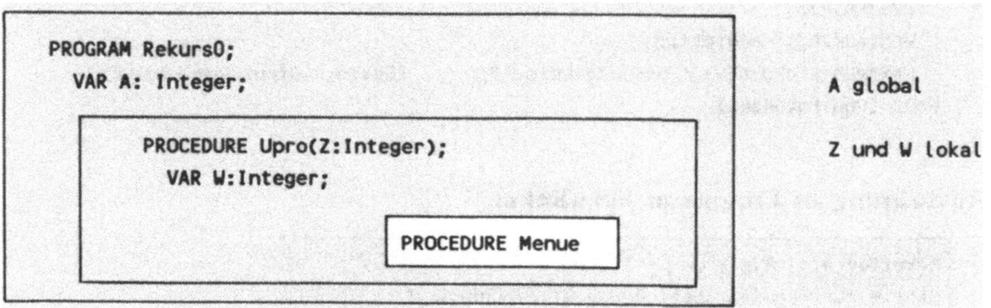

Struktogramm zu Programm Rekurs0

Pascal-Quelltext zu Programm Rekurs0:

```
PROGRAM Rekurs0;
VAR
  A: Integer;        {Zähler für die Aufrufebenen}

PROCEDURE Upro(Z: Integer);
VAR
  W: Integer;
```

```
    PROCEDURE Menue;  {Menue in Upro geschachtelt, damit W in Menue bekannt}
    BEGIN
      WriteLn('Bitte wählen:');
      WriteLn('  0  Rückkehr in die vorige Aufrufebene');
      WriteLn('  1  Weiter in die nächste Aufrufebene');
      REPEAT
        Write('Wahl? '); ReadLn(W);
      UNTIL W IN [0..1];
    END; {von Menue}

  BEGIN
    WriteLn(Z,'. Aufrufebene von Upro');
    Menue;
    A := A + 1;
    IF W = 1 THEN Upro(Z+1)                    {Rekursiver Aufruf von Upro}
             ELSE WriteLn('Protokoll der Variablenwerte:');
    WriteLn('Z war ',Z,';  W war ',W,'; A war ',A);
  END; {von Upro}

  BEGIN
    A := 1;
    Upro(A);                                   {Erster Aufruf von Upro}
    WriteLn('A = ',A,'. Ende von Programm Rekurs0.');
  END. {von Rekurs0}
```

Ausführung zu Programm Rekurs0:

```
1. Aufrufebene von Upro
Bitte wählen:
  0  Rückkehr in die vorige Aufrufebene
  1  Weiter in die nächste Aufrufebene
Wahl? 1
2. Aufrufebene von Upro
Bitte wählen:
  0  Rückkehr in die vorige Aufrufebene
  1  Weiter in die nächste Aufrufebene
Wahl? 1
3. Aufrufebene von Upro
Bitte wählen:
  0  Rückkehr in die vorige Aufrufebene
  1  Weiter in die nächste Aufrufebene
Wahl? 1
4. Aufrufebene von Upro
Bitte wählen:
```

```
  0 Rückkehr in die vorige Aufrufebene
  1 Weiter in die nächste Aufrufebene
Wahl? 0
Protokoll der Variablenwerte:
Z war 4;  W war 0; A war 5
Z war 3;  W war 1; A war 5
Z war 2;  W war 1; A war 5
Z war 1;  W war 1; A war 5
A = 5. Ende von Programm Rekurs0.
```

3.5.4.2 Test zu den vordefinierten Zeigervariablen

Unterscheidung von Segmenten: Um auf Werte über Adressen zugreifen zu können, muß man wissen, in welchem Segment sie sich befinden.

- *Codesegment:* Das Pascal-Programm befindet sich im Codesegment. Dabei gibt es ein Codesegment für das Hauptprogramm und ein Codesegment für die Laufzeitbibliothek. Auch jede Unit hat ihr eigenes Codesegment.
- *Datensegment:* Globale Variablen befinden sich im Datensegment. Konstanten werden vom Compiler eingesetzt und haben keinen bestimmten Speicherplatz. Typisierte Konstanten hingegen werden wie Variablen behandelt und im Datensegment verwaltet.
- *Stack:* Lokale Variablen, Funktions- und Prozedurparameter, die Rückkehradressen bei Funktions- und Prozeduraufrufen werden auf dem Stack abgelegt.
- *Heap:* Dynamische Variablen erhalten Platz auf dem Heap.

Register: Eine Adresse besteht aus einem Segmentteil und einem Offsetteil (vgl. Abschnitt 3.4.2.2 und 3.4.3).

- Die Segmentadresse einer Variablen, Funktion oder Prozedur läßt sich mit der Funktion Seg und der Offsetteil mit der Funktion Ofs ermitteln.
- CSeg liefert das momentane Codesegment, d.h. den Inhalt des CS-Registers.
- DSeg liefert die Segmentadresse des Datensegments.
- SSeg liefert die Adresse des Stacksegments als Word zurück.
- SPtr ergibt den Offsetanteil der Spitze des Stack (SP-Register).

Programm Rekurs2: In diesem Programm wird gezeigt, wie Prozedurparameter auf dem Stack abgelegt werden, wie beim rekursiven Aufruf der

Prozedur Zaehl Werte auf dem Stack abgelegt werden und wie der Platz nach dem Beenden der Prozedur wieder freigegeben wird.

Pascal-Quelltext zu Programm Rekurs2:

```
PROGRAM Rekurs2;
VAR
  I: Integer;

PROCEDURE Zaehl(Z: Byte);
BEGIN
  WriteLn(Z, Seg(Z):6, ':', Ofs(Z));
  IF Z < 3
    THEN Zaehl(Z+1);
  WriteLn(Z, Seg(Z):6, ':', Ofs(Z));
END;

BEGIN
  WriteLn('Basisadresse des Codesegments:  ',CSeg);
  WriteLn('Basisadresse des Datensegments: ',DSeg);
  WriteLn('Basisadresse des Stacksegments; ',SSeg);
  WriteLn('Stackzeiger (SP Register) ',SPtr);
  FOR I := 1 TO 2 DO
    Zaehl(1);
END.
```

Ausführung zu Programm Rekurs2:

```
Basisadresse des Codesegments:  26892
Basisadresse des Datensegments: 26948
Basisadresse des Stacksegments; 26990
Stackzeiger (SP Register) 16378
1 26990:16380
2 26990:16374
3 26990:16368
3 26990:16368
2 26990:16374
1 26990:16380
1 26990:16380
2 26990:16374
3 26990:16368
3 26990:16368
2 26990:16374
1 26990:16380
```

Zu Programm Rekurs3: Der Prozedurparameter Z und die lokale Variable Z2 werden auf dem Stack abgelegt. Die globale Variable Z1 befindet sich im Datensegment.

Pascal-Quelltext zu Programm Rekurs3:

```
PROGRAM Rekurs3;
VAR
  I : Integer;
  Z1: Byte;

PROCEDURE Zaehl(Z: Byte);
BEGIN
  WriteLn(Z, Seg(Z):6, ':', Ofs(Z), SPtr:10);
  IF Z < 3
    THEN Zaehl(Z+1);
  WriteLn(Z, Seg(Z):6, ':', Ofs(Z), SPtr:10);
END;

PROCEDURE Zaehl1;
BEGIN
  Z1 := 0;
  REPEAT
    WriteLn(Z1, Seg(Z1):6, ':', Ofs(Z1));
    Z1 := Z1 + 1;
  UNTIL Z1 = 5;
END;

PROCEDURE Zaehl2;
VAR Z2: Byte;
BEGIN
  Z2 := 0;
  WRITELN(Z2, Seg(Z2):6, ':', Ofs(Z2), SPtr:10);
END;

BEGIN
  WriteLn('Basisadresse des Codesegments:  ', CSeg);
  WriteLn('Basisadresse des Datensegments: ', DSeg);
  WriteLn('Basisadresse des Stacksegments; ', SSeg);
  WriteLn('Stackzeiger (SP Register) ',SPtr);
  FOR I := 1 TO 2 DO
    Zaehl(1);
  Zaehl1;
  Zaehl2;
  WriteLn('Ende von Programm Rekurs3.')
END.
```

Ausführung zu Programm Rekurs3:

```
Basisadresse des Codesegments:  26904
Basisadresse des Datensegments: 26995
Basisadresse des Stacksegments; 27037
Stackzeiger (SP Register) 16378
1 27037:16380      16372
2 27037:16374      16366
3 27037:16368      16360
3 27037:16368      16360
2 27037:16374      16366
1 27037:16380      16372
1 27037:16380      16372
2 27037:16374      16366
3 27037:16368      16360
3 27037:16368      16360
2 27037:16374      16366
1 27037:16380      16372
0 26995:62
1 26995:62
2 26995:62
3 26995:62
4 26995:62
0 27037:16377      16372
Ende von Programm Rekurs3.
```

3.5.4.3 Verwendung der Rekursion zum Zählen

Funktion Summe mit Eingabeparameter rekursiv aufrufen:

- In Programm SummReku (Abschnitt 3.5.3.1) wurde das Problem der Summenbildung mittels Rekursion anhand einer parameterlosen Funktion Summe dargestellt.
- In den folgenden Programmen Rekurs4, Rekurs5 und Rekurs6 wird mit einer rekursiven Funktion Summe mit einem Eingabeparameter K gearbeitet.

Zählerschleife zum Rückwärtszählen über Programm Rekurs4: Beim rekursiven Aufruf von Summe(K - 1) wird der Parameter K als lokale Variable behandelt. Der Aufruf der Summe-Funktion wirkt dabei wie eine

Schleife zum Rückwärtszählen. Erst wenn K den Wert 0 erreicht hat, kann Summe in den vorherigen Aufrufstufen berechnet werden. Die Rekursionstiefe wird durch den Benutzer über die Variable N festgelegt.

Pascal-Quelltext und Ausführung zu Programm Rekurs4:

```
PROGRAM Rekurs4;
VAR
  S,N: Integer;

FUNCTION Summe(K:Integer): Integer;
VAR
  Z: Integer;
BEGIN
  IF K > 0
    THEN
      BEGIN
        ReadLn(Z);
        Summe := Summe(K-1) + Z;
      END
    ELSE Summe := 0
END;

BEGIN
  WriteLn('Addition von N Zahlen');
  Write('Wieviele Zahlen addieren? ');
  ReadLn(N);
  WriteLn(N,' Zahlen eingeben:');
  S := Summe(N);
  WriteLn('Summe = ',S);
  WriteLn('Ende von Programm Rekurs4.')
END.
```

```
Addition von N Zahlen
Wieviele Zahlen addieren? 3
3 Zahlen eingeben:
20
10
15
Summe = 45
Ende von Programm Rekurs4.
```

Gestapelte Parameterwerte von I aufsummieren über Programm Rekurs5: Auch in diesem Programm wird die Rekursion zum Rückwärtszählen verwendet. Dabei werden die auf dem Rekursion-Stack abgelegten Werte des Parameters I aufsummiert.

Pascal-Quelltext und Ausführung zu Programm Rekurs5:

```
PROGRAM Rekurs5;
  {Rekursiver Aufruf von Summe wie "Rückwärtszählen"}
VAR
  N,S: Integer;
```

```
FUNCTION Summe(I: Integer): Integer;
BEGIN
  IF I = 0
    THEN Summe := 0
    ELSE Summe := Summe(I-1) + I;
END; {von Summe}

BEGIN
  WriteLn('Summe der Zahlen von 1 .. N:');
  Write('Bis zu welcher Zahl N Summe bilden ? ');
  ReadLn(N);
  S := Summe(N);
  WriteLn('Die Summe der Zahlen von 1 bis ',N,' ist ',S);
  WriteLn('Ende von Programm Rekurs5.')
END.
```

```
Bis zu welcher Zahl N Summe bilden ? 9
Die Summe der Zahlen von 1 bis 9 ist 45
Ende von Programm Rekurs5.
```

Rekursiver Aufruf von Summe(I+1) zum Vorwärtszählen über Programm Rekurs6: Die globale Variable S wird verändert, indem man den Parameter I addiert, der bei jedem Aufruf der Summe-Funktion um 1 größer wird. Zu Beginn wird für I der Wert 0 übergeben; in S muß der Anfangswert 0 zugewiesen werden.

Pascal-Quelltext und Ausführung zu Programm Rekurs6:

```
PROGRAM Rekurs6;
  {Rekursiver Aufruf von Summe wie "Vorwärtszählen".}
VAR
  N: Integer;
  S: LongInt;

PROCEDURE Summe(I: Integer);
BEGIN
  IF I < N
    THEN Summe(I + 1);
    S := S + I;
END; {von Summe}

BEGIN
  WriteLn('Summe der Zahlen von 1 .. N:');
  Write('Bis zu welcher Zahl N Summe bilden ? ');
  ReadLn(N);
  S := 0; Summe(0);
  WriteLn('Die Summe der Zahlen von 1 bis ',N,' ist ',S);
  WriteLn('Ende von Programm Rekurs6.')
END.
```

```
Bis zu welcher Zahl N Summe bilden ? 9
Die Summe der Zahlen von 1 bis 9 ist 45
Ende von Programm Rekurs6.
```

3.5.4.4 Fibonacci-Zahlen

Bildungsgesetz der Fibonacci-Folge: Die Folge 0,1,1,2,3,5,8,13,21,34,... wird nach dem italienischen Mathematiker Fibonacci benannt. Ausgehend von den Zahlen 0 und 1 ergibt sich jede Folgezahl als Summe der beiden vorhergehenden Zahlen.

Fibonacci-Zahl:	Element der Reihe:
0	1
1	2
0 + 1 -> 1	3
1 + 1 -> 2	4
1 + 2 -> 3	5
2 + 3 -> 5	6
3 + 5 - > ...	...

Ablauf von Programm Rekurs7 als Struktogramm: Die N. Zahl ergibt sich als Summe der N-1. und N-2. Zahl. Im Programm Rekurs7 wird dazu die Funktion Fib über Fib := Fib(N-1) + Fib(N-2) rekursiv aufgerufen. Das Struktogramm zu dieser Funktion zeigt, daß sich Fib jeweils zweimal aufruft.

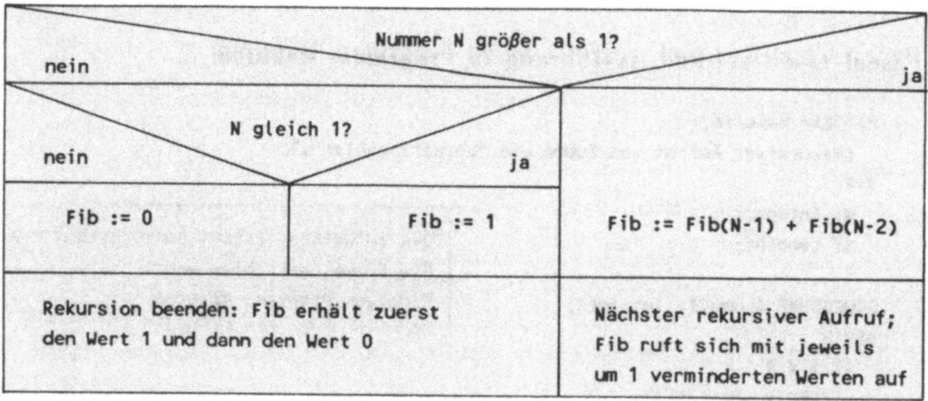

Struktogramm zur rekursiven Funktion Fib von Programm Rekurs7

Zuweisungsanweisung Fib := Fib(N-1) + Fib(N-2): Bevor Fib ein Funktionswert zugewiesen werden kann, wird Fib(N-1) und dann Fib(N-2) aufgerufen.

- Am Beispiel von N=3 erkennt man, daß die Zuweisungsanweisung streng von links nach rechts abgearbeitet wird.
- Zuerst wird Fib(3-1) als linksstehender Aufruf ganz abgearbeitet.
- *Ganz* bedeutet, daß sämtlichen rekursiven Aufrufe dieser Formel ausgeführt werden bis hin zur Zuweisung des Funktionswertes. Dann erst wird mit dem rechtsstehenden Aufruf Fib(3-2) ebenso verfahren.

```
Fib := Fib(3-1)                                    + Fib(3-2)
    := Fib(2)                                      + Fib(1)
    := (Fib := Fib(2-1) + Fib(2-2))                + Fib(1)
    := (Fib := Fib:=1)  + (Fib:=0))                + Fib(1)
    :=        1         +     0                    + Fib(1)
    := 1                                           + Fib(1)
    := 1                                           + 1
Fib := 2
```

Pascal-Quelltext zu Programm Rekurs7:

```
PROGRAM Rekurs7;
  {Fibonacci-Zahlen rekursiv ermitteln}
VAR
  N,I: Integer;

FUNCTION Fib(N: Integer): Integer;
BEGIN
  IF N > 1
    THEN
      Fib := Fib(N-1) + Fib(N-2)
    ELSE
      BEGIN
        IF N = 1 THEN Fib := 1;
        IF N = 0 THEN Fib := 0;
      END;
END; {von Fib}

BEGIN
  WriteLn('Berechnung von Fibonacci-Zahlen.');
  WriteLn('Eine Fibonacci-Zahl ist die Summe ihrer beiden Vorgänger.');
  WriteLn('Die ersten beiden Zahlen der Reihe sind 0 und 1.');
  Write('Wie viele Fibonacci-Zahlen ? '); ReadLn(N);
  FOR I := 0 TO N-1 DO
```

```
    Write(' ',Fib(I));
  WriteLn('Ende von Programm Rekurs7.')
END.
```

Ausführung zu Programm Rekurs7:

```
Berechnung von Fibonacci-Zahlen.
Eine Fibonacci-Zahl ist die Summe ihrer beiden Vorgänger.
Die ersten beiden Zahlen der Reihe sind 0 und 1.
Wie viele Fibonacci-Zahlen ? 21
 0 1 1 2 3 5 8 13 21 34 55 89 144 233 377 610 987 1597 2584 4181 6765
Ende von Programm Rekurs7.
```

Speicherplatz- und Zeitproblem in Programm Rekurs7: Die Anzahl der Aufrufe der Funktion Fib nimmt mit wachsendem N explosionsartig zu. Für N=2 wird Fib 3 mal, für N=3 bereits 5 mal und für N=5 bereits 15 mal aufgerufen. Man kann diese Aufrufe als *Entscheidungsbaum* angeben. Für N=6 erhält man den wiedergegebenen Baum mit 25 Funktionsaufrufen.

- Die Funktion Fib ruft sich jeweils zweimal selbst auf. Bei jedem Aufruf werden Werte lokaler Variablen auf dem Stack abgelegt: Fib als Funktionswert und N als Nummer bzw. Kopie des jeweiligen aktuellen Parameterwerts.
- Aus diesen Gründen ergeben sich bei der rekursiven Ermittlung von Fibonacci-Zahlen Zeitprobleme: N=15, 20 bzw. 21 mit Zeiten von 2, 18 und 30 Sekunden (IBM PC). Der Rekursion-Stack kann für größere N überlaufen. Ein Ersetzen der Rekursion durch eine Iteration (vgl. Abschnitt 3.5.3) ist angezeigt.

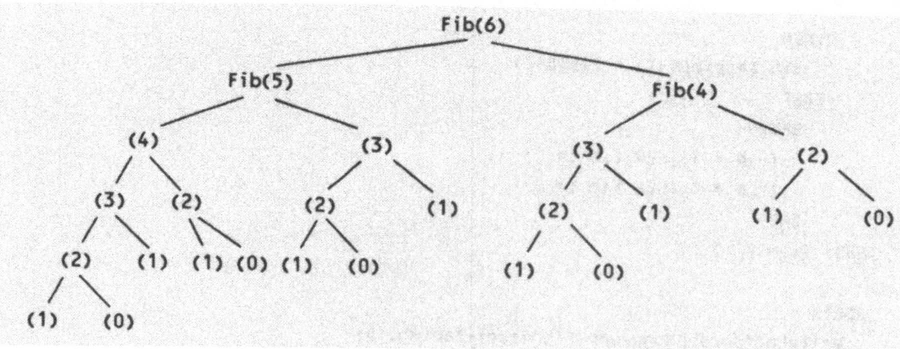

Aufrufe der Funktion Fib als Entscheidungsbaum für Fib(6) bzw. N=6

3.5.5 FORWARD-Vereinbarung zur indirekten Rekursion

Daten und Anweisungen "vereinbaren": Daten bzw. Variablen muß man vereinbaren, bevor sie verarbeitet werden können. Ausnahme: dynamische Variablen können ohne vorherige Definition erst später zur Ausführungszeit erzeugt werden.
Eine solche "Regel mit Ausnahme" gilt nicht nur für Daten, sondern auch für Anweisungen. Normalerweise sind Prozeduren und Funktionen komplett zu vereinbaren, bevor man sie aufrufen kann. Über das reservierte Wort FORWARD hat man jedoch die Möglichkeit, den Programmnamen *sofort* und den Programmblock *später* zu vereinbaren.

Funktion Ungerade FORWARD vereinbaren: Durch die Vereinbarung von

```
FUNCTION Ungerade(x:Integer): Boolean;
  FORWARD;
```

wird eine Funktion Ungerade vereinbart. Die Kopfzeile von Ungerade wird komplett definiert. Anstelle von Vereinbarungs- und Anweisungsteil wird das Wort FORWARD angegeben.

- Damit wird das sonst übliche *Prinzip des Rückwärtsbezugs* (zuerst vereinbaren, um sich dann beim Programmlauf darauf zu beziehen) durchbrochen. Über FORWARD wird ein *Vorwärtsbezug* eingeführt, d.h. die restliche Vereinbarung muß später nachgeholt werden.
- Der Rest enthält die Parameterliste natürlich nicht mehr, sondern nur den Vereinbarungs- und Anwseisungsteil. Gleichwohl ist es insbesondere bei komplexem Quelltext sinnvoll, die Parameterliste als Kommentar zu wiederholen. Der weiter unten vereinbarte Rest der Funktion Ungerade sieht dann z.B. wie folgt aus:

```
FUNCTION Ungerade;   {(x:Integer): Boolean}
...
BEGIN
  ...
END;
```

Zwei Gründe zum Einsatz der FORWARD-Vereinbarung:

1. FORWARD ist erforderlich, wenn zwei Abläufe sich gegenseitig aufrufen. Dieses gegenseitige Aufrufen bezeichnet man auch als *indirekte Rekursion.*

2. Sollen bei einem komplexen Programm aus Gründen der Klarheit und Übersichtlichkeit die Unterprogramme z.B. in alphabetischer Ordnung (AProg, BProg, CProg, ...) zusammengefaßt werden, verwendet man FORWARD. Damit kann man sich im Programmlisting rasch orientieren.

Programm Forward1 als Beispiel: Das Programm zeigt, wie bei einer indirekten Rekursion die Funktion Gerade nicht komplett, sondern zunächst nur FORWARD vereinbart wird. Ohne diese FORWARD-Vereinbarung würde sich ein Fehler ergeben: Die Funktion Gerade ruft die Funktion Ungerade auf und umgekehrt. In gekürzter Form liegt folgender Quelltext vor:

```
FUNCTION Gerade(x:Integer): Boolean;
...
BEGIN
   ...
   Ungerade(x-1);                    {Fehler beim Compilieren, da
   ...                                Ungerade noch unbekannt ist}
END;


FUNCTION Ungerade(x:Integer): Boolean;
...
BEGIN
   ...
   Gerade(x-1);
   ...
END;
```

Beim Compilieren von Gerade ist der Bezeichner Ungerade noch nicht bekannt. Um diesen Fehler zu vermeiden, wird die Funktion Ungerade FORWARD vereinbart. Der Quelltext hat nun das folgende Aussehen:

```
FUNCTION Ungerade(x:Integer): Boolean;          {Vereinbarung FORWARD}
  FORWARD;

FUNCTION Gerade(x:Integer): Boolean;
...
BEGIN
   ...
   Ungerade(x-1);                               {Ungerade nun bekannt}
   ...
END;
```

Beim späteren Deklarieren der Funktion Ungerade werden Parameterliste und Funktionstyp weggelassen:

```
FUNCTION Ungerade;                                    {Vereinbarung ohne Pa-
...                                                    rameterliste und
BEGIN                                                  Funktionstyp}
   ...
   Gerade(x-1);
   ...
END;
```

Im Programm Forward1 wird anstelle von Ungerade die Funktion Gerade als FORWARD-Vereinbarung angegeben. Die Programmausführung ändert sich dadurch nicht. Bei der Ausführung zu Forward1 darf die Zahl Z nicht zu groß eingegeben werden, da sonst das Fassungsvermögen des Rekursion-Stack überschritten werden kann.

Pascal-Quelltext zu Programm Forward1:

```
PROGRAM Forward1;
  {Demonstration zur Forward-Vereinbarung eines Unterprogramms}
VAR
  Z: Integer;

FUNCTION Gerade(X: Integer): Boolean; Forward;        {Forward-Vereinbarung}

FUNCTION Ungerade(X: Integer): Boolean;
BEGIN
  IF X = 0
    THEN
      Ungerade := False
    ELSE
      IF Gerade(X-1)
        THEN Ungerade := True
        ELSE Ungerade := False;
END; {von Ungerade}

FUNCTION Gerade;
BEGIN
  IF X = 0
    THEN
      Gerade := True
    ELSE
      IF Ungerade(X-1)
```

```
        THEN Gerade := True
        ELSE Gerade := False;
END; {von Gerade}

BEGIN
  WriteLn('Prüfen, ob eine Zahl gerade oder ungerade ist.');
  Write('Zahl eingeben: '); ReadLn(Z);
  IF Gerade(Z)
    THEN WriteLn(Z,' ist gerade.')
    ELSE WriteLn(Z,' ist ungerade.');
  WriteLn('Ende von Programm Forward1.')
END.
```

Zwei Ausführungen zu Programm Forward1:

```
Prüfen, ob eine Zahl gerade oder ungerade ist.
Zahl eingeben: 9999
Runtime error 202 at 1DA4:000B.

Prüfen, ob eine Zahl gerade oder ungerade ist.
Zahl eingeben: 777
777 ist ungerade.
Ende von Programm Forward1.
```

3

Programmierkurs mit Turbo Pascal Aufbaukurs

3.1 Set (Menge) als strukturierter Datentyp	19
3.2 Record (Verbund) als strukturierter Datentyp	35
3.3 File (Datei) als strukturierter Datentyp	55
3.4 Pointer (Zeiger) für dynamische Datentypen	85
3.5 Rekursive Abläufe	109
3.6 Programmorganisation	137
3.7 Suchen, Sortieren, Mischen und Gruppieren von Daten	149
3.8 Sequentielle Dateiorganisation	199
3.9 Direktzugriff-Dateiorganisation	216
3.10 Index-sequentielle Dateiorganisation	228
3.11 Stapel und Schlange	237
3.12 Zeigerverkettete Liste	277
3.13 Binärbaum	316
3.14 Gesteuerter Zugriff auf externe Einheiten	383
3.15 Objektorientierte Programmierung (OOP)	451

3.6.1 Prozedurtypen und Prozedurvariablen

3.6.1.1 Zwei Funktionen über eine Prozedurvariable aufrufen

Prozedurvariable zum Prozeduraufruf: Ab Turbo Pascal 5.0 ist es möglich, Variablen zu definieren, die die Adresse einer Prozedur oder Funktion enthalten. Damit kann man über den Inhalt von Prozedurvariablen eine Routine (Prozedur bzw. Funktion) aufrufen.

Prozedurtyp vereinbaren (Schritt 1): Zuerst definiert man einen Prozedurtyp, um folgendes festzulegen:
- Soll eine Variable dieses Typs eine Funktionsadresse oder eine Prozeduradresse enthalten?
- Welche Reihenfolge, welche Typen und (bei Funktionen) welchen Ergebnistyp sollen die formalen Parameter aufweisen?

Prozedurnamen zuweisen (Schritt 3): Nachdem man eine Variable des Prozedurtyps definiert hat, kann man dieser mit

```
Prozedurvariable := ProzedurnameOderFunktionsname;
```

die Adresse der Routine zuweisen.

Kompatibilität: Prozedurvariable und die Routine müssen typkompatibel sein, d.h. denselben Typ und dieselbe Reihenfolge der Parameter haben. Die Funktion bzw. Prozedur ist außerdem mit {F+} als far zu compilieren.

Problemstellung zu Programm ProzVar1: Zwei Funktionen zum Summieren und Multiplizieren sollen nacheinander über *eine* Prozedurvariable namens F aufgerufen werden.

Vorgehen in Programm ProzVar1: Eine Prozedurvariable F wird definiert, um dieser dann nacheinander die Adresse der Funktionen Summe und Produkt zuzuweisen. Der Aufruf der Funktionen erfolgt jeweils über die Prozedurvariable F mittels WriteLn(F(5,4):3:2).

Pascal-Quelltext zu Programm ProzVar1:

```
PROGRAM ProzVar1;

TYPE
  FunkTyp = FUNCTION(X,Y: Real): Real;
```

```
Die Summe von 5 und 4 ist 9.00
Das Produkt von 5 und 4 ist 20.00
Ende von Programm ProzVar1.
```

```
VAR
  F: FunkTyp;                              {Prozedurvariable}

{$F+}                                      {... stets mit far compilieren}

FUNCTION Summe(A,B: Real): Real;           {1. über F zu rufende Routine}
BEGIN
  Summe := A + B;
END;

FUNCTION Produkt(A,B: Real): Real;         {2. über F zu rufende Routine}
BEGIN
  Produkt := A * B;
END;

{$F-}                                      {... far-Schalter wieder aus}

BEGIN
  F := Summe;                              {1. Zuweisung in Prozedurvariable}
  WriteLn('Die Summe von 5 und 4 ist ', F(5,4):5:2 );
  F := Produkt;                            {2. Zuweisung in Prozedurvariable}
  WriteLn('Das Produkt von 5 und 4 ist ', F(5,4):5:2 );
  WriteLn('Ende von Programm ProzVar1.')
END.
```

3.6.1.2 Vektor von Prozedurtypen

In Programm ProzVek1 wird ein Vektor von Prozedurtypen FunktionsTyp definiert und seinen Elementen die Adressen von Funktionen zugewiesen. Dadurch ist es möglich, durch Aufruf der Vektorelemente die Funktionen in einer bestimmten Reihenfolge auszuführen.

```
PROGRAM ProzVek1;
TYPE
  FunktionsTyp = FUNCTION(X: Real): Real;
VAR
  V: ARRAY[1..5] OF FunktionsTyp;          {Vektor von Prozedurtypen}
  I: Integer;
```

```
{$F+}
FUNCTION F1(A: Real): Real;                    {Drei später über die}
BEGIN                                          Prozedurvariable V aufzurufende}
  F1 := A + 1;                                 {Funktionen}
END;

FUNCTION F2(A: Real): Real;
BEGIN
  F2 := A + 2;
END;

FUNCTION F3(A: Real): Real;
BEGIN
  F3 := A + 3;
END;
{$F-}

BEGIN
  V[1] := F1;                                  {ZUweisung an Prozedurvariable V}
  V[2] := F2;
  V[3] := F3;
  FOR I := 1 TO 3 DO
    WriteLn( V[I](0):5:2 );                    {Aufruf der drei Funktionen über V}
  WriteLn('Ende von Programm ProzVek1.')
END.
```

```
 1.00
 2.00
 3.00
Ende von Programm ProzVek1.
```

Problemstellung zu Programm ProzVek2: Die Menüauswahl ist dadurch zu vereinfachen, daß man die Prozeduren, die über das Menü aufgerufen werden, den Elementen eines Arrays zuweist.

Problemlösung: Man vereinbart einen Vektor V von ProzedurTyp mit 5 Elementen (Annahme: Menü mit 5 Wahlmöglichkeiten). Nun kann man die Prozedurnamen P1, P2, P3, ... dem Vektor bzw. Array V zuweisen, um dann die entsprechende Prozedur über den Index I aufzurufen.

Pascal-Quelltext zu Programm ProzVek2: **Ausführung zu ProzVek2:**

```
PROGRAM ProzVek2;
TYPE
  ProzedurTyp = PROCEDURE;
VAR
  V: ARRAY[1..5] OF ProzedurTyp;
  I: Integer;
```

```
Bitte wählen: 1, 2 oder 3?
2
Prozedur P2 aufgerufen.
Ende von Programm ProzVek2.
```

```
{$F+}
PROCEDURE P1;
BEGIN
  WriteLn('Prozedur P1 aufgerufen.');
END;

PROCEDURE P2;
BEGIN
  WriteLn('Prozedur P2 aufgerufen.');
END;

PROCEDURE P3;
BEGIN
  WriteLn('Prozedur P3 aufgerufen.');
END;
{$F-}

BEGIN
  V[1] := P1;
  V[2] := P2;
  V[3] := P3;
  WriteLn('Bitte wählen:  1, 2 oder 3?');
  ReadLn(I);
  V[I];
  WriteLn('Ende von Programm ProzVek2.')
END.
```

3.6.1.3 Prozedurvariable mit Adresse einer Routine

In einer Prozedurvariablen kann man auch die Adresse einer Routine (Prozedur oder Funktion) ablegen, um über sie die Routine aufzurufen.

Adresse einer Prozedur in der Prozedurvariablen speichern (Programm ProzAdr1): Das Programm zeigt die fünf grundlegenden Möglichkeiten auf, wie eine Routine (hier die Prozedur Proz) dadurch aufgerufen wird, daß man ihre Startadresse in Prozedurvariablen (hier F, G und H) angibt.

Pascal-Quelltext zu Programm ProzAdr1:

```
PROGRAM ProzAdr1;
TYPE
  ProzTyp = PROCEDURE;
```

```
VAR
  F, G, H: ProzTyp;                    {Drei Prozedurvariablen}
  P:       ^Word;                      {Zeiger auf Word (für Adresse)}
  Q, R:    Pointer;                    {allgemeiner Pointer}

{$F+}
PROCEDURE Proz;
BEGIN
  WriteLn('Prozeduraufruf');
END;
{$F-}

BEGIN
  WriteLn(Seg(Proz),':',Ofs(Proz));  {Adresse von Prozedur Proz}
  F := Proz;
  F;                                  {Prozeduraufruf über Prozedurvariable F}
  P := Addr(Proz);
  WriteLn(Seg(P^),':',Ofs(P^));      {Inhalt von P}
  G := ProzTyp(P);                    {Typumwandlung von P in ProzTyp}
  G;                                  {Prozeduraufruf}
  ProzTyp(Q) := G;                    {Typumwandlung von Q in ProzTyp}
  ProzTyp(Q);                         {Prozedurafruf}
  @H := P;                            {Umwandlung von H in allgemeinen Pointer}
  H;                                  {Prozeduraufruf}
  R := @Proz;                         {Umwandlung von Proz in Pointertyp}
  ProzTyp(R);                         {Prozeduraufruf}
  WriteLn('Ende von Programm ProzAdr1.')
END.
```

Ausführung zu Programm ProzAdr1:

```
26899:14                       Startadresse der Prozedur Proz über Name
Prozeduraufruf                 1. Aufruf über F
26899:14                       Startadresse von Proz über Zeiger P
Prozeduraufruf                 2. Aufruf über G
Prozeduraufruf                 3. Aufruf über ProzTyp(Q)
Prozeduraufruf                 4. Aufruf über H
Prozeduraufruf                 5. Aufruf über ProzTyp(R)
Ende von Programm ProzAdr1.
```

Typumwandlungen: Um Fehlermeldungen des Compilers wegen Typunverträglichkeit zu vermeiden, sollte man Typumwandlungen vornehmen. Dabei ist zwischen Werten, Variablen und Prozedurtypen zu unterscheiden:

- *Typ(Variable)*
  Die Variable in eine Variable von Typ umwandeln. Die Ausdruck kann links oder rechts bei einer Zuweisung stehen.
- *Typ(3.75)*
  Wert 3.75 in Typ umwandeln. Dies kann nur rechts bei einer Zuweisung stehen.
- *ProzTyp(P)*
  Die Zeigervariable P in eine Prozedurvariable umwandeln. Der Ausdruck kann links oder rechts bei einer Zuweisung stehen.
- *@H*
  Der Adreßoperator @ wandelt einen Zeigerwert in einen untypisierten Zeiger um, der also mit jedem Zeigertyp verträglich ist. @H darf bei Prozedurvariablen bei einer Zuweisung auch links stehen.
- *@@H*
  Bei Prozedurvariablen bezeichnet @H den Inhalt von H, während @@H dann die Adresse der Prozedurvariablen H bezeichnet.

Adresse einer Funktion in der Prozedurvariablen speichern (Programm ProzAdr2): Das Programm entspricht dem Programm ProzAdr1, nur wird der Prozedurvariablen keine Prozeduradresse, sondern eine Funktionsadresse zugewiesen. Funktionen können aber nur in Ausdrücken aufgerufen werden.

- @F liefert den in der Prozedurvariablen F gespeicherten Wert.
- @@F liefert die Adresse der Variablen F.

```
PROGRAM ProzAdr2;
USES Crt;
TYPE
  FunkTyp = FUNCTION(X: Integer): Integer;
VAR
  F,G,H: FunkTyp;                             {Drei Prozedurvariablen}
  P: ^Word;
  Q,R: Pointer;

{$F+}
FUNCTION Funk(X: Integer): Integer;
BEGIN
  Write(X,'. Funktionsaufruf ');
  Funk := 22222;
END;
{$F-}
```

```
BEGIN
  ClrScr;
  WriteLn(Seg(Funk),':',Ofs(Funk));          {Adresse von Funk}
  F := Funk;
  WriteLn(F(1));                             {Funktionsaufruf}
  P := Addr(Funk);
  WriteLn(Seg(P^),':',Ofs(P^));              {Inhalt von P}
  G := FunkTyp(P);                           {Typumwandlung von P in ProzTyp}
  WriteLn(G(2));                             {Funktionsaufruf}
  FunkTyp(Q) := G;                           {Typumwandlung von Q in FunkTyp}
  WriteLn(FunkTyp(Q)(3));                    {Funktionsafruf}
  @H := P;                                   {Umwandlung von H in allg. Pointer}
  WriteLn(H(4));                             {Funktionsaufruf}
  R := @Funk;                                {Umwandlung von Funk in Pointertyp}
  WriteLn(FunkTyp(R)(5));                    {Funktionsaufruf}
  IF @F = @Funk
    THEN WriteLn('F und Funk sind dieselbe Funktion.');
  IF F(6) = 22222
    THEN WriteLn('Beide Werte sind gleich.');
  R := @@F;
  WriteLn('Adresse der Variablen F = ',Seg(R^),':',Ofs(R^));
  R := @F;
  WriteLn(Seg(R^),':',Ofs(R^));
  WriteLn('Ende von Programm ProzAdr2.')
END.
```

Ausführung zu Programm ProzAdr2:

```
26904:19
1. Funktionsaufruf 22222
26904:19
2. Funktionsaufruf 22222
3. Funktionsaufruf 22222
4. Funktionsaufruf 22222
5. Funktionsaufruf 22222
F und Funk sind dieselbe Funktion.
6. Funktionsaufruf Beide Werte sind gleich.
Adresse der Variablen F = 27012:60
26904:19
Ende von Programm ProzAdr2:
```

3.6.2 Prozedurtypen in Units und Overlays

Problemstellung zu Programm ProzUni: Am Beispiel der Variablen F, G und H soll gezeigt werden, daß man an Prozedurvariablen die Adressen von Prozeduren uneingeschränkt auch dann zuweisen kann, wenn diese in Units oder in Overlayunits definiert sind.

Programm ProzUnit arbeitet mit drei Units und sieben Prozeduren:

- *Die Unit ProzDefs* enthält Definitionen, die von allen Programmmodulen benötigt werden. In größeren Programmen ist es sinnvoll, alle Definitionen in einer Unit zusammenzufassen. In ProzDefs werden die Prozedurvariablen F, G und H vereinbart.
- *Die Unit ProzUni1* wird in das Programm eingebunden, die Units ProzUni2 und ProzUni3 können als Overlays behandelt werden.
- *Qualifizierte Bezeichner:* Die Prozedur Proz1 ist in vier Modulen (ProzUni, ProzUni1.TPU, ProzUni2.TPU und ProzUni3.TPU) definiert. Um Prozeduren zu unterscheiden, verwendet man qualifizierte Bezeichner. *ProzUni3.Proz1* bezeichnet die Prozedur Proz1 in der Unit ProzUni3, *Proz1* hingegen das Programm ProzUni.

Pascal-Quelltext zu Programm ProzUni:

```
PROGRAM ProzUni;
  {Aufruf von Prozeduren in Overlayunits über Prozedurvariablen}
{$F+}
USES Overlay,Crt, ProzDefs,ProzUni1, ProzUni2,ProzUni3;
{$O ProzUni2, ProzUni3}                         {Zwei Units als als Overlays}

PROCEDURE Proz1;
BEGIN
  WriteLn('Proz1 in ProzUni aufgerufen.');
END;

BEGIN
  ClrScr;
  OvrInit('ProzUni.OVR');
  WriteLn('OvrResult = ', OvrResult);
  OvrInitEMS;
  WriteLn('OvrResult = ', OvrResult);
  WriteLn('Größe des OverLayPuffers = ', OvrGetBuf);
  WriteLn('Platz auf dem Heap = ', MemAvail);
  OvrSetBuf(100000);
  WriteLn('Größe des OverLayPuffers = ', OvrGetBuf);
  WriteLn('Platz auf dem Heap = ', MemAvail);
  WriteLn('OvrResult = ', OvrResult); WriteLn;
```

```
    ProzUni1.Proz1;
    ProzUni2.Proz1;
    Proz2;
    Proz1;
    Proz2;
    Proz3; WriteLn;
    F := ProzUni1.Proz1;                 {Zuweisung an Prozedurvariable F:}
    F;                                   {Prozedur Proz1 aus Overlayunit ProzUni1}
    G := ProzUni2.Proz1;
    H := ProzUni3.Proz1;
    G; H;
    ProzUni2.Proz2;
  WriteLn('Ende von Programm ProzUni.')
  END.
```

Ausführung zu Programm ProzUni:

```
OvrResult = 0                             {Informationen zur Overlayverwaltung}
OvrResult = -5
Größe des OverLayPuffers = 320
Platz auf dem Heap = 398032
Größe des OverLayPuffers = 100000
Platz auf dem Heap = 298352
OvrResult = 0

Proz1 in Prozuni1 aufgerufen.             {Protokollierung der Prozeduraufrufe}
Proz1 in Overlayunit ProzUni2 aufgerufen.
Proz2 in Overlayunit ProzUni3 aufgerufen.
Proz1 in ProzUni aufgerufen.
Proz2 in Overlayunit ProzUni3 aufgerufen.
Proz3 in Overlayunit ProzUni3 aufgerufen.

Proz1 in Prozuni1 aufgerufen.
Proz1 in Overlayunit ProzUni2 aufgerufen.
Proz1 in Overlayunit ProzUni3 aufgerufen.

Proz2 in Overlayunit ProzUni2 aufgerufen.
Von ProzUni2.Proz2 Aufruf von ProzUni3.Proz3
Proz3 in Overlayunit ProzUni3 aufgerufen.
Ende von Programm ProzUni.
```

Overlay-Routinen in Programm ProzUni: In der Unit Overlay sind die Variable OvrResult und die fünf Prozeduren OvrInit, OvrInitEMS, OvrSetBuf, OvrGetBuf, OvrClearBuf vordefiniert.

- *OvrResult:* Der Wert von OvrResult wird bei jedem Aufruf einer dieser fünf Prozeduren neu gesetzt und kann abgefragt werden.
- *Overlaypuffer setzen:* Die Prozedur OvrInit erzeugt eine Datei ProzUni.OVR, welche Informationen für die Overlayverwaltung enthält, und reserviert einen Overlaypuffer, der zur Aufnahme der größten Overlayunit ausreicht. Mit der Prozedur OvrSetBuf kann dieser Puffer vergrößert werden (z.B. auf 100000, siehe Ausführung), um Platz für mehrere Overlays haben. Das erfordert u.U. weniger Diskettenzugriffe zum Nachladen der Overlayunits.
- *Größe des Overlaypuffers anzeigen:* Wie die Funktion MemAvail zeigt, geht eine Vergrößerung des Overlaypuffers auf Kosten des Heap. Die Prozedur OvrGetBuf ermittelt die Größe des Overlaypuffers. Dynamische Variablen dürfen erst nach Aufruf von OvrGetBuf erzeugt werden, da sie sonst überschrieben werden.

Der Aufruf ProzUni2.Proz2 zeigt, daß in einer Unit auch Prozeduren und Variablen benutzt werden können, die in anderen Units definiert sind; Voraussetzung ist, daß diese Units mit USES angegeben werden.

```
UNIT ProzDefs;                {Definition von Typen und Variablen}
{$F+,O+}
INTERFACE
  TYPE ProzTyp = PROCEDURE;
  VAR F,G,H: ProzTyp;
IMPLEMENTATION
END.

UNIT ProzUni1;                {Prozedur Proz1 bereitstellen}
INTERFACE
  PROCEDURE Proz1;
IMPLEMENTATION
  PROCEDURE Proz1;
    BEGIN
      WriteLn('Proz1 in ProzUni1 aufgerufen.');
    END;
END.

UNIT ProzUni2;                {Prozeduren Proz1 und Proz2 bereitstellen}
{$F+,O+}                     {Overlays sind erlaubt}
INTERFACE
  PROCEDURE Proz1;
  PROCEDURE Proz2;
IMPLEMENTATION
  USES ProzDefs,ProzUni3;
  PROCEDURE Proz1;
```

```
  BEGIN
    WriteLn('Proz1 in Overlayunit ProzUni2 aufgerufen.');
  END;
  PROCEDURE Proz2;
  BEGIN
    WriteLn;
    WriteLn('Proz2 in Overlayunit ProzUni2 aufgerufen.');
    H := ProzUni3.Proz3;                              {Prozedurvariable H}
    WriteLn('Von ProzUni2.Proz2 Aufruf von ProzUni3.Proz3');
    H;
  END;
END.

UNIT ProzUni3;              {Prozeduren Proz1, Proz2 und Proz3 bereitstellen}
{$F+,O+}
INTERFACE
  PROCEDURE Proz1;
  PROCEDURE Proz2;
  PROCEDURE Proz3;
IMPLEMENTATION
  PROCEDURE Proz1;
  BEGIN
    WriteLn('Proz1 in Overlayunit ProzUni3 aufgerufen.');
  END;
  PROCEDURE Proz2;
  BEGIN
    WriteLn('Proz2 in Overlayunit ProzUni3 aufgerufen.');
  END;
  PROCEDURE Proz3;
  BEGIN
    WriteLn('Proz3 in Overlayunit ProzUni3 aufgerufen.');
  END;
END.
```

In einem anderen Programm erzeugte Units aufrufen:
Das Programm ProzU zeigt, daß man Units benutzen kann, die durch ein anderes Programm erzeugt wurden. Overlayunits können wie normale Units benutzt werden.

```
PROGRAM ProzU;
  {Aufruf von Units, die in einem anderen Programm erzeugt wurden}
USES ProzDefs,ProzUni2,ProzUni3;
BEGIN
  ProzUni2.Proz2;
END.
```

3

Programmierkurs mit Turbo Pascal Aufbaukurs

3.1 Set (Menge) als strukturierter Datentyp	19
3.2 Record (Verbund) als strukturierter Datentyp	35
3.3 File (Datei) als strukturierter Datentyp	55
3.4 Pointer (Zeiger) für dynamische Datentypen	85
3.5 Rekursive Abläufe	109
3.6 Programmorganisation	137
3.7 Suchen, Sortieren, Mischen und Gruppieren von Daten	149
3.8 Sequentielle Dateiorganisation	199
3.9 Direktzugriff-Dateiorganisation	216
3.10 Index-sequentielle Dateiorganisation	228
3.11 Stapel und Schlange	237
3.12 Zeigerverkettete Liste	277
3.13 Binärbaum	316
3.14 Gesteuerter Zugriff auf externe Einheiten	383
3.15 Objektorientierte Programmierung (OOP)	451

3.7.1 Überblick

Vier Hifsverfahren der Dateiverarbeitung: Legt man einen größeren Datenbestand als Datei auf Diskette ab, stellen sich immer wieder *Probleme des Suchens, Sortierens, Mischens und Gruppierens* von Datensätzen der Datei. Aus diesem Grunde bezeichnet man diese vier Verfahren auch als Hilfsverfahren der Dateiverarbeitung.

Ob man Sätze einer Datei oder Komponenten eines Arrays sortiert - am jeweils zu demonstrierenden Verfahren ändert dies nichts. Aus diesem Grunde verarbeiten die folgenden Programmbeispiele Arrays: die Abläufe können dabei übersichtlicher bzw. kompakter dargestellt werden.

Suchen:
Absatzmengen Montag bis Sonntag: 45,100,95,78,90,76,80.
An welchem Tag wurden 78 Stück abgesetzt?

Sortieren:
Absatzmengen in aufsteigende Folge 45,76,78,80,90,95,100 bringen.

Mischen:
Mengen 45,76,78,80,90,95,100 von Filiale 1 und Mengen 30,47,55,57,61, 80,103 von Filiale 2 zur Gesamtliste 30,45,47,55,57,61,76,78,80,80,90,95, 100,103 mischen.

Gruppieren (Gruppenwechsel):
Gruppensummen 240 (Mo - Mi) und 324 (Do - So) bilden.

Vier Hilfsverfahren der Dateiverarbeitung

Suchverfahren in Abschnitt 3.7.2: Im Mittelpunkt steht das binäre Suchen als schnelles Suchverfahren.

Sortierverfahren in Abschnitt 3.7.3: Sortieren von Zeigern und Sortieren der Daten selbst bei unterschiedlichen Verfahren.

Mischen und Gruppieren in Abschnitten 3.7.4 und 3.7.5 anhand grundlegender Beispiele.

Komplexere Sortierverfahren in Abschnitt 3.7.6 - 3.7.10 wie Quick Sort, Shake Sort und Sortieren durch Mischen.

3.7.2 Suchen

Serielles Suchen: Im einfachsten Fall durchsucht man eine Datei Satz für Satz in der Reihenfolge der Speicherung der Daten. Dieses serielle Suchen ist typisch für die Datenträger Magnetband bzw. Streamer-Kassette.

Binäres Suchen über Programm SuchBin: Das Wort "binär bzw. zweiwertig" deutet an, daß man wiederholt das Suchintervall halbiert, um dann in der passenden Hälfte weiterzusuchen. Dazu müssen die Daten vorsortiert auf einem Direktzugriff-Speicher vorliegen.

- Sieben Werte 45,76,78,80,90,95,100 in Array D eingeben.
- Um die Menge 90 zu suchen (siehe rechtes Ausführungsbeispiel), wird zunächst die Menge 80 als Mitte genommen.
- Nach dem Vergleich 80<90 wird in der oberen Hälfte weitergesucht; dazu verschiebt man mit Unten:=Mitte+1 die untere Grenze auf die bisherige Mitte.
- Man bildet weiter die Mitte und der Vergleich 95>90 zeigt an, daß in der unteren Hälfte zu suchen ist. Da in dieser Hälfte nur noch der Suchbegriff steht, wird die Suche als positiv beendet.

Leistungsfähiges Suchverfahren: Um aus den über 60 Millionen Bundesbürgern einen Namen herauszufinden, werden nur maximal 26 Zugriffe benötigt: 6 Zugriffe für 64 Bürger (2 hoch 6) und 26 Zugriffe für über 60 Mio Bürger (67108864 für 2 hoch 26).

Pascal-Quelltext zu Programm SuchBin:

```
PROGRAM SuchBin;
  {Binäres Suchen}
VAR
  A,                    {Anzahl der zu sortierenden Daten}
  S,                    {Suchbegriff}
  I,
  Unten,                {untere Intervallgrenze}
  Oben,                 {obere Intervallgrenze}
  Mitte: Integer;       {Mitte des Suchintervalls}
  D: ARRAY[1..100] OF Integer;
  Gefunden: Boolean;    {True, falls S gefunden}

BEGIN
  WriteLn('"Binäres Suchen" als Suchmethode.');
  Write('Anzahl der Daten: '); ReadLn(A);
  WriteLn(A,' Daten aufsteigend sortiert einzeln eintippen:');
  FOR I := 1 TO A DO ReadLn( D[I] );
  Gefunden := False;
```

```
    Unten := 1; Oben := A;
    Write('Welchen Wert suchen ? '); ReadLn( S );
    WriteLn;
    WriteLn('Suchprotokoll zum Halbieren:');
    WHILE (Unten <= Oben) AND NOT Gefunden DO
      BEGIN
        Mitte := Trunc( (Unten + Oben)/2 );
        WriteLn('Unten: ',Unten:2,', Mitte: ',Mitte:2,', Oben: ',Oben:2 );
        IF S > D[Mitte] THEN Unten := Mitte + 1;
        IF S < D[Mitte] THEN Oben := Mitte - 1;
        Gefunden := (S = D[Mitte]);
      END; {von WHILE}
    WriteLn; Write('Suchergebnis: ');
    IF Gefunden
      THEN WriteLn(S,' an Position ',Mitte,' gefunden.')
      ELSE WriteLn(S,' nicht gefunden.');
    WriteLn('Ende von Programm SuchBin.');
  END.
```

Zwei Ausführungen zu Programm SuchBin:

```
"Binäres Suchen" als Suchmethode.
Anzahl der Daten: 5
5 Daten sortiert eintippen:
10
11
13
14
16
Welchen Wert suchen ? 13
Suchprotokoll zum Halbieren:
Unten:  1, Mitte:  3, Oben:  5

Suchergebnis: 13 an Position 3 gefunden.
Ende von Programm SuchBin.
```

```
"Binäres Suchen" als Suchmethode.
Anzahl der Daten: 7
7 Daten sortiert eintippen:
45
76
78
80
90
95
100
Welchen Wert suchen ? 90
Suchprotokoll zum Halbieren:
Unten:  1, Mitte:  4, Oben:  7
Unten:  5, Mitte:  6, Oben:  7
Unten:  5, Mitte:  5, Oben:  5

Suchergebnis: 90 an Position 5 .
Ende von Programm SuchBin.
```

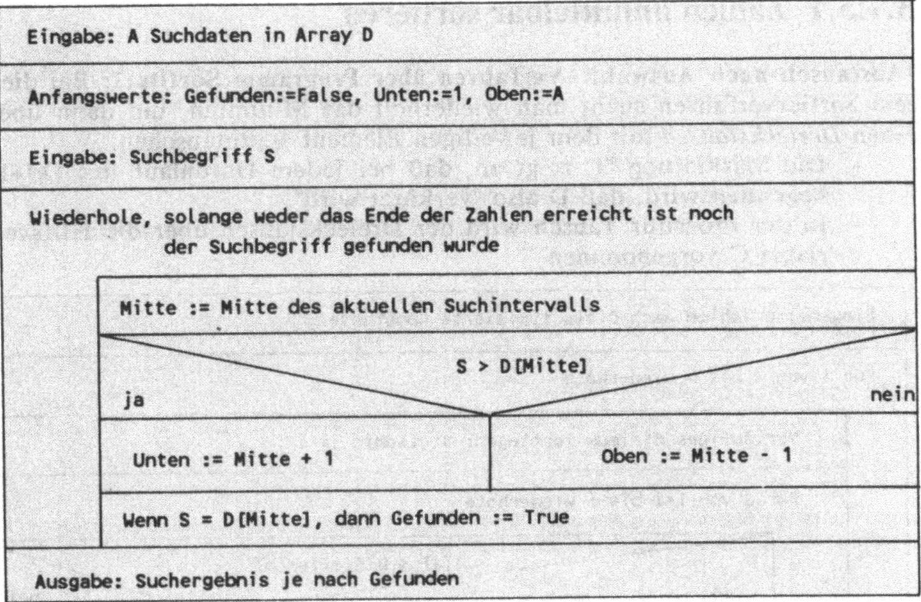

Darstellung des binären Suchens als Struktogramm (Programm SuchBin)

3.7.3 Sortieren

Intern - Extern:
Daten im Internspeicher oder auf einem Externspeicher sortieren.

Numerisch - String:
Zahlen (1 < 4 < 7.5) oder Strings ('$' < 'DM-Währung' < 'XX') sortieren.

Daten - Adressen:
Daten selbst sortieren oder nur deren Adressen bzw. Speicherplätze über Zeiger.

Einfach - Komplex:
Einfache Sortierverfahren wie Auswahl, Bubble Sort, Einfügen oder komplexe Verfahren wie Sortieren durch Mischen, Binär-Baum-Sort, Quick Sort (Rekursion).

Vier Begriffspaare zum Sortieren

3.7.3.1 Zahlen unmittelbar sortieren

"Austausch nach Auswahl"-Verfahren über Programm SortDat1: Bei diesem Sortierverfahren sucht man wiederholt das Minimum, um dann über einen *Dreieckstausch* mit dem jeweiligen Element auszutauschen.

- Die Markierung "I" zeigt an, daß bei jedem Durchlauf mit D[I+1] begonnen wird, daß D also "verkürzt wird".
- In der Prozedur Tausch wird der Dreieckstausch über die Hilfsvariable C vorgenommen.

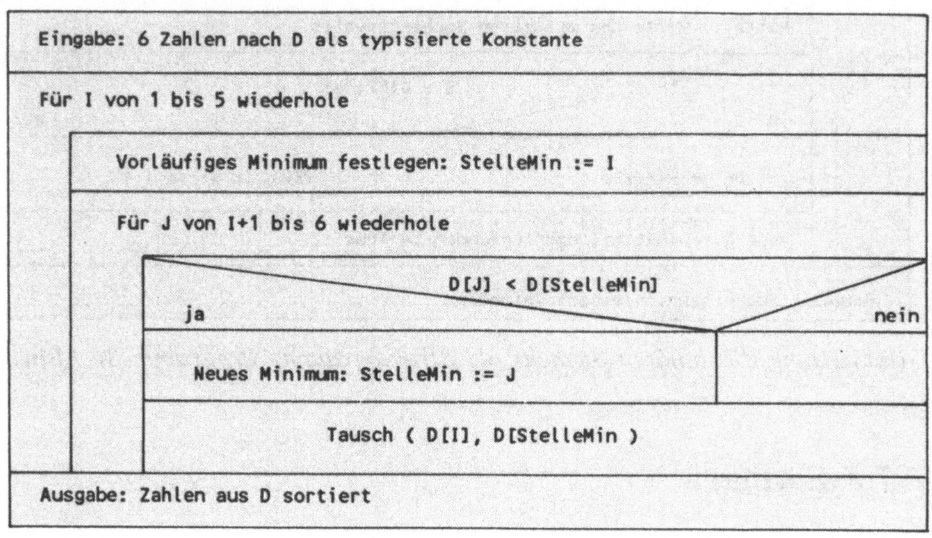

Struktogramm zum "Sortieren durch Austausch nach Auswahl" über Programm SortDat1

Pascal-Quelltext zu Programm SortDat1:

```
PROGRAM SortDat1;
  {Sortieren nach dem Verfahren "Austausch nach Auswahl"}
TYPE
  DatenFeldTyp = ARRAY[1..6] OF Integer;
CONST
  D: DatenFeldTyp = (102,101,109,106,104,105);
VAR
  I,J:       Integer;
  StelleMin: Integer;  {Stelle mit vorläufigem Minimum}
```

```
PROCEDURE Ausgabe;
VAR
  I: Integer;
BEGIN
  FOR I := 1 TO 6 DO
    Write( D[I], ' '); WriteLn;
END; {von Ausgabe}

PROCEDURE Tausch(VAR A,B: Integer);
VAR
  C: Integer;
BEGIN
  C := A; A := B; B := C;
END; {von Tausch}

BEGIN
  WriteLn('Sortieren nach dem Verfahren "Austausch nach Auswahl"');
  WriteLn('(numerische Daten selbst sortieren, nicht Zeiger).');
  WriteLn;
  WriteLn('Sortierprotokoll der 6 Daten:');
  FOR I := 1 TO 5 DO
    BEGIN
      Ausgabe;
      StelleMin := I;
      FOR J:=I+1 TO 6 DO
        IF D[J] <D[Stellemin] THEN StelleMin := J;
      Tausch( D[I], D[StelleMin]);
    END;
  Ausgabe;
  WriteLn('Ende von Programm SortDat1.');
END.
```

Ausführung zu Programm SortDat1:

```
Sortieren nach dem Verfahren "Austausch nach Auswahl"
(numerische Daten selbst sortieren, nicht Zeiger).
Sortierprotokoll der 6 Daten:
102 101 109 106 104 105
101 102 109 106 104 105
101 102 109 106 104 105
101 102 104 106 109 105
101 102 104 105 109 106
101 102 104 105 106 109
Ende von Programm SortDat1.
```

```
Problem: 6 Zahlen in Integer-Array D sortieren

Ablauf: 1. Suche Minimum in D und speichere es in StelleMin
        2. Tausch D[I] und D[StelleMin] aus
        3. Weiter mit 1., aber jetzt mit D[I+1] beginnend

Werteprotokoll für die Entwicklung von Array D:
102     101     109     106     104     105      Beginn: in D[] 6 Zahlen
101 I   102     109     106     104     105      I=1: Tausch 102-101
101     102 I   109     106     104     105      I=2: Kein Tausch
101     102     104 I   106     109     105      I=3: Tausch 109-104
101     102     104     105 I   109     106      I=4: Tausch 105-106
101     102     104     105     106 I   109      I=5: Tausch 109-106
```

Abweichendes Vorgehen über Programm SortDat0: Das Programm SortDat0 arbeitet nach dem gleichen Verfahren wie SortDat1, verzichtet aber auf das Zwischenspeichern in StelleMin. Der Vergleich der beiden Sortierprotokolle zeigt eine Abweichung im 4. Sortierdurchgang.

Pascal-Quelltext zu Programm SortDat0:

```
PROGRAM SortDat0;
  {Sortieren nach dem Verfahren "Austausch nach Auswahl"}
TYPE
  DatenFeldTyp = ARRAY[1..6] OF Integer;
CONST
  D: DatenFeldTyp = (102,101,109,106,104,105);
VAR
  I,J: Integer;

PROCEDURE Ausgabe;
VAR
  I: Integer;
BEGIN
  FOR I := 1 TO 6 DO
    Write( D[I], ' '); WriteLn;
END; {von Ausgabe}

PROCEDURE Tausch(VAR A,B: Integer);
VAR
  C: Integer;
```

```
BEGIN
  C := A; A := B; B := C;
END; {von Tausch}

BEGIN
  WriteLn('Sortieren nach dem Verfahren "Austausch nach Auswahl"');
  WriteLn('(numerische Daten selbst sortieren, nicht Zeiger).');
  WriteLn;
  WriteLn('Sortierprotokoll der 6 Daten:');
  FOR I := 1 TO 5 DO
    BEGIN
      Ausgabe;
      FOR J := I+1 TO 6 DO
        IF D[J] < D[I] THEN Tausch( D[I], D[J]);
    END;
  Ausgabe;
  WriteLn('Ende von Programm SortDat0.');
END.
```

Ausführung zu Programm SortDat0:

```
Sortieren nach dem Verfahren "Austausch nach Auswahl"
(numerische Daten selbst sortieren, nicht Zeiger).
Sortierprotokoll der 6 Daten:
102 101 109 106 104 105
101 102 109 106 104 105
101 102 109 106 104 105
101 102 104 109 106 105
101 102 104 105 109 106
101 102 104 105 106 109
Ende von Programm SortDat0.
```

3.7.3.2 Zahlen über Zeiger sortieren

In Programm SortZeig wird mit dem gleichen Sortierverfahren und den gleichen Daten gearbeitet wie bei Programm SortDat1. Nur bleiben die Zahlen selbst unbewegt: Nur die Speicherplätze der Zahlen werden sortiert, und zwar über Zeigervariablen. Zusätzlich zum Datenarray D vereinbart man einen Zeigerarray Z, dessen Indizes die jeweiligen Stellen angeben.

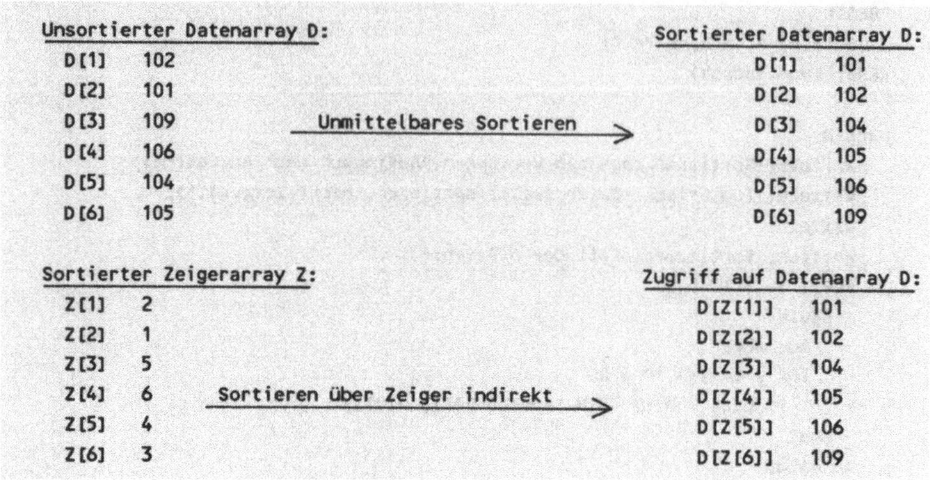

```
Unsortierter Datenarray D:                                   Sortierter Datenarray D:
  D[1]   102                                                         D[1]   101
  D[2]   101                                                         D[2]   102
  D[3]   109          Unmittelbares Sortieren  ->                    D[3]   104
  D[4]   106                                                         D[4]   105
  D[5]   104                                                         D[5]   106
  D[6]   105                                                         D[6]   109

Sortierter Zeigerarray Z:                                   Zugriff auf Datenarray D:
  Z[1]   2                                                        D[Z[1]]   101
  Z[2]   1                                                        D[Z[2]]   102
  Z[3]   5                                                        D[Z[3]]   104
  Z[4]   6      Sortieren über Zeiger indirekt  ->                D[Z[4]]   105
  Z[5]   4                                                        D[Z[5]]   106
  Z[6]   3                                                        D[Z[6]]   109
```

Unmittelbares Sortieren (Programm SortDat1) und Sortieren über Zeiger (Programm SortZeig)

Pascal-Quelltext zu Programm SortZeig:

```
PROGRAM SortZeig;
  {Sortieren nach dem Verfahren "Austausch nach Auswahl" über Zeiger}
TYPE
  DatenFeldTyp = ARRAY[1..6] OF Integer;
CONST
  D: DatenFeldTyp = (102,101,109,106,104,105);
  Z: DatenFeldTyp = (1,2,3,4,5,6);  {6 Zeiger bzw. Pointer}
VAR
  I,J,Y:        Integer;
  StelleMin:    Integer;  {Stelle mit vorläufigem Minimum}

PROCEDURE Tausch(VAR A,B: Integer);
VAR
  H: Integer;
BEGIN
  H := A; A := B; B := H;
END; {von Tausch}

BEGIN
  WriteLn('Sortieren nach dem Verfahren "Austausch nach Auswahl"');
  WriteLn('(numerische Daten über Zeiger sortieren).');
  WriteLn;
  WriteLn('6 Daten unsortiert:');
  FOR I := 1 TO 6 DO Write( D[I], ' '); WriteLn;
```

```
    WriteLn('Sortierprotokoll der 6 Zeiger:');
    FOR I := 1 TO 5 DO
      BEGIN
        FOR Y := 1 TO 6 DO Write( Z[Y], ' '); WriteLn;
        StelleMin := I;
        FOR J := I+1 TO 6 DO
          IF D[J] < D[Z[StelleMin]] THEN StelleMin := J;
        Tausch( Z[I], Z[StelleMin]);
      END;
    WriteLn('6 Daten über Zeiger sortiert:');
    FOR I := 1 TO 6 DO Write( D[Z[I]], ' '); WriteLn;
    WriteLn('Ende von Programm SortZeig.');
  END.
```

Ausführung zu Programm SortZeig:

```
Sortieren nach dem Verfahren "Austausch nach Auswahl"
(numerische Daten über Zeiger sortieren).
6 Daten unsortiert:
102 101 109 106 104 105
Sortierprotokoll der 6 Zeiger:
1 2 3 4 5 6
2 1 3 4 5 6
2 1 3 4 5 6
2 1 5 4 3 6
2 1 5 6 3 4
6 Daten über Zeiger sortiert:
101 102 104 105 106 109
Ende von Programm SortZeig.
```

3.7.3.3 Strings unmittelbar sortieren

"Sortieren durch paarweisen Austausch" über Programm SortDat2: Dieses Verfahren wird auch *Bubble Sort* genannt. Die zu sortierenden Namen sind im Stringarray NS abgelegt und werden paarweise verglichen, um bei falscher Sortierfolge paarweise ausgetauscht zu werden.

- Max<Maria ist falsch und Austausch.
- Max<Tillmann wahr.
- Tillmann<Lena falsch und Austausch. Jetzt sind Maria, Max, Lena und Tillmann gespeichert.
- Wie Blasen (bubble) werden Strings "hochgesprudelt", d.h. an das Ende des Arrays NS gerückt.

- Die Variable Unsortiert kontrolliert den Sortierlauf in einer WHILE-Schleife. Unsortiert:=True bedeutet "String ist ausgetauscht worden". Unsortiert wirkt als Flagge (Flag).

Pascal-Quelltext zu Programm SortDat2:

```
PROGRAM SortDat2;
  {Sortieren von Strings nach dem Verfahren "Paarweiser Austausch"}
TYPE
  NameTyp = STRING[20];
VAR
  A,I:          Integer;
  Ns:           ARRAY[1..50] OF NameTyp;
  Unsortiert:   Boolean;

PROCEDURE Tausch(VAR A,B: NameTyp);
VAR
  H: NameTyp;       {Hilfsvariable zum Dreieckstausch}
BEGIN
  H := A; A := B; B := H;
END; {von Tausch}

BEGIN
  WriteLn('Sortieren nach dem Verfahren "Paarweiser Austausch"');
  WriteLn('bzw. "Bubble Sort" (Sortieren von Strings selbst).');
  WriteLn;
  Write('Anzahl der Namen: '); ReadLn(A);
  WriteLn(A,' Namen eintippen:');
  FOR I:=1 TO A DO ReadLn( Ns[I]);
  WriteLn; WriteLn('Kontrollausgabe zum Sortiervorgang:');
  Unsortiert := True;
  WHILE Unsortiert DO
    BEGIN
      Unsortiert := False;
      FOR I := 1 TO A DO Write( Ns[I], ' ');
      WriteLn;
      FOR I := 1 TO A-1 DO
        BEGIN
          IF Ns[I] > Ns[I+1]
            THEN
              BEGIN
                Tausch( Ns[I], Ns[I+1]);
                Unsortiert := True;
              END;   {von THEN}
        END;
```

```
    END; {von WHILE}
  WriteLn('Programmende von SortDat2.');
END.
```

Ausführung zu Programm SortDat2:

```
Sortieren nach dem Verfahren "Paarweiser Austausch"
bzw. "Bubble Sort" (Sortieren von Strings selbst).

Anzahl der Namen: 5
5 Namen eintippen:
Klaus
Tillmann
Anita
Ekkehard
Maria

Kontrollausgabe zum Sortiervorgang:
Klaus Tillmann Anita Ekkehard Maria
Klaus Anita Ekkehard Maria Tillmann
Anita Ekkehard Klaus Maria Tillmann
Programmende von SortDat2.
```

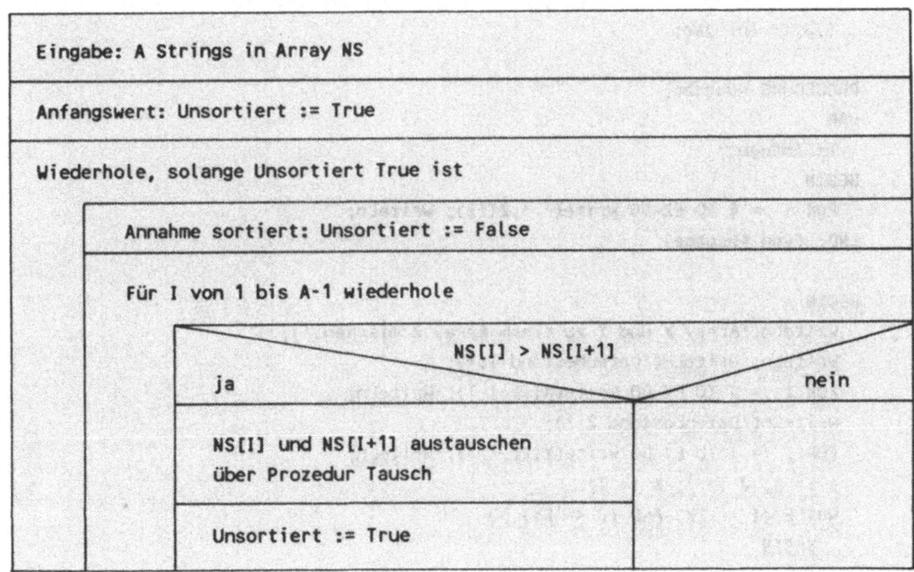

Struktogramm zum Bubble Sort in Programm SortDat2

3.7.4 Mischen von Arrays

Zwei Integer-Arrays anhand Programm MischDat mischen: Mischen heißt "Daten unter Berücksichtigung ihrer Sortierung zu *einer* Datenstruktur zusammenfügen".

- 5-Elemente-Array X und 4-Elemente-Array Y zu einem 9-Elemente-Array Z einmischen.
- *Problem der Endeverarbeitung*: Ist ein Array vollständig eingemischt, wird über eine zweiseitige Auswahl der Rest des anderen Arrays in den Zielarray Z kopiert.

Pascal-Quelltext zu Programm MischDat:

```
PROGRAM MischDat;
  {Zwei verschieden lange Arrays mischen}
CONST
  EX = 5;  {Ende des Arrays X}
  EY = 4;  {Ende des Arrays Y}
  EZ = 9;  {Ende des Arrays Z}
  X: ARRAY[1..EX] OF Integer = (10,20,30,40,50);
  Y: ARRAY[1..EY] OF Integer = (15,20,25,45);
VAR
  Z: ARRAY[1..EZ] OF Integer;
  I,J,K: Integer;

PROCEDURE Ausgabe;
VAR
  I: Integer;
BEGIN
  FOR I := 1 TO EZ DO Write(' ',Z[I]); WriteLn;
END; {von Ausgabe}

BEGIN
  WriteLn('Array X und Y zu einem Array Z mischen.');
  WriteLn; WriteLn('Datenbestand 1:');
  FOR I := 1 TO EX DO Write(X[I],' '); WriteLn;
  WriteLn('Datenbestand 2:');
  FOR I := 1 TO EY DO Write(Y[I],' '); WriteLn;
  I := 1; J := 1; K := 1;
  WHILE (I <= EX) AND (J <= EY) DO
    BEGIN
      IF X[I] <= Y[J]
        THEN
          BEGIN
```

```
          Z[K] := X[I]; I := I + 1;
        END
      ELSE
        BEGIN
          Z[K] := Y[J]; J := J + 1;
        END;
    K := K + 1;
  END; {von WHILE}

 IF I - 1 < EX
   THEN
     FOR I := I TO EX DO
       BEGIN
         Z[K] := X[I];
         K := K + 1;
       END
   ELSE
     FOR J := J TO EY DO
       BEGIN
         Z[K] := Y[J];
         K := K + 1;
       END;
 WriteLn; WriteLn('Datenbestände 1 und 2 gemischt:');
 Ausgabe;
 WriteLn('Ende von Programm MischDat.')
END.
```

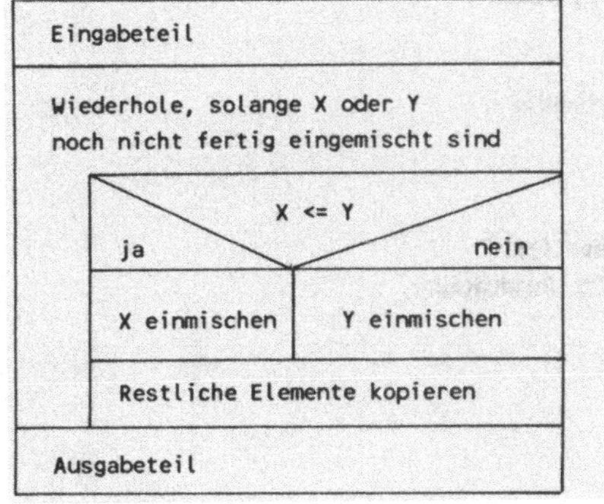

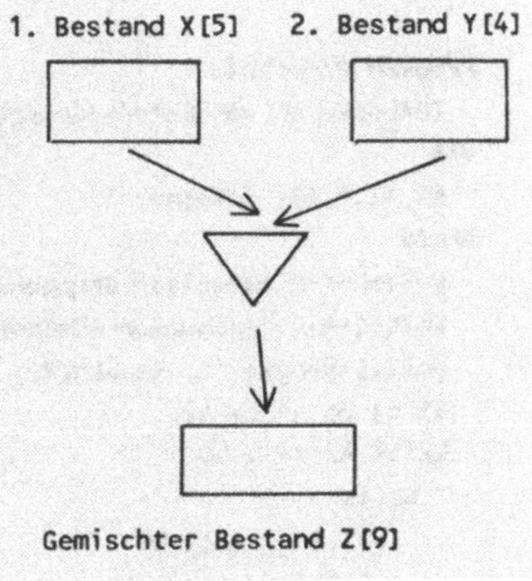

Struktogramm (links) und Datenflußplan (rechts) zu Programm MischDat

Ausführung zu Programm MischDat:

```
Array X und Y zu einem Array Z mischen.
Datenbestand 1:
10 20 30 40 50
Datenbestand 2:
15 20 25 45

Datenbestände 1 und 2 gemischt:
 10 15 20 20 25 30 40 45 50
Ende von Programm MischDat.
```

3.7.5 Gruppieren von Daten (Gruppenwechsel)

Einstufiger Gruppenwechsel über Programm GruppDat: Über die Tastatur werden die Mengenangaben zu Aufträgen erwartet, um beim Wechsel der Auftragsnummer deren Summe auszugeben. Daten mit gleichen Merkmalen werden zu Gruppen zusammengefaßt, um dann beim Gruppenwechsel besondere Ausgaben vorzunehmen. Man spricht von *Gruppieren*, *Gruppenwechsel* bzw. *Verdichten* von Daten.

- A2 für "Auftrag neu" und A1 für "Auftrag alt".
- Für A2<>A1 wird die nach S1 addierte Gruppensumme ausgegeben und mit S1:=0 und A1:=A2 zum nächsten Datensatz gegangen.

Pascal-Quelltext zu Programm GruppDat:

```
PROGRAM GruppDat;
  {Gruppieren von Daten (Gruppenwechsel)}
VAR
  A1,A2,M,S1: Integer;
BEGIN
  WriteLn('Einstufiger Gruppenwechsel.');
  Write('Auftragsnummer (0=Ende): '); ReadLn(A2);
  Write('Menge: '); ReadLn(M);
  S1 := 0; A1 := A2;
  WHILE A2 <> 0 DO
    BEGIN
      WHILE A2 = A1 DO
        BEGIN
          S1 := S1 + M;
          Write('Auftragsnummer: '); ReadLn(A2);
          Write('Menge: '); ReadLn(M);
        END;
```

```
      WriteLn(A1,' mit Gruppensumme ',S1);
      S1 := 0; A1 := A2;
    END;
  WriteLn('Ende von Programm GruppDat.');
END.
```

Ausführung zu Programm GruppDat:

```
Einstufiger Gruppenwechsel.
Auftragsnummer (0=Ende): 221
Menge: 10
Auftragsnummer: 221
Menge: 35
Auftragsnummer: 221
Menge: 14
Auftragsnummer: 229
Menge: 3
221 mit Gruppensumme 59
Auftragsnummer: 230
Menge: 75
229 mit Gruppensumme 3
Auftragsnummer: 230
Menge: 9
Auftragsnummer: 0
Menge: 0
230 mit Gruppensumme 84
Ende von Programm GruppDat.
```

Mehrstufiger Gruppenwechsel an einem Beispiel: man gruppiert nicht nur nach Aufträgen gleicher Nummer (Untergruppe), sondern zusätzlich nach Vertreternummern (Hauptgruppe). Auch der Hauptgruppenwechsel wird durch Vergleich festgestellt: V1<>V2 bzw. "Vertreter neu ungleich Vertreter alt".

3.7.6 Bubble Sort

Sortieren über zwei geschachtelte Schleifen anhand Programm Bub1Sort: Dieses Programm zeigt einen etwas anderen Algorithmus zum Bubble Sort als Programm SortDat2 (Abschnitt 3.7.3.3).

- In der inneren K-Schleife wird mit dem letzten Element beginnend jedes Element mit seinem Vorgänger verglichen.
- Bei falscher Sortierfolge tauscht man die Elemente aus. Dadurch wandern kleinere Elemente nach links.

- Nach dem Abarbeiten der inneren K-Schleife befindet sich das kleinste Element an erster Stelle. Damit kann die untere Grenze für K um 1 erhöht werden.

Pascal-Quelltext zu Programm Bub1Sort:

```
PROGRAM Bub1Sort;
  {Bubble Sort als Sortierverfahren}
CONST
  N = 5;
TYPE
  NameTyp = STRING[20];
  FeldTyp = ARRAY[1..N] OF NameTyp;
CONST
  Namen: FeldTyp = ('Klaus','Tillmann','Anita','Maria','Ekkehard');

PROCEDURE Ausgabe;
VAR
  I: Integer;
BEGIN
  FOR I := 1 TO N DO
    Write(Namen[I],' '); WriteLn;
END;

PROCEDURE Tausch(VAR A,B: NameTyp);
VAR
  H: NameTyp;   {Hilfsvariable}
BEGIN
  H := B; B := A; A := H;
END; {von Tausch}

PROCEDURE Sortieren(VAR Na: FeldTyp);
VAR
  J,K: Integer;
BEGIN
  FOR J := 2 TO N DO
    FOR K := N DOWNTO J DO
      BEGIN
      IF Na[K-1] > Na[K]
        THEN Tausch(Na[K],Na[K-1]);
      Write('J=',J,' K=',K,'  '); Ausgabe;
      END;
END; {von Sortieren}
```

```
BEGIN
  Ausgabe;
  Sortieren(Namen);
  Ausgabe;
  WriteLn('Ende von Programm Bub1Sort.')
END.
```

Ausführung zu Programm Bub1Sort:

```
Klaus Tillmann Anita Maria Ekkehard
J=2 K=5  Klaus Tillmann Anita Ekkehard Maria
J=2 K=4  Klaus Tillmann Anita Ekkehard Maria
J=2 K=3  Klaus Anita Tillmann Ekkehard Maria
J=2 K=2  Anita Klaus Tillmann Ekkehard Maria
J=3 K=5  Anita Klaus Tillmann Ekkehard Maria
J=3 K=4  Anita Klaus Ekkehard Tillmann Maria
J=3 K=3  Anita Ekkehard Klaus Tillmann Maria
J=4 K=5  Anita Ekkehard Klaus Maria Tillmann
J=4 K=4  Anita Ekkehard Klaus Maria Tillmann
J=5 K=5  Anita Ekkehard Klaus Maria Tillmann
Anita Ekkehard Klaus Maria Tillmann
Ende von Programm Bub1Sort.
```

Verarbeitungsrichtung von Bub1Sort in Bub2Sort umkehren: Beginnend mit dem ersten Element wird paarweise verglichen bzw. ausgetauscht, wodurch größere Elemente nach rechts wandern.

- K darf nur bis N-1 nach rechts wandern, da sonst kein Nachfolger vorhanden wäre.
- Da nun das größte Element hinten steht, kann die obere Grenze für K in der äußeren J-Schleife um 1 herabgesetzt werden.

Pascal-Quelltext zu Programm Bub2Sort:

```
PROGRAM Bub2Sort;
  {Wie Bub1Sort, aber: größtes Element wandert nach rechts}
CONST
  N = 5;
TYPE
  NameTyp = STRING[20];
  FeldTyp = ARRAY[1..N] OF NameTyp;
CONST
  Namen: FeldTyp = ('Klaus','Tillmann','Anita','Maria','Ekkehard');
```

```
PROCEDURE Ausgabe;
VAR
  I: Integer;
BEGIN
  FOR I := 1 TO N DO
    Write(Namen[I],' '); WriteLn;
END; {von Ausgabe}

PROCEDURE Tausch(VAR A,B: NameTyp);
VAR
  H: NameTyp;
BEGIN
  H := B; B := A; A := H;
END; {von Tausch}

PROCEDURE RechtsBubble;  {das jeweils größte Element wandert nach rechts}
VAR
  J,K: Integer;
BEGIN
  FOR J := N-1 DOWNTO 1 DO
    FOR K := 1 TO J DO
      BEGIN
      IF Namen[K+1] < Namen[K]
        THEN Tausch(Namen[K+1], Namen[K]);
      Write('J=',J,' K=',K,'  '); Ausgabe;
      END;
END; {von RechtsBubble}

BEGIN
  Ausgabe;
  RechtsBubble;
  Ausgabe;
  WriteLn('Ende von Programm Bub2Sort.')
END.
```

Ausführung zu Programm Bub2Sort:

```
Klaus Tillmann Anita Maria Ekkehard
J=4 K=1  Klaus Tillmann Anita Maria Ekkehard
J=4 K=2  Klaus Anita Tillmann Maria Ekkehard
J=4 K=3  Klaus Anita Maria Tillmann Ekkehard
J=4 K=4  Klaus Anita Maria Ekkehard Tillmann
J=3 K=1  Anita Klaus Maria Ekkehard Tillmann
J=3 K=2  Anita Klaus Maria Ekkehard Tillmann
J=3 K=3  Anita Klaus Ekkehard Maria Tillmann
```

```
J=2 K=1  Anita Klaus Ekkehard Maria Tillmann
J=2 K=2  Anita Ekkehard Klaus Maria Tillmann
J=1 K=1  Anita Ekkehard Klaus Maria Tillmann
Anita Ekkehard Klaus Maria Tillmann
Ende von Programm Bub2Sort.
```

3.7.7 Shake Sort

Im folgenden Programm ShakSort (to shake für schütteln) werden die beiden Verfahren der im Abschnitt 3.7.6 dargestellten Programme Bub1Sort und Bub2Sort alternierend wie folgt genutzt:

- In Programm ShakSort ruft die Prozedur Sortieren abwechselnd die Prozeduren LinksBubble und RechtsBubble auf.
- Die Prozeduren LinksBubble und RechtsBubble entsprechen den Programmen Bub1Sort und Bub2Sort.
- In der Prozedur Sortieren wird bei jedem Durchlauf der REPEAT-Schleife dann die linke Grenze um 1 nach rechts und die rechte Grenze um 1 nach links gerückt.

Pascal-Quelltext zu Programm ShakSort:

```
PROGRAM ShakSort;
  {Shake Sort: abwechselnd Minimum nach links und Maximum nach rechts}
CONST
  N = 5;
TYPE
  NameTyp = STRING[20];
  FeldTyp = ARRAY[1..N] OF NameTyp;
CONST
  Namen: FeldTyp = ('Klaus','Tillmann','Anita','Maria','Ekkehard');

PROCEDURE Ausgabe;
VAR
  I: Integer;
BEGIN
  FOR I := 1 TO N DO
    Write(Namen[I],' '); WriteLn;
END; {von Ausgabe}

PROCEDURE Tausch(VAR A,B: NameTyp);
VAR
  H: NameTyp;
BEGIN
```

```
    H := B; B := A; A := H;
  END; {von Tausch}

  PROCEDURE Sortieren;
  VAR
    K,Links,Rechts: Integer;

    PROCEDURE LinksBubble;
    VAR
      J: Integer;
    BEGIN
      Writeln('Linksbubble:');
      FOR J := Rechts DOWNTO 2 DO
        IF Namen[J-1] > Namen[J]
          THEN
            BEGIN
              Tausch(Namen[J-1], Namen[J]); K := J;
              Write('Links=',Links,' K=',K,' Rechts=',Rechts,'  '); Ausgabe;
            END;
    END; {von LinksBubble}

    PROCEDURE RechtsBubble;
    VAR
      J: Integer;
    BEGIN
      Writeln('Rechtsbubble:');
      FOR J := 2 TO Rechts DO
        IF Namen[J-1] > Namen[J]
          THEN
            BEGIN
              Tausch(Namen[J-1], Namen[J]); K := J;
              Write('links=',Links,' k=',k,' rechts=',Rechts,'  '); Ausgabe;
            END;
    END; {von RechtsBubble}

  BEGIN
    Links := 2; Rechts := N; K := N;
    REPEAT
      LinksBubble;
      Links := K+1;
      RechtsBubble;
      Rechts := K-1;
    UNTIL Links > Rechts;
  END; {von Sortieren}
```

```
BEGIN
  Ausgabe;
  Sortieren;
  Ausgabe;
  WriteLn('Ende von Programm ShakSort.')
END.
```

Ausführung zu Programm ShakSort:

```
Klaus Tillmann Anita Maria Ekkehard
Linksbubble:
Links=2 K=5 Rechts=5  Klaus Tillmann Anita Ekkehard Maria
Links=2 K=3 Rechts=5  Klaus Anita Tillmann Ekkehard Maria
Links=2 K=2 Rechts=5  Anita Klaus Tillmann Ekkehard Maria
Rechtsbubble:
links=3 k=4 rechts=5  Anita Klaus Ekkehard Tillmann Maria
links=3 k=5 rechts=5  Anita Klaus Ekkehard Maria Tillmann
Linksbubble:
Links=3 K=3 Rechts=4  Anita Ekkehard Klaus Maria Tillmann
Rechtsbubble:
Anita Ekkehard Klaus Maria Tillmann
Ende von Programm ShakSort.
```

3.7.8 Sortieren durch Einfügen

3.7.8.1 Einfügen mit seriellem Suchen

Das Programm Ein1Sort arbeitet nach dem Verfahren "Sortieren durch Einfügen", das auch als "Lineares Sortieren" bezeichnet wird. Der Algorithmus entspricht dem Einfügen einer Spielkarte in das Skat-Blatt.

- Das einzufügende Element wird zunächst in eine Hilfsvariable HS abgelegt.
- Dann werden die Namen, die größer sind als der in HS befindliche Name, so lange um eine Stelle nach rechts verschoben, bis HS in die Lücke paßt.

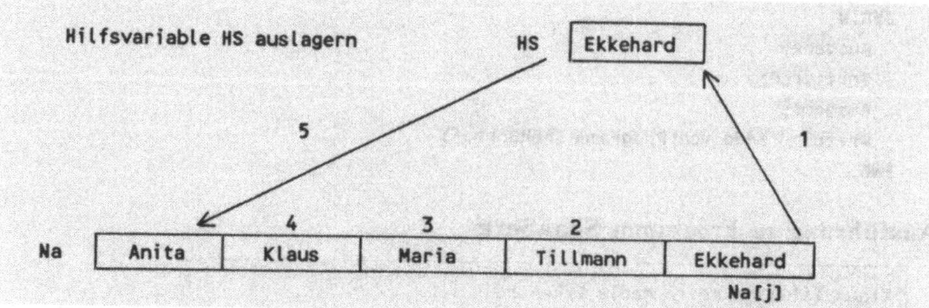

Einfügen von 'Ekkehard' in den Array Na (Programm Ein1Sort)

Pascal-Quelltext zu Programm Ein1Sort:

```
PROGRAM Ein1Sort;
  {Sortieren durch Einfügen mit seriellem Suchen}
CONST
  N = 5;
TYPE
  NameTyp = STRING[20];
  FeldTyp = ARRAY[1..N] OF NameTyp;
CONST
  Namen: FeldTyp = ('Klaus','Tillmann','Anita','Maria','Ekkehard');
VAR
  I: Integer;

PROCEDURE Ausgabe;
VAR
  I: Integer;
BEGIN
  FOR I := 1 TO N DO
    Write(Namen[I]:12);
  WriteLn;
END; {von Ausgabe}

PROCEDURE Einfuegen( VAR Na: FeldTyp);
VAR
  J,K: Integer;
  Hs:  NameTyp;
BEGIN
  FOR J := 2 TO N DO
    BEGIN
      Hs := Na[J];
      Writeln('J=',J,'  Hs=',Hs);
```

```
      K := J-1;
      WHILE Hs < Na[K]  DO
        BEGIN
          Na[K+1] := Na[K];
          Ausgabe;
          K := K-1;
        END;
      Writeln('    Hs=',Hs,'->',Na[K+1]);
      Na[K+1] := Hs;
      Ausgabe;
    END; {von FOR J}
END;  {von Einfuegen}

BEGIN
  Ausgabe;
  Einfuegen(Namen);
  WriteLn('Ende von Programm Ein1Sort.')
END.
```

Ausführung zu Programm Ein1Sort:

```
        Klaus    Tillmann       Anita       Maria     Ekkehard
J=2  Hs=Tillmann
     Hs=Tillmann->Tillmann
        Klaus    Tillmann       Anita       Maria     Ekkehard
J=3  Hs=Anita
        Klaus    Tillmann    Tillmann       Maria     Ekkehard
        Klaus       Klaus    Tillmann       Maria     Ekkehard
     Hs=Anita->Klaus
        Anita       Klaus    Tillmann       Maria     Ekkehard
J=4  Hs=Maria
        Anita       Klaus    Tillmann    Tillmann     Ekkehard
     Hs=Maria->Tillmann
        Anita       Klaus       Maria    Tillmann     Ekkehard
J=5  Hs=Ekkehard
        Anita       Klaus       Maria    Tillmann     Tillmann
        Anita       Klaus       Maria       Maria     Tillmann
        Anita       Klaus       Klaus       Maria     Tillmann
     Hs=Ekkehard->Klaus
        Anita    Ekkehard       Klaus       Maria     Tillmann
Ende von Programm Ein1Sort.
```

3.7.8.2 Einfügen mit binärem Suchen

"Sortieren durch Einfügen" über Programm Ein2Sort: Die Programme Ein1Sort (Abschnitt 3.7.8.1) und Ein2Sort arbeiten nach dem gleichen Sortierverfahren. In Programm Ein2Sort wird jedoch links von der Stelle, an der HS war, *binär* (und nicht seriell) gesucht.

- Dazu wird in der Prozedur BinSort vom 2. Element an das J.Element in die Hilfsvariable HS gebracht.
- Anschließend wird von der Stelle J an binär die Stelle gesucht, an der HS einzufügen ist.
- Beim binären Suchen (vgl. auch Abschnitt 3.7.2) wird der Indexbereich 1..J-1 mittels Mitte:=(Links+Rechts) DIV 2 fortlaufend halbiert, bis Links größer als Rechts ist. Im Anschluß daran ist in Na[Links] dann HS einzufügen. Zuvor jedoch wird eine Lücke geschaffen, indem man mit Na[K+1]:=Na[K] die nachfolgenden Elemente bis zur Stelle J nach rechts verschiebt.

Pascal-Quelltext zu Programm Ein2Sort:

```
PROGRAM Ein2Sort;
  {Sortieren durch Einfügen mit binärem Suchen}
CONST
  N = 5;
TYPE
  NameTyp = STRING[20];
  FeldTyp = ARRAY[1..N] OF NameTyp;
CONST
  Namen: FeldTyp = ('Klaus','Tillmann','Anita','Maria','Ekkehard');

PROCEDURE Ausgabe;
VAR I: Integer;
BEGIN
  FOR I := 1 TO N DO
    Write(Namen[I],' '); WriteLn;
END; {von Ausgabe}

PROCEDURE BinSort(VAR Na: FeldTyp);
VAR
  J,K,Links,Mitte,Rechts: Integer;
  Hs: NameTyp;
BEGIN
  FOR J := 2 TO N DO
    BEGIN
      K := J - 1; Links := 1; Rechts := K;
      Hs := Na[J];
```

```
        Writeln('Hs= ',Hs,'. Binäres Suchen links von ',J,':');
        WHILE Links <= Rechts DO
          BEGIN
            Mitte := (Links + Rechts) DIV 2;
            WriteLn( Links:6, Mitte:6, Rechts:6);
            IF Hs < Na[Mitte]
              THEN Rechts := Mitte - 1
              ELSE Links := Mitte + 1;
          END;  {von WHILE}
        WriteLn('Verschieben: ...');
        WHILE K >= Links DO
          BEGIN
            Na[K+1] := Na[K]; Ausgabe;
            K := K - 1;
          END;
        Na[Links] := Hs; Write('Hs=',Hs,' eingefügt: '); Ausgabe;
      END; {von FOR}
  END; {von BinSort}

  BEGIN
    Ausgabe;
    BinSort(Namen);
    Ausgabe;
    WriteLn('Ende von Programm Ein2Sort.')
  END.
```

Ausführung zu Programm Ein2Sort:

```
Klaus Tillmann Anita Maria Ekkehard
HS= Tillmann. Binäres Suchen links von 2:
     1     1     1
Verschieben: ...
Hs=Tillmann eingefügt: Klaus Tillmann Anita Maria Ekkehard
Hs= Anita. Binäres Suchen links von 3:
     1     1     2
Verschieben: ...
Klaus Tillmann Tillmann Maria Ekkehard
Klaus Klaus Tillmann Maria Ekkehard
Hs=Anita eingefügt: Anita Klaus Tillmann Maria Ekkehard
Hs= Maria. Binäres Suchen links von 4:
     1     2     3
     3     3     3
Verschieben: ...
Anita Klaus Tillmann Tillmann Ekkehard
Hs=Maria eingefügt: Anita Klaus Maria Tillmann Ekkehard
```

```
Hs= Ekkehard. Binäres Suchen links von 5:
    1   2   4
    1   1   1
Verschieben: ...
Anita Klaus Maria Tillmann Tillmann
Anita Klaus Maria Maria Tillmann
Anita Klaus Klaus Maria Tillmann
Hs=Ekkehard eingefügt: Anita Ekkehard Klaus Maria Tillmann
Anita Ekkehard Klaus Maria Tillmann
Ende von Programm Ein2Sort.
```

3.7.9 Quick Sort

Zerlegen als Vorübung zu Programm QuickSrt: Programm Zerlegen demonstriert den Algorithmus, der dem Quick Sort zugrunde liegt:

1. Im Array Namen sind fünf Namen unsortiert abgelegt.
2. In V wird ein Vergleichsname angenommen, z.B. Klaus.
3. Von links wird in Namen ein Name gesucht, der größer oder gleich Klaus ist, also Klaus selbst. Von rechts wird ein Name gesucht, der kleiner als Klaus ist, also Ekkehard.
4. Da die Reihenfolge von Klaus und Ekkehard nicht stimmt, tauscht man beiden Namen aus.
5. Nun wird weitergesucht, d.h. von L=2 und R=3 als Ausgangspositionen: Weiter mit Schritt 3.
6. Sobald L größer als R ist, wird das Zerlegen beendet. Nun stehen links von der 3. Stelle mit Ekkehard und Anita zwei Namen, die kleiner sind als der Vergleichsname Klaus. Rechts von der 3. Stelle stehen mit Tillmann, Maria und Klaus die Namen, die größer/-gleich Klaus sind.

Allgemein wird durch den Ablauf Zerlegen der Array Namen so zerlegt, daß links von der Stelle L alle Elemente stehen, die kleiner als das Vergleichselement V sind, während rechts von R alle Elemente auftauchen, die größer/gleich V sind. Am günstigsten ist es, wenn als Vergleichselement V dabei ein "alphabetisch mittleres Element" angenommen wird.

Pascal-Quelltext zu Programm Zerlegen:

```
PROGRAM Zerlegen;
  {Sortieren: Zerlegen eines Arrays demonstrieren}
CONST
  N = 5;
```

```
TYPE
  NameTyp = STRING[20];
  FeldTyp = ARRAY[1..N] OF NameTyp;
CONST
  Namen: FeldTyp = ('Klaus','Tillmann','Anita','Maria','Ekkehard');

PROCEDURE Ausgabe;
VAR
  I: Integer;
BEGIN
  FOR I := 1 TO N DO
    Write(Namen[I],' '); WriteLn;
END; {von Ausgabe}

PROCEDURE Tausch(VAR A,B: NameTyp);
VAR
  H: NameTyp;
BEGIN
  H := B; B := A; A := H;
END; {von Tausch}

PROCEDURE ArrayZerlegen;
VAR
  V:   NameTyp;   {Vergleichselement}
  L,R: Integer;   {links, rechts}
BEGIN
  L := 1; R := N;
  V := Namen[1];
  Writeln('Vergleichsname = ',V);
  REPEAT
    WHILE Namen[L] < V DO
      L := L + 1;
    WHILE V < Namen[R] DO
      R := R - 1;
    IF L <= R
      THEN
        BEGIN
          WriteLn('L=',L,' R=',R,' vertauschen: ',Namen[L],' ',Namen[R]);
          Tausch(Namen[R], Namen[L]);
          Ausgabe;
          L := L + 1; R := R - 1;
        END;
  UNTIL L > R;
  WriteLn('L=',L,' R=',R)
END; {von ArrayZerlegen}
```

```
BEGIN
  Ausgabe;
  ArrayZerlegen;
  Ausgabe;
  WriteLn('Ende von Programm Zerlegen.')
END.
```

Ausführung zu Programm Zerlegen:

```
Klaus Tillmann Anita Maria Ekkehard
Vergleichsname = Klaus
L=1 R=5 vertauschen: Klaus Ekkehard
Ekkehard Tillmann Anita Maria Klaus
L=2 R=3 vertauschen: Tillmann Anita
Ekkehard Anita Tillmann Maria Klaus
L=3 R=2
Ekkehard Anita Tillmann Maria Klaus
Ende von Programm Zerlegen.
```

Zerlegen als rekursive Prozedur in Programm QuickSrt: Man ruft Zerlegen rekursiv auf, um damit den linken Teil des Arrays wieder zu zerlegen, anschließend mit dem rechten Teil ebenso zu verfahren, ... Dieses Zerlegen wird abgebrochen, sobald das linke und das rechte Ende des jeweiligen Teilarrays "zusammenkommen".

- Der Array Namen wird von Namen[A] bis Namen[E] so geordnet, daß links die Namen stehen, die kleiner als das Vergleichselement V sind, und rechts die größeren Namen. Als V wird ein Name aus der Mitte angenommen.
  Beim ersten Aufruf von Zerlegen ist A=L=1 und E=R=N=5. Bei der Ausführung von Zerlegen rückt L nach rechts und R nach links, bis L größer R ist.
  L rückt weiter nach rechts, wenn der linke Name kleiner als V ist: WHILE Namen[L]<V DO L:=L+1.
  Wenn V kleiner als der rechte Name ist, werden beide Namen vertauscht.
  Am Ende stehen links der Stelle L die Elemente, die kleiner als V sind, und rechts die größeren Elemente.

- Nun wird die Prozedur Zerlegen erneut aufgerufen und von Namen[A] bis Namen[R] ausgeführt: in diesem Bereich wird eine weitere Teilsortierung vorgenommen. Anschließend wird Zerlegen auf den rechten Teilbereich von Namen[L] bis Namen[E] rekursiv angewendet.

- Bei jedem rekursiven Aufruf der Prozedur Zerlegen werden neue lokale Variablen V, A, E, L und R auf dem Stack angelegt. Die Bereiche, auf die Zerlegen angewendet wird, werden dabei immer kleiner.
- Als Abbruchbedingung der Rekursion muß *L>R und A>=R und L>=E* erfüllt sein. Das ist nur möglich, wenn der Teilbereich aus höchstens zwei Elementen besteht und sortiert ist.

Pascal-Quelltext zu Programm QuickSrt:

```
PROGRAM QuickSrt;
  {Quick Sort als Sortierverfahren}
CONST
  N = 5;
TYPE
  NameTyp = STRING[20];
  FeldTyp = ARRAY[1..N] OF NameTyp;
CONST
  NAMEN: FeldTyp = ('Klaus','Tillmann','Anita','Maria','Ekkehard');

PROCEDURE Ausgabe;
VAR
  I: Integer;
BEGIN
  FOR I := 1 TO N DO
    Write(Namen[I],' '); WriteLn;
END; {von Ausgabe}

PROCEDURE Tausch(VAR A,B: NameTyp);
VAR
  H: NameTyp;
BEGIN
  H := B; B := A; A := H;
END; {von Tausch}

PROCEDURE Zerlegen(A,E: Integer);  {Anfang, Ende}
VAR
  V: NameTyp;    {Vergleichselement}
  L,R: Integer; {links, rechts}
BEGIN
  Write('        Zerlegen von ',A,' bis ',E,'.');
  L := A; R := E;
  V := Namen[(A+E) DIV 2];
```

```
  WriteLn('        Vergleichsname = ',V);
  REPEAT
    WHILE Namen[L] < V DO
      L := L + 1;
    WHILE V < Namen[R] DO
      R := R - 1;
    IF L <= R
      THEN
        BEGIN
          WriteLn('L=',L,' R=',R,' vertauschen: ',Namen[L],' ',Namen[R]);
          Tausch(Namen[R], Namen[L]);
          Ausgabe;
          L := L + 1; R := R - 1;
        END;
  UNTIL L > R;
  WriteLn('A=',A,' L=',L,' R=',R,' E=',E);
  IF A < R THEN Zerlegen(A,R);                    {Rekursive Prozedur Zerlegen}
  IF L < E THEN Zerlegen(L,E);
END; {von Zerlegen}

BEGIN
  Ausgabe;
  Zerlegen(1,N);
  Ausgabe;
  WriteLn('Ende von Programm QuickSrt.')
END.
```

Ausführung zu Programm QuickSrt:

```
Klaus Tillmann Anita Maria Ekkehard
        Zerlegen von 1 bis 5.       Vergleichsname = Anita
L=1 R=3 vertauschen: Klaus Anita
Anita Tillmann Klaus Maria Ekkehard
A=1 L=2 R=1 E=5
        Zerlegen von 2 bis 5.       Vergleichsname = Klaus
L=2 R=5 vertauschen: Tillmann Ekkehard
Anita Ekkehard Klaus Maria Tillmann
L=3 R=3 vertauschen: Klaus Klaus
Anita Ekkehard Klaus Maria Tillmann
A=2 L=4 R=2 E=5
        Zerlegen von 4 bis 5.       Vergleichsname = Maria
L=4 R=4 vertauschen: Maria Maria
Anita Ekkehard Klaus Maria Tillmann
A=4 L=5 R=3 E=5
Anita Ekkehard Klaus Maria Tillmann
Ende von Programm QuickSrt.
```

3.7.10 Sortieren durch Mischen

3.7.10.1 Mischen von zwei vorsortierten Dateien

Zwei Diskettendateien mischen über Programm MergFile:

- *Arrays mischen:* In Abschnitt 3.7.4 wurde ein Programm MischDat erklärt, das die Elemente von zwei Arrays zu einem dritten Array mischt.
- *Diskettendateien mischen:* Im folgenden Programm MergFile werden zwei aufsteigend sortierte Files DateiA.DAT und DateiB.DAT zu einem Ziel-File DateiC.DAT gemischt.

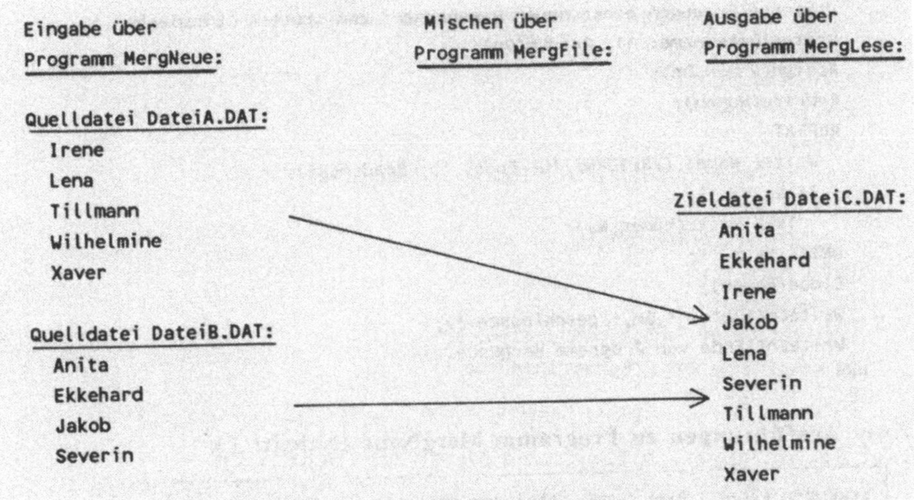

Mischen zweier Files über Programm MergFile

Vorgehen beim Einmischen über MergFile:

- Beginnend bei den ersten beiden Elementen der Dateien DateiA und DateiB (Irene und Anita) wird das kleinere auf die DateiC geschrieben (Anita).
- Nun muß von der Datei gelesen werden, aus der das geschriebene Element stammt (Ekkehard von DateiB).
- Das Problem des Mischens liegt in der Endeverarbeitung (vgl. Abschnitt 3.7.4): Ist von einer Datei das letzte Element geschrieben worden (EoF-Prüfung nach dem Schreiben bzw. vor dem nächsten Lesen), so wird der Rest der *anderen* Datei unverändert kopiert.

Pascal-Quelltext zu Programm MergNeue:

```
PROGRAM MergNeue;
  {Mischen von Dateien: Erzeugen einer neuen Datei mit Namen}
TYPE
  NameTyp = STRING[20];
VAR
  Namen: FILE OF NameTyp;
  Ns:    NameTyp;
  Dn:    STRING[14];        {Dateiname auf Diskette}

BEGIN
  WriteLn('Erzeugen einer neuen Namensdatei zum späteren Einmischen.');
  Write('Dateiname: '); ReadLn(Dn);
  Assign(Namen,Dn);
  ReWrite(Namen);
  REPEAT
    Write('Name: (/RETURN/ für Ende) '); ReadLn(Ns);
    IF Ns <> ''
      THEN Write(Namen,Ns);
  UNTIL Ns = '';
  Close(Namen);
  WriteLn('Datei ',Dn,' geschlossen.');
  WriteLn('Ende von Programm MergNeue.')
END.
```

Zwei Ausführungen zu Programm MergNeue (Schritt 1):

```
Erzeugen einer neuen Namensdatei zum späteren Einmischen.
Dateiname: b:dateia.dat
Name: (/RETURN/ für Ende) Irene
Name: (/RETURN/ für Ende) Lena
Name: (/RETURN/ für Ende) Tillmann
Name: (/RETURN/ für Ende) Wilhelmine
Name: (/RETURN/ für Ende) Xaver
Name: (/RETURN/ für Ende)
Datei b:dateia.dat geschlossen.
Ende von Programm MergNeue.

Erzeugen einer neuen Namensdatei zum späteren Einmischen.
Dateiname: b:dateib.dat
Name: (/RETURN/ für Ende) Anita
Name: (/RETURN/ für Ende) Ekkehard
Name: (/RETURN/ für Ende) Jakob
```

```
Name: (/RETURN/ für Ende) Severin
Datei b:dateib.dat geschlossen.
Ende von Programm MergNeue.
```

Pascal-Quelltext zu Programm MergLese:

```
PROGRAM MergLese;
  {Mischen von Dateien: Lesen einer Datei}
TYPE
  NameTyp  = STRING[20];
  Namen = FILE OF NameTyp;
VAR
  N:  NameTyp;
  F:  FILE OF NameTyp;
  Dn: STRING[14];

BEGIN
  Write('Dateiname? '); ReadLn(Dn);
  WriteLn('Gesamter Inhalt der Datei ',Dn,':');
  Assign(F,Dn);
  Reset(F);
  WHILE NOT Eof(F) DO
    BEGIN
      Read(F,N); Write(N,' ');
    END;
  WriteLn;
  Close(F);
  WriteLn('Ende von Programm MergLese.')
END.
```

Zwei Ausführungen zu Programm MergLese (Schritt 2 zur Kontrolle):

```
Dateiname? b:dateia.dat
Gesamter Inhalt der Datei b:dateia.dat:
Irene Lena Tillmann Wilhelmine Xaver
Ende von Programm MergLese.

Dateiname? b:dateib.dat
Gesamter Inhalt der Datei b:dateib.dat:
Anita Ekkehard Jakob Severin
Ende von Programm MergLese.
```

Pascal-Quelltext zu Programm MergFile:

```
PROGRAM MergFile;
  { Zwei Namensdateien DATEIA.DAT und DATEIB.DAT zu einer Datei DATEIC.DAT
    mischen (Dateien mit MergNeue erzeugen und mit MergLese lesen) }
CONST
  DnA = 'B:DATEIA.DAT';
  DnB = 'B:DATEIB.DAT'; DnC = 'B:DATEIC.DAT'; {Dateinamen in Laufwerk B:}
TYPE
  NameTyp = STRING[20];
  Namen = FILE OF NameTyp;
VAR
  A,B,C: Namen;
  Na,Nb: NameTyp;

PROCEDURE Kopiere(VAR X: Namen);
VAR
  N: NameTyp;
BEGIN
  REPEAT
    Read(X,N);
    Write(C,N);
    WriteLn('In Kopiere: ',N,' geschrieben.');
  UNTIL Eof(X);
END;

PROCEDURE Mischen;
VAR
  Fertig: Boolean;

    PROCEDURE EndA;
    BEGIN
      Write(C,Nb);
      WriteLn('In EndA: ',Nb,' geschrieben.');
      IF NOT Eof(B) THEN Kopiere(B);
      Fertig := True;
    END;

    PROCEDURE EndB;
    BEGIN
      Write(C,Na);
      WriteLn('In EndB: ',Na,' geschrieben.');
      IF NOT Eof(A) THEN Kopiere(A);
      Fertig := True;
    END;
```

```
BEGIN   {von Mischen}
  Fertig := False;
  REPEAT
    IF Na <= Nb
      THEN
        BEGIN
          Write(C,Na);
          WriteLn('In Mischen: ',Na,' geschrieben.');
          IF Eof(A) THEN EndA
                    ELSE Read(A,Na);
         END
      ELSE
        BEGIN
          Write(C,Nb);
          WriteLn('In Mischen: ',Nb,' geschrieben.');
          IF Eof(B)
            THEN EndB
            ELSE Read(B,Nb);
        END;
  UNTIL Fertig;
END;  {von Mischen}

BEGIN
  Assign(A,DnA); Assign(B,DnB); Assign(C,DnC);
  Reset(A); Reset(B); Rewrite(C);
  IF Eof(A) AND Eof(B)
    THEN
      WriteLn('Beide Dateien sind leer.')
    ELSE
      IF Eof(A)
        THEN
          Kopiere(B)
        ELSE
          IF Eof(B)
            THEN
              Kopiere(A)
            ELSE
              BEGIN
                Read(A,Na); Read(B,Nb);
                Mischen;
              END;
  Close(A); Close(B); Close(C);
  WriteLn('Ende von Programm MergFile.');
END.
```

Ausführung zu Programm MergFile (Schritt 3 beim Mischen):

```
In Mischen: Anita geschrieben.
In Mischen: Ekkehard geschrieben.
In Mischen: Irene geschrieben.
In Mischen: Jakob geschrieben.
In Mischen: Lena geschrieben.
In Mischen: Severin geschrieben.
In EndB: Tillmann geschrieben.
In Kopiere: Wilhelmine geschrieben.
In Kopiere: Xaver geschrieben.
Ende von Programm MergFile.
```

Ausführung zu Programm MergLese (Schritt 4 beim Mischen):

```
Gesamter Inhalt der Datei b:dateic.dat:
Anita Ekkehard Irene Jakob Lena Severin Tillmann Wilhelmine Xaver
Ende von Programm MergLese.
```

3.7.10.2 Sortieren einer Datei durch Mischen

Beim Mischen werden die Sätze aus zwei vorsortierten Dateien zu einer Datenstruktur zusammengefügt. Führt man einen solchen Mischvorgang mehrmals nacheinander aus, spricht man von *Sortieren durch Mischen.*

Natürliches Mischen und direktes Mischen: In Programm MergSort wird das natürliche Mischen angewendet, das eine Vorsortierung berücksichtigt. Im Gegensatz dazu werden beim direkten Mischen die Dateien fortlaufend halbiert und sodann paarweise geordnet. Ausgehend von einer DateiC mit 6 Elementen kommt man so zu zwei gleichlangen Dateien mit jeweils 3 Elementen. Auf das direkte Mischen wird im folgenden nicht eingegangen.

```
DateiC:   SS WW II JJ TT AA          Ausgangsdatei halbieren

DateiA:   SS WW II                   Zwei gleichlange Dateien
DateiB:   JJ TT AA

DateiC:   JJ SS TT WW AA II          Paarweise geordnet gemischt
```

Beispiel zum direkten Mischen

Natürliches Mischen über Programm MergSort: Mit dem Programm lassen sich Files sortieren, die nicht in den RAM passen. Die beim natürlichen Mischen jeweils berücksichtigte geordnete Teilfolge nennt man *Lauf*.

- Durch Mischen zweier Läufe mit m und n Elementen entsteht ein größerer Lauf mit m+n Elementen.
- Dieses Verteilen und Mischen wiederholt man, bis die gesamte Datei sortiert ist.
- Die Läufe der Ursprungsdatei DateiC werden auf die Dateien DateiA und DateiB verteilt und dann auf die DateiC eingemischt. Dies wird so lange wiederholt, bis DateiC nur noch aus einem Lauf besteht.

6-Elemente-Datei sortieren als erstes Beispiel zu Programm MergSort: Im Beispiel wird eine DateiC sortiert, wobei nach dem Verteilen auf DateiA und DateiB gleich viele Läufe vorliegen, nämlich 3:

```
           DateiC: SS WW II JJ TT AA          3 Läufe

Verteilen  DateiA: SS WW AA                   2 Läufe
           DateiB: II JJ TT                   1 Lauf

Mischen    DateiC: II JJ SS TT WW AA          2 Läufe

Verteilen  DateiA: II JJ SS TT WW             1 Lauf
           DateiB: AA                         1 Lauf

Mischen    DateiC: AA II JJ SS TT WW          1 Lauf, also sortiert
```

Natürliches Mischen einer 6-Elemente-Datei anhand Programm MergSort

9-Elemente-Datei sortieren als zweites Beispiel zu Programm MergSort: Das Beispiel einer DateiC mit 9 Elementen zeigt, sich die Anzahl der Läufe beim Verteilen auch verringern kann.

```
           DateiC: EE AA WW JJ II XX TT SS LL    7 Läufe

Verteilen  DateiA: EE JJ TT LL                   2 Läufe
           DateiB: AA WW II XX SS                3 Läufe

Mischen    DateiC: AA EE JJ TT WW LL II XX SS    4 Läufe

Verteilen  DateiA: AA EE JJ TT WW II XX          2 Läufe
           DateiB: LL SS                         1 Lauf
```

```
Mischen        DateiC: AA EE JJ LL SS TT WW II XX        2 Läufe

Verteilen:     DateiA: AA EE JJ LL SS TT WW              1 Lauf
               DateiB: II XX                             1 Lauf

Mischen        DateiC: AA EE II JJ LL SS TT WW XX        1 Lauf, also sortiert
```

Natürliche Mischen einer 9-Elemente-Datei anhand Programm MergSort

Zur Struktur von Programm MergSort: In einer Schleife werden die Prozeduren Verteilen (der Daten auf die Files DateiA und DateiB) und Mische (wieder ins File DateiC zurück) aufgerufen, bis die DateiC nur noch aus einem Lauf besteht. In der Prozedur Mische wird die Prozedur MischeLaeufe aufgerufen, um zwei Läufe einzumischen.

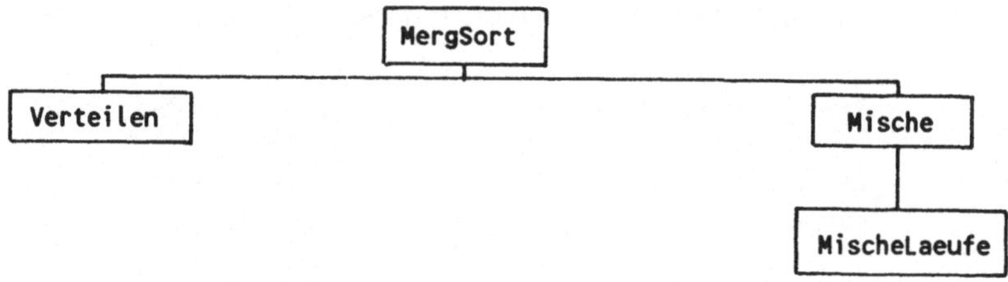

Prozedur MischeLaeufe mit den Variablen FlagA und FlagB:

- Die Anzahl der Läufe kann sich beim Verteilen verringern, so daß die DateiB sogar mehr Läufe enthalten kann.
- Um in solchen Ausnahmefällen beim Mischen keine Elemente zu verlieren bzw. doppelt zu übernehmen, werden die Flags FlagA und FlagB eingeführt; sie werden gesetzt, wenn ein Element geschrieben wird, und gelöscht, wenn gelesen wird.

Boolesche Variable Fertig im Programmtreiber von MergSort: Ist DateiB nach dem Verteilen leer (also EoF(B) nach Reset(B) erfüllt), dann besteht die DateiC nur aus einem Lauf. Man ist fertig und Fertig wird True.

Zur Prozedur MischeEinLaufPaar:

- Das Mischen zweier Läufe erfolgt nach der gleichen Logik wie das Mischen zweier Dateien über das Programm MergFile (Abschnitt 3.7.10.1), nur daß nun bis zum Ende der beiden Läufe gemischt wird.
- Anschließend werden die nächsten beiden Läufe gemischt. Dies wiederholt sich, bis das Ende von DateiB erreicht ist, bis AllePaareGemischt sind. Ein ggf. noch in DateiA oder DateiB stehender Lauf wird mir KopiereRestLauf kopiert.

- Sollte noch ein Element übrig sein, so wird dies durch Abfrage von FlagA bzw. FlagB festgestellt.

Zur Booleschen Funktion EndOfLauf von MischeLaeufe:

- Am Ende eines Laufes wird die Datei X (d.h. DateiA oder DateiB) und die zuletzt von dieser Datei gelesene Variable N (d.h. NA oder NB) übergeben. Zur Abfrage des Laufendes muß ein Element mit dem Nachfolger verglichen werden.
- Bei EoF(X) ist der Lauf beendet, sonst wird die bereits geschriebene Variable N gelesen und dann mit H verglichen. Da Na als Variablenparameter vereinbart ist, befindet sich der gelesene Wert nach Verlassen von EndOfLauf in der Variablen NA bzw. NB.
- Am Ende eines Laufes liegt somit das erste Element des nächsten Laufes vor.

Zu den Prozeduren EndA und EndB von MischeLaeufe: In EndA bzw. EndB wird das noch verbliebende Element NB bzw. NA geschrieben, um anschließend den Laufrest von B nach A zu kopieren. Damit ist ein Paar von Läufen gemischt.

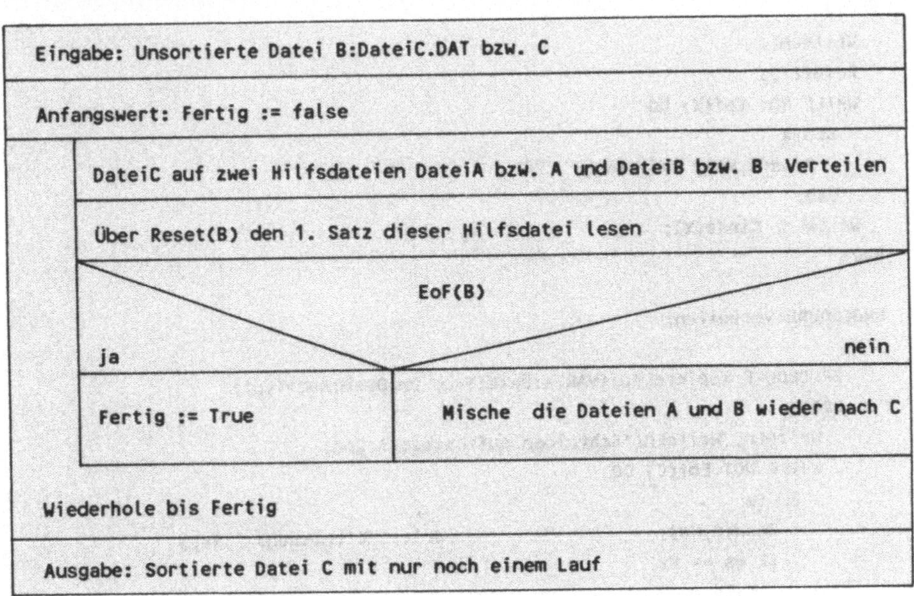

Struktogramm zu Programm MergSort

Pascal-Quelltext zu Programm MergSort:

```
PROGRAM MergSort;
  {Sortieren einer Datei durch Mischen}
CONST
  DnA = 'B:DATEIA.DAT'; DnB = 'B:DATEIB.DAT';     {Dateinamen auf Diskette}
TYPE
  NameTyp  = STRING[20];
  DateiTyp = FILE OF NameTyp;
  DateiNameTyp  = STRING[14];
VAR
  A,B,C:   DateiTyp;
  Dn:      DateiNameTyp;
  Ns,Hs:   NameTyp;
  W:       Char;
  Fertig:  Boolean;
  Na,Nb:   NameTyp;

PROCEDURE Ausgabe(VAR X:DateiTyp);
BEGIN
  WriteLn;
  Reset(X);
  WHILE NOT Eof(X) DO
    BEGIN
      Read(X,Ns); Write(Ns,' ');
    END;
  WriteLn; Close(X);
END;

PROCEDURE Verteilen;

    PROCEDURE KopiereLauf(VAR X:DateiTyp; Dn:DateiNameTyp);
    BEGIN
      WriteLn; WriteLn('Schreiben auf Datei: ',Dn);
      WHILE NOT Eof(C) DO
        BEGIN
          Read(C,Ns);                       WriteLn('gelesen: ',Ns);
          IF Ns >= Hs
            THEN
              BEGIN
                Write(X,Ns); Hs := Ns;   WriteLn('geschrieben: ',Ns);
              END
            ELSE
              BEGIN
                IF W = 'A' THEN W := 'B' ELSE W := 'A';
```

```
                CASE W OF
                  'A': BEGIN
                         Write(A,Ns);  WriteLn(Ns,' auf ',DnA,' geschrieben.');
                         Hs := Ns;
                         KopiereLauf(A,DnA);
                       END;
                  'B': BEGIN
                        Write(B,Ns);   WriteLn(Ns,' auf ',DnB,' geschrieben.');
                        Hs := Ns;
                        KopiereLauf(B,DnB);
                       END;
                END;
              END;
        END; {von WHILE}
     END; {von KopiereLauf}

  BEGIN
    Rewrite(A); Rewrite(B); Reset(C);
    W := 'A'; HS := '';
    IF NOT Eof(C)
      THEN KopiereLauf(A,DnA);   WriteLn('Lauf nach ',DnA,' kopieren.');
    Close(C); Close(A); Close(B);
  END;

  PROCEDURE MischeLaeufe;
  VAR
    AllePaareGemischt: Boolean;
    EndeVonPaarLauf:   Boolean;
    FlagA, FlagB:      Boolean;  {bei True wurde Na bzw. Nb schon geschrieben}

      FUNCTION EndeVonLauf(VAR X:DateiTyp; VAR N:NameTyp;
                           VAR Flag:Boolean):Boolean;
      VAR
        H: NameTyp;
      BEGIN
        IF Eof(X)
          THEN EndeVonLauf := True
          ELSE
            BEGIN
              H := N; Read(X,N); Flag := False;
              WriteLn('EndeVonLauf gelesen: ', N);
              IF N < H THEN EndeVonLauf := True
                       ELSE EndeVonLauf := False;
            END;
      END;
```

```
    PROCEDURE KopiereRestLauf(VAR X:DateiTyp; VAR N:NameTyp; VAR Flag:Boolean);
    BEGIN
      REPEAT
        Write(C,N); Flag := True;        WriteLn(N,' nach ',Dn,' kopiert.');
      UNTIL EndeVonLauf(X,N,Flag);
    END;

    PROCEDURE EndA;
    BEGIN
      Write(C,Nb); FlagB := True;        WriteLn(Nb,' in EndA geschrieben.');
      IF NOT EndeVonLauf(B,NB,FlagB)
        THEN KopiereRestLauf(B,Nb,FlagB);
      EndeVonPaarLauf := True;
    END;

    PROCEDURE EndB;
    BEGIN
      Write(C,Na); FlagA := True;        WriteLn(Na,' in EndB geschrieben.');
      IF NOT EndeVonLauf(A,Na,FlagA)
        THEN KopiereRestLauf(A,Na,FlagA);
      EndeVonPaarLauf := True
    END;

    PROCEDURE MischeEinLaufPaar;
    BEGIN
      EndeVonPaarLauf := False;
      REPEAT
        IF Na <= Nb
          THEN BEGIN
                 Write(C,Na); FlagA := True;      WriteLn(Na,' geschrieben.');
                 IF EndeVonLauf(A,Na,FlagA) THEN EndA;
               END
          ELSE BEGIN
                 Write(C,Nb); FlagB := True;      WriteLn(Nb,' geschrieben.');
                 IF EndeVonLauf(B,Nb,FlagB) THEN EndB;
               END;
      UNTIL EndeVonPaarlauf;                WriteLn('Ende eines Paarlaufs.');
      IF Eof(B) OR Eof(A) THEN AllePaareGemischt := True;
    END;  {von MischeLaufPaar}

BEGIN   {von MischeLaeufe}
  AllePaareGemischt := False;
  REPEAT
    MischeEinLaufPaar;
```

```
    UNTIL AllePaareGemischt;                    WriteLn('alle Paare gemischt.');
    WriteLn('Na=',Na,' ',FlagA,' Nb=',Nb,' ',FlagB);
    IF NOT FlagA
      THEN
        BEGIN
          Write(C,Na);                          WriteLn(Na,' geschrieben.');
          WHILE NOT Eof(A) DO
            BEGIN
              Read(A,Na);                       WriteLn(Na,' von ',DnA,' gelesen.');
              Write(C,Na);                      WriteLn(Na,' geschrieben.');
            END;
        END;
    IF NOT FlagB
      THEN
        BEGIN
          Write(C,Nb);                          WriteLn(Nb,' geschrieben.');
          WHILE NOT Eof(B) DO
            BEGIN
              Read(B,Nb);                       WriteLn(Nb,' von ',DnB,' gelesen.');
              Write(C,Nb);                      WriteLn(Nb,' geschrieben.');
            END;
        END;
  END;  {von MischeLaeufe}

  PROCEDURE Mische;
  BEGIN
    WriteLn('jetzt wird gemischt');
    Reset(A); Reset(B); Rewrite(C);
    IF NOT Eof(B)
      THEN BEGIN
             Read(A,Na); Read(B,Nb);
             WriteLn('gelesen Na=',Na,' Nb=',Nb);
             MischeLaeufe;
           END;
    Close(A); Close(B); Close(C);
  END;

  BEGIN
    WriteLn('Sortieren durch Mischen.');
    Write('Welche Datei sortieren? '); ReadLn(Dn);
    Assign(C,Dn); Assign(A,DnA); Assign(B,DnB);
    WriteLn('Eingabedatei:', Dn);
    Ausgabe(C);
    Fertig := False;
```

```
    REPEAT
      Verteilen;
      Write('eine Taste drücken.'); ReadLn;       {Bildschirmausgabe anhalten}
      Reset(B);
      IF Eof(B)
        THEN Fertig := True
        ELSE Mische;
      ReadLn;
    UNTIL Fertig;
    WriteLn('Ausgabedatei:', Dn);
    Ausgabe(C);
    WriteLn('Ende von Programm MergSort.');
  END.
```

3.7.10.3 Testen des Mischvorganges

MergTest testet MergSort: Über das Programm MergTest läßt sich die Prozedur MischeLaeufe von Programm MergSort (abschnitt 3.7.10.2) in Einzelschritten testen: Zwei Dateien DateiA und DateiB werden in gleicher Sortierfolge eingetippt, um diese Dateien dann zur Zieldatei DateiC einzumischen.

Pascal-Quelltext zu Programm MergTest:

```
PROGRAM MergTest;
  {Test der Prozedur MischeLaeufe des Programms MergSort}
TYPE
  NameTyp  = STRING[20];
  DateiTyp = FILE OF NameTyp;
VAR
  A,B,C:   DateiTyp;
  Ns,Hs:   NameTyp;
  W:       Char;
  FERTIG:  Boolean;
  Na,Nb:   NameTyp;

PROCEDURE Ausgabe;
BEGIN
  WriteLn;
  Reset(C);
  WHILE NOT Eof(C) DO
    BEGIN
      Read(C,Ns); Write(Ns,' ');
```

```
    END;
  WriteLn; Close(C);
END;

PROCEDURE NeuA;
BEGIN
  Assign(A,'B:DATEIA.DAT'); Rewrite(A);
  WriteLn('Namen in DATEIA.DAT eingeben (/RET/ = Ende):');
  REPEAT
    ReadLn(Ns);
    IF Ns <> '' THEN Write(A,Ns);
  UNTIL Ns = ''; Close(A);
END;

PROCEDURE NeuB;
BEGIN
  Assign(B,'B:DATEIB.DAT'); Rewrite(B);
  WriteLn('Namen in DATEIB.DAT eingeben (/RET/ = Ende):');
  REPEAT
    ReadLn(Ns);
      IF Ns <> '' THEN Write(B,Ns);
  UNTIL Ns = ''; Close(B);
END;

PROCEDURE MischeLaeufe;
VAR
  AllePaareGemischt: Boolean;
  EndeVonPaarLauf: Boolean;
  FlagA, FlagB: Boolean;

    FUNCTION EndeVonLauf(VAR X:DateiTyp; VAR N:NameTyp;
                          VAR Flag:Boolean):Boolean;
    VAR
      H: NameTyp;
    BEGIN
      IF Eof(X)
        THEN EndeVonLauf := True
        ELSE
          BEGIN
            H := N; Read(X,N); Flag := False;
            WriteLn('EndeVonLauf gelesen: ',N,'.');
            IF N < H THEN EndeVonLauf := True
                     ELSE EndeVonLauf := False;
          END;
    END;
```

```
    PROCEDURE KopiereRestLauf(VAR X:DateiTyp; VAR N:NameTyp; VAR Flag:Boolean);
    BEGIN
      REPEAT
        Write(C,N); Flag := True;  WriteLn(N,' kopiert.');
      UNTIL EndeVonLauf(X,N,Flag);
    END;

    PROCEDURE EndA;
    BEGIN
      Write(C,Nb); FlagB := True;  WriteLn(Nb,' in EndA geschrieben.');
      IF NOT EndeVonLauf(B,Nb,FlagB)
        THEN KopiereRestLauf(B,NB,FlagB);
      EndeVonPaarLauf := True;
    END;

    PROCEDURE EndB;
    BEGIN
      Write(C,Na); FlagA := True;  WriteLn(Na,' in EndB geschrieben.');
      IF NOT EndeVonLauf(A,Na,FlagA)
        THEN KopiereRestLauf(A,Na,FlagA);
      EndeVonPaarLauf := True
    END;

    PROCEDURE MischeEinLaufPaar;
    BEGIN
      EndeVonPaarLauf := False;
      REPEAT
        IF Na <= Nb
          THEN BEGIN
                 Write(C,Na); FlagA := True; WriteLn(Na,' geschrieben.');
                 IF EndeVonLauf(A,Na,FlagA) THEN EndA;
               END
          ELSE BEGIN
                 Write(C,Nb); FlagB := True;  WriteLn(Nb,' geschrieben.');
                 IF EndeVonLauf(B,Nb,FlagB) THEN EndB;
               END;
      UNTIL EndeVonPaarLauf;  WriteLn('Ende eines Paarlaufes.');
      IF Eof(B) OR Eof(A) THEN AllePaareGemischt := True;
    END;  {von MischeLaufPaar}

BEGIN   {von MischeLaeufe}
  AllePaareGemischt := False;
  REPEAT
    MischeEinLaufPaar;
```

```
    UNTIL AllePaareGemischt; WriteLn('Alle Paare gemischt.');
    WriteLn('Na=',Na,' ',FlagA,' Nb=',Nb,' ',FlagB);
    IF NOT FlagA
      THEN
        BEGIN
          Write(C,Na);                          WriteLn(Na,' geschrieben.');
          WHILE NOT Eof(A) DO
            BEGIN
              Read(A,Na);                       WriteLn(Na,' von DATEIA gelesen.');
              Write(C,Na);                      WriteLn(Na,' geschrieben.');
            END;
        END;
    IF NOT FlagB
      THEN
        BEGIN
          Write(C,Nb);                          Writeln(Nb,' geschrieben.');
          WHILE NOT Eof(B) DO
            BEGIN
              Read(B,Nb);                       WriteLn(Nb,' von DATEIB gelesen.');
              Write(C,Nb);                      WriteLn(Nb,' geschrieben.');
            END;
        END;
  END; {von MischeLaeufe}

  PROCEDURE Mische;
  BEGIN
    WriteLn('Beginn des Einmischens:');
    Reset(A); Reset(B); Rewrite(C);
    IF NOT Eof(B)
      THEN BEGIN
             Read(A,Na); Read(B,Nb);
             WriteLn('Gelesen: Na=',Na,' Nb=',Nb);
             MischeLaeufe;
           END;
    Close(A); Close(B); Close(C);
  END;

  BEGIN
    WriteLn('Test zur Prozedur MischeLaeufe von Programm MergSort.');
    WriteLn('Datei B:DATEIC.DAT eröffnen.');
    Assign(C,'B:DATEIC.DAT');
    WriteLn('Hilfsdateien B:DATEIA.DAT und B:DATEIB.DAT eröffnen.');
    NeuA; NeuB;
    Mische;
    WriteLn('Durch Mischen erzeugte Datei B:DATEIC.DAT:');
```

```
  Ausgabe;
  WriteLn('Ende von Programm MergTest.');
END.
```

Erste Ausführung zu Programm MergTest:

```
Test zur Prozedur MischeLaeufe von Programm MergSort.
Datei B:DATEIC.DAT eröffnen.
Hilfsdateien B:DATEIA.DAT und B:DATEIB.DAT eröffnen.
Namen in DATEIA.DAT eingeben (/RET/ = Ende):
EE
JJ
LL
TT

Namen in DATEIB.DAT eingeben (/RET/ = Ende):
AA
II
SS
WW
XX

Beginn des Einmischens:
Gelesen: Na=EE Nb=AA
AA geschrieben.
EndeVonLauf gelesen: II.
EE geschrieben.
EndeVonLauf gelesen: JJ.
II geschrieben.
EndeVonLauf gelesen: SS.
JJ geschrieben.
EndeVonLauf gelesen: LL.
LL geschrieben.
EndeVonLauf gelesen: TT.
SS geschrieben.
EndeVonLauf gelesen: WW.
TT geschrieben.
WW in EndA geschrieben.
EndeVonLauf gelesen: XX.
XX kopiert.
Ende eines Paarlaufes.
Alle Paare gemischt.
Na=TT TRUE Nb=XX TRUE
Durch Mischen erzeugte Datei B:DATEIC.DAT:
AA EE II JJ LL SS TT WW XX
Ende von Programm MergTest.
```

Zweite Ausführung zu Programm MergTest:

```
Test zur Prozedur MischeLaeufe von Programm MergSort.
Datei B:DATEIC.DAT eröffnen.
Hilfsdateien B:DATEIA.DAT und B:DATEIB.DAT eröffnen.
Namen in DATEIA.DAT eingeben (/RET/ = Ende):
AA
CC

Namen in DATEIB.DAT eingeben (/RET/ = Ende):
BB

Beginn des Einmischens:
Gelesen: Na=AA Nb=BB
AA geschrieben.
EndeVonLauf gelesen: CC.
BB geschrieben.
CC in EndB geschrieben.
Ende eines Paarlaufes.
Alle Paare gemischt.
Na=CC TRUE Nb=BB TRUE
Durch Mischen erzeugte Datei B:DATEIC.DAT:

AA BB CC
Ende von Programm MergTest.
```

3 Programmierkurs mit Turbo Pascal Aufbaukurs

3.1 Set (Menge) als strukturierter Datentyp	19
3.2 Record (Verbund) als strukturierter Datentyp	35
3.3 File (Datei) als strukturierter Datentyp	55
3.4 Pointer (Zeiger) für dynamische Datentypen	85
3.5 Rekursive Abläufe	109
3.6 Programmorganisation	137
3.7 Suchen, Sortieren, Mischen und Gruppieren von Daten	149
3.8 Sequentielle Dateiorganisation	199
3.9 Direktzugriff-Dateiorganisation	216
3.10 Index-sequentielle Dateiorganisation	228
3.11 Stapel und Schlange	237
3.12 Zeigerverkettete Liste	277
3.13 Binärbaum	316
3.14 Gesteuerter Zugriff auf externe Einheiten	383
3.15 Objektorientierte Programmierung (OOP)	451

Drei Organisationsformen von Dateien: In Abschnitt 3.3 wurde auf die Datei (File) als Datenstruktur zur Abspeicherung großer Datenmengen eingegangen. Dabei wurden drei Dateiformen unterschieden:

1. Datensatzorientierte Datei bzw. FILE OF-Datei
   Sequentieller oder direkter Zugriff auf den Datensatz konstanter Länge.
2. Textdatei bzw. TEXT-Datei
   Sequentieller Zugriff auf die Zeilen variabler Länge.
3. Nicht-typisierte Datei bzw. FILE-Datei
   An die Stelle der Komponente tritt der 128-Byte-Block.

Im vorliegenden Abschnitt 3.8 wird auf die datensatzorientierte Datei eingegangen: In einer Telefondatei namens TelDatei.DAT sollen für die Telefonteilnehmer deren Name und Nummer abgespeichert werden. Diese Datei soll sequentiell verarbeitet werden.

3.8.1 Dateiweiser Datenverkehr

Dateiweiser Datenverkehr: Zu Beginn der Arbeit wird die gesamte Datei von der Diskette in den RAM eingelesen, um sie dort in einem Array abzulegen. Nach der Verarbeitung der Datei bzw. des Arrays schreibt man diesen wieder in einem Arbeitsschritt auf die Diskette zurück.

Datensatzweiser Datenverkehr: Dabei stehen im RAM immer nur ein oder wenige Datensätze. Bei jeder Verarbeitung der Datei muß auf Diskette zugegriffen werden.

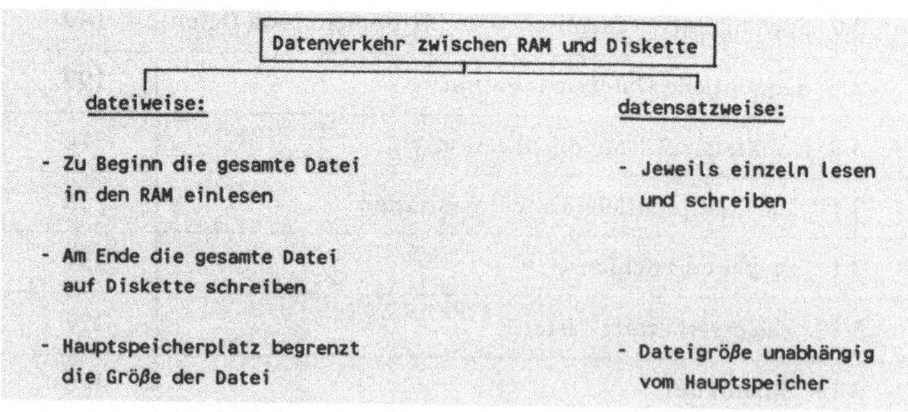

Dateiweiser Datenverkehr (3.8.1) und datensatzweiser Datenverkehr (2.8.2)

Programm Telefon1 als Beispiel zum dateiweisen Datenverkehr: Über die Prozedur Dateiladen wird die gesamte Datei sequentiell in den RAM eingelesen und dort im Array NS abgelegt. Durch die Vereinbarung

```
NS: ARRAY[1..100] OF Datensatz;
```

wird die Anzahl der Telefoneinträge auf 100 begrenzt. Über die Prozedur Speichern wird der aktualisierte Inhalt des Arrays NS dann wieder unter einem bestimmten Namen auf Diskette abgelegt.

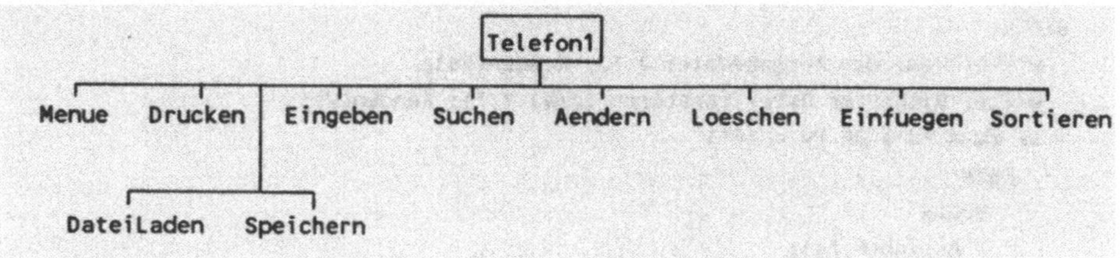

Strukturbaum zu Programm Telefon1

Pascal-Quelltext zu Programm Telefon1:

```
PROGRAM Telefon1;
  {Verwaltung einer sequentiellen Telefondatei im dateiweisen Datenverkehr}
USES Crt;
CONST
  N: Integer = 0;          {Anzahl der Datensätze}
TYPE
  SatzTyp = RECORD
              Name: STRING[20];
              Tel:  STRING[12];
            END;
VAR
  Ns:  ARRAY[1..100] OF SatzTyp;
  I,Z: Integer;
  W:   Char;
  Nam: STRING[20];
  Fs:  STRING[14];         {Dateiname}
  F:   FILE OF SatzTyp;    {Datei bzw. Dateivariable}
  Gefunden,Ende: Boolean;

PROCEDURE DateiLaden;
BEGIN
  Write('Name der Datei ? '); ReadLn(Fs);
  Assign(F,Fs);
```

```
  Reset(F);
  N := FileSize(F);
  FOR I := 1 TO N DO  Read(F,Ns[I]);
  WriteLn( N,' Einträge von ',Fs,' in den Hauptspeicher.');
  Close(F);
END;

PROCEDURE Speichern;
VAR
  W: STRING[4];  {Antwort}
BEGIN
  Write('Name der Ausgabedatei ? '); ReadLn(Fs);
  Write('Bisherige Datei zerstören (J/N) ? '); ReadLn(W);
  IF (W = 'J') OR (W = 'j')
    THEN
      BEGIN
        Assign(F,Fs);
        Rewrite(F);       {eröffnet eine neue leere Datei}
        FOR I := 1 TO N DO Write(F,Ns[I]);
        WriteLn( N,' Einträge vom Hauptspeicher in ', Fs);
        Close(F);
      END;
END;

PROCEDURE Ausgabe;
BEGIN
  WriteLn('Name:                    Telefonnummer:');
  WriteLn('-----------------------------------');
  FOR I := 1 TO N DO
    BEGIN
      WITH Ns[I] DO  WriteLn(I:3,'  ',Name,'':(20-Length(Name)),Tel);
      IF I MOD 10 = 0
        THEN
          BEGIN
            Write('Weiter blättern');
            ReadLn; ClrScr;
          END;
    END;
  WriteLn('Dateiende nach ',N,' Einträgen.');
END;

PROCEDURE Eingeben;
BEGIN
  Ende := False;
```

```
  REPEAT
    N := N + 1;
    Write('Name (0=Ende) '); ReadLn(Ns[N].Name);
    IF Ns[N].Name = '0'
      THEN
        BEGIN
          N := N - 1; Ende := True;
        END
      ELSE
        BEGIN
          Write('Telefonnummer: '); ReadLn(Ns[N].Tel);
        END;
  UNTIL Ende;
END;

PROCEDURE Suchen;
BEGIN
  Write('Zu suchender Name: '); ReadLn(Nam);
  Gefunden := False; I := 1;
  REPEAT
    IF Ns[I].Name = Nam
      THEN
        BEGIN
          Gefunden := True;
          WriteLn('Gefundene Nummer: ',Ns[I].Tel);
        END
      ELSE I := I + 1;
  UNTIL Gefunden OR (I = N+1);
END;

PROCEDURE Aendern;
BEGIN
  Write('Name des zu ändernden Eintrags: '); ReadLn(Nam);
  Gefunden := False; I := 1;
  REPEAT
    IF Ns[I].Name <> Nam
      THEN
        I := I + 1
      ELSE
        BEGIN
          Gefunden := True;
          Write(Ns[I].Name,' (J/N) '); W := ReadKey; WriteLn(W);
          IF (W = 'N') OR (W = 'n')
            THEN
              BEGIN
```

```
              Write('Name: '); ReadLn(Ns[I].Name);
            END;
        Write(Ns[I].Tel,' (J/N) '); W := ReadKey; WriteLn(W);
        IF (W = 'N') OR (W = 'n')
          THEN
            BEGIN
              Write('Telefonnummer: '); ReadLn(Ns[I].Tel);
            END;
      END; {von ELSE}
  UNTIL Gefunden OR (I = N + 1);
  IF NOT Gefunden
    THEN WriteLn('Eintrag ',Nam,' nicht gefunden.');
END;

PROCEDURE Loeschen;
BEGIN
  Write('Name des zu löschenden Eintrags: '); ReadLn(Nam);
  Gefunden := False; I := 1;
  REPEAT
    IF Ns[I].Name <> Nam
      THEN
        I := I + 1
      ELSE
        BEGIN
          Gefunden := True;
          Write(Ns[I].Name,' wirklich löschen (J/N) ? ');
          W := ReadKey; WriteLn(W);
          IF (W = 'J') OR (W = 'j')
            THEN
              BEGIN
                FOR Z := I TO N - 1 DO
                  Ns[Z] := Ns[Z+1];
              END;
        END;
  UNTIL Gefunden OR (I = N + 1);
  IF (Gefunden AND ((W = 'J') OR (W = 'j'))) THEN N := N - 1;
  IF NOT Gefunden
    THEN WriteLn(Nam,' nicht gefunden. Kein Löschen möglich.');
END;

PROCEDURE Einfuegen;
VAR
  W: Integer;
BEGIN
  WriteLn('Die Datei ',Fs,' hat ',N,' Einträge.');
```

```
    Write('Nach welcher Eintragsnummer einfügen ? '); ReadLn(W);
    N := N + 1;
    FOR Z := N DOWNTO W + 2  DO
      Ns[Z] := Ns[Z-1];
    WriteLn('Nachfolgende Einträge sind verschoben.');
    Write('Einzufügender Name: '); ReadLn(Ns[W+1].Name);
    Write('Einzufügende Telefonnummer: '); ReadLn(Ns[W+1].Tel);
  END;

  PROCEDURE Sortieren;
  VAR
    StellMin: Integer;
    NamMin: SatzTyp;
  BEGIN
    WriteLn('Sortieren von ',N,' Datensätzen beginnt.');
    FOR I := 1 TO N-1 DO
      BEGIN
        StellMin := I;
        NamMin := Ns[I];
        FOR Z := I + 1 TO N  DO
          IF Ns[Z].Name < NamMin.Name
            THEN
              BEGIN
                StellMin := Z;
                NamMin := Ns[Z];
              END;
            Ns[StellMin] := Ns[I];
            Ns[I] := NamMin;
          END;
        WriteLn('Sortieren im Hauptspeicher beendet.');
  END;

  PROCEDURE Menue;
  BEGIN
    WriteLn('Menue zur Verwaltung der Telefon-Datei');
    WriteLn('--------------------------------------');
    WriteLn(' 0      Beenden');
    WriteLn(' 1      Laden der Datei');
    WriteLn(' 2      Speichern der Datei extern');
    WriteLn(' 3      Ausgabe   Gesamtverzeichnis');
    WriteLn(' 4      Eingeben  von Einträgen');
    WRITELN(' 5      Suchen    eines Eintrags');
    WriteLn(' 6      Aendern   eines Eintrags');
    WriteLn(' 7      Loeschen  eines Eintrags');
    WriteLn(' 8      Einfuegen eines Eintrags');
```

```
    WriteLn(' 9     Sortieren der Gesamtdatei');
    WriteLn('--------------------------------------');
    REPEAT
      Write('Wahl 0-9 '); W := ReadKey; WriteLn(W);
    UNTIL W IN ['0'..'9'];
  END;

  BEGIN
    ClrScr;
    WriteLn('Telefonliste als sequentielle Datei.');
    WriteLn('Datenverkehr "dateiweise in Array Ns"'); WriteLn;
    REPEAT
      Menue;
      ClrScr;
      CASE W OF
       '1': DateiLaden;
       '2': Speichern;
       '3': Ausgabe;
       '4': Eingeben;
       '5': Suchen;
       '6': Aendern;
       '7': Loeschen;
       '8': Einfuegen;
       '9': Sortieren;
      END; {von CASE}
      Write('Weiter mit /RETURN/ '); ReadLn; ClrScr;
    UNTIL W = '0';
    WriteLn('Ende von Programm Telefon1.');
  END.
```

Ausführung zu Programm Telefon1:

```
Telefonliste als sequentielle Datei.
Datenverkehr "dateiweise in Array Ns"

Menue zur Verwaltung der Telefon-Datei
--------------------------------------
 0      Beenden
 1      Laden der Datei
 2      Speichern der Datei extern
 3      Ausgabe   Gesamtverzeichnis
 4      Eingeben  von Einträgen
 5      Suchen    eines Eintrags
 6      Aendern   eines Eintrags
```

```
 7     Loeschen  eines Eintrags
 8     Einfuegen eines Eintrags
 9     Sortieren der Gesamtdatei
---------------------------------------
Wahl 0-9 4
Name (0=Ende) Stromann
Telefonnummer: 06262/33332
Name (0=Ende) Weber
Telefonnummer: 0721/1300165
Name (0=Ende) Treiber
Telefonnummer: 0611/232323
Name (0=Ende) Köpfle
Telefonnummer: 06221/44421
Name (0=Ende) Schönfelder
Telefonnummer: 06203/5541
Name (0=Ende) Schmidtborn
Telefonnummer: 06221/332000
Name (0=Ende) 0
Weiter mit /RETURN/
---------------------------------------
Wahl 0-9 3
Name:                    Telefonnummer:
-----------------------------------
  1  Stromann            06262/33332
  2  Weber               0721/1300165
  3  Treiber             0611/232323
  4  Köpfle              06221/44421
  5  Schönfelder         06203/5541
  6  Schmidtburn         06221/332000
Dateiende nach 6 Einträgen.
Weiter mit /RETURN/
---------------------------------------
Wahl 0-9 7
Name des zu löschenden Eintrags: Treiber
Treiber wirklich löschen (J/N) ? j
Weiter mit /RETURN/
---------------------------------------
Wahl 0-9 4
Name (0=Ende) Maucher
Telefonnummer: 06204/1210
Name (0=Ende) Rudolfs
Telefonnummer: 06221/33125
Name (0=Ende) 0
Weiter mit /RETURN/
---------------------------------------
```

Menü nicht mehr wiedergegeben

```
Wahl 0-9 9
Sortieren von 7 Datensätzen beginnt.
Sortieren im Hauptspeicher beendet.
Weiter mit /RETURN/
------------------------------------
Wahl 0-9 3
Name:                    Telefonnummer:
------------------------------------
  1 Köpfle               06221/44421
  2 Maucher              06204/1210
  3 Rudolfs              06221/33125
  4 Schmidtburn          06221/332000
  5 Schönfelder          06203/5541
  6 Stromann             06262/33332
  7 Weber                0721/1300165
Dateiende nach 7 Einträgen.
------------------------------------
Wahl 0-9 2
Name der Ausgabedatei ? b:teldatei.dat
Bisherige Datei zerstören (J/N) ? j
7 Einträge vom Hauptspeicher in b:teldatei.dat
Weiter mit /RETURN/
```

3.8.2 Datensatzweiser Datenverkehr

Das Programm Telefon2 verwaltet die gleiche Datei wie das Programm Telefon1 von Abschnitt 3.8.1, nur wird anstelle des dateiweisen Datenverkehrs der *datensatzweise Datenverkehr* vorgesehen.

- In sämtlichen Prozeduren wird lesend oder schreibend auf die Diskettendatei TelDatei.DAT zugegriffen.
- Die Prozeduren verarbeiten nun Datensätze eines externen Files, und nicht mehr Elemente eines internen Arrays.

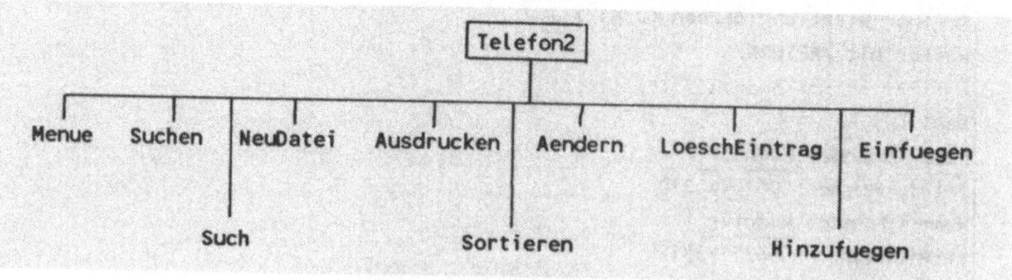

Strukturbaum zu Programm Telefon2

Zu den Prozeduren von Programm Telefon2:

- Die Prozedur Such wird in den Prozeduren Suchen, Aendern, LoeschEintrag und Einfuegen aufgerufen. Da die Satznummer später weiter benötigt wird, speichert man sie in SN als gobaler Variable. Such zeigt den für die sequentielle Suche typischen Ablauf: Eine Suchschleife wird beendet, sobald der Satz gefunden wird oder das Dateiende erreicht ist.
- Die Prozedur NeuDatei dient dem Neueinrichten und Schreiben der Telefondatei.
- In der Prozedur Aendern muß der Satzzeiger mit Seek(S,SN) auf SN zurückgesetzt werden, da er durch jede Read-Anweisung um 1 erhöht wurde. Ohne Seek würde nicht korrekt überschrieben.
- Die Prozedur LoeschEintrag kopiert alle Datensätze bis auf den zu löschenden Satz in eine temporäre Hilfsdatei namens Temp, um nach dem Löschen der Quelldatei der Datei Temp dann den bisherigen Dateinamen zu geben.
- In der Prozedur Einfuegen wird mit Seek(F,FileSize(D)) der Dateizeiger zum Dateiende positioniert, um dann die eingegebenen Datensätze an die Datei anzufügen.
- Die Prozedur Sortieren arbeitet nach dem Verfahren "Austausch nach Auswahl". Da wiederholt Sätze zwischen RAM und Diskette übertragen werden, geht das Sortieren sehr langsam vonstatten.

Pascal-Quelltext zu Programm Telefon2:

```
PROGRAM Telefon2;
  {Verwaltung einer sequentiellen Telefondatei bei datensatzweisem
Datenverkehr}
USES Crt;
TYPE
  SatzTyp = RECORD
              Name: STRING[20];
              Tel:  STRING[12];
            END;
VAR
  W:         Char;
  I:         Integer;
  Nam:       STRING[20];       {Name eines Telefonteilnehmers}
  DateiName: STRING[14];       {Physischer Dateiname auf Diskette}
  F,Temp:    FILE OF SatzTyp;  {Datei bzw. Dateivariable}
  Satz:      SatzTyp;          {2-Komponenten-Datensatz}
  Sn:        Integer;          {Relative Satznummer}
  Gefunden:  Boolean;
```

```
PROCEDURE Such;
BEGIN
  Reset(F);
  Gefunden := False;
  REPEAT
    Read(F,Satz);
    IF Satz.Name = Nam
      THEN
        BEGIN
          Gefunden := True;
          Sn := FilePos(F) - 1;
        END;
  UNTIL Gefunden OR Eof(F);
  IF NOT Gefunden THEN WriteLn('Nicht gefunden.');
  Close(F);
END;

PROCEDURE NeuDatei;
VAR
  W: Char;  {Antwort}
BEGIN
  REPEAT
    WRITE('Bisherige Datei zerstören (J/N) ? '); ReadLn(W);
  UNTIL W IN ['J','j','N','n'];
  IF (W = 'J') OR (W = 'j')
    THEN
      BEGIN
        Rewrite(F);                {Eröffnet eine neue leere Datei}
        WriteLn('Namen (<RETURN> Ende) und Telefonnummern:');
        WITH Satz DO
          REPEAT
            Write('Name: '); ReadLn(Name);
            IF Name = ''
              THEN BEGIN Close(F); Exit; END;
            Write('Telefonnr. '); ReadLn(Tel);
            Write(F,Satz);
            WriteLn;
          UNTIL False;   {Endlosschleife}
      END;
END;

PROCEDURE Ausgabe;
BEGIN
  Reset(F);
  WriteLn('Name:                 Telefonnummer:');
```

```
    WriteLn('-------------------------------');
    FOR I := 1 TO FileSize(F) DO
      BEGIN
        Read(F,Satz);
        WITH Satz DO  WriteLn(I:3,'  ',Name,'':(20-Length(Name)),Tel);
        IF I MOD 10 = 0
          THEN
            BEGIN
              Write('Weiter blättern');
              ReadLn; ClrScr;
            END;
      END;
    WriteLn('Dateiende nach ',FileSize(F),' Einträgen.');
    Close(F);
  END;

  PROCEDURE Suchen;
  BEGIN
    Write('Zu suchender Name: '); ReadLn(Nam);
    Such;
    IF Gefunden
      THEN
        WriteLn(Satz.Name,' ',Satz.Tel)
  END;

  PROCEDURE Aendern;
  BEGIN
    Write('Name des zu ändernden Eintrags: '); ReadLn(Nam);
    Such;
    IF Gefunden
      THEN
        BEGIN
          Reset(F);
          Write(Satz.Name,' (J/N) '); W := ReadKey; WriteLn(W);
          IF (W = 'N') OR (W = 'n')
            THEN
              BEGIN
                Write('Name: '); ReadLn(Satz.Name);
              END;
          Write(Satz.Tel,' (J/N) '); W := ReadKey; WriteLn(W);
            IF (W = 'N') OR (W = 'n')
              THEN
                BEGIN
                  Write('Telefonnr. '); ReadLn(Satz.Tel);
                END;
```

```
        Seek(F,Sn);             {zurücksetzen des Dateizeigers}
        Write(F,Satz);
        Close(F);
      END;
END;

PROCEDURE LoeschEintrag;
BEGIN
  Write('Name des zu löschenden Eintrags: '); ReadLn(Nam);
  Such;
  IF Gefunden
    THEN          {Kopieren von Datei F nach Hilfsdatei Temp}
      BEGIN
        Assign(Temp,'TEMP');
        Rewrite(Temp); Reset(F);
        REPEAT
          Read(F,Satz);
          IF (FilePos(F) - 1) <> Sn
            THEN Write(Temp,Satz);
        UNTIL Eof(F);
        Close(F); Close(Temp);
        Erase(F);
        Rename(Temp,DateiName);  {Umbenennen von Datei Temp}
      END;
END;

PROCEDURE Einfuegen;
VAR
  SatzEin: SatzTyp;
BEGIN
  Write('Nach welchem Namen einfügen ? '); ReadLn(Nam);
  Such;
  Write('Einzufügender Name: '); ReadLn(SatzEin.Name);
  Write('Telefonnummer: '); ReadLn(SatzEin.Tel);
  Reset(F);
  FOR I := FileSize(F) DOWNTO Sn + 2  DO
    BEGIN
      Seek(F,I-1); Read(F,Satz);
      Seek(F,I); Write(F,Satz);
    END;
  Seek(F,Sn+1); Write(F,SatzEin);
  Close(F);
END;
```

```
PROCEDURE Sortieren; {Sortiermethode "Austausch nach Auswahl"}
VAR
  StellMin,Z: Integer;
  NamMin: SatzTyp;
BEGIN
  Reset(F);
  FOR I := 0 TO FileSize(F)-2 DO
    BEGIN
      StellMin := I;
      Seek(F,I); Read(F,NamMin);
      FOR Z := I + 1 TO FileSize(F) - 1  DO
        BEGIN
          Seek(F,Z); Read(F,Satz);
          IF Satz.Name < NamMin.Name
            THEN
              BEGIN
                StellMin := Z;
                NamMin := Satz;
              END;
        END; {von FOR Z}
      Seek(F,I); Read(F,Satz);
      Seek(F,StellMin); Write(F,Satz);
      Seek(F,I); Write(F,NamMin);
    END; {von FOR I}
  Close(F);
END;

PROCEDURE Hinzufuegen;
BEGIN
  WriteLn('Namen (<RETURN> Ende) und Telefonnummern:');
  Reset(F);
  Seek(F,FileSize(F));
  WITH Satz DO
    REPEAT
      Write('Name: '); ReadLn(Name);
      IF Name = '' THEN Exit;
      Write('Tel: '); ReadLn(Tel);
      WriteLn;
      IF Name <> '' THEN Write(F,Satz);
    UNTIL Name = '';
  Close(F);
END;

PROCEDURE Menue;
BEGIN
```

```
    WriteLn('Menue zur Verwaltung der Telefon-Datei');
    WriteLn('--------------------------------------');
    WriteLn(' 0     Beenden');
    WriteLn(' 1     Ausgabe   Gesamtverzeichnis');
    WriteLn(' 2     Suchen    eines Eintrags');
    WriteLn(' 3     Ändern    eines Eintrags');
    WriteLn(' 4     Löschen   eines Eintrags');
    WriteLn(' 5     Einfügen  eines Eintrags');
    WriteLn(' 6     Sortieren der Gesamtdatei');
    WriteLn(' 7     Neue Datei anlegen');
    WriteLn(' 8     Hinzufügen am Dateiende');
    WriteLn('--------------------------------------');
    REPEAT
      Write('Wahl 0-8 '); W := ReadKey; WriteLn(W);
    UNTIL W IN ['0'..'8'];
  END;

  BEGIN
    ClrScr;
    WriteLn('Telefonliste als sequentielle Datei');
    WriteLn('(Datenverkehr "datensatzweise")'); WriteLn;
    Write('Name der Datei: '); ReadLn(DateiName);
    Assign(F,DateiName);
    REPEAT
      Menue;
      ClrScr;
      CASE W OF
       '1': Ausgabe;
       '2': Suchen;
       '3': Aendern;
       '4': LoeschEintrag;
       '5': Einfuegen;
       '6': Sortieren;
       '7': NeuDatei;
       '8': Hinzufuegen;
      END; {von CASE}
    Write('Weiter mit <RETURN> '); ReadLn; ClrScr;
    UNTIL W = '0';
    WriteLn('Ende von Programm Telefon2.')
  END.
```

Ausführung zu Programm Telefon2:

```
Telefonliste als sequentielle Datei
(Datenverkehr "datensatzweise")

Name der Datei: b.teldatei.dat
Menue zur Verwaltung der Telefon-Datei
---------------------------------------
 0     Beenden
 1     Ausgabe   Gesamtverzeichnis
 2     Suchen    eines Eintrags
 3     Ändern    eines Eintrags
 4     Löschen   eines Eintrags
 5     Einfügen  eines Eintrags
 6     Sortieren der Gesamtdatei
 7     Neue Datei anlegen
 8     Hinzufügen am Dateiende
---------------------------------------
Wahl 0-8  1

Name:              Telefonnummer:
--------------------------------
  1 Köpfle             06221/44421
  2 Maucher            06204/1210
  3 Rudolfs            06221/33125
  4 Schmidtburn        06221/332000
  5 Schönfelder        06203/5541
  6 Stromann           06262/33332
  7 Weber              0721/1300165
Dateiende nach 7 Einträgen.
Weiter mit <RETURN>

Nach welchem Namen einfügen ? Maucher
Einzufügender Name: Kaier
Telefonnummer: 06217/88650
Weiter mit <RETURN>

Name:              Telefonnummer:
--------------------------------
  1 Köpfle             06221/44421
  2 Maucher            06204/1210
  3 Kaier              06217/88650
  4 Rudolfs            06221/33125
  5 Schmidtburn        06221/332000
  6 Schönfelder        06203/5541
  7 Stromann           06262/33332
  8 Weber              0721/1300165
Dateiende nach 8 Einträgen.
Weiter mit <RETURN>

Ende von Programm Telefon2.
```

3

Programmierkurs mit Turbo Pascal Aufbaukurs

3.1 Set (Menge) als strukturierter Datentyp	19
3.2 Record (Verbund) als strukturierter Datentyp	35
3.3 File (Datei) als strukturierter Datentyp	55
3.4 Pointer (Zeiger) für dynamische Datentypen	85
3.5 Rekursive Abläufe	109
3.6 Programmorganisation	137
3.7 Suchen, Sortieren, Mischen und Gruppieren von Daten	149
3.8 Sequentielle Dateiorganisation	199
3.9 Direktzugriff-Dateiorganisation	216
3.10 Index-sequentielle Dateiorganisation	228
3.11 Stapel und Schlange	237
3.12 Zeigerverkettete Liste	277
3.13 Binärbaum	316
3.14 Gesteuerter Zugriff auf externe Einheiten	383
3.15 Objektorientierte Programmierung (OOP)	451

Das Programm ArtikelM verwaltet eine Artikeldatei und weist folgende Kennzeichen auf:

- Die Artikeldatei ArtDatei.DAT wird im Direktzugriff verarbeitet (Abschnitt 3.9.1).
- ArtikelM ruft als Menüprogramm bzw. Treiberprogramm Units auf, über die Vereinbarungen und Prozeduren bereitgestellt werden (Abschnitt 3.9.2).
- Der Datensatz der Artikeldatei wird direkt adressiert (Abschnitt 3.9.3).

3.9.1 Direktzugriff über Satzzeiger

Direktzugriff über Seek: Die Prozeduren Write und Read arbeiten sequentiell: Nach dem Schreiben bzw. Lesen erhöhen sie den Dateizeiger automatisch um 1, d.h. um die Länge der geschriebenen bzw. gelesenen Daten. Ein direkter Zugriff auf eine bestimmte Dateikomponente bzw. Satznummer läßt sich dadurch erreichen, daß man vor Write bzw. Read die Seek-Prozedur aufruft. Zu beachten ist, daß beim Überschreiben eines Datensatzes (Lesen und anschließendes Zurückschreiben) der Dateizeiger mit Seek erneut zu positionieren ist:

```
Seek(F,SatzNr);                           {z.B. 3. Satz lesen (SatzNr=3)}
Read(F,Satz);                             {Satzzeiger wurde auf 4 gesetzt}
.... {Inhalt von Satz im RAM ändern} ...;
Seek(F,SatzNr);                           {Satzzeiger von 4 auf 3 zurück}
Write(F,Satz);                            {aktiven Satz überschreiben}
```

Dateiorganisation mit Reihenfolgezugriff bzw. sequentiellem Zugriff:

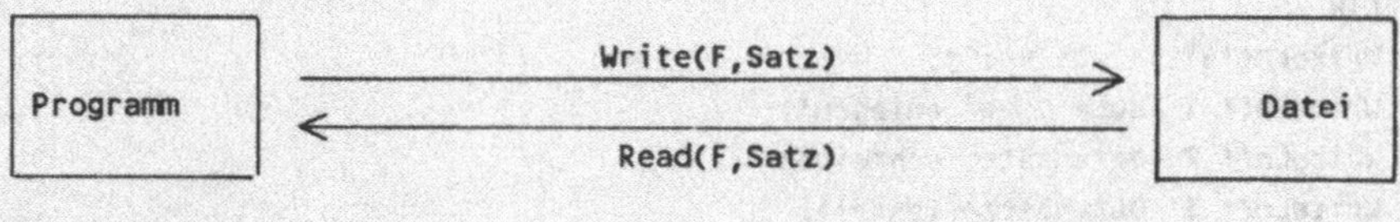

Dateiorganisation mit Direktzugriff:

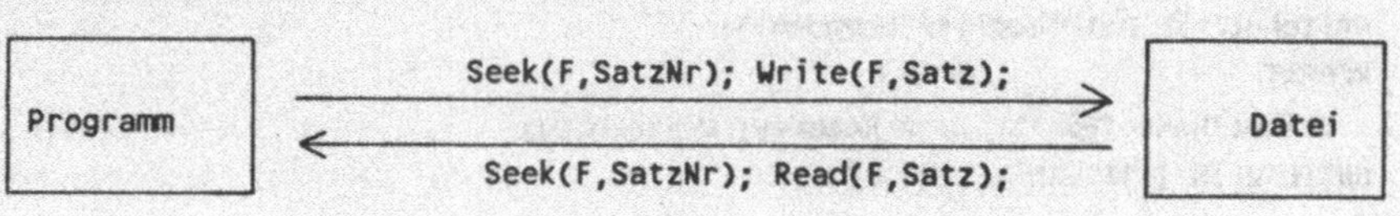

Sequentieller Zugriff und Direktzugriff

Struktur des Artikelsatzes: Die Datensätze der Artikeldatei ArtDatei.DAT haben alle die konstante Satzlänge von 26 Zeichen. Jeder Datensatz besteht als Verbund aus vier Datenfeldern mit den Typen Integer (2 Byte), STRING (hier 15+1=16 Byte) und Real (6 Byte).

Vereinbarung in Unit ArtikelD: **Speicherplatz intern:**

```
TYPE
  SatzTyp = RECORD
              ArtNr:       Integer;                  2 Byte
              Bezeichnung: STRING[15];              16 Byte
              Menge:       Integer;                  2 Byte
              StueckPreis: Real;                     6 Byte
            END;                                    -------
VAR                                                 26 Byte Datensatzlänge
  Satz:       SatzTyp;                              =======
  F:          FILE OF SatzTyp;
```

Pascal-Quelltext zu Programm ArtikelM:

```
PROGRAM ArtikelM;
  {Menüprogramm (M): Verwaltung einer Artikeldatei als Direktzugriffsdatei}

USES Crt, ArtikelD, ArtikelA, ArtikelS, ArtikelL, ArtikelF;
VAR
  W: Char;

PROCEDURE Menue;
BEGIN
  WriteLn('Bitte wählen:');
  WriteLn(' 1  Neue Datei anlegen');
  WriteLn(' 2  Datensätze schreiben');
  WriteLn(' 3  Datensätze lesen');
  WriteLn(' 4  Bestand fortschreiben');
  WriteLn(' 5  Dateizugriff beenden');
  REPEAT
    Write('Wahl 1-5 '); W := ReadKey; WriteLn(W);
  UNTIL W IN ['1'..'5'];
END;
```

```
BEGIN
  ClrScr;
  WriteLn('Menue zur Verwaltung einer Artikeldatei.');
  Write('Name der Artikeldatei: '); ReadLn(DateiName);
  Assign(F,DateiName);
  REPEAT
    Menue;
    CASE W OF
      '1': Anlegen;                {aus Unit ArtikelA.PAS eingebunden}
      '2': Schreiben;              {aus Unit ArtikelS.PAS}
      '3': Lesen;                  {aus Unit ArtikelL}
      '4': FortSchreiben;          {aus Unit ArtikelF}
     END; {von CASE}
  UNTIL W = '5';
  WriteLn('Ende von Menüprogramm ArtikelM.');
END.
```

Ausführung zu Programm ArtikelM:

```
Menue zur Verwaltung einer Artikeldatei.
Name der Artikeldatei: b:artdatei.dat

Bitte wählen:
 1  Neue Datei anlegen
 2  Datensätze schreiben
 3  Datensätze lesen
 4  Bestand fortschreiben
 5  Dateizugriff beenden
Wahl 1-5 1
Datei wirklich löschen und anlegen ? (J/N) J
Datei b:artdatei.dat gelöscht und eröffnet.
Vorgesehene Satzanzahl: 30
30 Leersätze geschrieben.Bitte wählen:

Bitte wählen:
 1  Neue Datei anlegen
 2  Datensätze schreiben
 3  Datensätze lesen
 4  Bestand fortschreiben
 5  Dateizugriff beenden
Wahl 1-5 2
Sätze in die Artikeldatei schreiben.
Nummer (0=Ende)? 1002
Bezeichnung:   Orchidee
```

```
Bestand:       50
Stückpreis:    27.50
Nummer (0=Ende)? 1001
Bezeichnung:   Clematis
Bestand:       30
Stückpreis:    19.25
Nummer (0=Ende)? 1019
Bezeichnung:   Iris
Bestand:       80
Stückpreis:    9.55
Nummer (0=Ende)? 1011
Bezeichnung:   Lilie
Bestand:       25
Stückpreis:    14.05
Nummer (0=Ende)? 0

Bitte wählen:
 1  Neue Datei anlegen
 2  Datensätze schreiben
 3  Datensätze lesen
 4  Bestand fortschreiben
 5  Dateizugriff beenden
 Wahl 1-5 3
Zu suchende Artikelnummer (0=Ende)? 1019
 Artikelnummer: 1019
 Bezeichnung:   Iris
 Bestandsmenge: 80
 Stueckpreis:      9.55
Zu suchende Artikelnummer (0=Ende)? 0

Bitte wählen:
 1  Neue Datei anlegen
 2  Datensätze schreiben
 3  Datensätze lesen
 4  Bestand fortschreiben
 5  Dateizugriff beenden
Wahl 1-5 4
Artikelnummer zur Fortschreibung? 1002
Artikelnummer: 1002
Bezeichnung:   Orchidee
Bestandsmenge: 50
Stueckpreis:     27.50
Bestandsänderung +- -9
Fortgeschrieben auf 41.
```

```
Bitte wählen:
 1  Neue Datei anlegen
 2  Datensätze schreiben
 3  Datensätze lesen
 4  Bestand fortschreiben
 5  Dateizugriff beenden
Wahl 1-5 3
 Zu suchende Artikelnummer (0=Ende)? 1002
 Artikelnummer: 1002
 Bezeichnung:   Orchidee
 Bestandsmenge: 41
 Stueckpreis:     27.50
 Zu suchende Artikelnummer (0=Ende)? 0

 Bitte wählen:
  1  Neue Datei anlegen
  2  Datensätze schreiben
  3  Datensätze lesen
  4  Bestand fortschreiben
  5  Dateizugriff beenden
 Wahl 1-5 5
Ende von Menüprogramm ArtikelM.
```

3.9.2 Units einbinden

Das Menüprogramm bzw. Treiberprogramm ArtikelM aktiviert über

```
USES Crt, ArtikelD, ArtikelA, ArtikelS, ArtikelL, ArtikelF;
```

neben der Standard-Unit Crt fünf benutzervereinbarte Units. Diese sind sehr einfach aufgebaut:

- Die Unit ArtikelD stellt die Vereinbarungen von Datentypen und Variablen zur Verfügung, die im Programmtreiber und in den Prozeduren zur Dateiverarbeitung benötigt werden.
- Die anderen Units enthalten jeweils nur eine Prozedur.
- Jede dieser Units enthält ihrerseits eine Anweisung
  `USES ArtikelD;` ,
  um die globalen Vereinbarungen zu aktivieren.

Drei-Schritte-Vorgehen zum Erstellen des Programmpakets mit Units:

1. *Editieren der Quelltexte:* Units ArtikelD.PAS, ArtikelA.PAS, ArtikelS.PAS, ArtikelL.PAS und ArtikelF.PAS editieren und speichern.
2. *Compilieren der Units:* Units mit Compile/Compile auf Diskette compilieren und als TPU-Dateien auf Diskette speichern. Die Unit ArtikelD.PAS ist zuerst als ArtikelD.TPU zu compilieren.
3. *Einbinden der Units in Menüprogramm ArtikelM*: Durch USES-Anweisungen die Units in den Objektcode des Treiberprogramms ArtikelM einbinden und dann ArtikelM übersetzen.

Pascal-Quelltext zu Unit ArtikelD:

```
UNIT ArtikelD;
  {Typvereinbarungen und Variablen, die im Programm ArtikelM und den
   von ihm aufgerufenen Units benutzt werden.}

INTERFACE
  TYPE
    SatzTyp = RECORD
                ArtNr:       Integer;
                Bezeichnung: STRING[15];
                Menge:       Integer;
                StueckPreis: Real;
              END;
  VAR
    Satz:       SatzTyp;
    F:          FILE OF SatzTyp;
    DateiName:  STRING[14];         {Name der Artikeldatei}

  CONST
    LeerSatz: SatzTyp = ( ArtNr: 0;
                          Bezeichnung: '';
                          Menge: 0;
                          StueckPreis: 0);

IMPLEMENTATION
END.
```

Pascal-Quelltext zu Unit ArtikelL:

```
UNIT ArtikelL;
  {Leseprogramm (L): Einen oder mehrere Sätze aus der Artikeldatei
   direkt lesen (Adressierung: SatzNr := Suchbegriff - 1000) }
INTERFACE
  PROCEDURE Lesen;

IMPLEMENTATION
  USES ArtikelD;

  PROCEDURE Lesen;
  VAR
    Such,S: Integer;     {Satznummern}
  BEGIN
    Reset(F);
    REPEAT
      Write('Zu suchende Artikelnummer (0=Ende)? '); ReadLn(Such);
      IF Such <> 0
        THEN
          BEGIN
            S := Such - 1000;                 {Adressrechnung}
            Seek(F,S);                        {Satzzeiger positionieren}
            Read(F,Satz);                     {Direktzugriff lesend}
            WITH Satz DO
              BEGIN
                WriteLn('Artikelnummer: ', ArtNr);
                WRITELN('Bezeichnung:   ', Bezeichnung);
                WRITELN('Bestandsmenge: ', Menge);
                WRITELN('Stueckpreis:   ', StueckPreis:6:2);
              END;
          END;
    UNTIL Such = 0;
    Close(F);
  END;
END.
```

Pascal-Quelltext zu Unit ArtikelS:

```
UNIT ArtikelS;
  {Schreibprogramm (S): Einen oder mehrere Sätze auf die Artikeldatei
   direkt schreiben (Adressierung: SatzNr := ArtNr minus 1000. }
INTERFACE
  PROCEDURE Schreiben;
```

```
IMPLEMENTATION
  USES ArtikelD;

  PROCEDURE Schreiben;
  VAR
    S: Integer;  {Satznummer}
  BEGIN
    Reset(F);
    WriteLn('Sätze in die Artikeldatei schreiben.');
    WITH Satz DO
      REPEAT
        Write('Nummer (0=Ende)? '); ReadLn(ArtNr);
        IF ArtNr <> 0
          THEN
            BEGIN
              Write('Bezeichnung:   '); ReadLn(Bezeichnung);
              Write('Bestand:       '); ReadLn(Menge);
              Write('Stückpreis:    '); ReadLn(StueckPreis);
              S := ArtNr - 1000;  {Adressrechnung}
              Seek(F,S);          {Satzzeiger positionieren}
              Write(F,Satz);      {Schreiben im Direktzugriff}
            END;
      UNTIL ArtNr = 0;
    Close(F);
  END;
END.
```

Pascal-Quelltext zu Unit ArtikelF:

```
UNIT ArtikelF;
  {Fortschreibungsprogramm (F): Einen Satz aus der Artikeldatei
   suchen, zeigen und seinen Bestand ändern, d.h. fortschreiben.}
INTERFACE
  PROCEDURE FortSchreiben;

IMPLEMENTATION
  USES ArtikelD;

  PROCEDURE FortSchreiben;
  VAR
    Such,S:     Integer;  {Relative Satznummern}
    ZuAb:       Integer;  {Zu- oder Abnahme der Lagermenge}
  BEGIN
```

```
      Reset(F);
      Write('Artikelnummer zur Fortschreibung? '); ReadLn(Such);
      S := Such - 1000;
      Seek(F,S);
      Read(F,Satz);
      WITH Satz DO
        BEGIN
          WriteLn('Artikelnummer: ', ArtNr);
          WriteLn('Bezeichnung:   ', Bezeichnung);
          WriteLn('Bestandsmenge: ', Menge);
          WriteLn('Stueckpreis:   ', StueckPreis:6:2);
          Write('Bestandsänderung +- '); ReadLn(ZuAb);
          Menge := Menge + ZuAb;     {Fortschreibung von Menge}
          Seek(F,S);                 {Satzzeiger stellen, da mit Read geändert}
          Write(F,Satz);             {Updating im Direktzugriff}
          WriteLn('Fortgeschrieben auf ',Menge,'.');
        END;
      Close(F);
    END;
  END.
```

Pascal-Quelltext zu Unit ArtikelA.PAS:

```
  UNIT ArtikelA;
    {Anlegen (A) einer Artikeldatei: 'Alte' Datei loeschen,
     'neue' Datei generieren und ggf. mit Leersätzen beschreiben.}
  INTERFACE
    PROCEDURE Anlegen;

  IMPLEMENTATION
    USES Crt, ArtikelD;

    PROCEDURE Anlegen;
    VAR
      E:          Char;
      Anz,I:      Integer;
    BEGIN
      Write('Datei wirklich löschen und anlegen (J/N)? ');
      E := ReadKey; WriteLn(E);
      IF (E = 'J') OR (E = 'j')
        THEN
          BEGIN
            Rewrite(F);
            WriteLn('Datei ',DateiName,' gelöscht und eröffnet.');
```

```
        Write('Vorgesehene Satzanzahl: '); ReadLn(Anz);
        FOR I := 1 TO Anz DO
          Write(F,Leersatz);
        Write(Anz,' Leersätze geschrieben.');
        Close(F);
      END;
  END;
END.
```

3.9.3 Direkte Adressierung des Datensatzes

Adreßrechnung: Die Artikel mit den Artikelnummern 1019, 1001 und 1014 sind als 19., 1. und 14. Satz in der Datei gespeichert. Die zeitliche Reihenfolge der Speicherung spielt somit keine Rolle. Fehlt z.B. der Artikel 1014, so entsteht eine Lücke in der Datei. Der Zusammenhang

```
S := ArtNr - 1000;                {Satznummer := Ordnungsbegriff - 1000}
```

wird als Adreßrechnung bezeichnet. Sie stellt einen Zusammenhang her zwischen dem Ordnungsbegriff der Datei (hier der Artikelnummer) und dem Speicherort in der Datei (also der Satznummer S).

Adreßrechnung vor dem Dateizugriff vornehmen:

- Beim schreibenden Zugriff für ArtNr=1019 wird mit
  ```
  S := ArtNr - 1000;
  Seek(F,S); Write(F,Satz);
  ```
  sichergestellt, daß nach der Berechnung der Satznummer S=19 der aktive Satz an die 19. Position in der Datei F geschrieben wird.
- Beim lesenden Zugriff bewirkt die Anweisungsfolge
  ```
  S := Such - 1000;
  Seek(F,S); Read(F,Satz);
  ```
  daß nach Berechnung der Satzadresse S aus dem Suchbegriff Such der Datensatz S direkt nach Satz eingelesen werden kann.

3.9.4 Indirekte Adressierung des Datensatzes

Planungsbeispiel einer Artikeldatei mit direkter Adressierung:

- Die kleinste Artikelnummer ist 1.
- Die größte Artikelnummer ist 300000.
- Insgesamt sind 2000 Artikel im Sortiment.

- Man verwendet die Adreßrechnung "SatzNr := ArtNr". Dabei spricht man von direkter Adressierung, da zwischen Satznummer und Ordnungsbegriff ein umkehrbarer, direkter Zusammenhang hergestellt wird.

Diese Planung hat zur Folge, daß für die 2000 Artikel 300000 Datensätze in der Diskettendatei zu reservieren sind. Das Adreßrechnungsverfahren der direkten Adressierung ist hier nicht sinnvoll.

Artikeldatei mit indirekter Adressierung: Bei Streuung des Ordnungsbegriffes ist die indirekte Adressierung von Vorteil, bei der kein umkehrbarer Zusammenhang zwischen Ordnungsbegriff und Satzadresse hergestellt wird. Hier entsteht jedoch das Problem, daß für mehrere Ordnungsbegriffe die gleiche Satznummer berechnet wird. Es kommt ggf. zu Doppelbelegungen bzw. *Überläufern* (Überlaufsätzen), die natürlich gesondert gespeichert werden müssen.

Direkte Adressierung:
- Adreßrechnung "SatzNr := ArtNr-1000" ergibt für ArtNr = 1010, 1045, 1002,... die SatzNr = 10, 45, 2, ...
- Adreßrechnung "SatzNr := PersNr" ergibt für PersNr 10187, 6745, ... die SatzNr 10187, 6745, ...
- Aus dem Ordnungsbegriff läßt sich die Satznummer errechnen und umgekehrt.
- Lücken im Ordnungsbegriff führen zu Lücken in der Datei.

Indirekte Adressierung:
- Adreßrechnung "Divisions-Rest-Verfahren" als Beispiel:
  1. Ordnungsbegriff durch Satzanzahl der Datei teilen.
  2. Divisionsrest + 1 ergibt die Satznummer.
  Bei einer Satzanzahl von 1200 Sätzen erhält man für ArtNr 10800 bzw. 1453 die SatzNr 1 (10800/1200=9 Rest 0+1 = 1) bzw. die SatzNr 254 (1453/1200=1 Rest 253+1 = 254).
- Ziel ist, weit verstreut liegende Ordnungsbegriffe (ArtNr) zu eng beieinanderliegenden Satzadressen (SatzNr) zu verdichten.
- Problem: Aus der Satznummer läßt sich der Ordnungsbegriff nicht eindeutig zurückrechnen (Überlaufsätze).

Direkte und indirekte Adressierung

3 Programmierkurs mit Turbo Pascal Aufbaukurs

3.1 Set (Menge) als strukturierter Datentyp	19
3.2 Record (Verbund) als strukturierter Datentyp	35
3.3 File (Datei) als strukturierter Datentyp	55
3.4 Pointer (Zeiger) für dynamische Datentypen	85
3.5 Rekursive Abläufe	109
3.6 Programmorganisation	137
3.7 Suchen, Sortieren, Mischen und Gruppieren von Daten	149
3.8 Sequentielle Dateiorganisation	199
3.9 Direktzugriff-Dateiorganisation	216
3.10 Index-sequentielle Dateiorganisation	228
3.11 Stapel und Schlange	237
3.12 Zeigerverkettete Liste	277
3.13 Binärbaum	316
3.14 Gesteuerter Zugriff auf externe Einheiten	383
3.15 Objektorientierte Programmierung (OOP)	451

Index-sequentiell organisierte Kundendatei verwalten: Das Programmpaket mit den drei Programmen

- IndSeqS — Sätze vom RAM auf Datei schreiben
- InsSeqL — Sätze von Datei in dem RAM lesen
- IndSeqT — Sätze im RAM sortieren

verwaltet eine Kundendatei, in der für jeden Kunden dessen Nummer, Name und DM-Umsatz gespeichert ist. Dabei wird über eine Indexdatei auf die Kundendatei zugegriffen.

Zum Begriff "index-sequentiell":

- Die Terminologie ist nicht einheitlich. Man spricht auch von Key-Random-Dateiorganisation. Der erste Zugriff erfolgt über einen Index (Key) und der 2. Zugriff dann direkt (Random) auf die Nutzdatendatei.
- Oft wird mit index-sequentieller Organisation die Speicherverwaltung auf dem Magnetplattenstapel bezeichnet.
- ISAM für 'Index Sequential Access Method' entspricht dieser Begriffsauslegung.

3.10.1 Trennung von Datendatei und Indexdatei(en)

Auf Kundendatei und Indexdatei schreiben: Über das Schreibprogramm IndSeqS werden vier Kunden mit den Kundennummern 104, 101, 110 und 109 über die Tastatur eingegeben und in eine Kundendatei KunDatei.-DAT geschrieben. Jeder Kundensatz besteht aus Kundennummer, Name und Umsatz. Parallel hierzu wird jeweils in einem Indexsatz die Kundennummer und die zugehörige Satznummer der Kundendatei erfaßt und in die Indexdatei KunDat1U.IND geschrieben.

```
Kundendatei KunDatei.DAT:            Zwei Indexdateien namens
                                     KunDat1U.IND:    KunDat1S.IND:

104  Maucher        295.60           104   0          101   1
101 Frei           6500.00           101   1          104   0
110 Anita          1018.75           110   2          109   3
109 Hildebrandt    4590.05           109   3          110   2

Datensatz mit vielen Datenfeldern    Indexsatz mit jeweils nur zwei
(hier: Drei-Felder-Kundensatz)       Datenfeldern (Schlüssel- und Adreßfeld)
```

Eine (breite) Kundendatei und zwei (schmale) Indexdateien

Verwaltung der Kundendatei in vier Schritten: Zusätzlich zur Kundendatei als Nutzdatendatei werden Indexdateien als Hilfsdateien eingerichtet. Wie im Ausführungsbeispiel wiedergegeben, geht man in vier Schritten wie folgt vor.

1. *Schreiben über Programm IndSeqS:*
   Vier Kunden werden in der Datei KunDatei.DAT erfaßt. Die Kundennummern (Schlüsselfeld) und Satznummern (Adreßfeld) werden zusätzlich in die Indexdatei KunDat1U.IND geschrieben (U für Unsortiert).

2. *Starr fortlaufendes Lesen über Programm IndSeqL:*
   Nun wir das Programm IndSeqL zur Ausführung gebracht. Der Reihe nach (sequentiell) wird der jeweils nächste Indexsatz gelesen und sodann über die darin gefundene Satznummer auf den Kundensatz zugegriffen. Genau den gleichen Bildschirm hätte man erhalten, wenn die Kundendatei seriell ohne den Zugriff über die Indexdatei gelesen worden wäre (seriell = lesen wie gespeichert). Man spricht von *starr fortlaufendem Lesen.*

3. *Sortieren über Programm IndSeqT:*
   Über das Programm IndSeqT wird die unsortierte Indexdatei KunDat1U.IND in den RAM in den Array IndTab eingelesen, nach der Kundennummer sortiert und dann auf Diskette als sortierte Indexdatei KunDat1S.IND gespeichert. Es wird nur die Indexdatei sortiert, die Kundendatei bzw. Nutzdatendatei hingegen bleibt unbewegt.

4. *Logisch-fortlaufendes Lesen über Programm IndSeqL:*
   Das Programm IndSeqL wird erneut ausgeführt. Da nun als Indexdatei KunDat1S.IND angegeben wird, erscheinen die Kunden nach der Kundennummer sortiert am Bildschirm. Es wird logisch fortlaufend über den sortierten Index gelesen.

3.10.2 Zugriff über die Indexdatei

Schreibender Zugriff: Nach der Kundendatei F wird auch die Indexdatei Fi geöffnet. Beide Dateien werden rein sequentiell beschrieben.

```
Write(F,KundSatz);
Write(F,IndexSatz);
```

Im IndexSatz werden die Kundennummer KundSatz.Nr als Schlüsselfeld und die Satznummer SN als Adreßfeld abgelegt.

Lesender Zugriff: Der index-sequentielle Zugiff erfolgt stets in zwei Schritten.

1. Zugriff sequentiell auf die Indexdatei: `Read(Fi,IndexSatz);`

2. Zugriff direkt über die Satznummer auf die Nutzdatendatei:
`Seek(F,IndexSatz.SN);`
`Read(F,KundSatz);`

Die im Adreßfeld des Indexsatzes gefundene Satznummer SN ermöglicht somit den Direktzugriff über SN auf die Kunden- bzw. Nutzdatendatei.

Pascal-Quelltext zu Programm IndSeqS:

```
PROGRAM IndSeqS;
  {Schreibprogramm bei index-sequentieller Dateiorganisation}
USES Crt;
LABEL E;

TYPE
  KundeTyp = RECORD                              {Kundensatz der Nutzdatendatei}
               Nr:     Integer;
               Name:   STRING[20];
               Umsatz: Real;
             END;
  IndexTyp = RECORD           {Indexsatz}
               Nr: Integer;   {Schlüsselfeld mit der Kundennummer}
               Sn: Integer;   {Adreßfeld mit der Satznummer aus Kundendatei}
             END;

VAR
  KundSatz:  KundeTyp;
  Fs:        STRING[14];   {Name der Kundendatei}
  Fis:       STRING[14];   {Name der Indexdatei}
  F:         FILE OF KundeTyp;
  Fi:        FILE OF IndexTyp;
  IndexSatz: IndexTyp;
  W:         Char;
  SN:        Integer;      {Satznummer}
```

```
BEGIN
  ClrScr;
  WriteLn('Kundendatei index-sequentiell beschreiben.');
  Write('Name der Kundendatei: '); ReadLn(Fs);
  Write('Name der Indexdatei:  '); ReadLn(Fis);
  Write('Datei löschen und neu beschreiben (J/N)? ');
  W := ReadKey; WriteLn(W);
  ClrScr;
  IF (W <> 'J') AND (W <> 'j') THEN GOTO E;

  Assign(F,Fs);                   {Dateivariable für Datendatei}
  Assign(Fi,Fis);                 {Dateivariable für Indexdatei}
  Rewrite(F);
  Rewrite(Fi);
  WriteLn('Eingabe von: Nummer, Name, Umsatz (0,0,0=Ende)');
  Sn := 0;                        {Satz 0 als 1. Satz}
  REPEAT
    WriteLn;
    Write('Kunden-Nummer: '); ReadLn(KundSatz.Nr);
    Write('Name:    '); ReadLn(KundSatz.Name);
    Write('Umsatz: '); ReadLn(KundSatz.Umsatz);
    IF KundSatz.Nr <> 0
      THEN
        BEGIN
          Write(F,KundSatz);              {Kundensatz sequentiell schreiben}
          IndexSatz.Nr := KundSatz.Nr; {Schlüsselfeld für Indexsatz}
          IndexSatz.Sn := Sn;          {Adreßfeld für Indexsatz}
          Write(Fi,IndexSatz);         {Indexsatz sequentiell schreiben}
          Sn := Sn + 1;
        END;
  UNTIL KundSatz.Nr = 0;
  Close(F); Close(Fi);
  E: WriteLn('Ende von Programm IndSeqS.')
```

Ausführung zu Programm IndSeqS:

```
Kundendatei index-sequentiell beschreiben.
Name der Kundendatei: b:KunDatei.DAT
Name der Indexdatei:  b:KunDat1U.IND
Datei löschen und neu beschreiben (J/N)? J
Eingabe von: Nummer, Name, Umsatz (0,0,0=Ende)
```

```
Kunden-Nummer: 104
Name:    Maucher
Umsatz: 295.6

Kunden-Nummer: 101
Name:    Frei
Umsatz: 6500

Kunden-Nummer: 110
Name:    Anita
Umsatz: 1018.75

Kunden-Nummer: 109
Name:    Hildebrandt
Umsatz: 4590.05

Kunden-Nummer: 0
Name:   0
Umsatz: 0
Ende von Programm IndSeqS.
```

Pascal-Quelltext zu Programm IndSeqL:

```
PROGRAM IndSeqL;
  {Leseprogramm bei index-sequentieller Dateiorganisation}
USES Crt;
TYPE
  KundeTyp = RECORD          {Kundensatz als Daten- bzw. Nutzsatz}
               Nr:     Integer;
               Name:   STRING[20];
               Umsatz: Real;
             END;
  IndexTyp = RECORD          {Indexsatz}
               Nr: Integer; {Schlüsselfeld}
               Sn: Integer; {Adreßfeld mit Satznummer}
             END;
VAR
  KundSatz: KundeTyp;
  Fs:  STRING[14];       {Name der Kundendatei}
  Fis: STRING[14];       {Name der Indexdatei}
  F:   FILE OF KundeTyp; {Dateivariable Datendatei}
  Fi:  FILE OF IndexTyp; {Dateivariable Indexdatei}
  IndexSatz: IndexTyp;
```

```
BEGIN
  ClrScr;
  WriteLn('Kundendatei index-sequentiell lesen und zeigen.');
  Write('Name der Kundendatei: '); ReadLn(Fs);
  Write('Name der Indexdatei:  '); ReadLn(FIs);
  Assign(F,Fs);
  Assign(Fi,Fis);
  Reset(F); Reset(Fi);
  WriteLn;
  WHILE NOT Eof(Fi) DO
    BEGIN
      Read(Fi,IndexSatz);         {Sequentieller Zugriff auf Indexdatei}
      Seek(F,IndexSatz.Sn);       {Direktzugriff auf Kundendatei}
      Read(F,KundSatz);
      WITH KundSatz DO
        WriteLn(Nr:6,'  ',Name,'':20-Length(Name),Umsatz:10:2);
    END;
  WriteLn('Ende von Programm IndSeqL.')
END.
```

Ausführung zu Programm IndSeqL (Schritt 2):

```
Kundendatei index-sequentiell lesen und zeigen.
Name der Kundendatei: b:KunDatei.DAT
Name der Indexdatei:  b:KunDat1U.IND

   104  Maucher              295.60
   101  Frei                6500.00
   110  Anita               1018.75
   109  Hildebrandt         4590.05
Ende von Programm IndSeqL.
```

Starr fortlaufendes Lesen (unsortiert)

Ausführung zum Sortierprogramm IndSeqT (Schritt 3):

```
Index nach Kundennummern sortieren.
Name der unsortierten Indexdatei:  b:kunDat1U.IND
Name der sortierten   Indexdatei:  b:KunDat1S.IND
Ein- und Ausgabedatei geöffnet.
4 Sätze aus Indexdatei in Indextabelle IndTab gelesen.
Indextabelle IndTab aufsteigend sortiert.
Indextabelle als (sortierte) Indexdatei gespeichert mit
```

```
Schlüsselfeld (KundNr.):   Adreßfeld (SatzNr):
            101                  1
            104                  0
            109                  3
            110                  2
Ende von Programm IndSeqT.
```

Pascal-Quelltext zum Sortierprogramm IndSeqT:

```
PROGRAM IndSeqT;
  {Sortierprogramm bei index-sequentieller Dateiorganisation}
USES Crt;
TYPE
  IndexTyp = RECORD
               Nr: Integer;            {Schlüsselfeld}
               Sn: Integer;            {Adreßfeld mit Satznummer}
             END;
VAR
  Fi1s:    STRING[14];                 {Name der unsortierten Indexdatei}
  Fi2s:    STRING[14];                 {Name der sortierten Indexdatei}
  Fi1,Fi2: FILE OF IndexTyp;
  N:       Integer;                    {Anzahl der Sätze}
  I:       Integer;
  IndTab:  ARRAY[1..99] OF IndexTyp;   {Indextabelle zur internen Ablage
                                        der Indexdatei}

PROCEDURE Sortieren;                   {'Bubble Sort' als Sortierverfahren}
VAR
  IndexSatz: IndexTyp;
  I,K:       Integer;
  Weiter:    Boolean;
BEGIN
  Weiter := True;
  WHILE Weiter DO
  BEGIN
    Weiter := False;
    FOR K := 1 TO N-1 DO
      IF IndTab[K].NR > IndTab[K+1].Nr
        THEN
          BEGIN
            IndexSatz := IndTab[K]; IndTab[K] := IndTab[K+1];
            IndTab[K+1] := IndexSatz;
            Weiter := True;
          END; {von THEN}
  END; {von WHILE}
 END;  {von Sortieren}
```

```
BEGIN
  ClrScr;
  WriteLn('Index nach Kundennummern sortieren.');
  Write('Name der unsortierten Indexdatei:  '); ReadLn(Fi1s);
  Write('Name der sortierten   Indexdatei:  '); ReadLn(Fi2s);
  Assign(Fi1,Fi1s);
  Assign(Fi2,Fi2s);
  Reset(Fi1); Rewrite(Fi2);
  WriteLn('Ein- und Ausgabedatei geöffnet.');
  N := FileSize(Fi1);
  FOR I := 1 TO N DO
    Read(Fi1,IndTab[I]);
  WriteLn(N,' Sätze aus Indexdatei in Indextabelle IndTab gelesen.');
  Sortieren;
  WriteLn('Indextabelle IndTab aufsteigend sortiert.');
  FOR I := 1 TO N DO
    Write(Fi2,IndTab[I]);
  WriteLn('Indextabelle als (sortierte) Indexdatei gespeichert mit');
  WriteLn('Schlüsselfeld (KundNr.):    Adreßfeld (SatzNr):');
  FOR I := 1 TO N DO
    WriteLn(IndTab[I].Nr:20,IndTab[I].Sn:20);
  Close(Fi1); Close(Fi2);
  WriteLn('Ende von Programm IndSeqT.')
END.
```

Ausführung zum sortierten Lesen über Programm IndSeqL (Schritt 4):

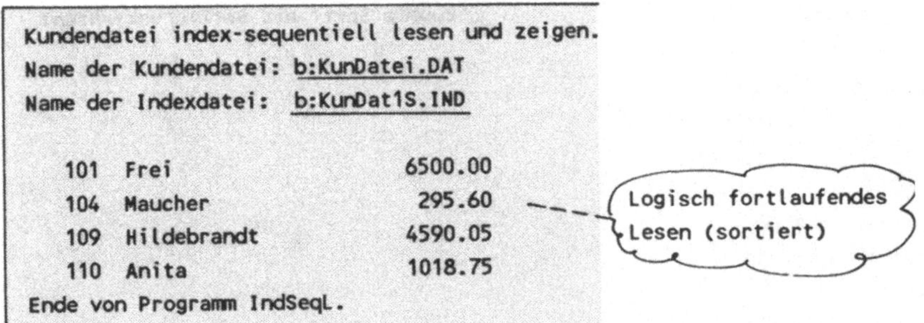

3.10.3 Primärindexdatei und Sekundärindexdateien

Sekundärindexdatei: Die Primärindexdatei bezieht sich auf den Ordnungsbegriff der Nutzdatendatei, hier auf die Kundennummer. Neben der Kundennummer können auch der Kundenname und der Kundenumsatz als Schlüssel zusätzlicher Indexdateien verwendet werden. Man spricht von Sekundärindexdateien.

3

Programmierkurs mit Turbo Pascal

Aufbaukurs

3.1 Set (Menge) als strukturierter Datentyp	19
3.2 Record (Verbund) als strukturierter Datentyp	35
3.3 File (Datei) als strukturierter Datentyp	55
3.4 Pointer (Zeiger) für dynamische Datentypen	85
3.5 Rekursive Abläufe	109
3.6 Programmorganisation	137
3.7 Suchen, Sortieren, Mischen und Gruppieren von Daten	149
3.8 Sequentielle Dateiorganisation	199
3.9 Direktzugriff-Dateiorganisation	216
3.10 Index-sequentielle Dateiorganisation	228
3.11 Stapel und Schlange	237
3.12 Zeigerverkettete Liste	277
3.13 Binärbaum	316
3.14 Gesteuerter Zugriff auf externe Einheiten	383
3.15 Objektorientierte Programmierung (OOP)	451

3.11.1 Stapel als LIFO-Datenstruktur

Stapel als Speicher für dynamisch erzeugte Variablen: Der Stapel (Stack) dient zur Aufbewahrung von Daten. Dabei werden die zuletzt abgelegten Daten als erste wieder gelesen. Der Stapelzeiger bzw. Stackpointer zeigt auf die nächste freie Stelle auf dem Stapel.

Der Stapel als LIFO-Datenstruktur wurde in Abschnitt 3.4.4 allgemein erklärt. Darauf aufbauend werden zwei Stapel-Anwendungen dargestellt:

- *Statische Struktur:* Im Programm StapArr1 wird ein Stapel durch einen Array realisiert, also durch eine statische Datenstruktur (Abschnitt 3.11.1.1).
- *Dynamische Struktur:* In Programm StapZeil wird ein Stapel dynamisch über Zeiger erzeugt (Abschnitt 3.11.1.2).

3.11.1.1 Verwaltung eines Stapels als Array bzw. statische Struktur

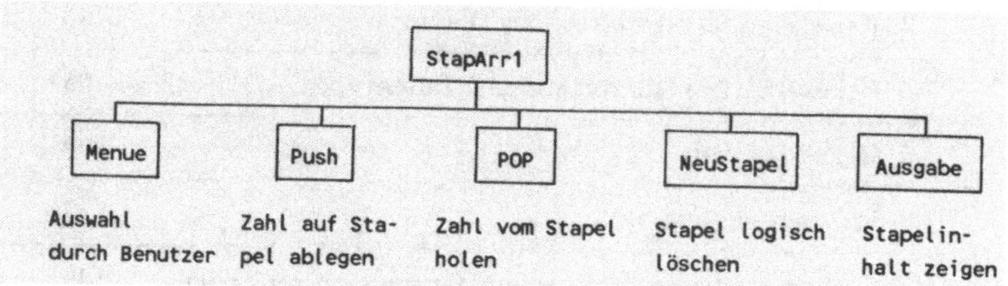

Strukturbaum zu Programm StapArr1

Zum Quelltext von Programm StapArr1:

- Ein Stapel wird durch einen 10-Elemente-Array namens Stapel dargestellt. Dabei wächst der Stapel von hohen zu niedrigen Indexwerten. Der Zeiger namens StapelZeiger wird mit

```
VAR
  StapelZeiger: Integer ABSOLUTE Stapel;
```

  vereinbart, d.h. er beginnt mit der gleichen Speicheradresse wie das erste Element des Arrays Stapel, also wie Stapel[0].
- Der Stapel kann wachsen (Prozedur Push) und schrumpfen (Prozedur POP für Push OPeration); dabei kontrolliert der StapelZeiger die aktuelle Stapelhöhe beim Wachsen bzw. Schrumpfen.

- *Prozedur Push:* Da der Stapel von hohen zu niedrigen Indexwerten wächst, ist bei StapelZeiger=0 der Stapel voll. Das Stapeln erfolgt über eine Wertzuweisung an die Stelle Stapel[StapelZeiger]. Danach wird der StapelZeiger um 1 vermindert, um so auf den nächsten freien Platz zu zeigen.
- *Prozedur POP:* Eine Zahl wird vom Stapel geholt (Umkehrung zu Push).
- *Prozedur NeuStapel:* Zum Löschen wird der Stapel nicht physisch (in Wirklichkeit), sondern nur *logisch gelöscht*: Der StapelZeiger wird auf den Anfang des Stapels gesetzt, also auf den Wert der konstanten StapelHoehe.

Pascal-Quelltext zu Programm StapArr1:

```
PROGRAM StapArr1;
  {Verwaltung eines Stapels (Stack) statisch über einen Array}
USES Crt;
CONST
  StapelHoehe = 10;  {Maximalzahl der zu stapelnden Zahlen}

VAR
  Stapel:       ARRAY[0..StapelHoehe] OF Integer;
  StapelZeiger: Integer ABSOLUTE Stapel;
                {StapelZeiger startet an derselben Adresse wie Stapel,
                d.h. StapelZeiger ist identisch mit Stapel[0] }
  W:            Char;
  I:            Integer;

PROCEDURE Menue;
BEGIN
  ClrScr;
  WriteLn('---------------------------------------');
  WriteLn('  0   Beendigung des Programms');
  WriteLn('  1   Ausgabe des Stapels');
  WriteLn('  2   Neuen Stapel anlegen, alten löschen');
  WriteLn('  3   Element auf den Stapel bringen');
  WriteLn('  4   Element vom Stapel holen');
  WriteLn('---------------------------------------');
  REPEAT
    W := ReadKey; WriteLn(W);
  UNTIL W IN ['0'..'4'];
  WriteLn;
END;
```

```
PROCEDURE Warten;
BEGIN
  WriteLn('/RETURN/ drücken.'); ReadLn;
END;

PROCEDURE Ausgabe;
BEGIN
  WriteLn('Aktueller Inhalt des Stapels: '); Write('Anfang-->');
  FOR I := StapelHoehe DOWNTO StapelZeiger + 1 DO
    Write(' ',Stapel[I]); Write('<-- Ende'); WriteLn;
  Warten;
END;

PROCEDURE NeuStapel;
BEGIN
  StapelZeiger := StapelHoehe;
  WriteLn('Stapel ist geleert.');
  Warten;
END;

PROCEDURE Push;
BEGIN
  IF StapelZeiger = 0
    THEN
      BEGIN
        WriteLn('Stapel ist voll.');
        Warten;
      END
    ELSE
      BEGIN
        Write('Welche Zahl auf den Stapel ablegen? ');
        ReadLn( Stapel[ StapelZeiger]);
        StapelZeiger := StapelZeiger - 1; {zeigt auf nächsten freien Platz}
      END;
END;

PROCEDURE Pop;
BEGIN
  StapelZeiger := StapelZeiger + 1;       {Dieser Platz wird frei}
  IF StapelZeiger = StapelHoehe + 1
    THEN
      BEGIN
        WriteLn('Der Stapel ist leer.');
        StapelZeiger := StapelHoehe;
      END
```

```
      ELSE
        WriteLn( Stapel[ StapelZeiger],' vom Stapel geholt.');
        Ausgabe;
END;

BEGIN
  StapelZeiger := StapelHoehe;
  REPEAT
    Menue;
    CASE W OF
      '1': Ausgabe;
      '2': NeuStapel;
      '3': Push;
      '4': Pop;
    END;
  UNTIL W = '0';
  WriteLn('Ende der Demonstration zum Stapel durch Programm StapArr1.')
END.
```

Zur Ausführung von Programm StapArr1: Die 10 Zahlen 200, 400, ..., 2000 werden auf dem Stapel abgelegt. Dann wird die 2000 vom Stapel abgeholt (Last in - Firt Out) und anschließend die 1800. Nun werden hinter die 1600 die Werte 1655 und 1656 gestapelt. Eine weitere Eingabe lehnt das Programm ab, da nur 10 Zahlen gestapelt werden können (der Stapel wurde ja als statische Struktur vereinbart).

Ausführung zu Programm StapArr1:

```
-----------------------------------------
  0   Beendigung des Programms
  1   Ausgabe des Stapels
  2   Neuen Stapel anlegen, alten löschen
  3   Element auf den Stapel bringen
  4   Element vom Stapel holen
-----------------------------------------
3
Welche Zahl auf den Stapel ablegen? 200
Welche Zahl auf dem Stapel ablegen? 400
....
.... 600, 800, 1000, 1200, 1400, 1600, 1800     -- Eingabe nicht wiedergegeben
...
Welche Zahl auf dem Stapel ablegen? 2000

-----------------------------------------       -- Menü nicht mehr wiedergegeben
1
```

```
Aktueller Inhalt des Stapels:
Anfang--> 200 400 600 800 1000 1200 1400 1600 1800 2000<-- Ende
/RETURN/ drücken.
-----------------------------------------
4
2000 vom Stapel geholt.
Aktueller Inhalt des Stapels:
Anfang--> 200 400 600 800 1000 1200 1400 1600 1800<-- Ende
/RETURN/ drücken.
-----------------------------------------
4
1800 vom Stapel geholt.
Aktueller Inhalt des Stapels:
Anfang--> 200 400 600 800 1000 1200 1400 1600<-- Ende
/RETURN/ drücken.
-----------------------------------------
3
Welche Zahl auf den Stapel ablegen? 1655
-----------------------------------------
3
Welche Zahl auf den Stapel ablegen? 1656
-----------------------------------------
3
Stapel ist voll.
/RETURN/ drücken
-----------------------------------------
1
Aktueller Inhalt des Stapels:
Anfang--> 200 400 600 800 1000 1200 1400 1600 1655 1656<-- Ende
/RETURN/ drücken.
-----------------------------------------
2
Stapel ist geleert.
/RETURN/ drücken.
-----------------------------------------
1
Aktueller Inhalt des Stapels:
Anfang--><-- Ende
/RETURN/ drücken.
-----------------------------------------
0
Ende der Demonstration zum Stapel durch Programm StapArr1.
```

3.11.1.2 Verwaltung eines Stapels dynamisch über Zeiger

Das Programm StapZeil bringt Strings auf einen Stapel (Stack) und entfernt sie dann wieder. Dabei wird der Stack dynamisch erzeugt (vgl. Abschnitt 3.4).

Zur Ausführung von Programm StapZeil:

- Die 12 Namen Tillmann - Gabi werden auf dem Stack abgelegt. Tillmann als erster und Gabi als letzter Name. Ein Zeiger namens Letzter zeigt nun auf das Element Gabi.
- Nun werden sieben Namen entfernt. Da der Stack nach dem LIFO-Prinzip verwaltet wird (vgl. Abschnitt 3.4.4), sind dies die Namen Gabi - Jakob. Letzter zeigt nun auf Severin, da der Stack um sieben Elemente geschrumpft ist.
- Das weitere Vorgehen mit Wachsen und Schrumpfen wird in der Abbildung wiedergegeben.

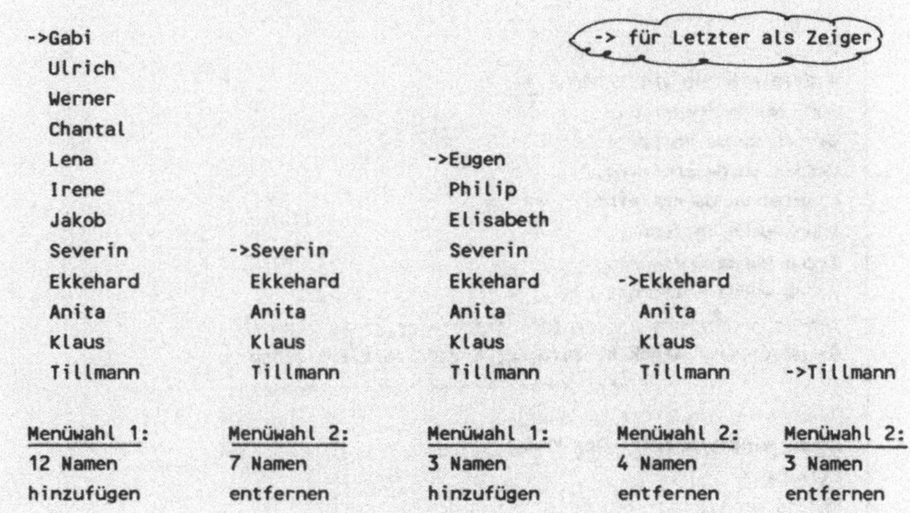

Wachsen und Schrumpfen eines Stapels (Stack) am Beispiel der Ausführung zu Programm StapZeil

Ausführung zu Programm StapZeil:

```
Strings auf einen Stack bringen und wieder entfernen.
-----------------------------------------------------
0=Ende, 1=Auf Stack hinzufügen, 2=Vom Stack entfernen
```

```
-------------------------------------------------------
1
Namen eingeben (/RETURN/=Ende)
Tillmann
Klaus
Anita
Ekkehard
Severin
Jakob
Irene
Lena
Chantal
Werner
Ulrich
Gabi

-------------------------------------------------------
0=Ende, 1=Auf Stack hinzufügen, 2=Vom Stack entfernen
-------------------------------------------------------
2
Wieviele Namen entfernen ? 7
Gabi wurde entfernt.
Ulrich wurde entfernt.
Werner wurde entfernt.
Chantal wurde entfernt.
Lena wurde entfernt.
Irene wurde entfernt.
Jakob wurde entfernt.
-------------------------------------------------------
0=Ende, 1=Auf Stack hinzufügen, 2=Vom Stack entfernen
-------------------------------------------------------
1
Namen eingeben (/RETURN/=Ende)
Elisabeth
Philip
Eugen

-------------------------------------------------------
0=Ende, 1=Auf Stack hinzufügen, 2=Vom Stack entfernen
-------------------------------------------------------
2
Wieviele Namen entfernen ? 4
Eugen wurde entfernt.
Philip wurde entfernt.
Elisabeth wurde entfernt.
```

```
Severin wurde entfernt.
-----------------------------------------------------
0=Ende, 1=Auf Stack hinzufügen, 2=Vom Stack entfernen
-----------------------------------------------------
2
Wieviele Namen entfernen ? 3
Ekkehard wurde entfernt.
Anita wurde entfernt.
Klaus wurde entfernt.
-----------------------------------------------------
0=Ende, 1=Auf Stack hinzufügen, 2=Vom Stack entfernen
-----------------------------------------------------
2
Wieviele Namen entfernen ? 2
Tillmann wurde entfernt.
Der Stack ist nun leer.
-----------------------------------------------------
0=Ende, 1=Auf Stack hinzufügen, 2=Vom Stack entfernen
-----------------------------------------------------
2
Wieviele Namen entfernen ? 3
Der Stack ist nun leer.
-----------------------------------------------------
0=Ende, 1=Auf Stack hinzufügen, 2=Vom Stack entfernen
-----------------------------------------------------
0
Ende des Programmes StapZei1.
```

Zum Pascal-Quelltext von Programm StapZeil:

- Die Bezugsvariable Satz ist als Verbund vereinbart mit einem Namen als *Informationsteil (Nutzdatenteil)* und einem Zeiger als *Zeigerteil.*
- Der Zeiger namens Letzter weist immer auf den zuletzt eingegebenen Namen.
- Mit der Zuweisung Letzter:=Nil wird zu Beginn ein leerer Stack erzeugt. Der zuerst eingegebene Name hat somit den Vorgänger Nil.
- *Prozedur Hinzufuegen:* Mit P:=Letzter wird der letzte Name sichergestellt, damit Letzter zur Erzeugung einer neuen dynamischen Variablen frei wird, d.h. damit New(Letzter) aufgerufen werden kann. Über Letzter^.Voriger:=P wird sodann die Verkettung zum vorletzten Namen hergestellt.
- *Prozedur Entfernen:* Über den Aufruf Dispose(Letzter) wird der letzte Name im Speicher freigegeben. Dispose setzt nur den durch

Letzter adressierten Speicherplatz frei, nicht aber wie Mark/Release den darunterliegenden Speicherplatz. Nach dem Aufruf von Dispose wird mit Letzter:=Letzter^.Voriger der Zeiger korrigiert bzw. um ein Stackelement zurückgesetzt.

1. Ausgangszustand: Zeiger Letzter weist auf den letzten Namen

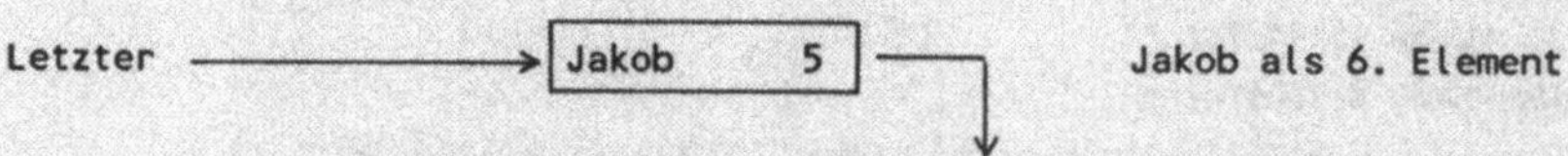

2. Zeiger Letzter frei machen zur Erzeugung eines neuen Elements:

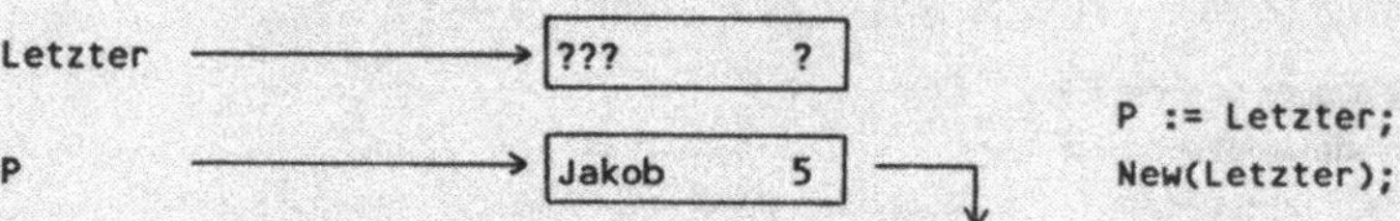

3. Zeigerverkettung zum Vorgänger und Namenseintrag:

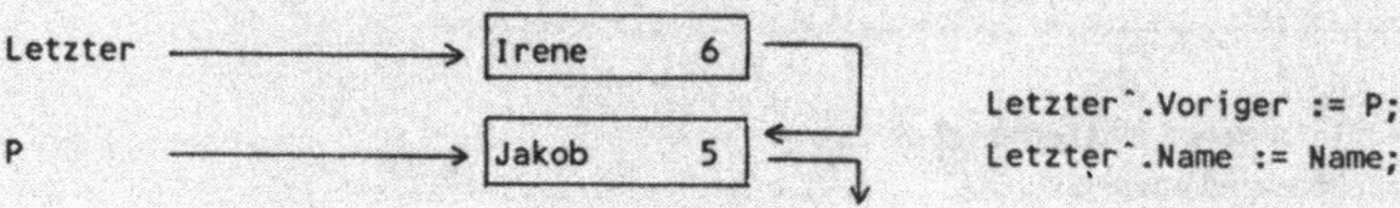

Beispiel zu Programm StapZeil: Irene als 7. Name auf den Stack hinzufügen

Pascal-Quelltext zu Programm StapZeil:

```
PROGRAM StapZeil;
  {Strings auf einem Stack stapeln durch Verwendung von Zeigern}
USES Crt;
TYPE
  ZeigerTyp = ^SatzTyp;                  {Zeiger auf SatzTyp}
  SatzTyp   = RECORD
                Name:    STRING[20];
                Voriger: ZeigerTyp;
              END;
VAR
  Letzter: ZeigerTyp;                  {zeigt stets auf die letzte Eingabe}
  W:       Char;

PROCEDURE HinzuFuegen;
VAR
  P:    ZeigerTyp;                     {Hilfszeiger zur Verkettung}
```

```
    Name: STRING[20];
  BEGIN
    WriteLn('Namen eingeben (/RETURN/=Ende)');
    ReadLn(Name);
    WHILE Name <> '' DO
      BEGIN
        P := Letzter;                 {Zeiger Letzter in P sicherstellen}
        New(Letzter);                 {Neues Element auf Stack erzeugen}
        Letzter^.Voriger := P;        {Zeiger-Verkettung zum Vorgänger}
        Letzter^.Name := Name;        {Name speichern}
        ReadLn(Name);
      END;
  END;

  PROCEDURE Entfernen;
  VAR
    Z: Integer;
  BEGIN
    Write('Wieviele Namen entfernen ? '); ReadLn(Z);
    WHILE (Z > 0) AND (Letzter <> NIL) DO
      BEGIN
        WriteLn(Letzter^.Name,' wurde entfernt.');
        Dispose(Letzter);              {Letztes Stapelelement freigeben}
        Letzter := Letzter^.Voriger;   {Zeiger um 1 zurücksetzen}
        Z := Z - 1;
      END;
    IF Letzter = NIL THEN WriteLn('Der Stack ist nun leer.');
  END;

  PROCEDURE Menue;
  BEGIN
    WriteLn('--------------------------------------------------------');
    WriteLn('0=Ende, 1=Auf Stack hinzufügen, 2=Vom Stack entfernen');
    WriteLn('--------------------------------------------------------');
    REPEAT
      W := ReadKey; WriteLn(W)
    UNTIL W IN ['0'..'2'];
  END;

  BEGIN
    ClrScr;
    WriteLn('Strings auf einen Stack bringen und wieder entfernen.');
    Letzter := NIL;
    REPEAT
      Menue;
```

```
    CASE W OF
      '1': HinzuFuegen;
      '2': Entfernen;
    END;
  UNTIL W = '0';
  WriteLn('Ende des Programmes StapZei1.')
END.
```

3.11.2 Schlange als FIFO-Datenstruktur

3.11.2.1 Verwaltung einer Schlange als Array bzw. statische Struktur

Schlange als FIFO.Struktur in Programm SchlArr1: Bei einer Schlange gilt das Prinzip "... wer zuerst kommt, malt zuerst" (vgl. Abschnitt 3.4.5). Im Programm SchlArr1 wird eine Schlange als Array dargestellt.

- Ein Array namens Schl wird mit 10 Elementen vereinbart:
  ```
  VAR Schl: ARRAY[1..10] OF STRING[15];
  ```

- *Prozedur Anhaengen:* Die Strings werden stets ans Ende der Schlange angehängt. Eine Variable Ende zeigt auf den nächsten freien Speicherplatz. Problem der Speicherplatzbegrenzung der statischen Datenstruktur: In der Anhaengen werden nur 10-Ende+1 Strings angehängt.

- *Prozedur Entfernen:* Die Strings werden stets vonm Anfang her weggenommen. In der Prozedur Entfernen beginnt die Entnahmeschleife deshalb mit dem Anfangswert I:=1. Zum Entfernen von N Elementen wird die Schlange um N Arrayelemente vorgeschoben:
  ```
  FOR I := N+1 TO Ende-1 DO
    Schl[I-N] := Schl[I];
  ```

- Zwei Zugänge: Auf die Elemente der Schlange wird an zwei Positionen zugegriffen: an der Ende-Position (Prozedur Anhaengen) und an der Anfangs-Position (Prozedur Entfernen).

Pascal-Quelltext zu Programm SchlArr1:

```
PROGRAM SchlArr1;
  {Verwaltung einer Schlange (Queue) über einen Array}
USES Crt;
```

```
CONST
  SchlangenLaenge = 10;

VAR
  Schl: ARRAY[1..SchlangenLaenge] OF STRING[15];
  W:    Char;
  Ende,                         {zeigt auf Ende der Schlange}
  I,N: Integer;

PROCEDURE Zeigen;
BEGIN
  WriteLn('Schlange mit ',Ende-1,' Elementen:');
  FOR I := 1 TO Ende-1 DO
    Write(Schl[I],' ');
  WriteLn;
END;

PROCEDURE Anhaengen;
BEGIN
  Write('Wieviele Namen an die Schlange anhängen? '); ReadLn(N);
  IF SchlangenLaenge-Ende+1 < N
    THEN
      BEGIN
        WriteLn('Nur noch ',SchlangenLaenge-Ende+1,' Plätze frei.');
        N := SchlangenLaenge-Ende+1;
      END;
  WriteLn('Nun ',N,' Namen eingeben:');
  FOR I := 1 TO N DO
    BEGIN
      ReadLn( Schl[ Ende]);
      Ende := Ende + 1;
    END; {von FOR I}
END;

PROCEDURE Entfernen;
BEGIN
  Write('Wieviele Namen von der Schlange entfernen? '); ReadLn(N);
  WriteLn('Folgende Namen wurden entfernt:');
  IF N >= Ende THEN N := Ende - 1;
  FOR I := 1 TO N DO
    WriteLn( Schl[I] );
  FOR I := N + 1 TO Ende - 1 DO
    Schl[I-N] := Schl[I];          {Um N Schritte vorrücken}
  Ende := Ende-N;
END;
```

```
PROCEDURE Menue;
BEGIN
  WriteLn('----------------------------------------------------------------');
  WriteLn('0=Ende, 1=Zeigen, 2=An Schlange hängen, 3=Von Schlange entfernen');
  WriteLn('----------------------------------------------------------------');
  REPEAT
    W := ReadKey; WriteLn(W);
  UNTIL W IN ['0'..'3'];
END;

BEGIN
  ClrScr;
  WriteLn('Strings (z.B. Namen) in einer Schlange ablegen bzw. entfernen');
  Ende := 1;                    {Nächster freier Platz in der Schlange}
  REPEAT
    Menue;
    CASE W OF
      '1': Zeigen;
      '2': Anhaengen;
      '3': Entfernen;
    END; {von CASE}
  UNTIL W = '0';
  WriteLn('Ende der Demonstration zur Struktur der "Schlange".');
  WriteLn('Ende von Programm SchlArr1.')
END.
```

Ausführung zu Programm SchlArr1:

```
Strings (z.B. Namen) in einer Schlange ablegen bzw. entfernen
----------------------------------------------------------------
0=Ende, 1=Zeigen, 2=An Schlange hängen, 3=Von Schlange entfernen
----------------------------------------------------------------
1
Schlange mit 0 Elementen:

----------------------------------------------------------------
0=Ende, 1=Zeigen, 2=An Schlange hängen, 3=Von Schlange entfernen
----------------------------------------------------------------
2
Wieviele Namen an die Schlange anhängen? 5
Nun 5 Namen eingeben:
Schuster
Weber
Zimmermann
```

```
Schmied
Schreiner
-------------------------------------------------------------
0=Ende, 1=Zeigen, 2=An Schlange hängen, 3=Von Schlange entfernen
-------------------------------------------------------------
1
Schlange mit 5 Elementen:
Schuster Weber Zimmermann Schmied  Schreiner
-------------------------------------------------------------
0=Ende, 1=Zeigen, 2=An Schlange hängen, 3=Von Schlange entfernen
-------------------------------------------------------------
3
Wieviele Namen von der Schlange entfernen? 2
Folgende Namen wurden entfernt:
Schuster
Weber
-------------------------------------------------------------
0=Ende, 1=Zeigen, 2=An Schlange hängen, 3=Von Schlange entfernen
-------------------------------------------------------------
2
Wieviele Namen an die Schlange anhängen? 4
Nun 4 Namen eingeben:
Sattler
Maurer
Glaser
Bauer
-------------------------------------------------------------
0=Ende, 1=Zeigen, 2=An Schlange hängen, 3=Von Schlange entfernen
-------------------------------------------------------------
1
Schlange mit 7 Elementen:
Zimmermann Schmied  Schreiner Sattler Maurer Glaser Bauer
-------------------------------------------------------------
0=Ende, 1=Zeigen, 2=An Schlange hängen, 3=Von Schlange entfernen
-------------------------------------------------------------
3
Wieviele Namen von der Schlange entfernen? 5
Folgende Namen wurden entfernt:
Zimmermann
Schmied
Schreiner
Sattler
Maurer
-------------------------------------------------------------
0=Ende, 1=Zeigen, 2=An Schlange hängen, 3=Von Schlange entfernen
```

```
---------------------------------------------------------------
1
Schlange mit 2 Elementen:
Glaser Bauer
---------------------------------------------------------------
0=Ende, 1=Zeigen, 2=An Schlange hängen, 3=Von Schlange entfernen
---------------------------------------------------------------
3
Wieviele Namen von der Schlange entfernen? 3
Folgende Namen wurden entfernt:
Glaser
Bauer
---------------------------------------------------------------
0=Ende, 1=Zeigen, 2=An Schlange hängen, 3=Von Schlange entfernen
---------------------------------------------------------------
1
Schlange mit 0 Elementen:
---------------------------------------------------------------
0=Ende, 1=Zeigen, 2=An Schlange hängen, 3=Von Schlange entfernen
---------------------------------------------------------------
0
Ende der Demonstration zur Struktur der "Schlange".
Ende von Programm SchlArr1.
```

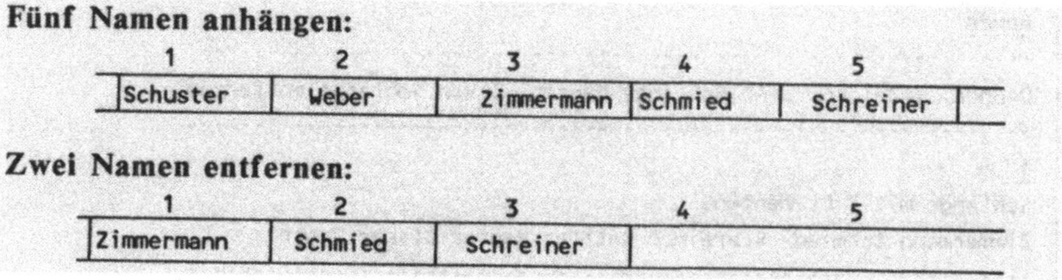

Fünf Namen anhängen:

1	2	3	4	5
Schuster	Weber	Zimmermann	Schmied	Schreiner

Zwei Namen entfernen:

1	2	3	4	5
Zimmermann	Schmied	Schreiner		

Schlange als LIFO-Datenstruktur anhand Programm SchlArr1

3.11.2.2 Verwaltung einer Ringschlange als Array

Ende der Schlange zeigt auf Anfang: Bei einer Schlange bewegen sich der Anfang (beim Entfernen) und das Ende (beim Anhaengen). Aus diesem Grunde ist es sinnvoll, eine Schlange ringförmig als Ringschlange darzustellen, indem man das Ende wieder auf den Anfang der Schlange zeigen läßt. In Programm RingArr1 wird eine Ringschlange mit N=10 Elementen als (statischer) Array Arr verarbeitet.

- Der Index von Array Schl wird modulo der Arraylänge angegeben, damit als Indizes nur die Zahlen 0..Laenge auftauchen (I MOD Laenge ergibt 1 für I=11,21,31,41,... und Laenge=10).
- Die Werte für die Zeiger Anfang (erstes Element) und Ende (erstes freies Element) werden immer größer.
- In der wiedergegebenen Ausführung zu Programm RingArry erscheinen diese beiden Zeigerwerte unter "Status der Schlange".
- Für Ende=Anfang+Laenge ist der Array Schl voll.
- Die Anzahl der freien Elemente ist Anfang+Laenge-Ende.
- Für Anfang=Ende ist die Schlange leer.
- Das Programm funktioniert nur, solange MaxInt nicht überschritten wird.

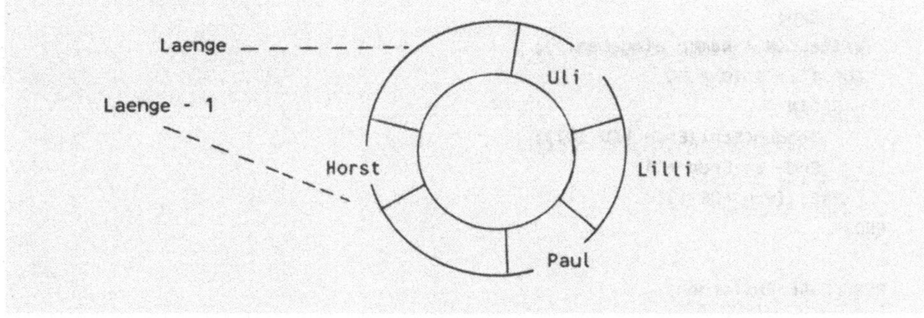

Array Schl mit Laenge=10 Elementen als Ringschlange (Programm RingArr1)

Pascal-Quelltext zu Programm RingArr1:

```
PROGRAM RingArr1;
  {Verwaltung einer Ringschlange über einen Array}
USES Crt;
CONST
  Laenge = 10;                               {Länge der Ringschlange}
VAR
  Schl:        ARRAY[0..10] OF STRING[15];  {Ringschlange als Array}
  W:           Char;
  Anfang,Ende,                            {1. und letzter Platz in der Schlange}
  I,N:         Integer;
  Frei:        Integer;                   {Anzahl der noch freien Stellen in
Schl}

PROCEDURE Zeigen;
BEGIN
  FOR I := Anfang TO Ende - 1 DO
```

```
      Write( Schl[ I MOD Laenge], ' ');
    WriteLn;
  END;

  PROCEDURE Anhaengen;
  BEGIN
    Frei := Anfang+Laenge-Ende;              {Anzahl der noch freien Stellen}
    Write('Wieviele Namen anhängen? '); ReadLn(N);
    IF Frei < N
      THEN
        BEGIN
          WriteLn('Es sind nur noch ',Frei,' Plätze frei.');
          N := Frei;
        END;
    WriteLn(N,' Namen eingeben:');
    FOR I := 1 TO N DO
      BEGIN
        ReadLn(Schl[Ende MOD 10]);
        Ende := Ende + 1;
      END; {von FOR I}
  END;

  PROCEDURE Entfernen;
  BEGIN
    Write('Wieviele Namen entfernen ? '); ReadLn(N);
    WriteLn('Folgende Namen wurden entfernt:');
    IF N > Ende - Anfang THEN N := Ende - Anfang;
    FOR I := Anfang TO Anfang + N -1 DO
      WriteLn(Schl[I MOD 10]);
    Anfang := Anfang + N;
  END;

  PROCEDURE Menue;
  BEGIN
    WriteLn('-----------------------------------------');
    WriteLn('0=Ende, 1=Zeigen, 2=Anhängen, 3=Entfernen');
    WriteLn('-----------------------------------------');
    REPEAT
      W := ReadKey; WriteLn(W);
    UNTIL W IN ['0'..'3'];
  END;

  BEGIN
    ClrScr;
    WriteLn('Strings in eine Ringschlange eingeben bzw. entfernen.');
```

```
    Anfang := 0; Ende := 0;
    REPEAT
      WriteLn('Status der Schlange: Anfang = ',Anfang,' , Ende = ',Ende);
      Menue;
      CASE W OF
        '1': Zeigen;
        '2': Anhaengen;
        '3': Entfernen;
      END; {von CASE}
    UNTIL W = '0';
    WriteLn('Ende des Programms zur Struktur "Ringschlange".');
    WriteLn('Ende von Programm RingArr1.')
  END.
```

Ausführung zu Programm RingArr1:

```
Strings in eine Ringschlange eingeben bzw. entfernen.
Status der Schlange: Anfang = 0 , Ende = 0
----------------------------------------
0=Ende, 1=Zeigen, 2=Anhängen, 3=Entfernen
----------------------------------------
2
Wieviele Namen anhängen? 12
Es sind nur noch 10 Plätze frei.
10 Namen eingeben:
Uli
Lilli
Paul
Udo
Eva
Mia
Rita
Elli
Max
Horst
Status der Schlange: Anfang = 0 , Ende = 10
----------------------------------------
0=Ende, 1=Zeigen, 2=Anhängen, 3=Entfernen
----------------------------------------
1
Uli Lilli Paul Udo Eva Mia Rita Elli Max Horst
Status der Schlange: Anfang = 0 , Ende = 10
----------------------------------------
0=Ende, 1=Zeigen, 2=Anhängen, 3=Entfernen
----------------------------------------
```

```
6
3
Wieviele Namen entfernen ? 7
Folgende Namen wurden entfernt:
Uli
Lilli
Paul
Udo
Eva
Mia
Rita
Status der Schlange: Anfang = 7 , Ende = 10
------------------------------------------
0=Ende, 1=Zeigen, 2=Anhängen, 3=Entfernen
------------------------------------------
2
Wieviele Namen anhängen? 8
Es sind nur noch 7 Plätze frei.
7 Namen eingeben:
Peter
Chris
Hans
Ulla
Lisa
Petra
Paul
Status der Schlange: Anfang = 7 , Ende = 17
------------------------------------------
0=Ende, 1=Zeigen, 2=Anhängen, 3=Entfernen
------------------------------------------
3
Wieviele Namen entfernen ? 9
Folgende Namen wurden entfernt:
Elli
Max
Horst
Peter
Chris
Hans
Ulla
Lisa
Petra
Status der Schlange: Anfang = 16 , Ende = 17
------------------------------------------
0=Ende, 1=Zeigen, 2=Anhängen, 3=Entfernen
```

```
----------------------------------------
2
Wieviele Namen anhängen? 3
3 Namen eingeben:
Luc
Luzie
Robert
Status der Schlange: Anfang = 16 , Ende = 20
----------------------------------------
0=Ende, 1=Zeigen, 2=Anhängen, 3=Entfernen
----------------------------------------
1
Paul Luc Luzie Robert
Status der Schlange: Anfang = 16 , Ende = 20
----------------------------------------
0=Ende, 1=Zeigen, 2=Anhängen, 3=Entfernen
----------------------------------------
0
Ende des Programms zur Struktur "Ringschlange".
Ende von Programm RingArr1.
```

3.11.2.3 Verwaltung einer Ringschlange über Zeiger mit Release

Problemstellung zu Programm RingZei1: Eine Ringschlange über Zeiger leer erzeugen, verlängern und verkürzen.

- Eine Schlange liegt vor, da neue Elemente an das Ende angehängt werden (Prozedur Anhaengen) und zu löschende Elemente vom Anfang her entfernt werden (Prozedur Entfernen).
- Der Zeiger Erster zeigt auf das erste Element der Schlange (auch als Anker bezeichnet) und Letzter auf das letzte Element.
- Start markiert die konstante Startadresse des Stacks und wird verwendet, um den Stack mittels Mark und release zu löschen.

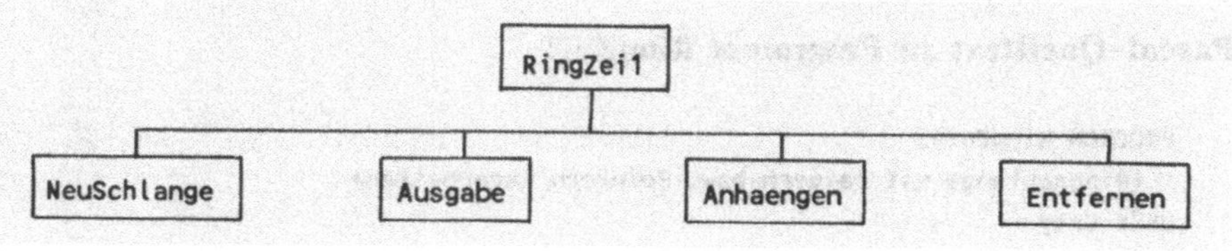

Zur Prozedur NeuSchlange:

- Mit Release(Start) wird der gesamte Stack gelöscht und alle Zeigeradressen auf dem Stack freigegeben.
- Die Zeigerzuweisung Erster:=Nil bedeutet, daß die Schlange noch nicht existiert bzw. leer ist: Der Anker Erster zeigt auf nichts.
- Nach dem Abschließen der Namenseingabe durch Return wird mit P^.Folger:=Start die Adresse, auf die der Zeiger Start verweist, dem Zeigerteil P^.Folger des Records zugewiesen; damit zeigt das letzte Element der Schlange auf den Anfang (nicht auf den Anker). Es wird eine Ringschlange gebildet.

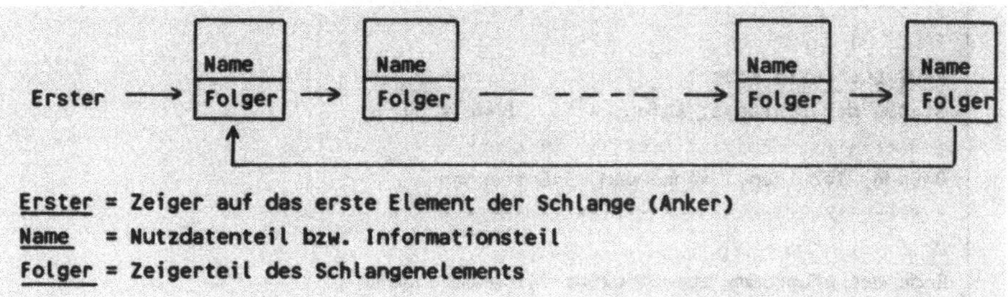

Ringschlange am Beispiel des Programms RingZeil

Zur Prozedur Anhaengen:

- Mit Letzter^.Folger:=Erster wird der Ringschluß vorgenommen, wobei Erster den Anker der Schlange markiert.
- Ist der Nachfolger von Letzter^ gleich Erster^, muß ein neues Element erzeugt und dazwischen geschoben werden.

Zur Prozedur Entfernen:

- Mit Erster:=Erster^.Folger entfernt man Elemente am Anfang der Schlange dadurch, daß Erster als Anker weitergerückt wird.
- Ist Erster=Letzter erfüllt, so besitzt die Schange nur noch ein Element.
- Ist auch dieses zu entfernen, kann der durch die Schlange belegte Speicherplatz über Release (Start) komplett freigegeben werden. Im Gegensatz zu Erster blieb der Zeiger Start ja unverändert stehen.

Pascal-Quelltext zu Programm RingZeil:

```
PROGRAM RingZeil;
  {Ringschlange mit Zeigern bzw. Pointern verarbeiten}
USES Crt;
TYPE
  ZeigerTyp = ^SatzTyp;
  SatzTyp   = RECORD
```

```
              Name:   STRING[20];
              Folger: ZeigerTyp;
            END;
VAR
  Erster,Letzter,Start: ZeigerTyp;
  W:                    Char;

PROCEDURE Menue;
BEGIN
  WriteLn('--------------------------------------------');
  WriteLn('0 = Ende');
  WriteLn('1 = Erzeugen einer neuen leeren Ringschlange');
  WriteLn('2 = Ausgeben der Schlange');
  WriteLn('3 = Anhängen von Schlangenelementen hinten');
  WriteLn('4 = Entfernen von Elementen vorne');
  WriteLn('--------------------------------------------');
  REPEAT
    Write('Wahl 0-4? '); W := ReadKey; WriteLn(W);
  UNTIL W IN ['0'..'4']
END;

PROCEDURE Ausgabe;
VAR
  P: ZeigerTyp;
BEGIN
  P := Erster;
  IF P <> NIL
    THEN
      IF Erster = Letzter
        THEN
          WriteLn(P^.Name)
        ELSE
          BEGIN
            REPEAT
              WriteLn(P^.Name);
              P := P^.Folger;
            UNTIL P = Letzter;
            WriteLn(P^.Name);
          END
    ELSE WriteLn('Die Ringschlange ist leer.');
END;

PROCEDURE NeuSchlange;
VAR
  Name: STRING[20];
```

```
    P: ZeigerTyp;
  BEGIN
    Release(Start);
    WriteLn('Namen eingeben (/RETURN/ für Ende):');
    ReadLn(Name);
    IF Name <> ''
      THEN
        BEGIN
          New(P); Erster := P;
        END
      ELSE
        Erster := NIL;          {Anker der Schlange zeigt auf sich selbst}
    WHILE Name <> '' DO
      BEGIN
        P^.Name := Name;
        ReadLn(Name);
        IF NAME <> ''
          THEN
            BEGIN
              New(P^.Folger); P := P^.Folger;
            END
          ELSE
            P^.Folger := Start;  {Ringschluß durchführen}
      END; {von WHILE}
    Letzter := P;
  END;

PROCEDURE Entfernen;
LABEL E;
VAR
  Z: Integer;
BEGIN
  IF Erster = NIL
    THEN
      BEGIN
        WriteLn('Die Schlange ist leer.'); GOTO E;
      END;
  Write('Wieviele Namen vom Anfang der Schlange entfernen? '); ReadLn(Z);
  WHILE (Erster <> Letzter) AND (Z > 1) DO
    BEGIN
      WriteLn(Erster^.Name,' entfernt.');
      Ersten := Erster^.Folger; Z := Z-1;
    END;
  WriteLn(Erster^.Name,' entfernt.');
```

```
    IF Ersten = Letzter
      THEN
        BEGIN
          Release(Start); Erster := NIL;
          WriteLn('Die Schlange ist nun gelöscht.');
        END
      ELSE
        Erster := Erster^.Folger;
  E:END;

  PROCEDURE Anhaengen;
  VAR
    Name: STRING[20];
  BEGIN
    IF Erster = NIL
      THEN NeuSchlange
      ELSE
        BEGIN
          WriteLn('Namen eingeben (/RETURN/ für Ende):');
          REPEAT
            ReadLn(Name);
            WHILE Name <> '' DO
              BEGIN
                IF Letzter^.Folger = Erster
                  THEN                                {neues Element einfügen}
                    BEGIN
                      New(Letzter^.Folger);
                      Letzter := Letzter^.Folger;
                      Letzter^.Folger := Erster;      {Ring wieder schließen}
                    END
                  ELSE
                    Letzter := Letzter^.Folger;
                Letzter^.Name := Name;
                ReadLn(Name);
              END;  {von WHILE}
          UNTIL Name = '';
        END;
  END;

  BEGIN
    ClrScr;
    WriteLn('Eine Ringschlange dynamisch über Zeiger verwalten.');
    Mark(Start);
    Erster := NIL;
```

```
    REPEAT
      Menue;
      CASE W OF
        '1': NeuSchlange;
        '2': Ausgabe;
        '3': Anhaengen;
        '4': Entfernen;
      END; {von CASE}
    UNTIL W = '0';
    WriteLn('Ende der Demonstration einer Ringschlange.');
    Writeln('Ende von Programm RingZei1.')
  END.
```

Ausführung zu Programm RingZei1:

```
Eine Ringschlange dynamisch über Zeiger verwalten.
--------------------------------------------
0 = Ende
1 = Erzeugen einer neuen leeren Ringschlange
2 = Ausgeben der Schlange
3 = Anhängen von Schlangenelementen hinten
4 = Entfernen von Elementen vorne
--------------------------------------------
Wahl 0-4? 1
Namen eingeben (/RETURN/ für Ende):
Linde
Akazie
Buche
Weide
Eiche
Douglastanne
Fichte
--------------------------------------------
Wahl 0-4? 3
Namen eingeben (/RETURN/ für Ende):
Rottanne
Hainbuche
Kiefer
--------------------------------------------
Wahl 0-4? 2
Linde
Akazie
Buche
Weide
Eiche
```

Menü nur einmal wiedergegeben

```
Douglastanne
Fichte
Rottanne
Hainbuche
Kiefer
-------------------------------------------
Wahl 0-4? 4
Wieviele Namen vom Anfang der Schlange entfernen? 9
Linde entfernt.
Akazie entfernt.
Buche entfernt.
Weide entfernt.
Eiche entfernt.
Douglastanne entfernt.
Fichte entfernt.
Rottanne entfernt.
Hainbuche entfernt.
-------------------------------------------
Wahl 0-4? 2
Kiefer
-------------------------------------------
Wahl 0-4? 4
Wieviele Namen vom Anfang der Schlange entfernen? 1
Kiefer entfernt.
Die Schlange ist nun gelöscht.
-------------------------------------------
Wahl 0-4? 0
Ende der Demonstration einer Ringschlange.
Ende von Programm RingZei1.
```

3.11.2.4 Verwaltung einer Schlange über Zeiger mit Dispose

Problemstellung zu Programm SchlZei1: Eine Schlange ohne Ringschluß als dynamische Struktur verwalten.

- Im Gegensatz zu Programm RingZei (Abschnitt 3.11.2.3) wird in Programm SchlZei1 das letzte Element nicht mehr mit dem ersten Element verkettet, Letzter^.Folger ist unbestimmt. Damit liegt keine Ringschlange mehr vor.
- Anstelle vom Mark und Release wird die Prozedur Dispose verwendet, um nicht mehr benötigte Variablen *gezielt* vom Heap zu entfernen.

- Um den jeweils freien Speicherplatz anzuzeigen, ist die Prozedur Ma (für MemAvail) vorgesehen.

Pascal-Quelltext zu Programm SchlZeil:

```
PROGRAM SchlZei1;
  {Schlange mit Zeigern und Dispose verarbeiten}
USES Crt;
TYPE
  ZeigerTyp = ^SatzTyp;
  SatzTyp   = RECORD
                Name:   STRING[20];
                Folger: ZeigerTyp;
              END;
VAR
  Erster,Letzter: ZeigerTyp;
  W:              Char;

PROCEDURE Ma;              {Zur Protokollierung des Speicherplatzes}
BEGIN
  WriteLn('** MemAvail = ',MemAvail:5);
END;

PROCEDURE Menue;
BEGIN
  WriteLn('** 0 = Ende, 1 = Neue Schlange, 2 = Ausgabe der Schlange     **');
  WriteLn('** 3 = Anhängen von Elementen, 4 = Entfernen von Elementen **');
  REPEAT W := ReadKey; WriteLn(W); UNTIL W IN ['0'..'4']
END;

PROCEDURE Ausgabe;
VAR
  P: ZeigerTyp;
BEGIN
  P := Erster;
  IF P <> NIL
    THEN
      IF Erster = Letzter
        THEN
          WriteLn(P^.Name)
        ELSE
          BEGIN
            REPEAT
              WriteLn(P^.Name);
              P := P^.Folger;
```

```
           UNTIL P = Letzter;
           WriteLn(P^.Name);
         END
  ELSE WriteLn('Die Schlange ist leer.');
  Ma;
END;

PROCEDURE NeuSchlange;
VAR
  Name: STRING[20];
  P:    ZeigerTyp;
BEGIN
  Ma;
  WriteLn('Namen eingeben (/RETURN/ für Ende):');
  ReadLn(Name);
  IF Name <> ''
    THEN
      BEGIN
        New(P); Erster := P;
        Ma;
      END
    ELSE
      Erster := NIL;
  WHILE Name <> '' DO
    BEGIN
      P^.Name := Name;
      ReadLn(Name);
      IF Name <> ''
        THEN
          BEGIN
            New(P^.Folger); P := P^.Folger;
            Ma;
          END
    END; {von WHILE}
  Letzter := P;
END;

PROCEDURE Entfernen;
LABEL E;
VAR
  Z: Integer;
BEGIN
  Ma;
  IF Erster = NIL
    THEN
```

```
        BEGIN
          WriteLn('Die Schlange ist leer.'); GOTO E;
        END;
    Write('Wieviele Namen vom Anfang der Schlange entfernen? '); ReadLn(Z);
    WHILE (Erster <> Letzter) AND (Z > 1) DO
      BEGIN
        WriteLn(Erster^.Name,' entfernt');
        Dispose(Erster);      {Erster^ existiert noch bis anderweitig belegt}
        Ma;
        Erster := Erster^.Folger; Z := Z-1;
      END;
    WriteLn(Erster^.Name,' entfernt.');
    Dispose(Erster);
    Ma;
    IF Erster = Letzter
      THEN
        BEGIN
          Erster := NIL; WriteLn('Die Schlange ist nun gelöscht.');
        END
      ELSE
        Erster := Erster^.Folger;
  E:END;

  PROCEDURE Anhaengen;
  VAR
    Name: STRING[20];
  BEGIN
    Ma;
    IF Erster = NIL
      THEN NeuSchlange
      ELSE
        BEGIN
          WriteLn('Namen eingeben (/RETURN/ für Ende):');
          REPEAT
            ReadLn(Name);
            WHILE Name <> '' DO
              BEGIN
                New(Letzter^.Folger);
                Ma;
                Letzter := Letzter^.Folger;
                Letzter^.Name := Name;
                ReadLn(Name);
              END;  {von WHILE}
          UNTIL Name = '';
        END;
```

```
END;

BEGIN
  ClrScr;
  WriteLn('Eine Schlange dynamisch über Zeiger verwalten.');
  Ma;
  Erster := NIL;
  REPEAT
    Menue;
    CASE W OF
      '1': NeuSchlange;
      '2': Ausgabe;
      '3': Anhaengen;
      '4': Entfernen;
    END; {von CASE}
  UNTIL W = '0';
  WriteLn('Ende von Programm SchlZeil zur Schlange.')
END.
```

Ausführung zu Programm SchlZeil:

```
Eine Schlange dynamisch über Zeiger verwalten.
** MemAvail = 72720
** 0 = Ende, 1 = Neue Schlange, 2 = Ausgabe der Schlange    **
** 3 = Anhängen von Elementen, 4 = Entfernen von Elementen **
3
** MemAvail = 72720
** MemAvail = 72720
Namen eingeben (/RETURN/ für Ende):
Colmar
** MemAvail = 72695
Wissembourg
** MemAvail = 72670
Tübingen
** MemAvail = 72645
Heidelberg
** MemAvail = 72620
Mannheim
** MemAvail = 72595

** 0 = Ende, 1 = Neue Schlange, 2 = Ausgabe der Schlange    **
** 3 = Anhängen von Elementen, 4 = Entfernen von Elementen **
2
Colmar
Wissembourg
```

```
Tübingen
Heidelberg
Mannheim
** MemAvail = 72595
** 0 = Ende, 1 = Neue Schlange, 2 = Ausgabe der Schlange    **
** 3 = Anhängen von Elementen, 4 = Entfernen von Elementen **
3
** MemAvail = 72595
Namen eingeben (/RETURN/ für Ende):
Freiburg
** MemAvail = 72570
Basel
** MemAvail = 72545

** 0 = Ende, 1 = Neue Schlange, 2 = Ausgabe der Schlange    **
** 3 = Anhängen von Elementen, 4 = Entfernen von Elementen **
4
** MemAvail = 72545
Wieviele Namen vom Anfang der Schlange entfernen? 2
Colmar entfernt
** MemAvail = 72562
Wissembourg entfernt.
** MemAvail = 72587
** 0 = Ende, 1 = Neue Schlange, 2 = Ausgabe der Schlange    **
** 3 = Anhängen von Elementen, 4 = Entfernen von Elementen **
2
Tübingen
Heidelberg
Mannheim
Freiburg
Basel
** MemAvail = 72587
** 0 = Ende, 1 = Neue Schlange, 2 = Ausgabe der Schlange    **
** 3 = Anhängen von Elementen, 4 = Entfernen von Elementen **
4
** MemAvail = 72587
Wieviele Namen vom Anfang der Schlange entfernen? 7
Tübingen entfernt
** MemAvail = 72612
Heidelberg entfernt
** MemAvail = 72637
Mannheim entfernt
** MemAvail = 72662
Freiburg entfernt
** MemAvail = 72687
```

```
Basel entfernt.
** MemAvail = 72720
Die Schlange ist nun gelöscht.
** 0 = Ende, 1 = Neue Schlange, 2 = Ausgabe der Schlange     **
** 3 = Anhängen von Elementen, 4 = Entfernen von Elementen **
0
Ende von Programm SchlZeil zur Schlange.
```

3.11.2.5 Verwaltung einer Ringschlange mit Overlayprozeduren

Problemstellung zu Programm RingOvrM: Wie Programm RingZeil (Abschnitt 3.11.2.3) soll eine Ringschlange dynamisch verwaltet werden. Die Prozeduren sollen jedoch als Units getrennt compiliert gespeichert sein, um dann über die USES-Anweisung in RingOvrM als Menüprogramm eingebunden zu werden.

- Die Unit RingOvrD stellt die globalen Vereinbarungen zu Datentypen und Variablen zur Verfügung.
- In den Units RingOvrN, RingOvrA und RingOvrE werden die Prozeduren NeuSchlange, Ausgabe, Anhaengen und Entfernen bereitgestellt.

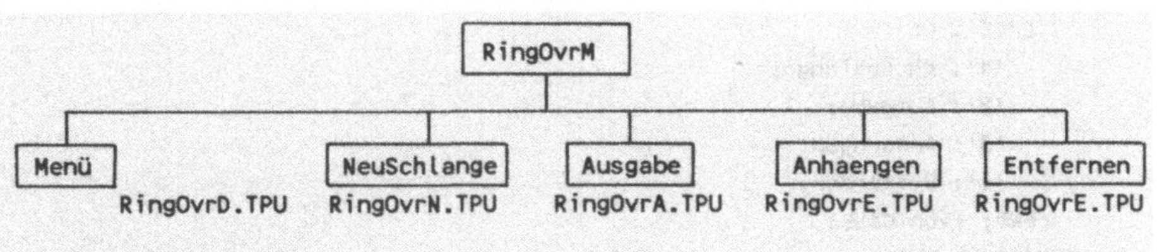

Strukturbaum zu Programm RingOvrM (globale Definitionen in Unit RingOvrD.TPU)

Vorgehensweise zum Übersetzen von RingOvr:

1. Die Units als PAS-Dateien editieren und speichern.
2. Die Units compilieren und als TPU-Dateien speichern. Dabei sind RingOvrD vor RingOvrA (da in RingOvrA gerufen) und RingOvrN vor RingOvrE (da in RingOvrE gerufen) zu übersetzen. Man erhält folgende Reihenfolge: 1. RingOvrD, 2. RingOvrA, 3. RingOvrN und 4. RingOvrE.
3. RingOvrM als Treiber (mit USES Overlay, {$O...} und OvrInit) übersetzen.

Pascal-Quelltext zum Hauptprogramm RingOvrM:

```
PROGRAM RingOvrM;
  {Ringschlange mit Zeigern verarbeiten wie Programm RingZei1,
   aber mit Overlay-Units}
{$F+}
USES Overlay, Crt, RingOvrD, RingOvrA, RingOvrE, RingOvrN;
{$O RingOvrA}
{$O RingOvrE}
{$O RingOvrN}

PROCEDURE Menue;
BEGIN
  WriteLn('** 0 = Ende, 1 = Neue Schlange, 2 = Ausgabe der Schlange    **');
  WriteLn('** 3 = Anhängen von Elementen, 4 = Entfernen von Elementen **');
  REPEAT W := ReadKey; WriteLn(W); UNTIL W IN ['0'..'4']
END;

BEGIN
  OvrInit('RingOvrM.OVR');                          {Overlay-Verwaltung öffnen}
  WRITELN('Schlange mit Zeigern und Overlay-Units verwalten.');
  Mark(Start);
  Erster := NIL;
  REPEAT
    Menue;
    CASE W OF
      '1': NeuSchlange;
      '2': Ausgabe;
      '3': Anhaengen;
      '4': Entfernen;
    END; {von CASE}
  UNTIL W = '0';
  WriteLn('Programmende von RingOvrM.');
END.
```

Pascal-Quelltext zur Unit RingOvrD (globale Definitionen):

```
UNIT RingOvrD;
  {Elemente für eine Schlange vereinbaren; RingOvrA ruft}
INTERFACE

  TYPE
    ZeigerTyp = ^SatzTyp;
    SatzTyp   = RECORD
```

```
                Name:   STRING[20];
                Folger: ZeigerTyp;
              END;
  VAR
    Erster,Letzter,Start: ZeigerTyp;
    W:                    Char;

IMPLEMENTATION

END.
```

Pascal-Quelltext zu Unit RingOvrA (Prozedur Ausgabe):

```
UNIT RingOvrA;
{Elemente einer Schlange anzeigen; RingOvrA ruft}
{$F+,O+}

INTERFACE
  USES RingOvrD;
  PROCEDURE Ausgabe;

IMPLEMENTATION
  PROCEDURE Ausgabe;
  VAR
    P: ZeigerTyp;
  BEGIN
    P := Erster;
    IF P <> NIL
      THEN
        IF Erster = Letzter
          THEN
            WriteLn(P^.Name)
          ELSE
            BEGIN
              REPEAT
                WriteLn(P^.Name);
                P := P^.Folger;
              UNTIL P = Letzter;
              WriteLn(P^.Name);
            END
    ELSE WriteLn('Die Schlange ist leer.');
  END;

END.
```

Pascal-Quelltext zu Unit RingOvrN (Prozedur NeuSchlange):

```
UNIT RingOvrN;
  {Eine neue Schlange anlegen; RingOvrE ruft}
  {$F+,O+}

INTERFACE
  USES RingOvrD;
  PROCEDURE NeuSchlange;

IMPLEMENTATION

  PROCEDURE NeuSchlange;
  VAR
    Name: STRING[20];
    P:    ZeigerTyp;
  BEGIN
    Release(Start);
    WriteLn('Namen eingeben (/RETURN/ für Ende):');
    ReadLn(Name);
    IF Name <> ''
      THEN
        BEGIN
          New(P); Erster := P;
        END
      ELSE
        Erster := NIL;
    WHILE Name <> '' DO
      BEGIN
        P^.Name := Name;
        ReadLn(Name);
        IF Name <> ''
          THEN
            BEGIN
              New(P^.Folger); P := P^.Folger;
            END
          ELSE
            P^.Folger := Start;     {Ringschluß}
      END; {von WHILE}
    Letzter := P;
  END;

END.
```

Prozeduren schachteln bzw. "Units schachteln": Die Prozedur Anhaengen (über Unit RingOvrE bereitgestellt) ruft die Prozedur NeuSchlange (über Unit RingOvrN bereitgestellt) auf. Da Units fertig compiliert gespeichert sind, ist dies möglich. Anmerkung: Bei den bis Turbo Pascal 3.0 nutzbaren Overlay-Dateien (Quelltext-Dateien) konnten sich Overlayprozeduren gegenseitig natürlich nicht aufrufen.

Pascal-Quelltext zu Unit RingOvrE (Prozeduren Entfernen, Anhaengen):

```
UNIT RingOvrE;
{Elemente von der Schlange entfernen und Anhängen; RingOvrM ruft}
{$F+,O+}
INTERFACE
  USES RingOvrD, RingOvrN;
  PROCEDURE Entfernen;
  PROCEDURE Anhaengen;

IMPLEMENTATION

  PROCEDURE Entfernen;
  LABEL E;
  VAR
    Z: Integer;
  BEGIN
    IF Erster = NIL
      THEN
        BEGIN
          WriteLn('Die Schlange ist leer.'); GOTO E;
        END;
    Write('Wieviele Namen vom Anfang der Schlange entfernen? '); ReadLn(Z);
    IF Z <= 0
      THEN
        BEGIN
          WriteLn('Nicht möglich'); GOTO E;
        END;
    WHILE (Erster <> Letzter) AND (Z > 1) DO
      BEGIN
        WriteLn(Erster^.Name,' entfernt.');
        Erster := Erster^.Folger; Z := Z-1;
      END;
    WriteLn(Erster^.Name,' entfernt.');
    IF Erster = Letzter
      THEN
        BEGIN
          Release(Start); Erster := NIL; WriteLn('Die Schlange ist gelöscht.');
```

```
      END
    ELSE
      Erster := Erster^.Folger;
E:END;

PROCEDURE Anhaengen;
VAR
  Name: STRING[20];
BEGIN
  IF Erster = NIL
    THEN NeuSchlange                                    {Prozedur NeuSchlange in
    ELSE                                                 RingOvrN bereitgestellt}
      BEGIN
        WriteLn('Namen eingeben (/RETURN/ für Ende):');
        REPEAT
          ReadLn(Name);
          WHILE Name <> '' DO
            BEGIN
              IF Letzter^.Folger = Erster
                THEN    {neues Element einfügen}
                  BEGIN
                    New(Letzter^.Folger);
                    Letzter := Letzter^.Folger;
                    Letzter^.Folger := Erster;
                  END
                ELSE
                  Letzter := Letzter^.Folger;
              Letzter^.Name := Name;
              ReadLn(Name);
            END;  {von WHILE}
        UNTIL Name = '';
      END;
END;
END.
```

Ausführung zu Programm RingOvrM:

```
Schlange mit Zeigern und Overlay-Units verwalten.
** 0 = Ende, 1 = Neue Schlange, 2 = Ausgabe der Schlange    **
** 3 = Anhängen von Elementen, 4 = Entfernen von Elementen **
2
Die Schlange ist leer.
** 0 = Ende, 1 = Neue Schlange, 2 = Ausgabe der Schlange    **
** 3 = Anhängen von Elementen, 4 = Entfernen von Elementen **
1
```

```
Namen eingeben (/RETURN/ für Ende):
Basic
LOGO
Lisp
Pascal

** 0 = Ende, 1 = Neue Schlange, 2 = Ausgabe der Schlange   **
** 3 = Anhängen von Elementen, 4 = Entfernen von Elementen **
2
Basic
LOGO
Lisp
Pascal
** 0 = Ende, 1 = Neue Schlange, 2 = Ausgabe der Schlange   **
** 3 = Anhängen von Elementen, 4 = Entfernen von Elementen **

3
Namen eingeben (/RETURN/ für Ende):
COBOL
APL
PL/1

** 0 = Ende, 1 = Neue Schlange, 2 = Ausgabe der Schlange   **
** 3 = Anhängen von Elementen, 4 = Entfernen von Elementen **
4
Wieviel Namen vom Anfang der Schlange entfernen? 3
Basic entfernt.
LOGO entfernt.
Lisp entfernt.
** 0 = Ende, 1 = Neue Schlange, 2 = Ausgabe der Schlange   **
** 3 = Anhängen von Elementen, 4 = Entfernen von Elementen **
4
Wieviel Namen vom Anfang der Schlange entfernen? 4
Pascal entfernt.
COBOL entfernt.
APL entfernt.
PL/1 entfernt.
Die Schlange ist gelöscht.
** 0 = Ende, 1 = Neue Schlange, 2 = Ausgabe der Schlange   **
** 3 = Anhängen von Elementen, 4 = Entfernen von Elementen **
3
Namen eingeben (/RETURN/ für Ende):
Modula-2

** 0 = Ende, 1 = Neue Schlange, 2 = Ausgabe der Schlange   **
```

```
** 3 = Anhängen von Elementen, 4 = Entfernen von Elementen **
2
Modula-2
** 0 = Ende, 1 = Neue Schlange, 2 = Ausgabe der Schlange   **
** 3 = Anhängen von Elementen, 4 = Entfernen von Elementen **
0
Programmende von RingOvrM.
```

3

Programmierkurs mit Turbo Pascal Aufbaukurs

3.1 Set (Menge) als strukturierter Datentyp	19
3.2 Record (Verbund) als strukturierter Datentyp	35
3.3 File (Datei) als strukturierter Datentyp	55
3.4 Pointer (Zeiger) für dynamische Datentypen	85
3.5 Rekursive Abläufe	109
3.6 Programmorganisation	137
3.7 Suchen, Sortieren, Mischen und Gruppieren von Daten	149
3.8 Sequentielle Dateiorganisation	199
3.9 Direktzugriff-Dateiorganisation	216
3.10 Index-sequentielle Dateiorganisation	228
3.11 Stapel und Schlange	237
3.12 Zeigerverkettete Liste	277
3.13 Binärbaum	316
3.14 Gesteuerter Zugriff auf externe Einheiten	383
3.15 Objektorientierte Programmierung (OOP)	451

3.12.1 Verwaltung einer linearen Liste über einen Array

Problemstellung zu Programm ListArr1: Auf die Daten einer Datei muß schnell zugegriffen werden können.

- Geht man rein sequentiell bzw. seriell vor, ist der Zugriff zu langsam.
- Verfährt man nach dem *binären Suchen* (vgl. Abschnitt 3.7.2), werden vorsortierte Daten vorausgesetzt. Außerdem ist stets von neuem zu sortieren, wenn Daten hinzugefügt werden; die Daten müssen hin- und herbewegt werden.
- Bei der *verketteten Liste (Linked List)* hat man die Möglichkeit, neue Daten hinten anzuhängen, ohne den Gesamtbestand wiederholt bewegen zu müssen. Das Program ListArr1 zeigt, wie die Liste zur Verkettung von Daten einer Namensdatei verwendet wird. Dabei wird ein *Array als statische Struktur* vereinbart (ab Abschnitt 3.12.2 werden Listen *dynamisch* verwaltet).

Vereinbarung einer geketteten Liste über einen Array L (Schritt 1):
Stellt man sich die "Artikeldatei" eines etwas südlich gelegenen Obstbauern vor und läßt man alle Datenfelder bis auf den Obstnamen als Ordnungsbegriff weg, dann reduziert sich der Datensatz auf das Namensfeld. Man kann die Namen physisch sortieren (vgl. Abschnitt 3.7.3). Wir wollen die physische Speicherungsfolge aber beibehalten und dafür eine logische Speicherungsfolge über ein Zeigerfeld aufbauen:

- Jeder Datensatz besteht aus dem Namen als Nutzdatenfeld und

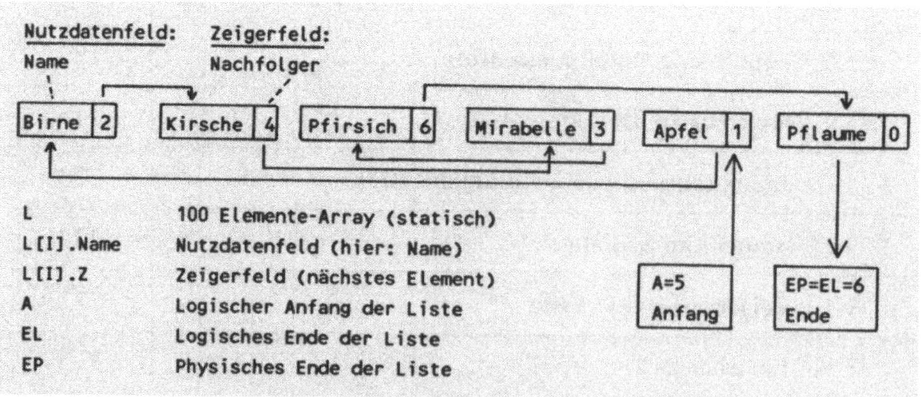

Graph einer linearen geketteten Liste mit sechs Elementen über einen 100-Elemente-Array L (Programm ListArr1)

dem Zeigerfeld.

- Man spricht von einer linearen geketteten Liste.
- Mit *L: ARRAY[-2..100] OF ListenElement* wird ein Array L vereinbart, um die Liste im RAM aufzunehmen. ListenElement wird als Record-Typ mit Nutzdatenfeld und Zeigerfeld definiert.

Erzeugen einer leeren Liste über Prozedur LeerListe (Schritt 2):
Jedes neue Listenelement wird physisch an das Ende der Liste angehängt. Jedes Element enthält einen Zeiger auf den logischen Nachfolger. Beim Einordnen werden diese Zeigerwerte verändert.

- Über die Prozedur LeerListe erzeugt man eine leere Liste, indem jedem Nutzdatenfeld L[I].Name ein Leerstring '' und jedem Zeigerfeld L[I].Z eine 0 zugewiesen wird.
- L[I].Z=0 steht für "logisch letztes Element der Liste".
- In die Listenelemente L[0].Z, L[-1].Z und L[-2].Z werden die Anfangswerte für die Zeiger A (Anfang der Liste), EP (physisches Listenende) und EL (logisches Listenende) übernommen.

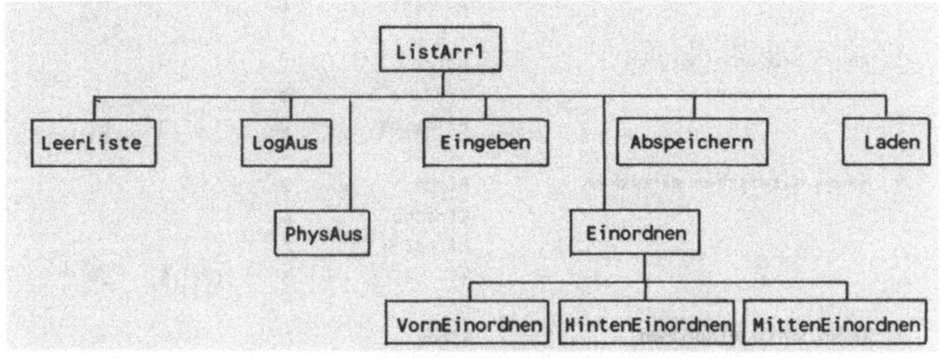

Strukturbaum zu Programm ListArr1

Eingeben neuer Listenelemente in den Array (Schritt 3):
Das Ausführungsbeispiel zu Programm ListArr1 zeigt, welche unterschiedlichen Tätigkeiten beim Eingeben von Listenelementen erforderlich sind (Prozedur Eingeben):

- Beim Eingeben den Namen stets physisch ans Ende anfügen (EP um 1 erhöhen).
- Beim Einordnen unterscheiden, ob das Listenelement logisch vorne, hinten oder in der Mitte anzusiedeln ist.
- Beim HintenEinordnen muß der Zeiger des zuvor letzten Elementes auf das Eingabeelement zeigen. Mit EL:=EP wird das physisch letzte zum logisch letzten Element. Eine Ausnahme bildet das zuerst eingegebenen Element. Beispiele sind die Eingabe von Kirsche und Pfirsich.

- Beim VornEinordnen muß der Zeiger des zuletzt eingegebenen Elements auf das zuvor letzte Element und A auf das zuletzt eingegebene Element zeigen (Beispiel Apfel).
- Beim MittenEinordnen wird der Index I beginnend mit I=A so lange weitergerückt, bis der eingegebene Name genau zwischen L[I].Name und dem Nachfolger L[L[I].Z].Name zu liegen kommt. Der Zeiger des zuletzt eingegebenen Elements muß nun auf die Stelle weisen, auf die zuvor L[I].Z zeigte. Der Zeiger des I.Elements muß auf das zuletzt eingegebene Element zeigen. Ein Beispiel dafür stellt die Mirabelle dar.

Tätigkeit:	L[I].Name:	L[I].Z	A:	EL:	EP:
Leere Liste über Menüwahl 1	Space	0	0	0	0
1. Namen vorne einordnen	Birne	0	1	1	1
2. Namen hinten einordnen	Birne	2			
	Kirsche	0	1	2	2
3. Namen hinten einordnen	Birne	2			
	Kirsche	3			
	Pfirsich	0	1	3	3
4. Namen dazwischen einordnen	Birne	2			
	Kirsche	4			
	Pfirsich	0			
	Mirabelle	3	1	3	4
5. Namen vorne einordnen	Birne	2			
	Kirsche	4			
	Pfirsich	0			
	Mirabelle	3			
	Apfel	1	5	3	5
6. Namen hinten einordnen	Birne	2			
	Kirsche	4			
	Pfirsich	6			
	Mirabelle	3			
	Apfel	1			
	Pflaume	0	5	6	6

L[I].Name = Nutzdatenfeld
L[I].Z = Zeigerfeld
A=Anfang, EL=Ende logisch
EP=Ende physisch

Aufbau einer geketteten Liste an einem 6-Schritte-Beispiel zu Programm ListArr1

Liste in Sortierfolge oder Speicherfolge ausgeben (Schritt 4):
In Sortierfolge ausgeben heißt, daß die Listenelemente von L in der logischen Ordnung gezeigt werden, wie sie über die Zeiger vorgegeben ist. In der Prozedur LogAus wird dazu der Laufvariablen I der Anfangsindex A zugewiesen, um dann nach jeder Namensausgabe durch I:=L[I].Z der Laufvariablen I den Wert des aktuellen Zeigerfeldes zuzuweisen, der auf den Nachfolger zeigt.

Gekettete Liste als Datei extern ablegen (Schritt 5):

- Über die Prozedur Abspeichern wird die im Array L im RAM intern dargestellte Liste in eine Datei namens ListArr1.DAT geschrieben. Dabei werden zuvor noch die aktuellen Werte der Zeiger A, EP und EL sichergestellt. Die Datei ListArr1.DAT ist sequentiell organisiert.
- Die Prozedur Laden liest die gesamte Namensdatei in den RAM ein, wobei die Zeigerwerte wieder nach A, EP und EL übernommen werden.

Pascal-Quelltext zu Programm ListArr1:

```
PROGRAM ListArr1;
  {Verwaltung einer linearen Liste über einen Array}
USES Crt;
TYPE
  ListenElementTyp = RECORD
                       Name: STRING[10];  {Informationsteil: Name}
                       Z:    Integer;     {Zeigerteil: Zeiger auf Nachfolger}
                     END;
VAR
  A:  Integer;                            {logischer Anfang der Liste}
  El: Integer;                            {logisches Ende der Liste}
  Ep: Integer;                            {physisches Ende der Liste}
  L:  ARRAY[-2..100] OF ListenElementTyp; {Array zur Aufnahme der Liste intern}
  F:  FILE OF ListenElementTyp;           {Datei zur Aufnahme der Liste extern}
  Fs: STRING[14];                         {Dateiname}
  W:  Char;
  Nam:STRING[10];

PROCEDURE Menue;
BEGIN
  WriteLn;
  WriteLn('----------------------------------------');
```

```
  WriteLn('1  Leere Liste erzeugen');
  WriteLn('2  Neue Elemente eingeben');
  WriteLn('3  Liste logisch ausgeben');
  WriteLn('4  Liste physisch ausgeben');
  WriteLn('5  Datei mit Liste von Diskette laden');
  WriteLn('6  Liste in Datei auf Diskette speichern');
  WriteLn('--------------------------------------');
  Write('Ihre Wahl (0 = Ende)? ');
  REPEAT W := ReadKey; WriteLn(W); UNTIL W IN ['0'..'6'];
END;

PROCEDURE PhysAus;
VAR
  I: Integer;
BEGIN
  WriteLn('A=',A,' El=',El,' Ep=',Ep);
  FOR I := 1 TO Ep DO
    WriteLn( I, L[I].Name:12, L[I].Z:4);
END;

PROCEDURE LogAus;
VAR
  I: Integer;
BEGIN
  I := A;
  WHILE I <> 0 DO
    BEGIN
      WriteLn(L[I].Name);
      I := L[I].Z;
    END;
END;

PROCEDURE LeerListe;
VAR
  I: Integer;

BEGIN
  FOR I := -2 TO 100 DO
    BEGIN
      L[I].Name := '';
      L[I].Z := 0;
    END;
    A := 0; Ep := 0; El := 0;
    WriteLn('Array L mit 100 Elementen leer erzeugt.');
 END;
```

```
PROCEDURE VornEinordnen;
BEGIN
  WriteLn('Vorne anhängen');
  L[Ep].Z := A; A := Ep;
END;

PROCEDURE HintenEinordnen;
BEGIN
  WriteLn('Hinten anhängen');
  IF A = 0
    THEN A := 1;       {erste Eingabe}
  L[El].Z := Ep; El := Ep;
END;

PROCEDURE MittenEinordnen;
VAR
  I: Integer;
  Eingefuegt: Boolean;
BEGIN
  WriteLn('In der Mitte einordnen');
  I := A; Eingefuegt := False;
  REPEAT
    IF ( Nam >= L[I].Name ) AND ( Nam <= L[ L[I].Z ].Name )
      THEN
        BEGIN
          L[Ep].Z := L[I].Z;
          L[I].Z := Ep;
          Eingefuegt := True;
        END
      ELSE
        I := L[I].Z;
  UNTIL Eingefuegt;
END;

PROCEDURE Einordnen;
BEGIN
  IF Nam <= L[A].Name
    THEN VornEinordnen
    ELSE IF Nam > L[El].Name
           THEN HintenEinordnen
           ELSE MittenEinordnen;
END;
```

```
PROCEDURE Eingeben;
BEGIN
  REPEAT
    Write('Neues Element (0 = Ende)? '); ReadLn(Nam);
    IF Nam <> '0'
      THEN
        Begin
          Ep := Ep + 1;
          L[Ep].Name := Nam;
          Einordnen;
          PhysAus;
        END;
  UNTIL Nam = '0';
END;

PROCEDURE Laden;
VAR
  I: Integer;
BEGIN
  Write('Name der Eingabedatei? '); ReadLn(Fs);
  Assign(F,Fs);
  Reset(F);
  FOR I := -2 TO 100 DO
    Read(F,L[I]);
  Close(F);
  A := L[0].Z; El := L[-1].Z; Ep := L[-2].Z;
  WriteLn('Liste in Array namens L eingelesen.');
END;

PROCEDURE Abspeichern;
VAR
  I: Integer;
BEGIN
  Write('Name der Ausgabedatei? '); ReadLn(Fs);
  Assign(F,Fs);
  Rewrite(F);
  L[0].Z := A; L[-1].Z := El; L[-2].Z := Ep;
  FOR I := -2 TO 100 DO
    Write(F,L[I]);
  Close(F);
  WriteLn('Liste auf Diskette abgespeichert.');
END;
```

```
BEGIN
  ClrScr;
  WriteLn('Demonstration: Gekettete lineare Liste (Linked List)' );
  WriteLn('über einen Array als statische Datenstruktur verwalten.');
  LeerListe;
  REPEAT
    Menue; WriteLn;
    CASE W OF
      '1': LeerListe;
      '2': Eingeben;
      '3': LogAus;
      '4': PhysAus;
      '5': Laden;
      '6': Abspeichern;
    END;
  UNTIL W = '0';
  WriteLn('Ende des Programms ListArr1.');
END.
```

Ausführung zu Programm ListArr1:

```
Demonstration: Gekettete lineare Liste (Linked List)
über einen Array als statische Datenstruktur verwalten.
Array L mit 100 Elementen leer erzeugt.
----------------------------------------
1  Leere Liste erzeugen
2  Neue Elemente eingeben
3  Liste logisch ausgeben
4  Liste physisch ausgeben
5  Datei mit Liste von Diskette laden
6  Liste in Datei auf Diskette speichern
----------------------------------------
Ihre Wahl (0 = Ende)? 1
Array L mit 100 Elementen leer erzeugt.
----------------------------------------
Ihre Wahl (0 = Ende)? 2
Neues Element (0 = Ende)? Birne
Hinten anhängen
A=1 El=1 Ep=1
1        Birne   0
Neues Element (0 = Ende)? Kirsche
Hinten anhängen
A=1 El=2 Ep=2
1        Birne   2
```

Menü nicht mehr wiedergegeben

```
2      Kirsche   0
Neues Element (0 = Ende)? Pfirsich
Hinten anhängen
A=1 El=3 Ep=3
1        Birne   2
2      Kirsche   3
3     Pfirsich   0
Neues Element (0 = Ende)? Mirabelle
In der Mitte einordnen
A=1 El=3 Ep=4
1        Birne   2
2      Kirsche   4
3     Pfirsich   0
4    Mirabelle   3
Neues element (0 = Ende)? Apfel
Vorne anhängen
A=5 EL=3 EP=5
1        Birne   2
2      Kirsche   4
3     Pfirsich   0
4    Mirabelle   3
5        Apfel   1
Neues Element (0 = Ende)? Pflaume
Hinten anhängen
A=5 El=6 Ep=6
1        Birne   2
2      Kirsche   4
3     Pfirsich   6
4    Mirabelle   3
5        Apfel   1
6      Pflaume   0
Neues Element (0 = Ende)? 0
-----------------------------------
Ihre Wahl (0 = Ende)? 3
Apfel
Birne
Kirsche
Mirabelle
Pfirsich
Pflaume
-----------------------------------
Ihre Wahl (0 = Ende)? 4
A=5 El=6 Ep=6
1        Birne   2
2      Kirsche   4
3     Pfirsich   6
4    Mirabelle   3
5        Apfel   1
6      Pflaume   0
---------------------------------------
1 Leere Liste erzeugen
2 Neue Elemente eingeben
3 Liste logisch ausgeben
4 Liste physisch ausgeben
5 Datei mit Liste von Diskette laden
6 Liste in Datei auf Diskette speichern
---------------------------------------
Ihre Wahl (0 = Ende)? 6
Name der Ausgabedatei? B:LISTARR1.DAT
Liste auf Diskette abgespeichert.
---------------------------------------
Ihre Wahl (0 = Ende)? 5
Name der Eingabedatei? b:listarr1.dat
Liste in Array namens L eingelesen.
---------------------------------------
Ihre Wahl (0 = Ende)? 2
Neues Element (0 = Ende)? Aprikose
In der Mitte einordnen
A=5 El=6 Ep=7
1        Birne   2
2      Kirsche   4
3     Pfirsich   6
4    Mirabelle   3
5        Apfel   7
6      Pflaume   0
7     Aprikose   1
Neues Element (0 = Ende)? 0
---------------------------------------
Ihre Wahl (0 = Ende)? 3
Apfel
Aprikose
Birne
Kirsche
Mirabelle
Pfirsich
Pflaume
---------------------------------------
Ihre Wahl (0 = Ende)? 0
Ende von Programm ListArr1.
```

3.12.2 Verwaltung einer linearen Liste dynamisch über Zeiger

Problemstellung zu Programm ListZeil: In Abschnitt 3.12.1 wurde eine lineare Liste als Array dargestellt (Programm ListArr1). Vorteilen wie z.B. dem raschen Suchen (Index um Eins erhöhen) stehen entscheidende Nachteile gegenüber:

- Inmitten des Arrays kann man kein zusätzliches Element nachträglich einfügen.
- Im Array kann man kein Element löschen, um den freigewordenen Speicherplatz anderweitig zu nutzen.

Dies liegt daran, daß der *Array als statische Datenstruktur* zu Beginn dimensioniert und dann bei gleichbleibender Länge verarbeitet wird. Erzeugt man eine *Liste als dynamische Struktur*, kann diese mit jedem neuen Eintrag wachsen und mit jedem Löschen schrumpfen: die Liste paßt sich in ihrer Länge und damit im Speicherplatzbedarf automatisch an. Im Programm ListZeil werden die grundlegenden Listenoperationen demonstriert.

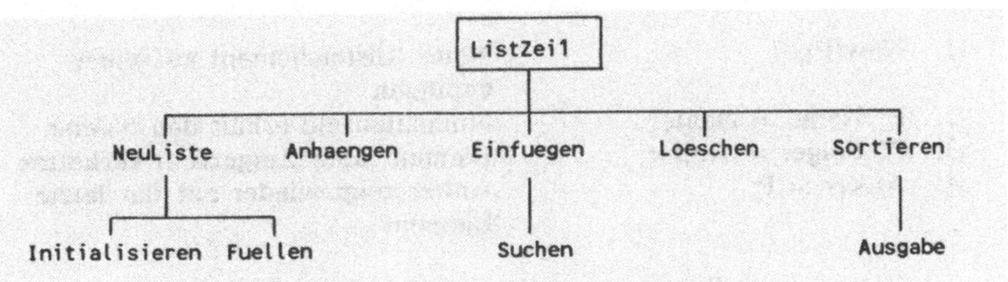

Strukturbaum zu Programm ListZeil

3.12.2.1 Anfügen an die Liste ohne Suchen

Verankerung der Liste: Der Anker zeigt immer auf das zuletzt eingegebene Listenelement; am Anfang auf Nil, dann auf Birne und auf Kirsche. P als Hilfszeiger dient zum Erzeugen eines neuen Elements.

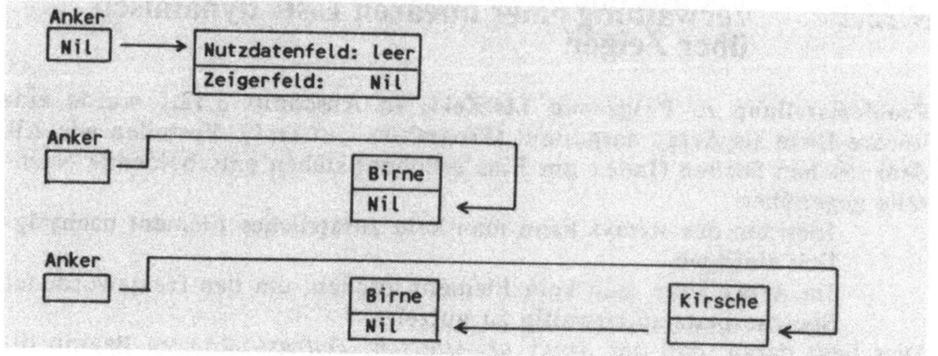

Anfügen der beiden ersten Namen Birne und Kirsche in die Liste

Anfügen in vier Schritten: Das Anfügen in die Liste wird in den Prozeduren Fuellen und Anhaengen vorgenommen und läuft stets in vier Schritten ab.

1. New(P);	Neues Listenelement auf Stack erzeugen
2. P^.Name := Name;	Nutzdatenfeld erhält den Namen
3. P^.Folger := Anker;	Element über Zeigerfeld verketten
4. Anker := P;	Anker zeigt wieder auf das letzte Element

Vier-Schritt-Folge zum Anfügen eines neuen Listenelements

3.12.2.2 Durchwandern der Liste Element für Element

Beim Durchwandern richtet man vom Anker oder einem anderen Startpunkt ausgehend den Zeiger P jeweils auf das nachfolgende Listenelement.

- Beim statischen Array erhöht man dazu eine Indexvariable um Eins: I:=I+1.
- Bei der dynamischen Struktur tritt an die Stelle von I:=I+1 die *Zeigerzuweisung P:=P^.Folger*: Der Wert des Zeigerfelds wird nach P zugewiesen.
- Den Zeiger, dem wiederholt eine neue Adresse aus einem Zeigerfeld zugewiesen wird, beizeichnet man auch als *laufenden Zeiger (running pointer)*.
- Das Durchwandern der Liste in Programm ListZeil wird mehrfach vorgenommen: So in der Prozedur Ausgabe zur Listenausgabe und

in der Funktion Suchen zum Aufsuchen eines bestimmten Namens. Da die Liste nach dem LIFO-Prinzip organisiert ist, erscheint die Ausgabe von Pflaume zuerst.

1.	P := Anker;	Anker als Startpunkt festlegen

2.	WHILE P <> Nil DO
	BEGIN
	...; P := P^.Folger
	END;
		Laufenden Pointer P mit Adresse des nachfolgenden Listenelements laden

Zwei-Schritt-Folge zum Durchwandern einer Liste

3.12.2.3 Einfügen in die Liste an eine bestimmte Adresse

Die Prozedur Einfuegen stellt das Prinzip des Einfügens eines neuen Elements an eine bestimmte Adresse der Liste dar. Die Adresse ergibt sich bei der sortierten bzw. geordneten Liste aus dem Ordnungsbegriff. Hier wird sie nach Eingabe der Variablen Position über den Funktionsaufruf Suchen(Position) ermittelt: P zeigt auf die Adresse des Suchbegriffs.

1.	New(Q); Q^.Name := Name;	Neuen Namen auf den Stack ablegen
2.	Q^.Folger := P^.Folger;	Nachfolgeseite verketten
3.	P^.Folger := Q;	Vorgängerseite verketten

Drei Schritt-Folge zum Einfügen von Q^ (z.B. Aprikose) hinter P^ (z.B. Pfirsich) in Prozedur Einfuegen von Programm ListZeil

Zwei Zeiger zuweisen zwecks Einfügen: Wie in der Abbildung dargestellt, sind beim Einfügen zwei Zeiger "zu verbiegen": Mit Q^.Folger:=P^.Folger legt man die Adresse von Mirabelle (P^.Folger) als neuen Nachfolger von Aprikose fest. Durch P^.Folger:=Q wird Aprikose als Nachfolger von Pfirsich zugewiesen. Auf diese Weise kann das Element Aprikose zwischen Pfirsich und Mirabelle in die Liste eingefügt werden.

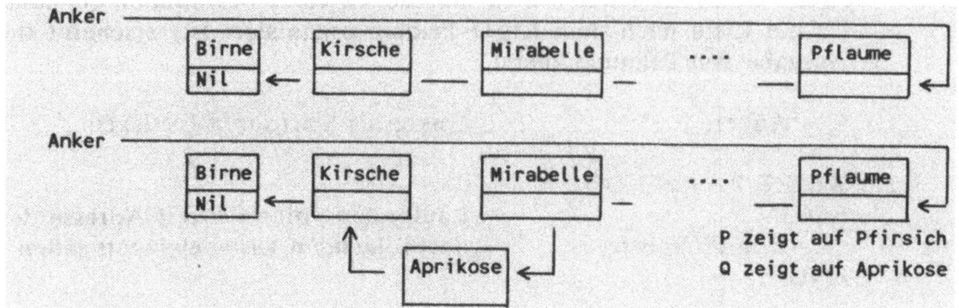

Einfügen des Elements Aprikose durch "Verbiegen" zweier Zeiger

3.12.2.4 Löschen eines Elements

Pfirsich logisch und dann physisch löschen: Von den sieben Elementen Birne, Kirsche, Pfirsich, Aprikose, Mirabelle, Apfel und Pflaume soll das 3. Element Pfirsich gelöscht werden. Dazu ist nur *ein* Zeiger zu ändern: Aprikose muß auf Kirsche anstelle von Pfirsich als Nachfolger zeigen.

- Die Schwierigkeit besteht darin, daß zum Löschen von Pfirsich dessen Vorgänger Aprikose gesucht und geändert werden muß. Man muß sich also zwei Elemente merken: das auszufügende Element (Q zeigt darauf) und sein Vorgänger (der laufende Zeiger P zeigt darauf).
- In der Prozedur Loeschen wird nach Eingabe von Pfirsich in Name gesucht, bis P^.Folger^.Name=Name ist, d.h. bis P auf Aprikose zeigt. Jetzt läßt man Q auf Pfirsich als zu löschendes Element zeigen: Q:?P^.Folger. Durch die Zeigerzuweisung

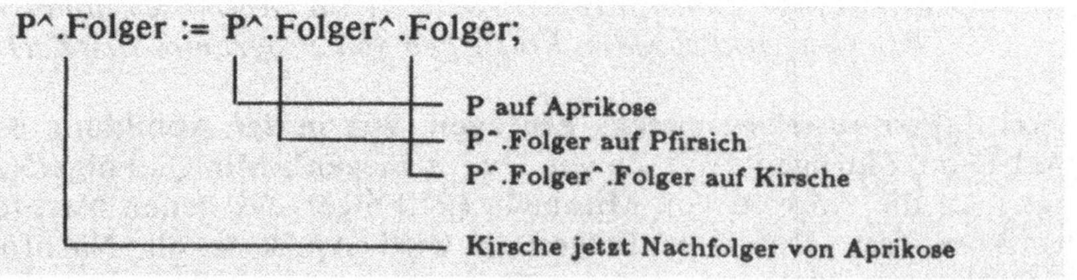

wird das Element Pfirsich *logisch gelöscht*, in dem man es durch den Nachfolgerzeiger "überspringt". Anschließend wird mittels Dispose(Q) das Element *physisch gelöscht* und auf dem Stack Platz gemacht.

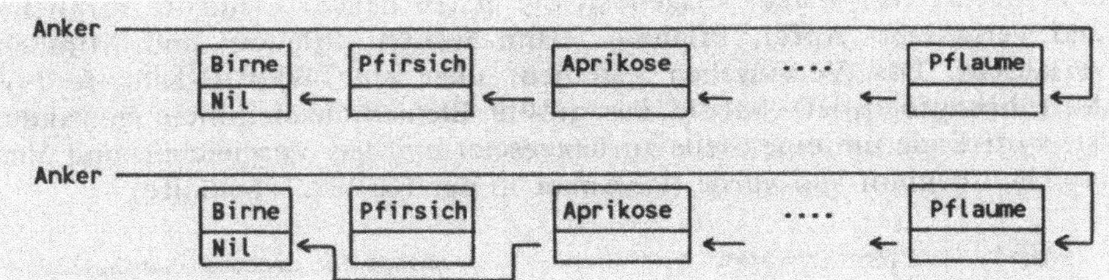

Löschen bzw. Ausfügen des Listenelements Pfirsich durch Ändern eines Zeigers

1. P := T^.Folger;	Liste durchwandern und anhalten, sobald P^.Folger^.Name=Name gefunden ist: P zeigt auf Vorgänger
2. Q := P^.Folger;	Q zeigt auf zu löschendes Element
3. P^.Folger := P^.Folger^.Folger;	Neuen Nachfolger zuweisen
4. Dispose(Q);	Platz auf Stack freimachen

P zeigt auf Aprikose und Q auf zu Name mit zu löschendem Pfirsich

Vier-Schritte-Folge zum Löschen eines Listenelements über Prozedur Loeschen von Programm ListZeil

3.12.2.5 Sortieren der Liste

Bubble Sort: In der Prozedur Sortieren von Programm ListZeil wird nach dem *Bubble Sort* gearbeitet. Zuerst setzt man den Zeiger Ende auf das Ende der Liste, also auf Birne. Da die Liste nach dem LIFO-Prinzip organisiert ist, zeigt Ende auf das zuerst eingetippte Listenelement.

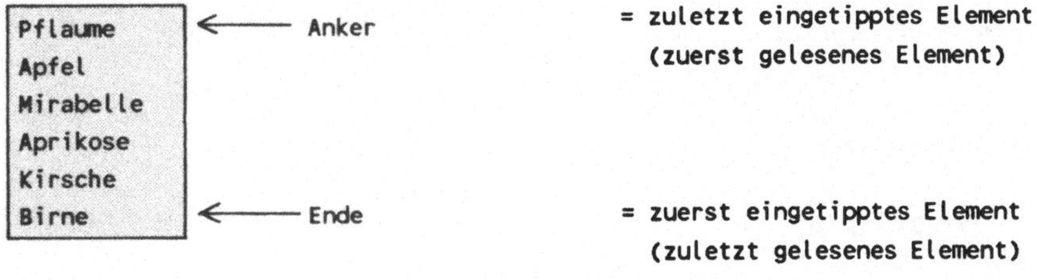

Nun werden von Anker ausgehend die ersten beiden Elemente verglichen und vertauscht: Apfel, Pflaume. Dann werden Pflaume und Mirabelle vertauscht. Das Vertauschen geschieht über eine WHILE-Schleife (vgl. Ausführungsbeispiel). Sobald das größte Element nach hinten gewandert ist, wird Ende um eine Stelle zurückgesetzt und das Vergleichen und Vertauschen beginnt von vorne (P:=Anker in der REPEAT-Schleife):

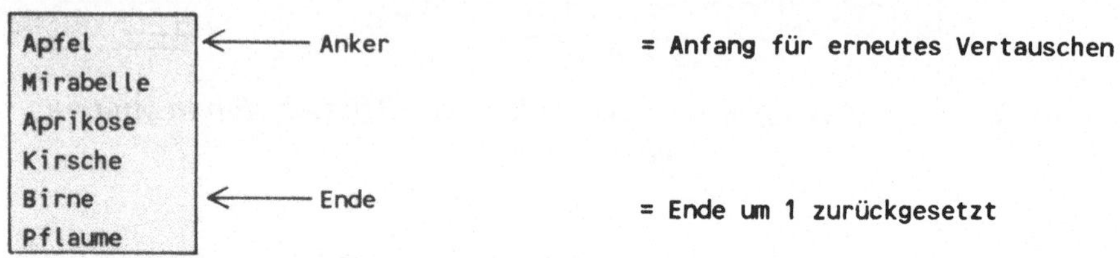

Wendet man den Bubble Sort auf die sortierte Liste an, wird erneut mühsam auf paarweises Austauschen geprüft. Das verdeutlicht, daß dieser Sortieralgorithmus nicht lernfähig ist bzw. keine vorsortierten Teilfolgen erkennt.

Pascal-Quelltext zu Programm ListZeil:

```
PROGRAM ListZei1;
  {Verwaltung einer linearen Liste dynamisch über Zeiger}
USES Crt;
TYPE
  StringTyp = STRING[20];
  ZeigerTyp = ^SatzTyp;
  SatzTyp   = RECORD
                Name:   StringTyp;
                Folger: ZeigerTyp;
              END;
VAR
  Anker:      ZeigerTyp;
  W:          Char;

PROCEDURE Initialisieren;             {Leere Liste}
BEGIN
  Anker := NIL;
END;

PROCEDURE NeuListe;
VAR
  P:    ZeigerTyp;
  Name: StringTyp;
BEGIN
```

```
  Initialisieren;
  WriteLn('Namen eingeben (Return=Ende)? ');
  ReadLn(Name);
  WHILE Name <> '' DO
    BEGIN
      New(P); P^.Name := Name;
      P^.Folger := Anker;
      Anker := P;
      ReadLn(Name);
    END;
END;

PROCEDURE Anhaengen;
VAR
  P:    ZeigerTyp;
  Name: StringTyp;
BEGIN
  Write('Welchen Namen an das Ende der Liste anhängen? '); ReadLn(Name);
  New(P); P^.Name := Name; P^.Folger := Anker; Anker := P;
END;

PROCEDURE Ausgabe;
VAR
  P: ZeigerTyp;
BEGIN
  P := Anker;
  WHILE P <> NIL DO
    BEGIN
      Write(' ',P^.Name); P := P^.Folger;
    END;
  WriteLn;
END;

FUNCTION Suchen(Name: StringTyp): ZeigerTyp;
VAR
  P: ZeigerTyp;
  Gefunden: Boolean;
BEGIN
  P := Anker; Gefunden := False;
  WHILE NOT Gefunden DO
    IF P = NIL
      THEN
        Gefunden := True
      ELSE
        IF P^.Name <> Name
```

```
          THEN
            P := P^.Folger
          ELSE
            Gefunden := True;
  Suchen := P;
END;

PROCEDURE Einfuegen;
VAR
  Position,Name: StringTyp;
  P,Q:           ZeigerTyp;
BEGIN
  Write('Vor welchem Namen soll eingefügt werden? '); ReadLn(Position);
  P := Suchen(Position);
  Write('Einzufügender Name? '); ReadLn(Name);
  IF P = NIL
    THEN
      WriteLn(Position,' nicht vorhanden.')
    ELSE
      BEGIN
        New(Q);
        Q^.Name := Name;
        Q^.Folger := P^.Folger;
        P^.Folger := Q;
      END;
END;

PROCEDURE Loeschen;
VAR
  P,                          {Vorgänger des zu löschenden Namens}
  Q:         ZeigerTyp;       {Zu löschender Name}
  Name:      StringTyp;
  Geloescht: Boolean;
BEGIN
  Write('Welchen Namen löschen? '); ReadLn(Name);
  P := Anker;
  IF P = NIL
    THEN WriteLn('Die Liste ist leer.')
    ELSE
      IF P^.Name = Name   {erster Name}
        THEN
          BEGIN
            Anker := P^.Folger; Dispose(P);
          END
        ELSE
```

```
        BEGIN
          Geloescht := False;
          REPEAT
            IF P^.Folger^.Name = Name
              THEN
                BEGIN
                  Q := P^.Folger;
                  P^.Folger := P^.Folger^.Folger;
                  Geloescht := True;
                  Dispose(Q);
                END
              ELSE
                BEGIN
                  P := P^.Folger;
                  IF P = NIL
                    THEN
                      BEGIN
                        WriteLn(Name,' nicht vorhanden.');
                        Geloescht := True;
                      END;
                END;
          UNTIL Geloescht;
        END;
END;

PROCEDURE Sortieren;
LABEL E;
VAR
  Ende,P,Q: ZeigerTyp;
BEGIN
  IF Anker = NIL THEN GOTO E;
  Ende := Anker;
  WHILE Ende^.Folger <> NIL DO        {Ende auf Listenende setzen}
    Ende := Ende^.Folger;
    writeln('ENDE^=',ende^.name);
  IF Anker^.Folger = NIL THEN GOTO E;
  REPEAT
    readln;writeln;writeln('******* Durchlauf REPEAT-Schleife *******');
    P := Anker;
    IF P^.Name > P^.Folger^.Name      {erste zwei Listenelemente vergleichen}
      THEN                            {beide Elemente vertauschen}
        BEGIN
          Anker := P^.Folger; P^.Folger := P^.Folger^.Folger;
          Anker^.Folger := P;
          writeln(Anker^.name,' und ',anker^.folger^.name,' vertauscht.');
```

```
        END;
      Q := Anker;
      P := Anker^.Folger;
      IF Q = Ende THEN Ende := P;
      WHILE P <> Ende DO
        BEGIN
          writeln;writeln('... Durchlauf WHILE-Schleife:');
          IF P^.Name > P^.Folger^.Name  {Zwei Folge-Elemente vergleichen}
            THEN                         {beide Elemente vertauschen}
              BEGIN
                Q^.Folger := P^.Folger;
                P^.Folger := P^.Folger^.Folger;
                Q^.Folger^.Folger := P;
                writeln('Vertauscht: ',p^.name,' und ',q^.folger^.name);
                IF Q^.Folger = Ende THEN Ende := P;
              END;
          Q := Q^.Folger; P := Q^.Folger;
          ausgabe;writeln('ANKER^=',anker^.name,' ENDE^=',ende^.name);
        END; {von WHILE}
        writeln('... End von WHILE');
      Ende := Q;                         {Ende um 1 Stelle zurücksetzen}
      writeln('ENDE^=',ende^.name);
    UNTIL Ende = Anker;
  E:END;

  PROCEDURE Menue;
  BEGIN
    WriteLn('------------------------------------');
    WriteLn('0 = Ende');
    WriteLn('1 = Erzeugen einer neuen Liste ');
    WriteLn('2 = Ausgeben der Liste');
    WriteLn('3 = Einfügen in die Liste');
    WriteLn('4 = Anhängen an das Ende der Liste');
    WriteLn('5 = Löschen eines Namens');
    WriteLn('6 = Sortieren der Liste');
    WriteLn('------------------------------------');
    REPEAT W := ReadKey; WriteLn(W); UNTIL W IN ['0'..'6'];
  END;

  BEGIN
    ClrScr;
    Initialisieren;
    WriteLn('Lineare Liste dynamisch über Zeiger verwalten.');
    REPEAT
      Menue;
```

```
    CASE W OF
      '1': NeuListe;
      '2': Ausgabe;
      '3': Einfuegen;
      '4': Anhaengen;
      '5': Loeschen;
      '6': Sortieren;
    END; {von CASE}
  UNTIL W = '0';
  WriteLn('Ende von Programm ListZei1.');
END.
```

Ausführung zu Programm ListZei1:

```
Lineare Liste dynamisch über Zeiger verwalten.
-----------------------------------
0 = Ende
1 = Erzeugen einer neuen Liste
2 = Ausgeben der Liste
3 = Einfügen in die Liste
4 = Anhängen an das Ende der Liste
5 = Löschen eines Namens
6 = Sortieren der Liste
-----------------------------------
1
Namen eingeben (Return=Ende)?
Birne
Kirsche
Pfirsich
Mirabelle
Apfel

-----------------------------------
2
 Apfel Mirabelle Pfirsich Kirsche Birne
-----------------------------------
4
Welchen Namen an das Ende der Liste anhängen? Pflaume
-----------------------------------
2
 Pflaume Apfel Mirabelle Pfirsich Kirsche Birne
-----------------------------------
3
Vor welchem Namen soll eingefügt werden? Mirabelle
```

```
Einzufügender Name? Aprikose
----------------------------------
2
 Pflaume Apfel Mirabelle Aprikose Pfirsich Kirsche Birne
----------------------------------
5
Welchen Namen löschen? Pfirsich
----------------------------------
2
 Pflaume Apfel Mirabelle Aprikose Kirsche Birne
----------------------------------
6
ENDE^=Birne
******* Durchlauf REPEAT-Schleife *******
Apfel und Pflaume vertauscht.

... Durchlauf WHILE-Schleife:
Vertauscht: Pflaume und Mirabelle
 Apfel Mirabelle Pflaume Aprikose Kirsche Birne
ANKER^=Apfel ENDE^=Birne

... Durchlauf WHILE-Schleife:
Vertauscht: Pflaume und Aprikose
 Apfel Mirabelle Aprikose Pflaume Kirsche Birne
ANKER^=Apfel ENDE^=Birne

... Durchlauf WHILE-Schleife:
Vertauscht: Pflaume und Kirsche
 Apfel Mirabelle Aprikose Kirsche Pflaume Birne
ANKER^=Apfel ENDE^=Birne

... Durchlauf WHILE-Schleife:
Vertauscht: Pflaume und Birne
 Apfel Mirabelle Aprikose Kirsche Birne Pflaume
ANKER^=Apfel ENDE^=Pflaume
... End von WHILE
ENDE^=Birne

******* Durchlauf REPEAT-Schleife *******

... Durchlauf WHILE-Schleife:
Vertauscht: Mirabelle und Aprikose
 Apfel Aprikose Mirabelle Kirsche Birne Pflaume
ANKER^=Apfel ENDE^=Birne
```

```
... Durchlauf WHILE-Schleife:
Vertauscht: Mirabelle und Kirsche
 Apfel Aprikose Kirsche Mirabelle Birne Pflaume
ANKER^=Apfel ENDE^=Birne

... Durchlauf WHILE-Schleife:
Vertauscht: Mirabelle und Birne
 Apfel Aprikose Kirsche Birne Mirabelle Pflaume
ANKER^=Apfel ENDE^=Mirabelle
... End von WHILE
ENDE^=Birne

******* Durchlauf REPEAT-Schleife *******

... Durchlauf WHILE-Schleife:
 Apfel Aprikose Kirsche Birne Mirabelle Pflaume
ANKER^=Apfel ENDE^=Birne

... Durchlauf WHILE-Schleife:
Vertauscht: Kirsche und Birne
 Apfel Aprikose Birne Kirsche Mirabelle Pflaume
ANKER^=Apfel ENDE^=Kirsche
... End von WHILE
ENDE^=Birne

******* Durchlauf REPEAT-Schleife *******

... Durchlauf WHILE-Schleife:
 Apfel Aprikose Birne Kirsche Mirabelle Pflaume
ANKER^=Apfel ENDE^=Birne
... End von WHILE
ENDE^=Aprikose

******* Durchlauf REPEAT-Schleife *******
... End von WHILE
ENDE^=Apfel

-----------------------------------
2
 Apfel Aprikose Birne Kirsche Mirabelle Pflaume
-----------------------------------
0
Ende von Programm ListZei1.
```

3.12.3 Verwaltung einer geordneten linearen Liste

Problemstellung zu Programm ListZei2: Eine lineare Liste verwalten, in der Strings geordnet abgelegt werden, d.h. in aufsteigender Sortierfolge. Wie das Ausführungsbeispiel zeigt, werden dazu die Namen jeweils unmittelbar nach der Tastatureingabe vorne, hinten bzw. mitten in die Liste eingefügt.

- Über die Prozedur ErstEingabe wird über Erster ein Name abgelegt (hier Freiburg) und über Neuer dann ein weiterer Name eingegeben.
- Nun wird eine WHILE-Schleife begonnen, die zwei Aufgaben hat:
  1. Den gerade eingegebenen Namen vorne (Prozedur VornEinfuegen), hinten (HintenEinfuegen) oder mitten in der Liste einfügen (Einfuegen).
  2. Auf dem Heap mit New(Neuer) Platz für einen weiteren Namen machen und diesen ablegen.

Zu Prozedur VornEinfuegen: Das Element, auf den Neuer zeigt, soll *vor* dem Element, auf das Erster zeigt, eingefügt werden. Durch die Zuweisung Erster:=Neuer wird der neue, gerade eingetippte Name als erster Name in der Liste abgelegt.

Zu Prozedur HintenEinfuegen: Hier geht man umgekehrt vor; durch Letzter:=Neuer läßt man den Zeiger Letzter auf den gerade eingetippten Namen zeigen.

Zu Prozedur Einfuegen: In einer REPEAT-Schleife wird vom Element Erster ausgehend Element für Element durchsucht, bis die Einfügestelle gefunden ist. Als *laufender Zeiger* dient dabei der Zeiger Vergleich. Man weist Vergleich:=Vergleich^.Folger zu.

Strukturbaum zu Programm ListZei2

Pascal-Quelltext zu Programm ListZei2:

```
PROGRAM ListZei2;
  {Eine lineare Liste von Strings über Zeiger sortieren}
USES Crt;
```

```
TYPE
  ZeigerTyp = ^SatzTyp;
  SatzTyp   = RECORD
                Name:   STRING[20];    {Infoteil des Listenelements}
                Folger: ZeigerTyp;     {Zeigerteil des Listenelements}
              END;

VAR
  Erster, Letzter, Neuer: ZeigerTyp;
  Ende:                   Boolean;

PROCEDURE ErstEingabe;
LABEL E;
BEGIN
  New(Erster);
  New(Neuer);
  ReadLn(Erster^.Name);
  IF Erster^.Name = ''
    THEN BEGIN
           Ende := True; GOTO E;
         END;
  Erster^.Folger := NIL;
  Letzter := Erster;
  WriteLn('Erster Name abgelegt.');
  ReadLn(Neuer^.Name);
  IF Neuer^.Name = '' THEN Ende := True;
E: END;

PROCEDURE VornEinfuegen;
BEGIN
  Neuer^.Folger := Erster;
  Erster := Neuer;
  WriteLn('... vorne eingefügt.');
END;

PROCEDURE HintenEinfuegen;
BEGIN
  Letzter^.Folger := Neuer;
  Letzter := Neuer;
  Letzter^.Folger := NIL;
  WriteLn('... hinten eingefügt.');
END;
```

```
PROCEDURE Einfuegen;
VAR
  Vergleich: ZeigerTyp;
  Gefunden:  Boolean;
BEGIN
  Vergleich := Erster;
  Gefunden := False;
  REPEAT
    IF Vergleich^.Folger^.Name >= Neuer^.Name
      THEN Gefunden := True
      ELSE Vergleich := Vergleich^.Folger;
    Writeln('     ',Vergleich^.Folger^.Name,' verglichen.');
  UNTIL Gefunden;
  Neuer^.Folger := Vergleich^.Folger;
  Vergleich^.Folger := Neuer;
  WriteLn('... dazwischen eingefügt.');
END;

PROCEDURE Ausgabe;
VAR
  Aus: ZeigerTyp;
BEGIN
  WriteLn('Ausgabe der Liste:');
  Aus := Erster;
  REPEAT
    WriteLn('     ',Aus^.Name);
    Aus := Aus^.Folger;
  UNTIL Aus = NIL;
  WriteLn('Liste in aufsteigender Sortierfolge ausgegeben.');
END;

BEGIN
  ClrScr;
  WriteLn('Eine Liste über Zeiger sortieren.');
  WriteLn('Strings bzw. Namen eingeben (/RETURN/ für Ende):');
  Ende := False;
  ErstEingabe;
  WHILE NOT Ende DO
    BEGIN
      IF Neuer^.Name < Erster^.Name
        THEN VornEinfuegen
        ELSE
          IF Neuer^.Name >= Letzter^.Name
            THEN HintenEinfuegen
            ELSE Einfuegen;
```

```
      New(Neuer);
      ReadLn(Neuer^.Name);
      IF Neuer^.Name = '' THEN Ende := True;
    END;
  IF Erster^.Name <> ''
    THEN Ausgabe;
  WriteLn('Ende von Programm ListZei2.');
END.
```

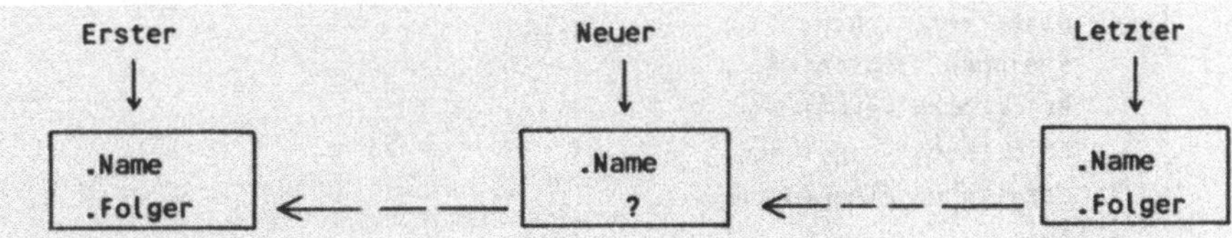

Zeiger Erster, Neuer und Letzter in Programm ListZei2

Ausführung zu Programm ListZei2:

```
Eine Liste über Zeiger sortieren.
Strings bzw. Namen eingeben (/RETURN/ für Ende):
Freiburg
Erster Name abgelegt.
München
... hinten eingefügt.
Münster
... hinten eingefügt.
Basel
... vorne eingefügt.
Heidelberg
    München verglichen.
    München verglichen.
... dazwischen eingefügt.
Achern
... vorne eingefügt.
Ulm
... hinten eingefügt.
Mannheim
    Freiburg verglichen.
    Heidelberg verglichen.
    München verglichen.
    München verglichen.
... dazwischen eingefügt.
```

```
Konstanz
    Freiburg verglichen.
    Heidelberg verglichen.
    Mannheim verglichen.
    Mannheim verglichen.
... dazwischen eingefügt.
Aachen
... vorne eingefügt.
Garmisch
    Basel verglichen.
    Freiburg verglichen.
    Heidelberg verglichen.
    Heidelberg verglichen.
... dazwischen eingefügt.
Weinheim
... hinten eingefügt.
Augsburg
    Basel verglichen.
    Basel verglichen.
... dazwischen eingefügt.
Tübingen
    Augsburg verglichen.
    Basel verglichen.
    Freiburg verglichen.
    Garmisch verglichen.
    Heidelberg verglichen.
    Konstanz verglichen.
    Mannheim verglichen.
    München verglichen.
    Münster verglichen.
    Ulm verglichen.
    Ulm verglichen.
... dazwischen eingefügt.

Ausgabe der Liste:
    Aachen
    Achern
    Augsburg
    Basel
    Freiburg                        Münster
    Garmisch                        Tübingen
    Heidelberg                      Ulm
    Konstanz                        Weinheim
    Mannheim                    Liste in aufsteigender Sortierfolge ausgegeben.
    München                     Ende von Programm ListZei2.
```

3.12.4 Liste mit Pseudoelement als Anker

ListZei3 als Verbesserung zu Programm ListZei2: Das in Abschnitt 3.12.3 dargestellte Programm ListZei2 nimmt das Einfügen eines neuen Elements in die geordnete Liste etwas umständlich vor: Das Einfuegen inmitten der Liste muß vom VornEinfuegen (vor dem 1. Element) und vom Hinten-Einfuegen (nach dem letzten Element) getrennt behandelt werden. Im Programm ListZei3 wird dieser Aufwand durch folgende Änderungen im Listenaufbau vermieden:

- Der Anker Erster wird wie ein normales Listenelement mit Nutzdatenfeld und Zeigerfeld versehen. An dieses Pseudoelement kann man dann über die Prozedur Einfuegen das erste Element (hier Hose) anhängen. Die gesonderte Behandlung der Grenzfälle "Einfügen vor dem ersten bzw. nach dem letzten Element" ist somit hinfällig.
- Die Liste soll in aufsteigender Sortierfolge verwaltet werden. Aus diesem Grunde wird im Ankerelement mit '   !!!!!' ein kleiner ASCII-Wert abgelegt: Blank' 'als Chr(32) und '!' als Chr(33).
- Die Liste ist als **Ringschlange** ausgebildet (vgl. Abschnitt 3.11.2.3), d.h. das letzte Listenelement zeigt wieder auf den Anker als erstes Element. Das bedeutet, daß zu Beginn des Programms der Anker auf sich selbst verweist: Erster^.Folger:=Erster in der Prozedur NeuListe.

Zum Ausführungsbeispiel von Programm ListZei3: Vor Eingabe von Hose wird über die Prozedur NeuListe eine leere ringförmige Liste erzeugt: Erster zeigt auf den Pseudonamen '   !!!!!' und als Nachfolger ist wiederum Erster zugewiesen (siehe Abbildung zu Fall 0).

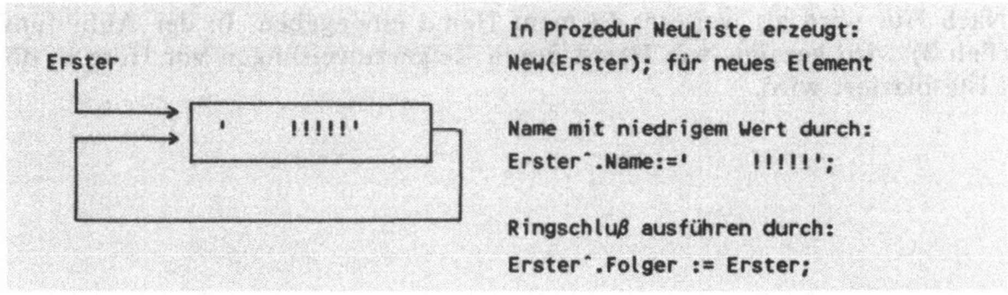

Fall 0: Leere Ringliste erzeugen, wobei der Anker Erster^ auf sich selbst verweist

Drei Zeiger beim Einfügen: In einem zweiten Schritt hängt man über die Prozedur Einfuegen die Hose hinter den Anker in die Liste an. Dabei werden drei Zeiger verwendet: Erster für das Ankerelement, Neuer für das gerade eingegebene Element und Vor zum Markieren der Einfügestelle (siehe Abbildung zu Fall 1).

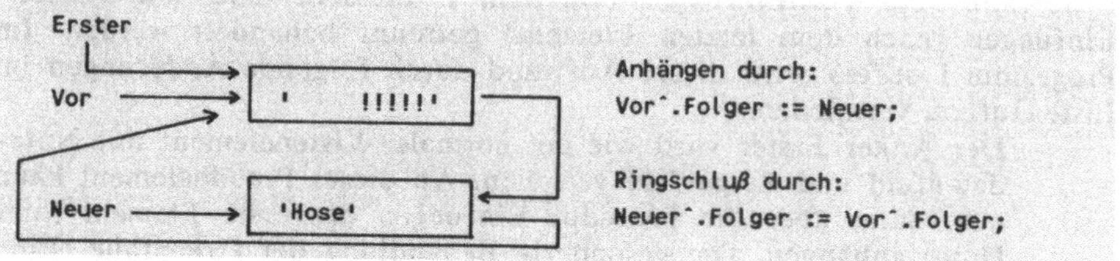

Fall 1: Erstes Nutzdatenfeld mit Hose an den Anker hängen und damit einen Ring aus zwei Elementen bilden

Nach der Eingabe von Hut befinden sich drei Elemente im Ring. Hut ist höherwertiger als Hose und wird deshalb hinten in der Liste angefügt (siehe Abbildung zu Fall 2).

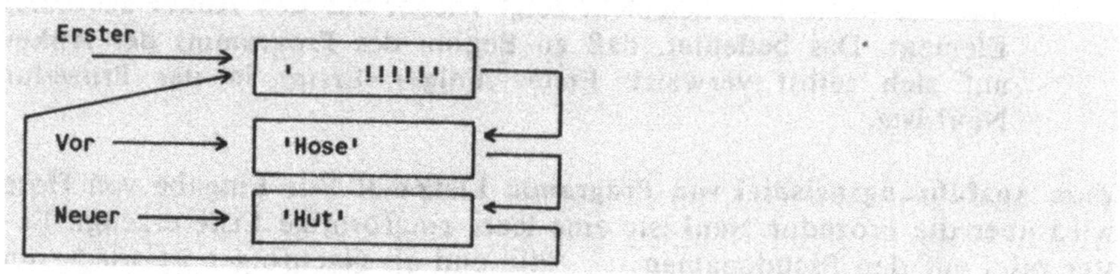

Fall 2: Element Hut hinter das letzte Element anfügen

Nach Hut wird als weiteres Element Hemd eingegeben. In der Abbildung (Fall 3) wird gezeigt, wie Hemd durch Zeigerzuweisungen vor Hose in die Liste plaziert wird.

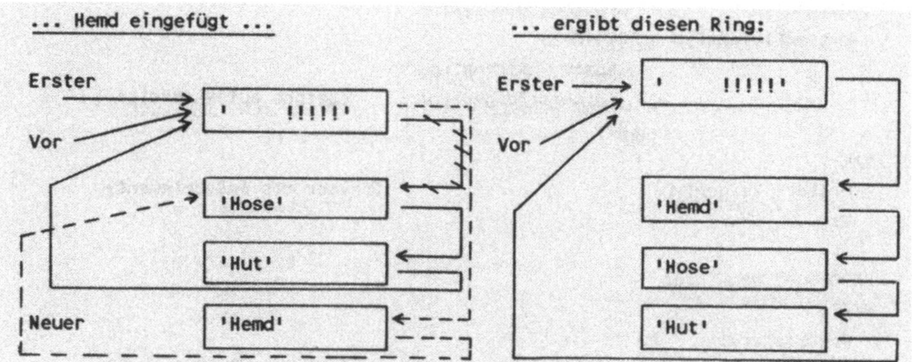

Fall 3: Element Hemd in die Liste einfügen bzw. einsortieren

Element aus der Liste entfernen: Über die Prozedur Suchen positioniert man den Zeiger Vor auf den Vorgänger des zu löschenden Elements und den Zeiger Loesch auf das Element selbst. Anschließend kann das Löschen durch Umbiegen des Nachfolgezeigers vorgenommen werden (siehe Beispiel zum Löschen des Elements Hut).

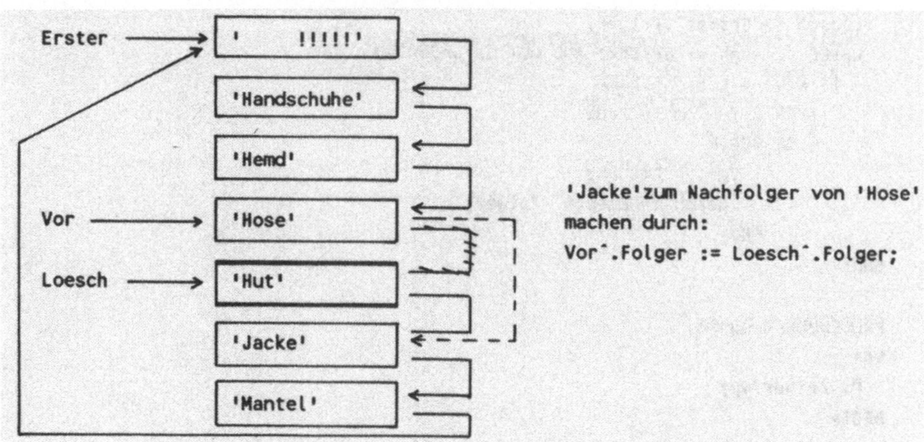

Entfernen des Elements Hut aus der Liste

Pascal-Quelltext zu Programm ListZei3:

```
PROGRAM ListZei3;
  {Lineare Liste mit einem Pseudoelement als Anker}
USES Crt;
TYPE
  StringTyp       = STRING[20];
```

```
  ZeigerTyp        = ^ListenElementTyp;
  ListenElementTyp = RECORD
                       Name:   StringTyp;
                       Folger: ZeigerTyp;      {Zeiger auf Nachfolger}
                     END;
VAR
  Erster: ZeigerTyp;                          {Erster als Ankerelement}
  W:      Char;

PROCEDURE NeuListe;
BEGIN
  New(Erster);
  Erster^.Name := '     !!!!!';           {... auf kleinen Wert setzen}
  Erster^.Folger := Erster;               {Erster^.Folger zeigt auf sich selbst}
END;                                      {Erster^ als Pseudoelement der Liste}

PROCEDURE Suchen(Name:StringTyp; VAR Vor,Loesch:ZeigerTyp; VAR
Gefunden:Boolean);
BEGIN
  Vor := Erster;
  Gefunden := False;
  Loesch := Erster^.Folger;
  WHILE (Loesch <> Erster) AND NOT Gefunden DO
    IF Name = Loesch^.Name
      THEN Gefunden := True
      ELSE BEGIN
             Vor := Loesch;
             Loesch := Loesch^.Folger;
           END;
END;

PROCEDURE Ausgabe;
VAR
  P: ZeigerTyp;
BEGIN
  P := Erster;
  WHILE P^.Folger <> Erster DO
    BEGIN
      WriteLn(P^.Folger^.Name);
      P := P^.Folger;
    END;
END;

PROCEDURE Einfuegen;
VAR
```

```
  Neuer,Vor: ZeigerTyp;
BEGIN
  New(Neuer);
  Write('Name? '); ReadLn(Neuer^.Name);
  VOR := ERSTER;
  WHILE (Neuer^.Name > Vor^.Folger^.Name) AND (Vor^.Folger <> Erster) DO
    Vor := Vor^.Folger;
  Neuer^.Folger := Vor^.Folger;
  Vor^.Folger := Neuer;
END;

PROCEDURE Entfernen;
VAR
  Vor,Loesch: ZeigerTyp;
  Name:       StringTyp;
  Gefunden:   Boolean;
BEGIN
  Write('Welchen Namen entfernen? '); ReadLn(Name);
  Suchen(Name,Vor,Loesch,Gefunden);
  IF Gefunden
    THEN
      BEGIN
        Loesch := Vor^.Folger;
        Vor^.Folger := Loesch^.Folger;
        WriteLn(Name,' durch Zeigerzuweisung entfernt.')
      END
    ELSE
      WriteLn(Name,' nicht gefunden.');
END;

PROCEDURE Menue;
BEGIN
  WriteLn('**** 0=Ende 1=Liste ausgeben 2=Element einfügen 3=entfernen ****');
  REPEAT
    Write('Wahl 0-3? '); W := ReadKey; WriteLn(W)
  UNTIL W IN ['0'..'3'];
END;

BEGIN
  ClrScr;
  WriteLn('Verwaltung einer Liste mit Pseudoelement als Anker.');
  NeuListe;
  REPEAT
    Menue;
    CASE W OF
```

```
    '1': Ausgabe;
    '2': Einfuegen;
    '3': Entfernen;
  END;
UNTIL W = '0';
WriteLn('Ende von Programm ListZei3.');
END.
```

Ausführung zu Programm ListZei3:

```
Verwaltung einer Liste mit Pseudoelement als Anker.
**** 0=Ende 1=Liste ausgeben 2=Element einfügen 3=entfernen ****
Wahl 0-3? 2
Name? Hose
**** 0=Ende 1=Liste ausgeben 2=Element einfügen 3=entfernen ****
Wahl 0-3? 2
Name? Hut
**** 0=Ende 1=Liste ausgeben 2=Element einfügen 3=entfernen ****
Wahl 0-3? 2
Name? Hemd
**** 0=Ende 1=Liste ausgeben 2=Element einfügen 3=entfernen ****
Wahl 0-3? 2
Name? Mantel
**** 0=Ende 1=Liste ausgeben 2=Element einfügen 3=entfernen ****
Wahl 0-3? 2
Name? Jacke
**** 0=Ende 1=Liste ausgeben 2=Element einfügen 3=entfernen ****
Wahl 0-3? 2
Name? Handschuhe
**** 0=Ende 1=Liste ausgeben 2=Element einfügen 3=entfernen ****
Wahl 0-3?
Wahl 0-3? 1
Handschuhe
Hemd
Hose
Hut
Jacke
Mantel
**** 0=Ende 1=Liste ausgeben 2=Element einfügen 3=entfernen ****
Wahl 0-3? 3
Welchen Namen entfernen? HUT
HUT nicht gefunden.
**** 0=Ende 1=Liste ausgeben 2=Element einfügen 3=entfernen ****
Wahl 0-3? 3
```

```
Welchen Namen entfernen? Hut
Hut durch Zeigerzuweisung entfernt.
**** 0=Ende 1=Liste ausgeben 2=Element einfügen 3=entfernen ****
Wahl 0-3? 1
Handschuhe
Hemd
Hose
Jacke
Mantel
**** 0=Ende 1=Liste ausgeben 2=Element einfügen 3=entfernen ****
Wahl 0-3? 0
Ende von Programm ListZei3.
```

3.12.5 Lineare doppelt verkettete Liste

Einfach und doppelt verkettete Listen: Bei einer einfach verketteten Liste kann man von einem Element ausgehend direkt zu dessen Nachfolger gelangen, nicht aber zum Vorgänger. Bei der doppelt verketteten Liste hingegen ist dies möglich, da das Listenelement neben dem Nachfolger-Zeiger auch einen Vorgänger-Zeiger aufweist. Da zum Löschen eines Elements ein Vorgänger gesucht werden muß, vereinfacht sich der Lösch-Algorithmus bei der doppelt verketteten Liste.

Problemstellung zu Programm ListZei4: Eine doppelt-verkettete Liste ist mit Strings im Nutzdatenfeld und Nachfolger- sowie Vorgänger-Zeiger im Zeigerfeld zu verwalten. Das Suchen und Entfernen von Elementen ist bei doppelter Verkettung einfacher als bei der einfach verketteten Liste (vgl. z.B. Programm ListZei3 in Abschnitt 3.12.4).

Leere Liste über Prozedur NeuListe erzeugen: Da die Namen wiederum als Ringliste angeordnet sind, weisen der Nachfolger-Zeiger Folger wie auch der Vorgänger-Zeiger Vorg auf das Ankerelement Erster^.

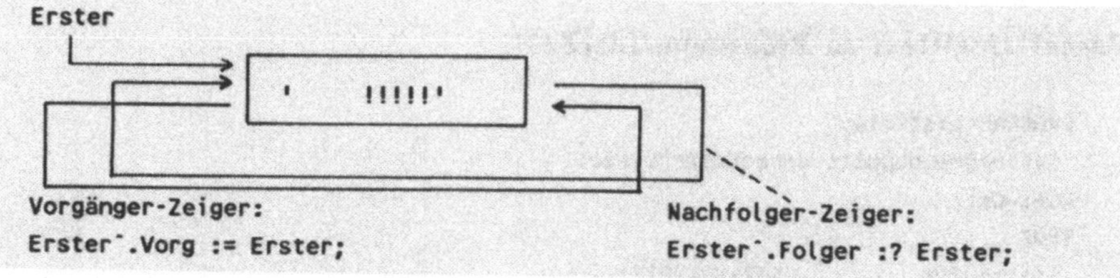

Doppelt verkettete Liste: Leere Ringliste mit einem Ankerelement über Prozedur NeuListe erzeugt

Neue Elemente eingeben über Prozedur Einfuegen: Nach der Eingabe der ersten drei Namen HOLZ, ZEMENT und EISEN hat die doppelt verkettete Liste das abgebildete Aussehen. Beim Einfügen ergeben sich keine Vorteile von doppelter gegenüber einfacher Verkettung.

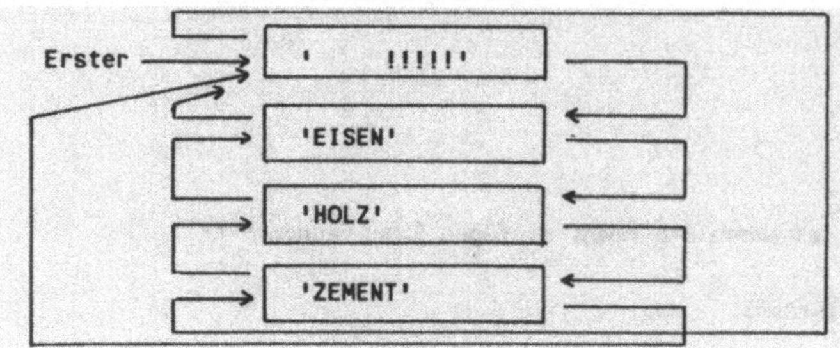

Doppelt verkettete Liste

Listenelemente löschen über Prozedur Entfernen: Gegenüber der einfachen Verkettung kann bei doppelter Verkettung auf den Zeiger Vor zum Markieren der Einfügestelle verzichtet werden, da Vorg das Vorgänger-Element unmittelbar anzeigt. In der Abbildung wird dies am Beispiel des Löschens von HOLZ dergestellt.

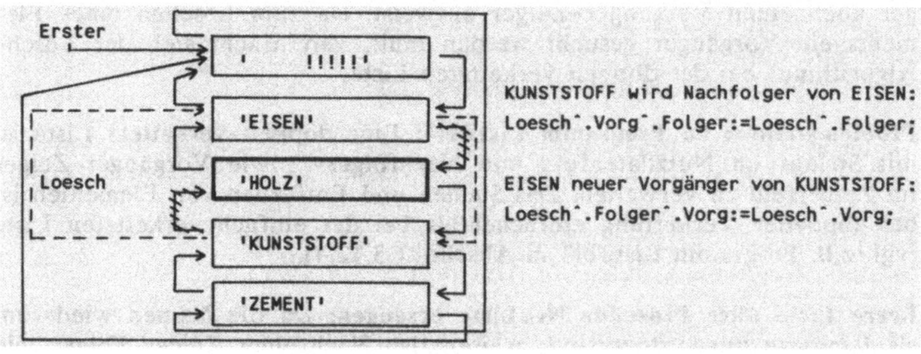

Entfernen des Elementes HOLZ aus einer doppelt verketteten Liste

Pascal-Quelltext zu Programm ListZei4:

```
PROGRAM ListZei4;
  {Lineare doppelt verkettete Liste}
USES Crt;
TYPE
  StringTyp        = STRING[20];
```

```
  ZeigerTyp        = ^ListenElementTyp;
  ListenElementTyp = RECORD
                       Vorg,                  {Vorgänger-Zeiger}
                       Folger: ZeigerTyp;     {Nachfolger-Zeiger}
                       Name:   StringTyp;
                     END;
VAR
  Erster: ZeigerTyp;
  W:      Char;

PROCEDURE NeuListe;
BEGIN
  New(Erster);
  Erster^.Name := '     !!!!!';     {auf kleinen Wert setzen}
  Erster^.Folger := Erster;        {Erster^.Folger zeigt auf sich selbst}
  Erster^.Vorg := Erster;          {Erster^.Vorg zeigt auf sich selbst}
END;

PROCEDURE Suchen(Name:StringTyp; VAR Loesch:ZeigerTyp; VAR Gefunden:Boolean);
BEGIN
  Gefunden := False;
  Loesch   := Erster^.Folger;
  WHILE (Loesch <> Erster) AND NOT Gefunden DO
    IF Name = Loesch^.Name
      THEN Gefunden := True
      ELSE Loesch := Loesch^.Folger;
END;

PROCEDURE Ausgabe;
VAR
  P: ZeigerTyp;
BEGIN
  P := Erster;
  WHILE P^.Folger <> Erster DO
    BEGIN
      WriteLn(P^.Folger^.Name); P := P^.Folger;
    END;
END;

PROCEDURE Einfuegen;
VAR
  Neuer,Vor: ZeigerTyp;
BEGIN
  New(Neuer);
  Write('Name: '); ReadLn(Neuer^.Name);
```

```
    Vor := Erster;
    WHILE (Neuer^.Name > Vor^.Folger^.Name) AND (Vor^.Folger <> Erster) DO
      Vor := Vor^.Folger;
    Neuer^.Vorg        := Vor^.Folger^.Vorg;     {... doppelte Verkettung}
    Neuer^.Folger      := Vor^.Folger;           {herstellen}
    Vor^.Folger^.Vorg := Neuer;
    Vor^.Folger        := Neuer;
  END;

  PROCEDURE Entfernen;    {... vereinfacht durch Vorg als Zeiger}
  VAR
    Loesch:   ZeigerTyp;
    Name:     StringTyp;
    Gefunden: Boolean;
  BEGIN
    Write('Welchen Namen entfernen? '); ReadLn(Name);
    Suchen(Name,Loesch,Gefunden);
    IF Gefunden
      THEN
        BEGIN
          Loesch^.Vorg^.Folger := Loesch^.Folger;
          Loesch^.Folger^.Vorg := Loesch^.Vorg;
        END
      ELSE
        WriteLn(Name,' nicht in der Liste gefunden.');
  END;

  PROCEDURE Menue;
  BEGIN
    WriteLn('--- 0=Ende 1=Liste ausgeben 2=Element einfügen 3=entfernen ---');
    REPEAT
      Write('Wahl 0-3? '); W := ReadKey; WriteLn(W);
    UNTIL W IN ['0'..'3'];
  END;

  BEGIN
    ClrScr;
    WriteLn('Demonstration einer doppelt verketteten Liste');
    NeuListe;
    REPEAT
      Menue;
      CASE W OF
        '1': Ausgabe;
        '2': Einfuegen;
        '3': Entfernen;
```

```
      END;
    UNTIL W = '0';
    WriteLn('Ende des Programmes ListZei4.');
  END.
```

Ausführung zu Programm ListZei4:

```
Demonstration einer doppelt verketteten Liste
--- 0=Ende 1=Liste ausgeben 2=Element einfügen 3=entfernen ---
Wahl 0-3? 2
Name: HOLZ
--- 0=Ende 1=Liste ausgeben 2=Element einfügen 3=entfernen ---
Wahl 0-3? 2
Name: ZEMENT
--- 0=Ende 1=Liste ausgeben 2=Element einfügen 3=entfernen ---
Wahl 0-3? 2
Name: EISEN
--- 0=Ende 1=Liste ausgeben 2=Element einfügen 3=entfernen ---
Wahl 0-3? 2
Name: KUNSTSTOFF
--- 0=Ende 1=Liste ausgeben 2=Element einfügen 3=entfernen ---
Wahl 0-3? _
Wahl 0-3? 1
EISEN
HOLZ
KUNSTSTOFF
ZEMENT
--- 0=Ende 1=Liste ausgeben 2=Element einfügen 3=entfernen ---
Wahl 0-3? _
Wahl 0-3? 3
Welchen Namen entfernen? HOLZ
--- 0=Ende 1=Liste ausgeben 2=Element einfügen 3=entfernen ---
Wahl 0-3? 1
EISEN
KUNSTSTOFF
ZEMENT
--- 0=Ende 1=Liste ausgeben 2=Element einfügen 3=entfernen ---
Wahl 0-3? 0
Ende des Programmes ListZei4.
```

3

Programmierkurs mit Turbo Pascal Aufbaukurs

3.1 Set (Menge) als strukturierter Datentyp	19
3.2 Record (Verbund) als strukturierter Datentyp	35
3.3 File (Datei) als strukturierter Datentyp	55
3.4 Pointer (Zeiger) für dynamische Datentypen	85
3.5 Rekursive Abläufe	109
3.6 Programmorganisation	137
3.7 Suchen, Sortieren, Mischen und Gruppieren von Daten	149
3.8 Sequentielle Dateiorganisation	199
3.9 Direktzugriff-Dateiorganisation	216
3.10 Index-sequentielle Dateiorganisation	228
3.11 Stapel und Schlange	237
3.12 Zeigerverkettete Liste	277
3.13 Binärbaum	316
3.14 Gesteuerter Zugriff auf externe Einheiten	383
3.15 Objektorientierte Programmierung (OOP)	451

3.13.1 Überblick

Wie die in Abschnitt 3.12 dargestellte zeigerverkettete Liste gehört auch der Binärbaum zu den dynamischen Datenstrukturen. Er unterscheidet sich von der Liste nur dadurch, daß jedes Baumelement als Knoten stets zwei Zeiger enthält: einen linken und einen rechten Nachfolger-Zeiger.

- Beim binären Baum hat der Knoten als Vater maximal zwei Nachfolger als Söhne.
- Beim triären Baum sind es bis zu drei Söhne usw.

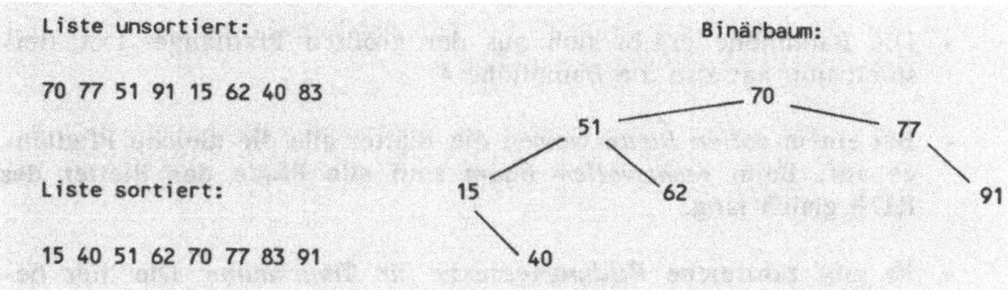

Acht Zahlen als lineare Liste und als Binärbaum angeordnet

Begriffserklärungen am Beispiel des obigen Acht-Knoten-Baumes:

- Ein Binärbaum besteht aus einer endlichen Menge von *Knoten*. Der obige Baum hat acht Knoten. Ist die Menge leer, so wird dies durch den Wert Nil (nichts) dargestellt.
- Der Knoten mit 70 heißt *Wurzel* und hat keinen Vorgänger.
- Die Knoten 40, 62 und 83 heißen *Blätter* und besitzen keinen Nachfolger.

- Knoten, die nicht Wurzel oder Blätter sind, bestehen aus einem *Nutzdatenteil* (hier Zahlen) und einem *Zeigerteil* (mit Zeigern auf den rechten bzw. linken Nachfolger). Eine Eintragung im Nutzdatenteil wird als Schlüssel bezeichnet.

- Ein Nachfolger wird *Sohn* und ein Vorgänger wird *Vater* genannt.
- Ein *Unterbaum* besteht aus allen Knoten, die über einen bestimmten Nachfolger erreichbar sind. Bezüglich der Wurzel 70 besteht die Datenstruktur aus einem linken Unterbaum (LUB) mit den Knoten 51, 15, 62 und 40 sowie einem rechten Unterbaum (RUB) mit den übrigen Knoten.
- Ein Binärbaum läßt sich als Kombination der Elemente Wurzel, LUB und RUB darstellen.

- Ein *Blatt* ist ein Knoten mit leerem LUB und RUB.
- Ein Knoten ist stets Vater der Wurzeln seiner Unterbäume: sein linker Sohn ist die Wurzel seines LUB und sein rechter Sohn ist die Wurzel seines RUB.
- Über den Unterbaum läßt sich ein Binärbaum *rekursiv* definieren bzw. verarbeiten.

- Als *Pfad* eines Knotens bezeichnet man den Weg von der Wurzel bis zum Knoten. Der Knoten 15 hat den Pfad 70-51-15 und die Pfadlänge 3.

- Die Baumhöhe ergibt sich aus der größten Pfadlänge. Der Beispielbaum hat also die Baumhöhe 4.

- Bei einem *vollen Baum* weisen die Blätter alle die gleiche Pfadlänge auf. Beim *rechtsvollen Baum* sind alle Pfade der Blätter des RUB gleich lang.

- Es gibt zahlreiche *Bildungsgesetze für Binärbäume.* Die hier betrachtete Ordnung lautet:
  "Alle Schlüssel im LUB sind kleiner und alle Schlüssel im RUB sind größer als der Schlüssel im Knoten selbst"
- Beim Suchen eines Schlüssels muß also wiederholt mit dem Suchbegriff verglichen werden.

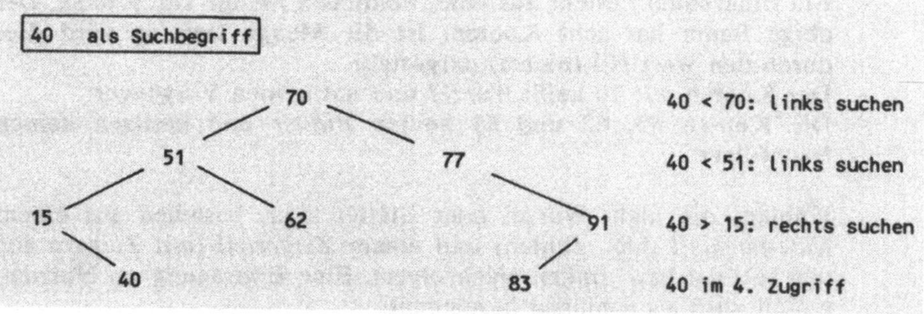

Suchen des Schlüssels 40 im Binärbaum

- Der *Anker* ist ein Zeiger, der auf die Wurzel des Binärbaums zeigt. Der Anker kann wie ein normaler Knoten mit zwei Nachfolger-Zeigern ausgestattet sein; man spricht dann vom Ankerknoten als Pseudoelement.
- In der Abbildung wird der Beispielbaum mit Zeigern dargestellt. Der Baum hängt an einem Anker, der als kompletter Knoten aus-

gestattet ist. Dies kann vorteilhaft sein (Suchvorgang, Darstellung des leeren Baumes).

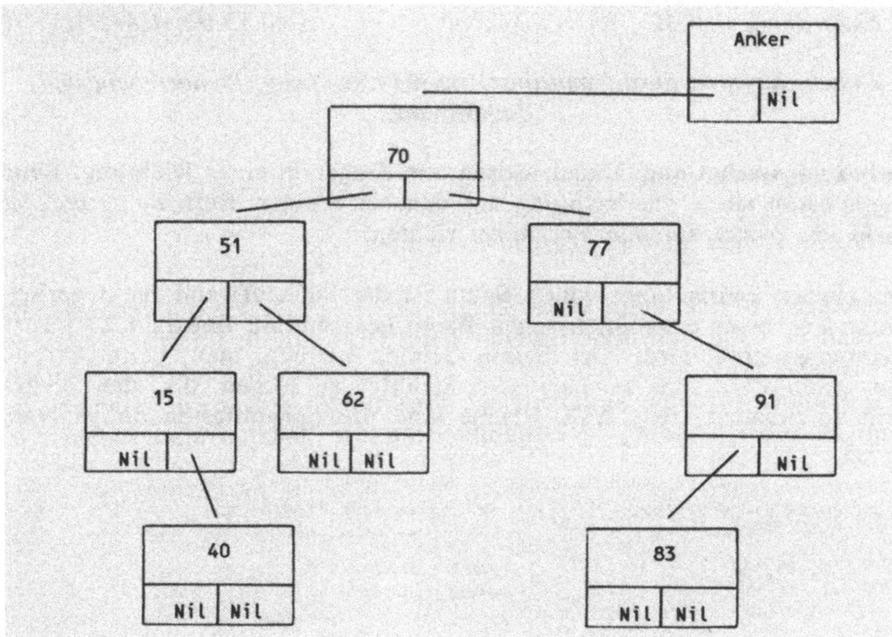

Darstellung eines Binärbaums mit Nutzdatenteil (Schlüssel) und Zeigerteil (linker und rechter Nachfolger)

Grundlegende Operationen auf Bäumen:

- Suchen
- Einfügen
- Sortieren
- Löschen
- Durchwandern

Beim Durchwandern kann nach der *Präordnung*, *Postordnung* oder *Endordnung* vorgegangen werden. Wir die Abbildung zeigt, gibt das Durchwandern nach der Postordnung die Schlüssel in aufsteigend sortierter Folge an.

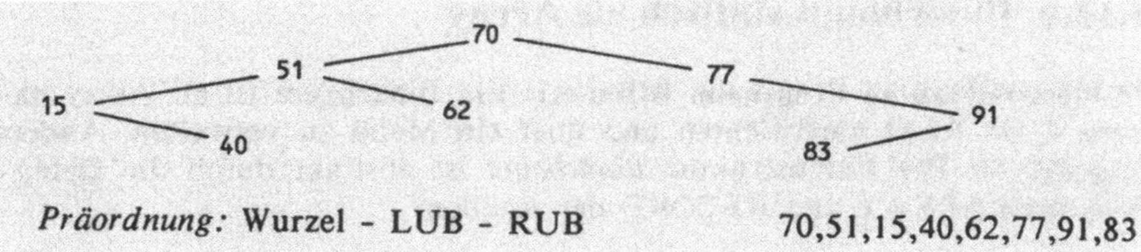

Postordnung: LUB - Wurzel - RUB	15,40,51,62,70,77,83,91
Endordnung: LUB - RUB - Wurzel	40,15,62,51,83,91,77,70

Knoten durchwandern (anordnen) nach Präordnung, Postordnung und Endordnung

Einrichtungsverkettung: Dabei weisen alle Zeiger in einer Richtung. Beim Beispielbaum ist es die Richtung auf den Nachfolger. Eine *Zeigerumkehr* würde alle Zeiger auf den Vorgänger richten.

Balancierter Baum: Beim vollen Baum ist der Suchaufwand recht gering, während er beim unsymmetrischen Baum (Extremfall: lineare Liste) vergleichsweise groß wird. Aus diesem Grunde versucht man, beim Aufbau eines Baumes für eine systematische Struktur zu sorgen, d.h. den Binärbaum auszubalancieren. AVL-Bäume sind die bekanntesten *balancierten Bäume.*

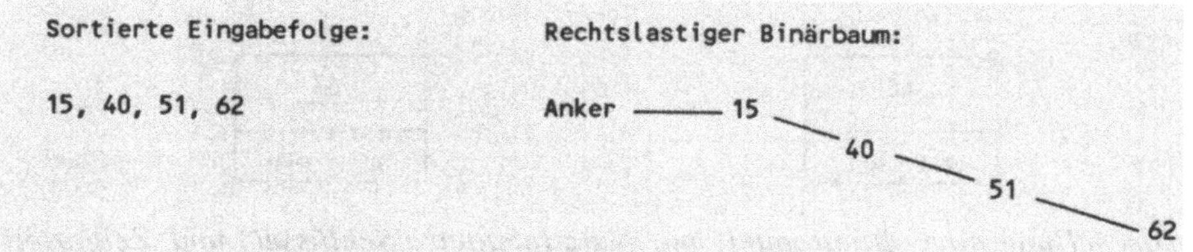

Vollkommen unbalanciertes bzw. rechtslastiger Baum als lineare verkettete Liste

Dynamische Datenstrukturen: Binärbäume werden vornehmlich für dynamische Datenstrukturen eingesetzt. Gleichwohl läßt sich ein Binärbaum auch durch eine statische Datenstruktur wie etwa den Array darstellen.

- Im folgenden Abschnitt 3.13.2 wird ein Binärbaum als Array statisch dargestellt.
- In den nachfolgenden Abschnitten 3.13.3 bis 3.13.10 werden Bäume dann dynamisch über Zeiger erzeugt und verwaltet.

3.13.2 Binärbaum statisch als Array

Problemstellung zu Programm BiBaum1: Ein Binärbaum ist als Array namens B im RAM einzurichten und über ein Menü zu verwalten. Anders ausgedrückt: Die Datenstruktur *Binärbaum* ist abstrakt durch die Datenstrukturen ARRAY und RECORD darzustellen.

Binärbaum als Array B: Für einen Knoten braucht man mindestens die vier Einträge Element, Vorgänger, linker Nachfolger und rechter Nachfolger. Drei Einträge werden im Array B durch die folgende Vereinbarung realisiert:

```
B: ARRAY[1..100] OF RECORD
                    Info: STRING[19];        = Infoteil, Nutzdatenteil
                    L: Integer;              = Linker Nachfolger
                    R: Integer               = Rechter Nachfolger
                  END;
```

Der Index I des Arrays B verweist auf den jeweiligen (physischen) Vorgänger.

Pascal-Quelltext zu Programm BiBaum1:

```
PROGRAM BiBaum1;
  {Binärbaum in elementarer Form als Array darstellen}
USES Crt;
TYPE
  KnotenTyp = RECORD
                Info: STRING[19];
                L,R:  Integer;    {Zeiger auf linken und rechten Nachfolger}
              END;
VAR
  B:  ARRAY[0..100] OF KnotenTyp;
  N:  Integer;                    {Anzahl der Baumelemente}
  W:  Char;
  F:  FILE OF KnotenTyp;          {Datei zur Ablage des Baumes}
  Fs: STRING[14];

PROCEDURE LeerBaum;
VAR
  I: Integer;
BEGIN
  FOR I := 0 TO 100 DO
    BEGIN
      B[I].Info := ''; B[I].L := 0; B[I].R := 0;
    END;
  B[0].Info := Chr(126);
  N := 0;
  WRITELN('Baum leer eingerichtet.');
END;
```

```
PROCEDURE Ausgabe;
VAR
  I: Integer;
BEGIN
  WriteLn('Nr.:        Knoten:   L:  Linksnachfolger:  R:  Rechtsnachfolger:');
  FOR I := 1 TO N DO
    WriteLn(I:3,B[I].Info:19,
            B[I].L:3,B[B[I].L].Info:19,
            B[I].R:3,B[B[I].R].Info:19);
END;

PROCEDURE SortAus(I: Integer);
BEGIN
  IF I <> 0
    THEN
      BEGIN
        SortAus(B[I].L);
        WriteLn(B[I].Info);
        SortAus(B[I].R);
      END;
END;

PROCEDURE Eingeben;
VAR
  E: STRING[20];
  I: Integer;
  Eingefuegt: Boolean;
BEGIN
  Write(N+1,'. Element eingeben (Return=Ende)? '); ReadLn(E);
  WHILE E <> '' DO
    BEGIN
      Eingefuegt := False;
      N := N+1; B[N].Info := E; I := 0;
      WHILE NOT Eingefuegt DO
        IF E <= B[I].Info
          THEN
            IF B[I].L <> 0
              THEN
                I := B[I].L
              ELSE
                BEGIN
                  B[I].L := N; Eingefuegt := True;
                END
          ELSE
            IF B[I].R <> 0
```

```
              THEN
                I := B[I].R
              ELSE
                BEGIN
                  B[I].R := N; Eingefuegt := True;
                END;
        Ausgabe;
        Write(N+1,'. Element eingeben (Return=Ende)? '); ReadLn(E);
      END;  {von WHILE E<>'0'}
  END;

  PROCEDURE Laden;
  VAR
    I: Integer;
  BEGIN
    Write('Dateiname zum Laden von Diskette? '); ReadLn(Fs);
    Assign(F,Fs);
    Reset(F);
    FOR I := 0 TO 100 DO
      Read(F,B[I]);
    Close(F);
    N := B[0].R;
    WriteLn('Baum mit ',N,' Knoten geladen.');
  END;

  PROCEDURE Speichern;
  VAR
    I: Integer;
  BEGIN
    Write('Dateiname zum Sicherstellen auf Diskette? '); ReadLn(Fs);
    Assign(F,Fs);
    Rewrite(F);
    B[0].R := N;
    FOR I := 0 TO 100 DO
      Write(F,B[I]);
    Close(F);
    WriteLn('Baum mit ',N,' Elementen abgespeichert.');
  END;

  PROCEDURE Menue;
  BEGIN
    WriteLn; WriteLn('0  Ende');
    WriteLn('1  Leeren Binärbaum erzeugen');
    WriteLn('2  Neue Elemente eingeben');
    WriteLn('3  Baum sortiert ausgeben');
```

```
    WriteLn('4  Baum unsortiert ausgeben');
    WriteLn('5  Datei mit Baum laden');
    WriteLn('6  Baum in Datei speichern');
    Write('Wahl 0-6? ');
    REPEAT W := ReadKey; WriteLn(W); UNTIL W IN ['0'..'6'];
  END;

  BEGIN
    ClrScr;
    WriteLn('Demonstration: Binären Baum als Array verwalten.');
    Leerbaum;
    REPEAT
      Menue;
      CASE W OF
        '1': Leerbaum;
        '2': Eingeben;
        '3': Sortaus(1);
        '4': Ausgabe;
        '5': Laden;
        '6': Speichern;
      END;
    UNTIL W = '0';
    WriteLn('Ende von Programm BiBaum1.');
  END.
```

3.13.2.1 Baum aufbauen

Leeren Binärbaum über Prozedur LeerBaum erzeugen (Schritt 1):
Es wird ein Baum mit 100 Elementen erzeugt. "Leer" bedeutet, daß der Komponente Info ein Leerstring '' und den Zeigern jeweils eine 0 zugewiesen wird. N als Knotenzähler wird auf 0 (kein Knoten belegt) gesetzt.

Einfügen neuer Knoten über Prozedur Eingeben (Schritt 2):
1.Nutzdatenteil bzw. Infoteil: Knotenzähler N um 1 erhöhen und den in E eingegebenen Namen Mandarine über B[N].Info:=E in den Array bzw. Baum ablegen. Ein neuer Name wird somit physisch im nächsten Arrayelement gespeichert.
2. Zeigerteil: Die Zeiger L und R über die Schleife WHILE NOT Eingefügt zuweisen, um den Namen mit den anderen Baumknoten zu verketten. Über die Zeiger wird eine logische Ordnung gemäß folgendem Gesetz hergestellt:

Der linke Nachfolger ist immer kleiner und der rechte Nachfolger immer größer als sein Vorgänger.

Dieses Gesetz ist wie folgt programmiert:

- Man geht von I:=0 aus, also von der Wurzel.
- Für E<=B[I].Info ist der neue Name E links einzufügen. Dabei sind zwei Fälle möglich:
  Fall a): Für B[I].L=0 hat Knoten I keinen linken Nachfolger. Über B[I].L:=N erhält der Zeiger L die Nummer N des neuen Knotens; damit ist dieser im Baum verkettet. Zum Verlassen der Schleife wird Eingefuegt:=True gesetzt.
  Fall b): Für B[I].L<>0 kann der neue Name E nicht sofort eingefügt werden. Über I:=B[I].L wird im Baum weiter zum nächsten linken Nachfolger vorgerückt. In der Einfügeschleife enthält I somit stets die Nummer des aktuellen Knotens.
- Für E>B[I].Info wird entsprechend rechts weitergesucht.

3.13.2.2 Baum sortieren über Rekursion

Binärbaum unsortiert ausgeben über Prozedur Ausgabe (Schritt 3):
Über eine FOR-Schleife werden die Knoten ausgegeben. Zur Orientierung werden dabei auch die Namen der Links- und Rechtsnachfolger am Bildschirm protokolliert. Das unsortierte Ausgeben entspricht der physischen Reihenfolge der Arrayelemente (Index I).

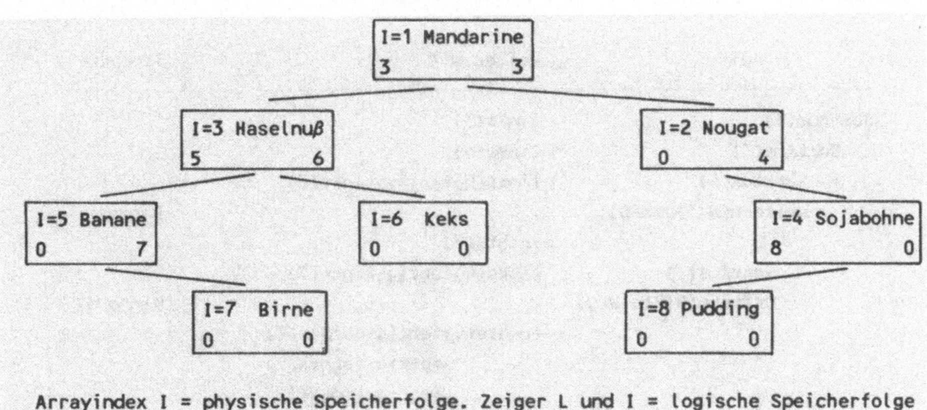

Binärbaum zum Ausführungsbeispiel von Programm BiBaum1

Binärbaum sortiert ausgeben über rekursive Prozedur SortAus (Schritt 4):
Die logische, sortierte Folge ist durch Zeigerverweise gegeben. Dazu wird die Prozedur SortAus wie folgt rekursiv aufgerufen:

- Da I als Knotennummer lokal vereinbart ist, können die unterschiedlichen Werte von I auf dem Rekursion-Stack (vgl. Abschnitt 3.5) abgelegt werden.

- Nach dem Prozeduraufruf SortAus(1) folgen die Aufrufe SortAus(3) (da 3 als linker und damit niedrigerer Nachfolger in B[I].L gefunden wird), SortAus(5) und SortAus(0). Man gelangt den linken Zweig entlang bis hinab zur Banane. Das Problem "Suchen des kleinsten Namens ganz links unten" wird somit über den rekursiven Aufruf von SortAus(B[I].L) gelöst.
- Da I=0 ist, wird der rekursive Aufruf SortAus(B[I].L) beendet und vom Stack der Wert I=5 entnommen: Banane wird als erster Name ausgegeben (aufsteigende Sortierfolge).
- Nach jeder Ausgabe über WriteLn wird SortAus mit dem rechten Nachfolger aufgerufen. Bevor im Baum weiter hoch zurückgekehrt wird, muß geprüft werden, ob rechts noch weitere günstigere Namen stehen. Nach der Ausgabe von Banane wird SortAus(7) bzw. Birne aufgerufen, I=7 auf dem Stack abgelegt und dann SortAus(0) aufgerufen. Das Problem "Suchen des nächsthöheren Namens" wird somit dadurch gelöst, daß nach WriteLn (Entfernen eines Namens vom Stack) stets mit SortAus(B[I].R) der rechte Nachfolger aktiviert wird.

Die Rekursion teilt den Binärbaum in Teilbäume: Der rechte Sohn wird als Wurzel eines Teilbaums aufgefaßt, in dem sich das "Suchen des kleinsten Namens ganz links" genauso vollzieht wie im Gesamtbaum. Ist dieses Minimum gefunden, wird erneut der Vorgang "Suchen des nächsthöheren Namens" aufgerufen, ...

```
     Aufruf                  weiter mit                        Ausgabe
----------------------------------------------------------------------
SortAus(1)                   links(3)
  SortAus(3)                 links(5)
    SortAus(5)               links(0)fertig-links(5)
    WriteLn(B[5].INFO)                                         Banane
                             rechts(7)
      SortAus(7)             links(0)fertig-links(7)
      WriteLn(B[7].INFO)                                       Birne
                             rechts(0)fertig-rechts(7)
                                   fertig-rechts(5)
                                   fertig-links(3)
  WriteLn(B[3].INFO)                                           Haselnuß
                             rechts(6)
  SortAus(6)                 links(0)fertig-links(6)
  WriteLn(B[6].INFO)                                           Keks
                             rechts(0)fertig-rechts(6)
                                   fertig-rechts(3)
                                   fertig-links(1)
WriteLn(B[1].INFO)                                             Mandarine
```

```
                              rechts(2)
    SortAus(2)                links(0)fertig-links(2)
    WriteLn(B[2].INFO)                                        Nougat
                              rechts(4)
      SortAus(4)              links(8)
        SortAus(8)            links(0)fertig-links(8)
        WriteLn(B[8].INFO)                                    Pudding
                              rechts(0)fertig-rechts(8)
                                     fertig-links(4)
      WriteLn(B[4].INFO)                                      Sojabohne
                              rechts(0)fertig-rechts(4)
                                     fertig-rechts(2)
                                     fertig-rechts(1)
```

Baum sortiert ausgeben über rekursive Prozedur SortAus

Binärbaum extern als Datei ablegen über Prozedur Speichern (Schritt 5): Der Array wird auf Diskette als sequentielle Datei unter dem Namen BiBaum1.DAT abgelegt. Die Datei hat acht Nutzdatensätze 1-8 (entsprechend dem Ausführungsbeispiel) mit den Datenfeldern Name, L und R. Dazu kommt ein 0. Satz.

```
Binärbaum im Internspeicher:              Binärbaum im Externspeicher:

I  Info         L  R                      Datei BiBaum1.DAT als sequentielle
0  Chr(126)     0  8 (Anzahl)             Datei mit der Speicherungsfolge:
1  Mandarine    3  2                      Chr(126) 0 8 Mandarine 3 2 Nougat
2  Nougat       0  4                      0 4 Haselnuß ...
3  Haselnuß     5  6
4  Sojabohne    8  0
5  Banane       0  7                      Anmerkung zu Satz 0:
6  Keks         0  0                      - Chr(126) als "großer Wert.
7  Birne        0  0                      - B[0].R mit Knotenanzahl N=8
8  Pudding      0  0
```

Binärbaum als ARRAY (im RAM) und FILE OF-Datei (auf Diskette)

Ausführung zu Programm BiBaum1:

```
Demonstration: Binären Baum als Array verwalten.
Baum leer eingerichtet.
0 Ende
1 Leeren Binärbaum erzeugen
```

```
2  Neue Elemente eingeben
3  Baum sortiert ausgeben
4  Baum unsortiert ausgeben
5  Datei mit Baum laden
6  Baum in Datei speichern
Wahl 0-6? 2
1. Element eingeben (Return=Ende)? Mandarine
Nr.:        Knoten:  L:  Linksnachfolger:  R:  Rechtsnachfolger:
  1       Mandarine  0                 ~   0                  ~
2. Element eingeben (Return=Ende)? Nougat
Nr.:        Knoten:  L:  Linksnachfolger:  R:  Rechtsnachfolger:
  1       Mandarine  0                 ~   2             Nougat
  2          Nougat  0                 ~   0                  ~
3. Element eingeben (Return=Ende)? Haselnuß
Nr.:        Knoten:  L:  Linksnachfolger:  R:  Rechtsnachfolger:
  1       Mandarine  3          Haselnuß   2             Nougat
  2          Nougat  0                 ~   0                  ~
  3        Haselnuß  0                 ~   0                  ~
4. Element eingeben (Return=Ende)? Sojabohne
Nr.:        Knoten:  L:  Linksnachfolger:  R:  Rechtsnachfolger:
  1       Mandarine  3          Haselnuß   2             Nougat
  2          Nougat  0                 ~   4          Sojabohne
  3        Haselnuß  0                 ~   0                  ~
  4       Sojabohne  0                 ~   0                  ~
5. Element eingeben (Return=Ende)? Banane gelb
Nr.:        Knoten:  L:  Linksnachfolger:  R:  Rechtsnachfolger:
  1       Mandarine  3          Haselnuß   2             Nougat
  2          Nougat  0                 ~   4          Sojabohne
  3        Haselnuß  5       Banane gelb   0                  ~
  4       Sojabohne  0                 ~   0                  ~
  5     Banane gelb  0                 ~   0                  ~
6. Element eingeben (Return=Ende)? Keks
Nr.:        Knoten:  L:  Linksnachfolger:  R:  Rechtsnachfolger:
  1       Mandarine  3          Haselnuß   2             Nougat
  2          Nougat  0                 ~   4          Sojabohne
  3        Haselnuß  5       Banane gelb   6               Keks
  4       Sojabohne  0                 ~   0                  ~
  5     Banane gelb  0                 ~   0                  ~
  6            Keks  0                 ~   0                  ~
7. Element eingeben (Return=Ende)? Birne
Nr.:        Knoten:  L:  Linksnachfolger:  R:  Rechtsnachfolger:
  1       Mandarine  3          Haselnuß   2             Nougat
  2          Nougat  0                 ~   4          Sojabohne
  3        Haselnuß  5       Banane gelb   6               Keks
  4       Sojabohne  0                 ~   0                  ~
```

```
   5      Banane gelb  0                    ~  7             Birne
   6             Keks  0                    ~  0                 ~
   7            Birne  0                    ~  0                 ~
8. Element eingeben (Return=Ende)? Pudding
Nr.:          Knoten:  L:  Linksnachfolger:  R:  Rechtsnachfolger:
   1        Mandarine  3          Haselnuß   2            Nougat
   2           Nougat  0                 ~   4         Sojabohne
   3         Haselnuß  5       Banane gelb   6              Keks
   4        Sojabohne  8           Pudding   0                 ~
   5      Banane gelb  0                 ~   7             Birne
   6             Keks  0                 ~   0                 ~
   7            Birne  0                 ~   0                 ~
   8          Pudding  0                 ~   0                 ~
9. Element eingeben (Return=Ende)?

  Wahl 0-6? 3 — — — — — — — —(Menü nicht mehr wiedergegeben)
  Banane gelb
  Birne
  Haselnuß
  Keks
  Mandarine
  Nougat
  Pudding
  Sojabohne

Wahl 0-6? 6
Dateiname zum Sicherstellen auf Diskette? b:bibaum1.dat
Baum mit 8 Elementen abgespeichert.

Wahl 0-6? 5
Dateiname zum Laden von Diskette? b:bibaum1.dat
Baum mit 8 Knoten geladen.

Wahl 0-6? 2
9. Element eingeben (Return=Ende)? Milch
Nr.:          Knoten:  L:  Linksnachfolger:  R:  Rechtsnachfolger:
   1        Mandarine  3          Haselnuß   2            Nougat
   2           Nougat  9             Milch   4         Sojabohne
   3         Haselnuß  5       Banane gelb   6              Keks
   4        Sojabohne  8           Pudding   0                 ~
   5      Banane gelb  0                 ~   7             Birne
   6             Keks  0                 ~   0                 ~
   7            Birne  0                 ~   0                 ~
   8          Pudding  0                 ~   0                 ~
   9            Milch  0                 ~   0                 ~
```

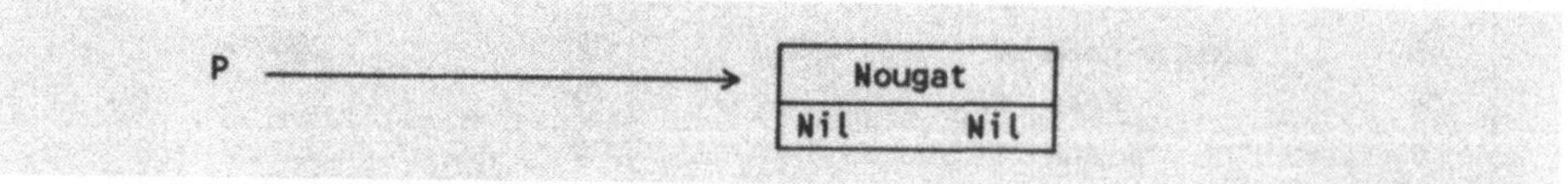

Nächstes Element Nougat zunächst isoliert ablegen (Prozedur Eingabe)

Name im Baum verketten über rekursive Prozedur Anhaengen (Schritt 3):
Anhaengen durchsucht den Binärbaum, bis Nil am Ende gefunden wird. Dazu ruft sich die Prozedur rekursiv auf:

- Für Nougat wird Anhaengen zum ersten Mal mit dem Parameter Q=Wurzel aufgerufen. Q zeigt auf Mandarine und P auf Nougat. Da Nougat>Mandarine ist, ist Nougat rechts im Baum einzufügen. Die Prozedur wird deshalb mit Anhaengen(Q^.R) aufgerufen, d.h. mit dem Zeiger auf den rechten Nachfolger als Eingabeparameter.
- Da jetzt Q=Nil ist, wird die Rekursion beendet und mit Q:=P der Zeigerwert auf Nougat auf Q zugewiesen.
- Anders ausgedrückt: Nougat ist als rechter Nachfolger von Mandarine im Baum verkettet.
- Da keine weiteren "lokalen Zeigerwerte Q" auf dem Rekursion-Stack vorhanden sind, wird sie beendet und in der Prozedur Eingabe mit Haselnuß als dritter Namenseingabe fortgefahren.
- Da Q in Anhaengen als Variablenparameter vereinbart ist, wird durch den Aufruf Anhaengen(Q^.R) der Zeiger Q*.R verändert, und zwar in der darüberliegenden Aufrufebene.
- Nach dem Einfügen von Haselnuß wird die Prozedur Anhaengen wie bei Nougat zweimal aufgerufen; Haselnuß wird ebenfalls hinter der Wurzel in den Baum eingefügt - nur eben links von ihr.

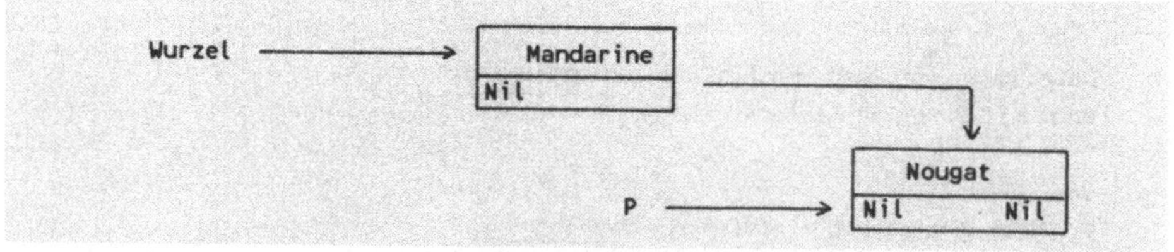

In Prozedur Eingabe von Programm BiBaum21: Nougat als nächstes Element durch die rekursive Prozedur Anhaengen in den Baum einfügen

Im Baum benutzergesteuert suchen über Prozedur Suchen (Schritt 4):
Die Prozedur Suchen führt den Benutzer von der Wurzel ausgehend durch den Baum, bis am Ende Nil gefunden wird. Dabei kann der Benutzer links und rechts als Suchrichtung auswählen. Durch die benutzergesteuerte Suche kann man testen, ob wirklich ein Binärbaum vorliegt. Gibt der Benutzer L für "Links weitersuchen" ein, wird durch Q:=Q^.L der Wert des

```
Wahl 0-6? 3
Banane gelb
Birne
Haselnuß
Keks
Mandarine
Milch
Nougat
Pudding
Sojabohne

Wahl 0-6? 0
Ende von Programm BiBaum1.
```

3.13.3 Binärbaum als dynamische Struktur: Baum erzeugen

Problemstellung zu Programm BiBaum21: Der in Programm BiBaum1 in Abschnitt 3.13.2 über einen statischen Array gespeicherte Binärbaum soll als dynamische Struktur verwaltet werden. Für beide Programme sind die gleichen Namen bzw. Baumelemente zu verwenden.

Neuen Baum erzeugen über Prozedur NeuBaum (Schritt 1):
Mit New(Wurzel) erzeugt man den ersten Knoten. Nach Eingabe von Mandarine setzt man die Zeiger auf den rechten und linken Nachfolger auf Nil. Der Baum besteht aus einem unverketteten, isolierten Knoten.

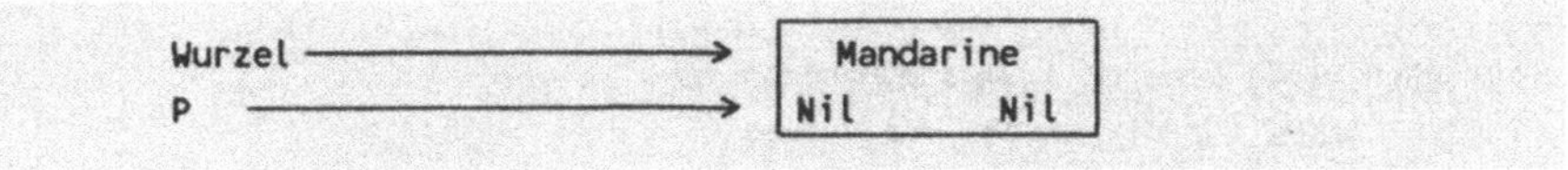

Baum mit einem Element nach Ausführung von Prozedur NeuBaum

Neuen Knoten einfügen über Prozedur Eingabe (Schritt 2):
Der nächste Namen wird in einen neu über New(P) erzeugten Knoten abgelegt und Q auf die Wurzel gerichtet. Der nächste Knoten Nougat steht damit noch isoliert von den anderen Knoten da.

Name im Baum verketten über rekursive Prozedur Anhaengen (Schritt 3): Anhaengen durchsucht den Binärbaum, bis Nil am Ende gefunden wird. Dazu ruft sich die Prozedur rekursiv auf.

Baum mittels Rekursion sortieren über Prozedur SortAus (Schritt 5): Das rekursive Aufrufen der Prozedur SortAus stimmt exakt mit dem in Abschnitt 3.13.2 beschriebenen Vorgehen (Baum als statischer Array) überein:

- Vor der Bildschirmausgabe wird der linke Teilbaum ausgegeben.
- Nach Ausgabe des Knotens wird der rechte Teilbaum ausgegeben.

Statische - dynamische Strukturen: Die Prozeduren SortAus von Abschnitt 3.13.3 und 3.13.2 verdeutlichen den Unterschied zwischen statischer und dynamischer Verwaltung eines Binärbaums. An die Stelle des statischen Array-Elements B[I] mit I als Index tritt die dynamische Bezugsvariable P^, auf welche der Zeiger Z gerade verweist.

```
Teilbaum-Suche:      Array B statisch:       Zeiger P auf P^ dynamisch:
---------------      -----------------       --------------------------
Suche links:         SortAus(B[I].L);        SortAus(P^.L);
Ausgabe:             WriteLn(B[I].Info);     WriteLn(P^.Info);
Suche rechts:        SortAus(B[I].R);        SortAus(P^.R);
```

Binärbaum sortieren über Programme BiBaum1 (Abschnitt 3.13.2, links) und BiBaum21 (Abschnitt 3.13.3, rechts)

Ausführung zu Programm BiBaum21:

```
Erzeugen eines binären Baumes dynamisch über Zeiger.
Ersten String für die Wurzel des Baumes eingeben: MANDARINE
0  Beendigen des Programms
1  Einfügen weiterer Namen
2  Durchsuchen des Baumes
3  Ausgeben sortiert
1
Welcher String (Return=Ende)? NOUGAT
                            ? HASELNUSS
                            ? SOJABOHNE
                            ? BANANE
                            ? KEKS
                            ? BIRNE
                            ? PUDDING
```

```
                                  ?
0  Beendigen des Programms
1  Einfügen weiterer Namen
2  Durchsuchen des Baumes
3  Ausgeben sortiert
3
BANANE
BIRNE
HASELNUSS
KEKS
MANDARINE
NOUGAT
PUDDING
SOJABOHNE
0  Beendigen des Programms
1  Einfügen weiterer Namen
2  Durchsuchen des Baumes
3  Ausgeben sortiert
1
Welcher String (Return=Ende)? MILCH
                                  ?
0  Beendigen des Programms
1  Einfügen weiterer Namen
2  Durchsuchen des Baumes
3  Ausgeben sortiert
2
Wurzel = MANDARINE
L)inks, R)echts oder E)nde? L
       = HASELNUSS
L)inks, R)echts oder E)nde? L
       = BANANE
L)inks, R)echts oder E)nde? R
       = BIRNE
L)inks, R)echts oder E)nde? R
       = NIL, also kein Nachfolger mehr
0  Beendigen des Programms
1  Einfügen weiterer Namen
2  Durchsuchen des Baumes
3  Ausgeben sortiert
2
Wurzel = MANDARINE
L)inks, R)echts oder E)nde? R
       = NOUGAT
L)inks, R)echts oder E)nde? L
       = MILCH
```

```
L)inks, R)echts oder E)nde? L
      = NIL, also kein Nachfolger mehr
0  Beendigen des Programms
1  Einfügen weiterer Namen
2  Durchsuchen des Baumes
3  Ausgeben sortiert
3
BANANE
BIRNE
HASELNUSS
KEKS
MANDARINE
MILCH
NOUGAT
PUDDING
SOJABOHNE
0  Beendigen des Programms
1  Einfügen weiterer Namen
2  Durchsuchen des Baumes
3  Ausgeben sortiert
0
Ende von Programm BiBaum21.
```

Pascal-Quelltext zu Programm BiBaum21:

```
PROGRAM BiBaum21;
  {Binärbaum als dynamische Struktur erzeugen}
USES Crt;
TYPE
  ZeigerTyp = ^KnotenTyp;
  KnotenTyp = RECORD
                Info: STRING[20];          {Infoteil des Knotens}
                L,R:  ZeigerTyp;           {Zeigerteil des Knotens}
              END;
VAR
  P,Q,Wurzel: ZeigerTyp;
  W:          Char;

PROCEDURE NeuBaum;
BEGIN
  WriteLn('Erzeugen eines binären Baumes dynamisch über Zeiger.');
  New(Wurzel); P := Wurzel;
  Write('Ersten String für die Wurzel des Baumes eingeben: ');
  ReadLn(P^.Info);
```

```
    P^.L := NIL; P^.R := NIL;
  END;

  PROCEDURE Anhaengen(VAR Q: ZeigerTyp);
  BEGIN
    IF Q = NIL
      THEN
        Q := P
      ELSE
        IF P^.Info <= Q^.Info
          THEN Anhaengen(Q^.L)
          ELSE Anhaengen(Q^.R);
  END;

  PROCEDURE Eingabe;
  VAR
    Ein: STRING[20];
  BEGIN
    Write('Welcher String (Return=Ende)? '); ReadLn(Ein);
    WHILE Ein <> '' DO
    BEGIN
      New(P);
      P^.Info := Ein;
      P^.L := NIL; P^.R := NIL;
      Q := Wurzel;
      Anhaengen(Q);
      Write('                              ? '); ReadLn(Ein);
    END; {von WHILE}
  END;

  PROCEDURE Suchen(Q: ZeigerTyp);
  LABEL E;
  BEGIN
    WRITELN('Wurzel = ', Q^.Info);
    REPEAT
      Write('L)inks, R)echts oder E)nde? '); W := ReadKey; WriteLn(W);
      CASE W OF
        'L','l': Q := Q^.L;
        'R','r': Q := Q^.R;
        'E','e': GOTO E;
        ELSE WriteLn('      = falsche Eingabe');
      END;
      IF Q = NIL
        THEN
          WriteLn('      = NIL, also kein Nachfolger mehr')
```

```
        ELSE
          WriteLn('        = ', Q^.Info);
    UNTIL Q = NIL;
  E:END;

  PROCEDURE SortAus(P: ZeigerTyp);
  BEGIN
    IF P <> NIL
      THEN
        BEGIN
          SortAus(P^.L);
          WriteLn(P^.Info);
          SortAus(P^.R);
        END;
  END;

  PROCEDURE Menue;
  BEGIN
    WriteLn;
    WriteLn('0  Beendigen des Programms');
    WriteLn('1  Einfügen weiterer Namen');
    WriteLn('2  Durchsuchen des Baumes');
    WriteLn('3  Ausgeben sortiert');
    REPEAT W := ReadKey; WriteLn(W) UNTIL W IN ['0'..'3'];
  END;

  BEGIN
    ClrScr;
    NeuBaum;
    REPEAT
      Menue;
      CASE W OF
        '1': Eingabe;
        '2': Suchen(Wurzel);
        '3': SortAus(Wurzel);
      END;
    UNTIL W = '0';
    WriteLn('Ende von Programm BiBaum21.');
  END.
```

3.13.4 Binärbaum als dynamische Struktur: Knoten entfernen

Problemstellung zu Programm BiBaum22: Einen Binärbaum mit N ganzzahligen Zufallszahlen erzeugen und aufzeigen, wie man Knoten aus dem Baum entfernt.

Binärbaum erzeugen über Prozedur NeuBaum:
Der Baum besteht aus N zufällig über Random(1000) erzeugten ganzen Zahlen. Durch den rekursiven Aufruf der Prozedur Anhaengen (wie in Abschnitt 3.13.3) wird mit New(P^.L) und New(P^.R) der neue Knoten an die richtige Stelle angehängt.

- Über Z<=P^.Info wird die Regel "Kleineres Element als linken Nachfolger und größeres Element als rechten Nachfolger einfügen" zugrundegelegt.
- Im wiedergegebenen Ausführungsbeispiel zu Programm BiBaum22 wird eine Liste von 10 Elementen
  349 192 137 670 539 582 764 465 828 736
  erzeugt und sofort Element für Element als Baum verkettet.

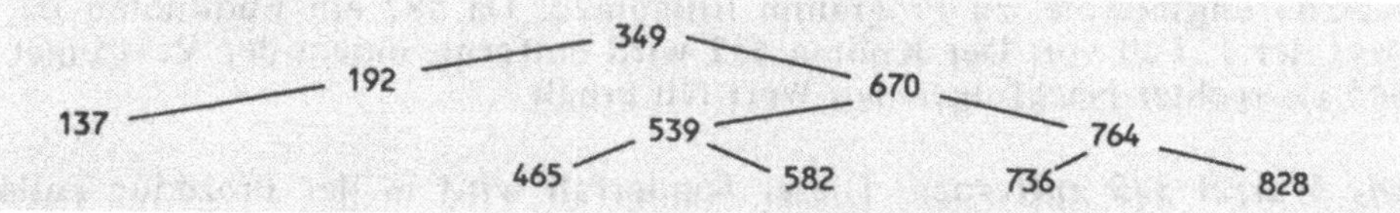

Baum gemäß Präordnung ausgeben über Prozedur Ausgabe:
Der Baum wird von der Wurzel an gezeigt. Er wird weder sortiert noch in der Eingabe-Reihenfolge angezeigt, sondern nach der Präordnung durchwandert (vgl. Abschnitt 3.13.1).

- Über die Prozedur NichtAusgeben wird die Komponente Aus jeweils mit False markiert.
- Über die Prozedur Ausgabe wird Aus auf True gesetzt, sobald der Knoten ausgegeben wurde.
- Für die lokale Variable P wird ein Rekursion-Stack aufgebaut. Da der rekursive Aufruf Ausgabe(P^.L) vor dem Aufruf Ausgabe(P^.R) steht, ergibt sich das oben angesprochene Prinzip "links vor rechts": der Stack wird jeweils bis zum linken Endknoten aufgebaut und dann abgebaut, bevor nach rechts gegangen wird, um rechte Nachfolger auf den Stack zu bringen.

Einen Knoten entfernen über die Prozedur Herausnehmen:
Im Ausführungsbeispiel wird die Zahl 539 zunächst über die Prozedur Suchen gesucht. Q zeigt auf 539 und V auf den Vorgänger 670. Zum Herausnehmen sind nun vier Fälle zu unterscheiden:

1. *Q^ hat keinen Nachfolger:* Der Zeiger des Vorgängers auf Q^ wird auf Nil gesetzt.

2. *Q^ hat nur einen linken Nachfolger:* Der Zeiger des Vorgängers wird auf Q^.L^ gesetzt.
3. *Q^ hat nur einen rechten Nachfolger:* Der Zeiger des Vorgängers wird auf Q^.R^ gesetzt.
4. *Q^ hat zwei Nachfolger:* Der Zeiger des Vorgängers wird auf Q^.L^ gesetzt. Der rechte Teilbaum von Q^ wird an den linken Teilbaum von Q^ angehängt, wobei rechts eine freie Stelle gesucht wird. Dieser 4. Fall wird in der gesonderten Prozedur Fall4 gelöst.

Sonderfall Q=Wurzel: Dieser wird stets gesondert abgefragt. Im Beispiel "Zahl 539 entfernen" liegt jeweils der Fall 4 vor. Der Baum hat nun folgendes Aussehen:

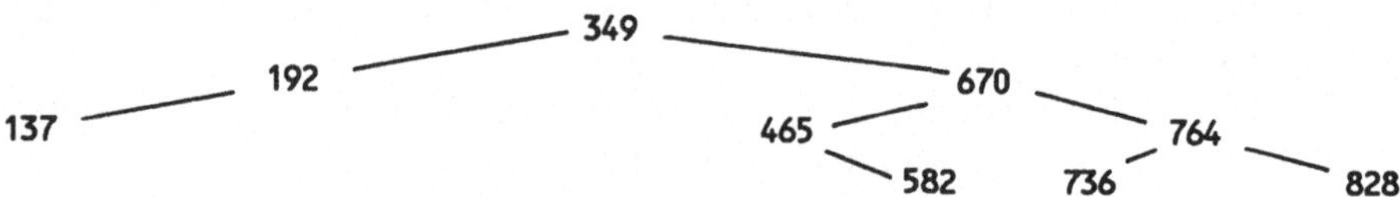

Nach 539 den Knoten mit 582 entfernen: Wir betrachten weiter das Ausführungsbeispiel zu Programm BiBaum22. Da 582 ein Endknoten ist, liegt der 1. Fall vor. Der Knoten 582 wird entfernt, indem der Vorgänger 465 als rechter Nachfolger den Wert Nil erhält.

Die Wurzel 349 entfernen: Dieser Sonderfall wird in der Prozedur Fall4 behandelt, da zwei Nachfolger existieren. Der Baum besteht nun nur noch aus sieben Knoten:

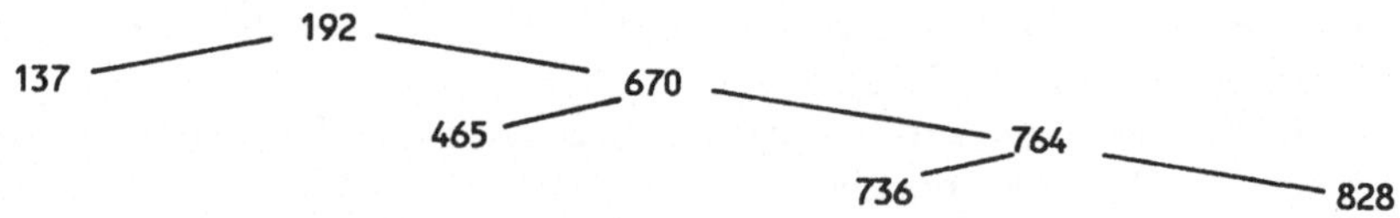

Pascal-Quelltext zu Programm BiBaum22:

```
PROGRAM BiBaum22;
  {Einen Binärbaum erzeugen und Knoten entfernen}
USES Crt;
TYPE
  ZeigerTyp = ^KnotenTyp;
  KnotenTyp = RECORD
                Info: Integer;
                Aus:  Boolean;
                L,R:  ZeigerTyp;
              END;
```

```
VAR
  Wurzel:   ZeigerTyp;
  Q:        ZeigerTyp;          {zeigt auf gefundenen Knoten}
  V:        ZeigerTyp;          {zeigt auf Vorgänger von Q^}
  W:        Char;
  N,I,Z:    Integer;
  Gefunden: Boolean;

PROCEDURE NichtAusgegeben(P: ZeigerTyp);
BEGIN
  IF P <> NIL
    THEN
      BEGIN
        NichtAusgegeben(P^.L);
        P^.Aus := False;
        NichtAusgegeben(P^.R);
      END;
END;

PROCEDURE Ausgabe(P: ZeigerTyp);
BEGIN
  IF P <> NIL
    THEN
      BEGIN
        IF NOT P^.Aus
          THEN
            BEGIN
              Write(P^.Info:5,'  '); P^.Aus := True;
              IF P^.L <> NIL
                THEN Write(P^.L^.Info:6,'   ')
                ELSE Write('':9);
              IF P^.R <> NIL
                THEN Write(P^.R^.Info:5);
              WriteLn;
            END;
        Ausgabe(P^.L);
        Ausgabe(P^.R);
      END; {von THEN}
END;

PROCEDURE Ausgabe(VAR P: ZeigerTyp);
BEGIN
  IF P<>NIL
    THEN
      BEGIN
        Write(P^.Info:5);
```

```
        IF P^.L<>NIL
          THEN Write(P^.L^.Info:8)
          ELSE Write('':8);
        IF P^.R<>NIL
          THEN Write(P^.R^.Info:8);
        WriteLn;
        IF P^.L<>NIL THEN Ausgabe(P^.L);
        IF P^.R<>NIL THEN Ausgabe(P^.R);
      END;
END;

PROCEDURE Anhaengen(VAR P: ZeigerTyp);
BEGIN
  IF P = NIL
    THEN
      BEGIN
        New(P);
        P^.Info := Z;
        P^.L := NIL; P^.R := NIL;
      END
    ELSE
      IF Z <= P^.Info
        THEN
          Anhaengen(P^.L)
        ELSE
          Anhaengen(P^.R);
END;

PROCEDURE NeuBaum;
BEGIN
  Wurzel := NIL;
  Write('Wieviele Knoten soll der Baum haben? '); ReadLn(N);
  Write('Baum mit ');
  FOR I := 1 TO N DO
    BEGIN
      Z := Random(1000); Write(Z:4);
      Anhaengen(Wurzel);
    END;
  WriteLn;
END;

PROCEDURE Suchen;
BEGIN
  REPEAT
    IF Q^.Info = Z
```

```
        THEN
          Gefunden := True
        ELSE
          BEGIN
            IF Z < Q^.Info
              THEN
                BEGIN
                  V := Q; Q := Q^.L;
                END;
            IF Z > Q^.Info
              THEN
                BEGIN
                  V := Q; Q := Q^.R;
                END;
          END;
    UNTIL Gefunden OR (Q = NIL);
    IF Gefunden
      THEN BEGIN
             WriteLn('Gefunden:   ', Q^.Info);
             WriteLn('Vorgänger:  ', V^.Info);
           END;
  END;

  PROCEDURE Fall4;                    {4. Q^ mit linkem und rechtem Nachfolger}
  VAR
    H: ZeigerTyp;
  BEGIN
    IF Q <> Wurzel
      THEN IF Q = V^.L
             THEN  V^.L := Q^.L
             ELSE  V^.R := Q^.L
      ELSE Wurzel := Q^.L;
    H := Q^.L;
    WHILE H^.R <> NIL DO  H := H^.R;
    H^.R := Q^.R;
  END;

  PROCEDURE HerausNehmen;
  BEGIN
    IF (Q^.L = NIL) AND (Q^.R = NIL)               {1. Q^ ohne Nachfolger}
      THEN IF Q <> Wurzel
             THEN IF Q = V^.L
                    THEN V^.L := NIL
                    ELSE V^.R := NIL
             ELSE Wurzel := NIL
```

```
    ELSE IF (Q^.L = NIL) AND (Q^.R <> NIL)      {2. Q^ mit rechtem Nachfolger}
           THEN IF Q <> Wurzel
                  THEN IF Q = V^.L
                         THEN V^.L := Q^.R
                         ELSE V^.R := Q^.R
                  ELSE Wurzel := Q^.R
           ELSE IF (Q^.L <> NIL) AND (Q^.R = NIL) {3. Q^ mit linkem Nachfolger}
                  THEN IF Q <> Wurzel
                         THEN IF Q = V^.L
                                THEN V^.L := Q^.L
                                ELSE V^.R := Q^.L
                         ELSE Wurzel := Q^.L
                  ELSE Fall4;                      {4. Q^ mit zwei Nachfolgern}
  WRITELN('Knoten ',Z,' entfernt.');
END;

PROCEDURE Entfernen;
BEGIN
  Write('Welche Zahl entfernen? ');
  ReadLn(Z); Gefunden := False;
  V := Wurzel; Q := Wurzel;
  Suchen;
  IF Gefunden
    THEN HerausNehmen;
END;

PROCEDURE Menue;
BEGIN
  WriteLn; WriteLn('0  Ende');
  WriteLn('1  Neuen Baum aus Ganzzahlen zufällig erzeugen');
  WriteLn('2  Ausgabe von der Wurzel an (links vor rechts)');
  WriteLn('3  Entfernen eines Knotens aus dem Binärbaum');
  W := ReadKey; WriteLn(W);
END;

BEGIN
  ClrScr;
  WriteLn('Demonstration zum Entfernen eines Knotens aus einem Baum.');
  Wurzel := NIL;
  REPEAT
    Menue;
    CASE W OF
      '1': NeuBaum;
      '2': BEGIN
             NichtAusgegeben(Wurzel);
```

```
            WriteLn('Info:  Links: Rechts:');
            Ausgabe(Wurzel);
          END;
      '3': Entfernen;
    END;
  UNTIL W = '0';
  WriteLn('Ende von Programm BiBaum22.');
END.
```

Ausführung zu Programm BiBaum22:

```
Demonstration zum Entfernen eines Knotens aus einem Baum.
0  Ende
1  Neuen Baum aus Ganzzahlen zufällig erzeugen
2  Ausgabe von der Wurzel an (links vor rechts)
3  Entfernen eines Knotens aus dem Binärbaum
1
Wieviele Knoten soll der Baum haben? 10
Baum mit  349 192 137 670 539 582 764 465 828 736
0  Ende
1  Neuen Baum aus Ganzzahlen zufällig erzeugen
2  Ausgabe von der Wurzel an (links vor rechts)
3  Entfernen eines Knotens aus dem Binärbaum
2
Info:  Links:  Rechts:
  349    192      670
  192    137
  137
  670    539      764
  539    465      582
  465
  582
  764    736      828
  736
  828
0  Ende
1  Neuen Baum aus Ganzzahlen zufällig erzeugen
2  Ausgabe von der Wurzel an (links vor rechts)
3  Entfernen eines Knotens aus dem Binärbaum
3
Welche Zahl entfernen? 539
Gefunden:  539
Vorgänger: 670
Knoten 539 entfernt.
```

```
0  Ende
1  Neuen Baum aus Ganzzahlen zufällig erzeugen
2  Ausgabe von der Wurzel an (links vor rechts)
3  Entfernen eines Knotens aus dem Binärbaum
2
Info:  Links:  Rechts:
  349    192     670
  192    137
  137
  670    465     764
  465            582
  582
  764    736     828
  736
  828
0  Ende
1  Neuen Baum aus Ganzzahlen zufällig erzeugen
2  Ausgabe von der Wurzel an (links vor rechts)
3  Entfernen eines Knotens aus dem Binärbaum
3
Welche Zahl entfernen? 582
Gefunden:  582
Vorgänger: 465
Knoten 582 entfernt.
0  Ende
1  Neuen Baum aus Ganzzahlen zufällig erzeugen
2  Ausgabe von der Wurzel an (links vor rechts)
3  Entfernen eines Knotens aus dem Binärbaum
2
Info:  Links:  Rechts:
  349    192     670
  192    137
  137
  670    465     764
  465
  764    736     828
  736
  828
0  Ende
1  Neuen Baum aus Ganzzahlen zufällig erzeugen
2  Ausgabe von der Wurzel an (links vor rechts)
3  Entfernen eines Knotens aus dem Binärbaum
3
Welche Zahl entfernen? 349
Gefunden:  349
```

```
Vorgänger: 349
Knoten 349 entfernt.
0  Ende
1  Neuen Baum aus Ganzzahlen zufällig erzeugen
2  Ausgabe von der Wurzel an (links vor rechts)
3  Entfernen eines Knotens aus dem Binärbaum
2
Info:  Links:  Rechts:
  192    137     670
  137
  670    465     764
  465
  764    736     828
  736
  828
0  Ende
1  Neuen Baum aus Ganzzahlen zufällig erzeugen
2  Ausgabe von der Wurzel an (links vor rechts)
3  Entfernen eines Knotens aus dem Binärbaum
Ende von Programm BiBaum22.
```

3.13.5 Binärbaum als dynamische Struktur: Sortieren und speichern

3.13.5.1 Datei in Binärbaum einlesen und sortieren

Problemstellung zu Programm BiBaum31: Zwei-Komponenten-Datensätze der Form "Englisch-Deutsch" sollen unsortiert als sequentielle Datei auf Diskette abgelegt werden (Schritt 1), um sie als Binärbaum in den RAM einzulesen (Schritt 2) und sortiert am Bildschirm anzuzeigen (Schritt 3).

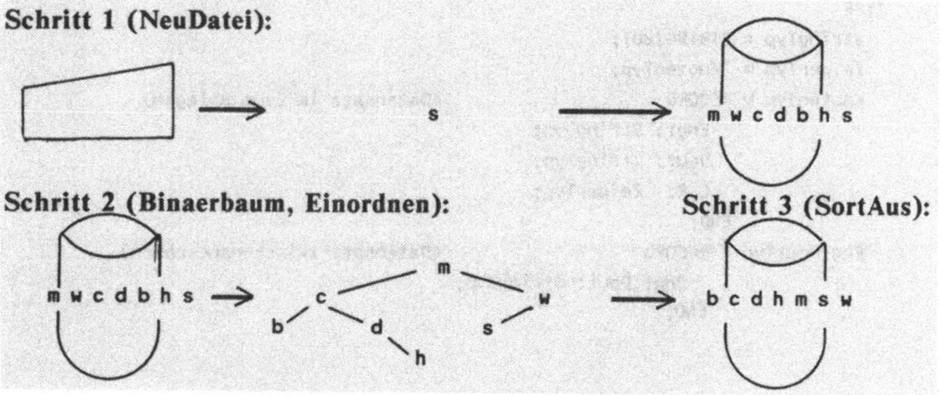

Datenflußplan zu Programm BiBaum31

Diskettendatei festlegen (Schritt 1, Prozedur NeuDatei):
In einer Datei namens BiBaum31.DAT sollen Datensätze mit englisch-deutschen Vokabelpaaren gespeichert werden. Der Datensatz ist als Verbund wie folgt vereinbart:

```
EnglDeut = RECORD
             Engl: STRING[20];
             Deut: STRING[20]
           END;
```

Die Datensätze stehen dann als Sequenz "man Mann woman Frau children Kinder ..." in der FILE OF-Diskettendatei.

Datei im RAM als Binärbaum anordnen (Schritt 2):
Über die Prozedur BinaerBaum werden alle Sätze von der Datei in den RAM eingelesen. Jeder Satz wird unmittelbar nach dem Lesen über die rekursive Prozedur Einordnen in dem Baum verkettet.

Binärbaum sortieren (Schritt 3, Prozedur SortAus):
Der Sortiervorgang über die rekursive Prozedur SortAus entspricht dem in Abschnitt 3.13.2 und 3.13.3 dargestellten Vorgehen. Der einzige Unterschied besteht darin, daß nun der Nutzdaten- bzw. Infoteil des Knotens *zwei* Strings umfaßt: ein englisches Wort P^.Engl und die deutsche Übersetzung P^.Deut.

Pascal-Quelltext zu Programm BiBaum31:

```
PROGRAM BiBaum31;
  {Eine Datei als Binärbaum einlesen, sortieren und zeigen}
USES Crt;
TYPE
  StringTyp = STRING[20];
  ZeigerTyp = ^KnotenTyp;
  KnotenTyp = RECORD                      {Datensatz im Baum ablegen}
                Engl: StringTyp;
                Deut: StringTyp;
                L,R:. ZeigerTyp;
              END;
  EnglDeutTyp = RECORD                    {Datensatz zwischenspeichern}
                  Engl,Deut: StringTyp;
                END;
```

```
VAR
  Wurzel,Q: ZeigerTyp;
  Ed:       EnglDeutTyp;
  Fu:       FILE OF EnglDeutTyp;        {File unsortiert auf Diskette}
  Fus:      STRING[14];                 {Filename auf Diskette}

PROCEDURE NeuDatei;
LABEL 1,2;
VAR
  E,D: StringTyp;
  W:   Char;
BEGIN
  Write('Name der unsortierten Diskettendatei? '); ReadLn(Fus);
  Assign(Fu,Fus);
  Write('Datei neu beschreiben (J/N)? '); ReadLn(W);
  IF (W <> 'J') AND (W <> 'j') THEN GOTO 1;
  Rewrite(Fu);
  REPEAT
    Write('English (0=Ende): '); ReadLn(E);
    IF E = '0' THEN GOTO 2;
    Write('Deutsch: '); ReadLn(D);
    Ed.Engl := E;
    Ed.Deut := D;
    Write(Fu,Ed);
  UNTIL False;
2: Close(Fu);
   WriteLn('Datei ',Fus,' geschlossen.');
1: END;

PROCEDURE SortAus(P: ZeigerTyp);
BEGIN
  IF P <> NIL
  THEN
    BEGIN
      SortAus(P^.L);
      WriteLn('   ',P^.Engl,' ',P^.Deut);
      SortAus(P^.R);
    END;
END;

PROCEDURE EinOrdnen(VAR P: ZeigerTyp);
BEGIN
  IF P = NIL
    THEN
      P := Q
    ELSE
      IF Q^.Engl < P^.Engl
        THEN
          EinOrdnen(P^.L)
        ELSE
          EinOrdnen(P^.R);
END;
```

```
PROCEDURE BinaerBaum;
BEGIN
  Reset(Fu);               {Datensatzzeiger auf 1. Satz}
  Read(Fu,Ed);             {1. Satz lesen und in ED zwischenspeichern}
  WriteLn('Datei ',Fus,' öffnen und Satz für Satz lesen:');
  WriteLn('   ',Ed.Engl,' ',Ed.Deut);
  New(Wurzel);             {1. Satz in Baum ablegen}
  Wurzel^.Engl := Ed.Engl; Wurzel^.Deut := Ed.Deut;
  Wurzel^.L := NIL; Wurzel^.R := NIL;
  WHILE NOT Eof(Fu) DO     {Alle Sätze bis Eof in Baum ablegen}
    BEGIN
      Read(Fu,Ed); WriteLn('   ',Ed.Engl,' ',Ed.Deut);
      New(Q);
      Q^.Engl := Ed.Engl; Q^.Deut := Ed.Deut;
      Q^.L := NIL; Q^.R := NIL;
      EinOrdnen(Wurzel);
    END;
  Close(Fu);
  WriteLn('Datei ',Fus,' in Baum gelesen und geschlossen.');
END;

BEGIN
  ClrScr;
  WriteLn('Inhalt einer Diskettendatei als Binärbaum sortieren.');
  WriteLn('Schritt 1: Diskettendatei festlegen');
  NeuDatei;
  WriteLn;
  WriteLn('Schritt 2: Datei im RAM als Binärbaum ablegen');
  BinaerBaum;
  WriteLn;
  WriteLn('Schritt 3: Binärbaum sortiert am Bildschirm zeigen');
  SortAus(Wurzel);
  WriteLn('Ende von Programm BiBaum31.');
END.
```

Ausführung zu Programm BiBaum31:

```
Inhalt einer Diskettendatei als Binärbaum sortieren.
Schritt 1: Diskettendatei festlegen
Name der unsortierten Diskettendatei: b:bibaum31.dat
Datei neu beschreiben (J/N)? j
Englisch (0=Ende): man
Deutsch: Mann
Englisch (0=Ende): woman
Deutsch: Frau
```

```
Englisch (0=Ende): dog
Deutsch: Hund
Englisch (0=Ende): bicycle
Deutsch: Fahrrad
English (0=Ende): holidays
Deutsch: Ferien
English (0=Ende): 0
Datei b:bibaum31.dat geschlossen.

Schritt 2: Datei im RAM als Binärbaum ablegen
Datei b:bibaum31.dat öffnen und Satz für Satz lesen:
   man Mann
   woman Frau
   children Kinder
   dog Hund
   bicycle Fahrrad
   holidays Ferien
Datei b:bibaum31.dat in Baum gelesen und geschlossen.

Schritt 3: Binärbaum sortiert am Bildschirm zeigen
   bicycle Fahrrad
   children Kinder
   dog Hund
   holidays Ferien
   man Mann
   woman Frau
Ende von Programm BiBaum31.
```

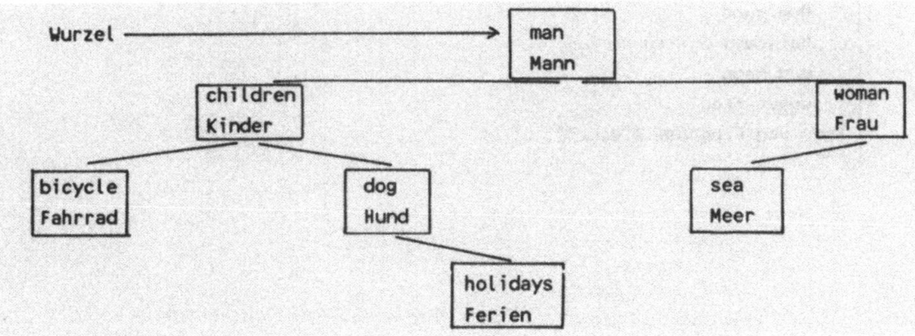

Binärbaum zum Ausführungsbeispiel von Programm BiBaum31

3.13.5.2 Datei über Binärbaum sortieren und schreiben

Problemstellung zu Programm BiBaum32: Über das Programm BiBaum31 (Abschnitt 3.13.5.1) wird eine unsortierte Datei BiBaum31.DAT abgespeichert (Schritt 1). Diese Vokabeldatei ist in den RAM als Binärbaum einzulesen (Schritt 2), intern zu sortieren (Schritt 3) und sortiert auf Diskette als Datei BiBaum32.DAT zu schreiben (Schritt 4).

Ausführung zu Programm BiBaum32:

```
Schritt 1: Diskettendateien festlegen
Name der unsortierten Eingabedatei? b:bibaum31.dat
Name der sortierten Ausgabedatei?  b:bibaum32.dat

Schritt 2: Datei im RAM als Binärbaum ablegen
   man Mann
   woman Frau
   children Kinder
   dog Hund
   bicycle Fahrrad
   holidays Ferien

Schritt 3: Binärbaum sortiert auf Diskette schreiben

Schritt 4: Sortierte Datei zeigen
   bicycle Fahrrad
   children Kinder
   dog Hund
   holidays Ferien
   man Mann
   woman Frau
Ende von Programm BiBaum32.
```

Pascal-Quelltext zu Programm BiBaum32:

```
PROGRAM BiBaum32;
  {Eine Diskettendatei über einen Binärbaum sortieren}
USES Crt;
TYPE
  ZeigerTyp = ^KnotenTyp;
  KnotenTyp = RECORD
                Engl,Deut: STRING[20];
                L,R: ZeigerTyp;
              END;
  EnglDeutTyp = RECORD
                  Engl,Deut: STRING[20];
                END;
VAR
  Wurzel,Q: ZeigerTyp;
  Ed:       EnglDeutTyp;
  Fu,Fs:    FILE OF EnglDeutTyp;       {Files unsortiert und sortiert}
  Fus,Fss:  STRING[14];                {Filenamen auf Diskette}

PROCEDURE DateiAusgabe;
BEGIN
  Reset(Fs);
  WHILE NOT Eof(Fs) DO
    BEGIN
      Read(Fs,Ed); WriteLn('   ',Ed.Engl,' ',Ed.Deut);
    END;
END;

PROCEDURE EinOrdnen(VAR P: ZeigerTyp);
BEGIN
  IF P = NIL
    THEN
      P := Q
    ELSE
      IF Q^.Engl < P^.Engl
        THEN
          EinOrdnen(P^.L)
        ELSE
          EinOrdnen(P^.R);
END;

PROCEDURE BinaerBaum;
BEGIN
  Read(Fu,Ed); WriteLn('   ',Ed.Engl,' ',Ed.Deut);
  New(Wurzel);
```

```
    Wurzel^.Engl := Ed.Engl; Wurzel^.Deut := Ed.Deut;
    Wurzel^.L := NIL; Wurzel^.R := NIL;
    WHILE NOT Eof(Fu) DO
      BEGIN
        Read(Fu,Ed); WriteLn('   ',Ed.Engl,' ',Ed.Deut);
        New(Q);
        Q^.Engl := Ed.Engl; Q^.Deut := Ed.Deut;
        Q^.L := NIL; Q^.R := NIL;
        EinOrdnen(Wurzel);
      END;
  END;

  PROCEDURE SortAus(P: ZeigerTyp);
  BEGIN
    IF P <> NIL
      THEN
        BEGIN
          SortAus(P^.L);
          Ed.Engl := P^.Engl; Ed.Deut := P^.Deut;
          Write(Fs,Ed);           {als nächsten Satz in die Datei}
          SortAus(P^.R);
        END;
  END;

  BEGIN
    ClrScr;
    WriteLn('Schritt 1: Diskettendateien festlegen');
    Write('Name der unsortierten Eingabedatei? '); ReadLn(Fus);
    Write('Name der sortierten Ausgabedatei?   '); ReadLn(Fss);
    Assign(Fu,Fus); Assign(Fs,Fss);
    Reset(Fu);            {Satzzeiger auf 1. Satz}
    Rewrite(Fs);          {ggf. löschen und Satzzeiger auf 1. Satz}
    WriteLn;
    WriteLn('Schritt 2: Datei im RAM als Binärbaum ablegen');
    BinaerBaum;
    WriteLn;
    WriteLn('Schritt 3: Binärbaum sortiert auf Diskette schreiben');
    SortAus(Wurzel);
    WriteLn;
    WriteLn('Schritt 4: Sortierte Datei zeigen');
    DateiAusgabe;
    Close(Fs); Close(Fu);
    WriteLn('Ende von Programm BiBaum32.')
  END.
```

3.13.6 Durchwandern von Binärbäumen

Problemstellung zu Programm BiBaum4: Neben dem Einfügen, Suchen und Löschen kommt dem Durchwandern bei Binärbäumen eine besondere Bedeutung zu (vgl. Abschnitt 3.13.1). Das Programm BiBaum4 soll Werte in einen Binärbaum entgegennehmen, um den Baum dann nach den drei Prinzipien *Präordnung*, *Postordnung* und *Endordnung* zu durchwandern.

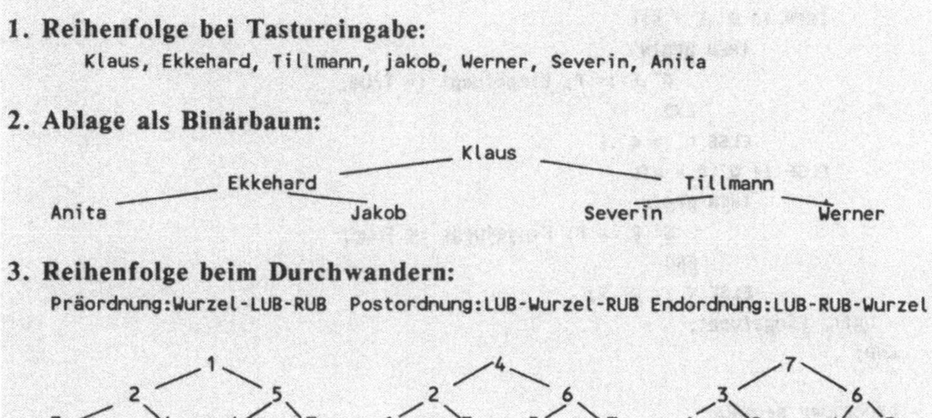

Drei Prinzipien zum Durchwandern eines Baumes (Bezug: Programm BiBaum4)

Pascal-Quelltext zu Programm BiBaum4:

```
PROGRAM BiBaum4;
  {Durchwandern eines Binärbaumes nach drei Ordnungen}
USES Crt;
TYPE
  StringTyp = STRING[20];
  ZeigerTyp = ^KnotenTyp;
  KnotenTyp = RECORD
                L,R:  ZeigerTyp;
                Name: StringTyp;
              END;
VAR
  Anker: ZeigerTyp;
```

```
PROCEDURE Anhaengen(P: ZeigerTyp);
VAR
  Q:          ZeigerTyp;
  EingeFuegt: Boolean;
BEGIN
  Q := Anker;
  Eingefuegt := False;
  REPEAT
    IF P^.Name <= Q^.Name
      THEN IF Q^.L = NIL
             THEN BEGIN
                    Q^.L := P; Eingefuegt := True;
                  END
             ELSE Q := Q^.L
      ELSE IF Q^.R = NIL
             THEN BEGIN
                    Q^.R := P; Eingefuegt := True;
                  END
             ELSE Q := Q^.R;
  UNTIL Eingefuegt;
END;

PROCEDURE NeuBaum;
LABEL E;
VAR
  P: ZeigerTyp;
BEGIN
  WriteLn('Werte in den Baum eingeben (Return für Ende):');
  New(Anker);
  ReadLn(Anker^.Name);
  IF Anker^.Name = ''
    THEN BEGIN
           Anker := NIL; GOTO E;
         END
    ELSE BEGIN                                    {Ankerelement einrichten}
           Anker^.L := NIL; Anker^.R := NIL;
         END;
  New(P);
  ReadLn(P^.Name);
  WHILE P^.Name <> '' DO                          {Neues Element einordnen}
    BEGIN
      P^.L := NIL; P^.R := NIL;
      Anhaengen(P);
      New(P); ReadLn(P^.Name);
    END;
```

```
E:END;

PROCEDURE PraeOrdnung(P: ZeigerTyp);
BEGIN
  IF P <> NIL    THEN Write(P^.Name,' ');
  IF P^.L <> NIL THEN PraeOrdnung(P^.L);
  IF P^.R <> NIL THEN PraeOrdnung(P^.R);
END;

PROCEDURE PostOrdnung(P: ZeigerTyp);
BEGIN
  IF P^.L <> NIL THEN PostOrdnung(P^.L);
  IF P <> NIL    THEN Write(P^.Name,' ');
  IF P^.R <> NIL THEN PostOrdnung(P^.R);
END;

PROCEDURE EndOrdnung(P: ZeigerTyp);
BEGIN
  IF P^.L <> NIL THEN EndOrdnung(P^.L);
  IF P^.R <> NIL THEN EndOrdnung(P^.R);
  IF P <> NIL    THEN Write(P^.Name,' ');
END;

BEGIN
  ClrScr;
  WriteLn('Drei Ordnungsprinzipien zum Durchwandern eines Binärbaumes.');
  WriteLn; WriteLn('1. Tastatureingabe:');
  NeuBaum;
  WriteLn('2. Durchwandern entsprechend');
  Write('Präordnung:   '); PraeOrdnung(Anker); WriteLn;
  Write('Postordnung:  '); PostOrdnung(Anker); WriteLn;
  Write('Endordnung:   '); EndOrdnung(Anker);  WriteLn;
  WriteLn('Ende von Programm BiBaum4.')
END.
```

Drei Ausführungen zu Programm BiBaum4:

```
Drei Ordnungsprinzipien zum Durchwandern eines Binärbaumes.
1. Tastatureingabe:
Werte in den Baum eingeben (Return für Ende):
Klaus
Ekkehard
Tillmann
Jakob
```

```
Werner
Severin
Anita
2. Durchwandern entsprechend
Präordnung:   Klaus Ekkehard Anita Jakob Tillmann Severin Werner
Postordnung:  Anita Ekkehard Jakob Klaus Severin Tillmann Werner
Endordnung:   Anita Jakob Ekkehard Severin Werner Tillmann Klaus
Ende von Programm BiBaum4.

Drei Ordnungsprinzipien zum Durchwandern eines Binärbaumes.
1. Tastatureingabe:
Werte in den Baum eingeben (Return für Ende):
70
77
51
91
15
62
40
83
2. Durchwandern entsprechend
Präordnung:   70 51 15 40 62 77 91 83
Postordnung:  15 40 51 62 70 77 83 91
Endordnung:   40 15 62 51 83 91 77 70
Ende von Programm BiBaum4.
```

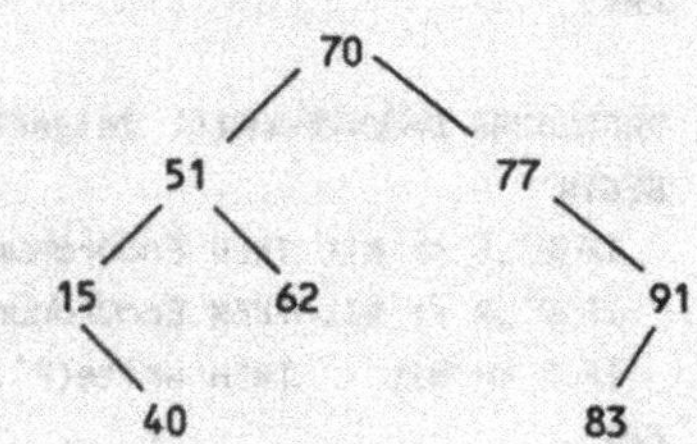


```
Drei Ordnungsprinzipien zum Durchwandern eines Binärbaumes.
1. Tastatureingabe:
Werte in den Baum eingeben (Return für Ende):
M
B
A
S
I
C
X
2. Durchwandern entsprechend
Präordnung:   M B A I C S X
Postordnung:  A B C I M S X
Endordnung:   A C I B X S M
Ende von Programm BiBaum4.
```

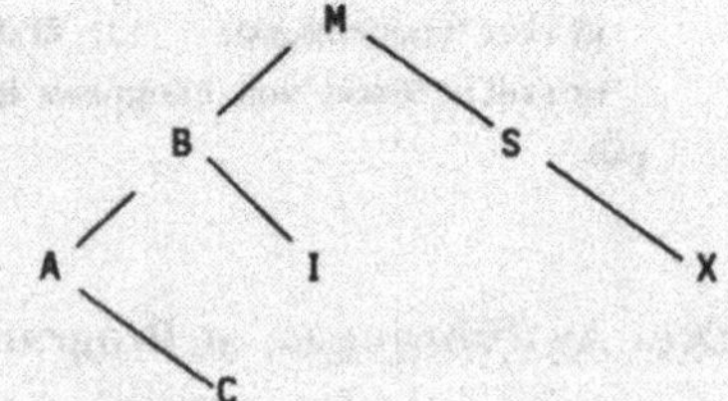

3.13.7 Gefädelter Binärbaum

Durchwandern immer wieder von oben beginnen: In Programm BiBaum4 (Abschnitt 3.13.6) wird ein Binärbaum nach der Postordnung durchwandert und sortiert ausgegeben. Dazu muß man links bis zum kleinsten Knoten herabsteigen. Da die Zeiger nur in einer Richtung nach unten weisen, kann man nicht genauso einfach wieder heraufsteigen. Man merkt sich Position des gerade gefundenen Knotens und beginnt wieder beim Anker, um von oben her das zweitkleinste Element zu suchen. Dieses "...immer wieder von oben beginnen" ist über die Rekursion sehr einfach zu programmieren. Die rekursiven Prozeduren PostOrdnung (Programm BiBaum4, Abschnitt 3.13.6) und SortAus (Programm BiBaum31, Abschnitt 3.13.5) verdeutlichen dies. Die Ausführung der Prozeduren hingegen kann sehr zeitaufwendig sein.

Zeigerumkehr, Doppelverkettung und Fädelung als Alternativen:

- Bei der *Zeigerumkehr* dreht man die Zeiger beim Absteigen um, damit der Rückweg bzw. das Aufsteigen markiert wird.

- Bei der *Doppelverkettung* legt man zusätzlich Zeiger an, die den Rückweg markieren. Dies entspricht dem Prinzip der in Abschnitt 3.12.5 dargestellten doppelt verketteten Liste. Man ist dabei zwar schneller als bei der Zeigerumkehr, benötigt aber mehr Speicherplatz.

- Bei der *Fädelung* als dritter Möglichkeit weisen die Rückwärtszeiger nicht unbedingt auf den physischen, sondern auf den logischen Vorgänger. Das in der Abbildung gezeigte Beispiel unterstreicht, daß bei der Fädelung die Knoten von Blättern, die keinen Zeiger für den rechten Nachfolger haben, zur Aufwärts- bzw. Rückwärtsverzeigerung verwendet werden.

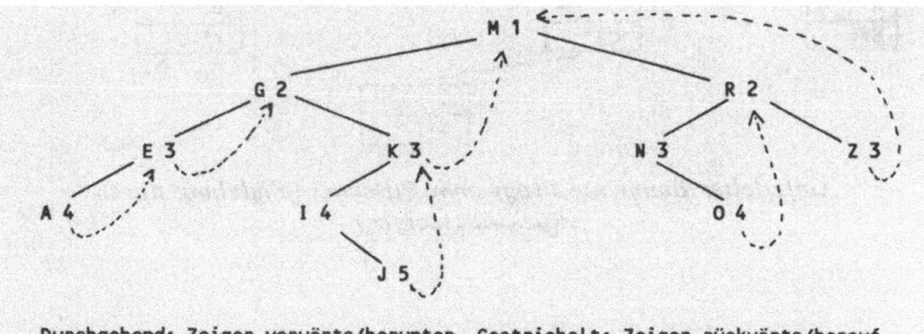

Durchwandern eines gefädelten Binärbaumes

Begriff der Fädelung: Die in der Abbildung gestrichelt eingetragenen Rückwärtszeiger geben dem Baum ein Aussehen, als ob die Knoten an einem Faden aufgereiht seien.

Problemstellung zu Programm BiBaum5: Ein gefädelter Binärbaum soll erzeugt werden (Prozeduren NeuBaum und Anhaengen), um ihn dann "per Hand" zu durchwandern (Prozedur Durchwandern) und sortiert auszugeben (Prozedur PostOrdnung).

Pseudoknoten mit Stufennummer 0 in Programm BiBaum5: Da im gefädelten Baum rechts stets ein Nachfolger vorhanden ist, kann man zur Feststellung eines Endknotens nicht mehr die Bedingung P^.R=Nil verwenden. Aus diesem Grunde enthält in Programm BiBaum5 jeder Knoten zusätzlich eine Komponente *Stufe* mit der Stufennummer: Die Wurzel hat die Stufennummer 1, die nächste Ebene die Nummer 2 usw. Damit auch die Wurzel einen Vorgänger mit niedrigerer Stufennummer hat, führt man einen Pseudoknoten mit der Stufennummer 0 ein. Somit liegt also ein Endknoten dann vor, wenn sein rechter Nachfolger eine niedrigere Stufennummer hat.

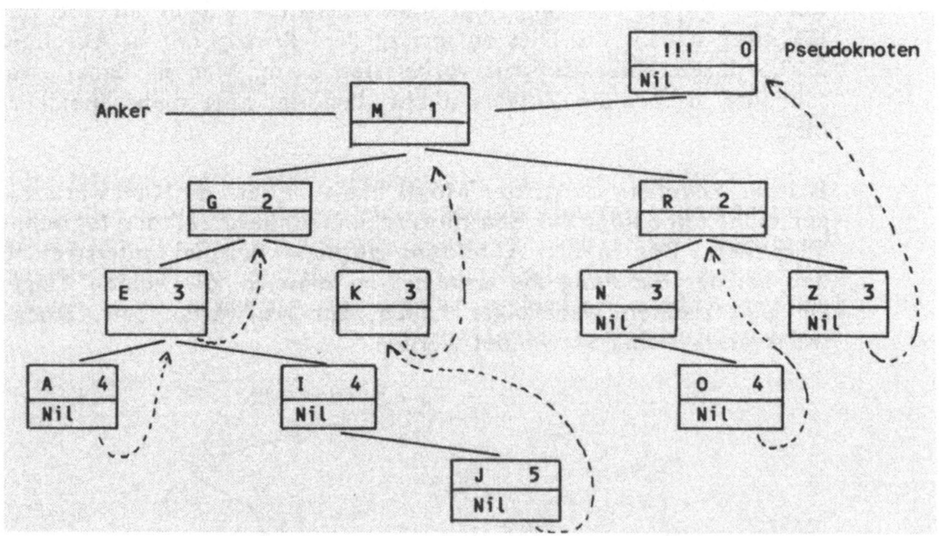

Gefädelter Baum von Programm BiBaum5 (Fädelung durch Rückwärtszeiger)

Fädelung beim Anhängen eines neuen Knotens vornehmen: Über die Prozedur Anhaengen fädelt man einen neuen Knoten P^ dadurch ein, daß man P^.R auf den Nachfolger des Vorgängers Q^ setzt.

- Zu Beginn erhält die Wurzel als Vorgänger en Pseudoknoten mit Stufennummer 0. Damit ist der Nachfolger des äußersten rechten Knotens stets dieser Pseudoknoten.
- In den Abbildungen wird dargestellt, wie beim Anhaengen die Zusatzverkettung fortgeschrieben wird: Zum Linksanhängen des Schlüssels A wird mit P^.R^:=Q ein Rückwärtszeiger auf E als unmittelbaren Vorgänger gerichtet. Zum Rechtsanhängen des Schlüssels J hingegen muß der im Vorgänger I bereits gegebene Rückwärtszeiger auf K nach A übernommen werden.

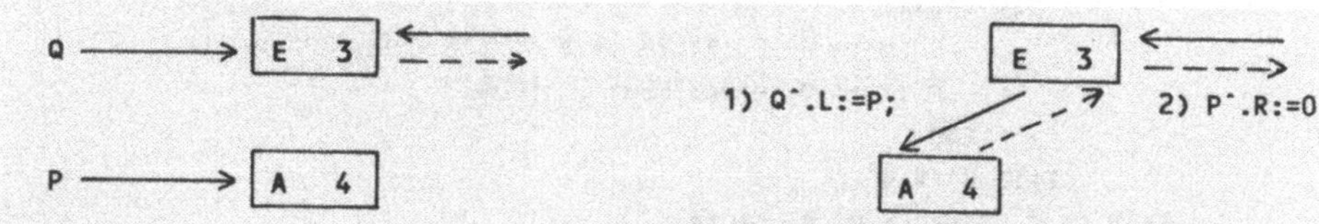

Linksanhängen von Schlüssel A an Schlüssel E über Prozedur Anhaengen

Prozedur Durchwandern: Mit dieser Prozedur kann der Binärbaum durchwandert werden, indem man L bzw. R als Nachfolger-Richtung angibt. Wenn die Prozedur links auf Nil als Nachfolger trifft, wird beendet.

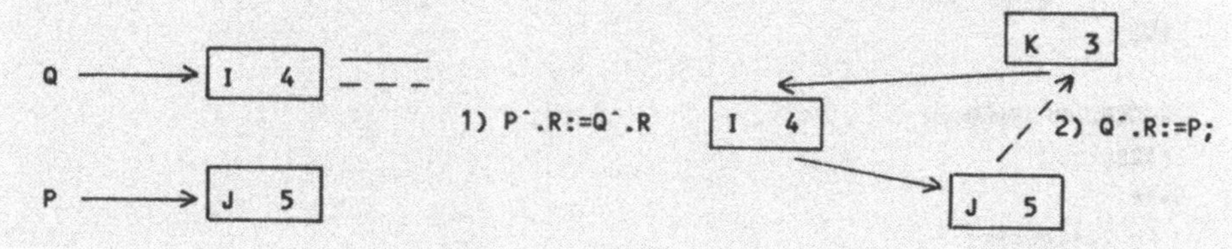

Rechtsanhängen von Schlüssel J an Schlüssel I über Prozedur Anhaengen

Pascal-Quelltext zu Programm BiBaum5:

```
PROGRAM BiBaum5;
  {Erzeugung eines gefädelten Binärbaumes}
USES Crt;
TYPE
  StringTyp = STRING[20];
  ZeigerTyp = ^KnotenTyp;
  KnotenTyp = RECORD
                L,R:   ZeigerTyp;
                Name:  StringTyp;
                Stufe: Integer;      {Stufennummer 1,2,3, ...}
              END;
```

```
VAR
  Anker: ZeigerTyp;

PROCEDURE Anhaengen(P: ZeigerTyp);
VAR
  Q:          ZeigerTyp;
  Eingefuegt: Boolean;
BEGIN
  Q := Anker; Eingefuegt := False;
  REPEAT
    IF P^.Name <= Q^.Name
      THEN IF Q^.L = NIL
             THEN BEGIN
                    Q^.L := P; P^.Stufe := Q^.Stufe + 1;
                    P^.R := Q; Eingefuegt := True;
                  END
             ELSE Q := Q^.L
      ELSE IF Q^.Stufe > Q^.R^.Stufe
             THEN BEGIN
                    P^.R := Q^.R; P^.Stufe := Q^.Stufe + 1;
                    Q^.R := P; Eingefuegt := True;
                  END
             ELSE Q := Q^.R;
  UNTIL Eingefuegt;
END;

PROCEDURE NeuBaum;
LABEL E;
VAR
  P: ZeigerTyp;
BEGIN
  WriteLn('Werte für einen neuen Binärbaum eingeben (Return=Ende)?');
  New(Anker); ReadLn(Anker^.Name);
  IF Anker^.Name = ''
    THEN BEGIN
           Anker := NIL; GOTO E;
         END
    ELSE BEGIN
           Anker^.L := NIL;
           Anker^.Stufe := 1;                          {Wurzel hat die Stufe 1}
         END;
  New(P); P^.L := NIL; P^.Stufe := 0;                  {Erzeugen eines Pseudoele-}
  P^.Name := '    !!!!'; Anker^.R := P;                {mentes der Stufe 0 mit   }
  P^.R := Anker;                                       {kleinem Wert '    !!!!'  }
```

```
    New(P); ReadLn(P^.Name);
    WHILE P^.Name <> '' DO
      BEGIN
        P^.L := NIL;
        Anhaengen(P);
        New(P); ReadLn(P^.Name);
      END;
  E:END;

  PROCEDURE DurchWandern;
  LABEL E;
  VAR
    W: Char;
    P: ZeigerTyp;
  BEGIN
    WriteLn('Eingabe L für links bzw. R für rechts:');
    P := Anker;
    IF P = NIL
      THEN BEGIN
             WriteLn('Kein Nachfolger.'); GOTO E;
           END;
    WriteLn('Die Wurzel enthält den Wert:   ', P^.Name:20, P^.Stufe:5);
    REPEAT
      REPEAT
        Write('(L/R): ':30); W := ReadKey; Write(W);
      UNTIL W IN ['L','l','R','r'];
      IF (W = 'L') OR (W = 'l')
        THEN P := P^.L
        ELSE P := P^.R;
      IF P <> NIL
        THEN WriteLn( P^.Name:20, P^.Stufe:5)
        ELSE WriteLn('Kein Nachfolger vorhanden.':27);
    UNTIL P = NIL;
  E:END;

  PROCEDURE PostOrdnung(P: ZeigerTyp);
  BEGIN
    IF P^.L <> NIL THEN PostOrdnung(P^.L);
    WriteLn( P^.Name:20, P^.Stufe:5);
    IF P^.Stufe < P^.R^.Stufe THEN PostOrdnung(P^.R);
  END;

  BEGIN
    ClrScr;
    WriteLn('Verwaltung eines  g e f ä d e l t e n  Binärbaumes.');
```

```
    WriteLn; WriteLn('1. Erzeugen eines neuen gefädelten Baumes');
    NeuBaum;
    WriteLn; WriteLn('2. Durchwandern des Baumes "per Hand"');
    DurchWandern;
    WriteLn; WriteLn('3. Baum sortiert ausgeben (Schlüssel, Stufennummer)');
    IF Anker <> NIL
      THEN PostOrdnung(Anker);
    WriteLn('Ende von Programm BiBaum5.');
  END.
```

Ausführung zu Programm BiBaum5:

```
Verwaltung eines  g e f ä d e l t e n  Binärbaumes.

1. Erzeugen eines neuen gefädelten Baumes
Werte für einen neuen Binärbaum eingeben (Return=Ende)?
M G E R A K N I Z J O

2. Durchwandern des Baumes "per Hand"
Eingabe L für links bzw. R für rechts:
Die Wurzel enthält den Wert:             M    1
                   (L/R): L              G    2
                   (L/R): L              E    3
                   (L/R): R              G    2
                   (L/R): R              K    3
                   (L/R): L              I    4
                   (L/R): R              J    5
                   (L/R): R              K    3
                   (L/R): R              M    1
                   (L/R): R              R    2
                   (L/R): L              N    3
                   (L/R): R              O    4
                   (L/R): R              R    2
                   (L/R): R              Z    3
                   (L/R): R           !!!!    0
                   (L/R): R              M    1
                   (L/R): R              R    2
                   (L/R): R              Z    3
                   (L/R): L Kein Nachfolger vorhanden.

3. Baum sortiert ausgeben (Schlüssel, Stufennummer)
                    A   4
                    E   3
                    G   2
```

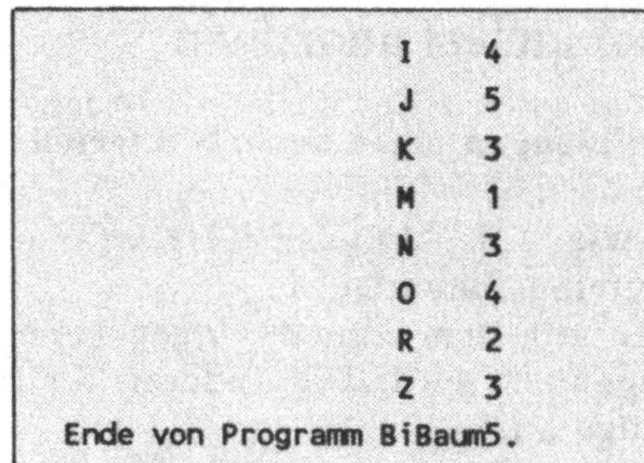

3.13.8 Balancierter Binärbaum

Das Suchen in unsymmetrischen Bäumen kann sehr zeitaufwendig sein, da mit zunehmender Tiefe die Länge des Suchpfades wächst. Aus diesem Grunde ist es wichtig, mit symmetrischen, optimierten bzw. balancierten Bäumen zu arbeiten.

- *Statische Balancierung:* Der gesamte Baum wird in einem gesonderten Optimierungslauf neu ausbalanciert.
- *Dynamische Balancierung:* Während des Arbeitens wird laufend überwacht, daß der Baum ausgeglichen angeordnet bleibt. Man kann eine solche Balance mit einem Mobile vergleichen: Links und rechts vom Haken bzw. Anker dürfen nur gleichlastige Elemente angehängt werden. Entsprechendes gilt für das Löschen.
- *Vollständig ausbalancierter Baum:* Dabei unterscheidet sich für jeden Knoten die Anzahl der Knoten im linken Unterbaum (LUB) wie im rechten Unterbaum (RUB) um nicht mehr als 1.

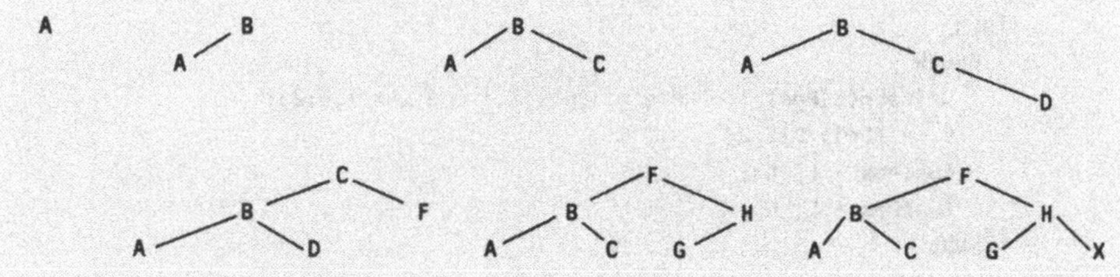

Vollständig ausbalancierte Binärbäume mit Knotenanzahl 1 bis 7

Problemstellung zu Programm BiBaum33: Es ist zu zeigen, wie ein Binärbaum dadurch ausbalanciert werden kann, daß man - ähnlich dem binären Suchen - durch fortgesetztes Halbieren einer sortierten Liste von Schlüsseln diese Schlüssel symmetrisch im Baum anfügt. Die beiden Programme BaumUeb1 und BaumUeb2 stellen "Vorübungen" zu Programm BiBaum33 dar.

3.13.8.1 Elemente eines Strings balanciert anordnen

Programm BaumUeb1 als Vorübung zum Erzeugen eines ausbalancierten Binärbaums:

- Eingabe eines sortierten Strings wie z.B. 'ABCDEFGJKLTW'im ersten Ausführungsbeispiel zu Programm BaumUeb1.
- Zeichnen des Binärbaumes, wobei mit dem zuerst eingegebenen Buchstaben (hier F) als Wurzel begonnen wird. Die anderen Knoten hängt man gemäß der Sortierfolge an.
- Es entsteht ein ausbalancierter Baum. Hängt man nun die noch fehlenden Elemente von vorne beginnend in der Sortierreihenfolge an (hier B,D,J,L,W), liegt ein balancierter Sortierbaum vor, der *alle* Strings enthält.

Pascal-Quelltext zu Programm BaumUeb1:

```
PROGRAM BaumUeb1;
  {Übung zum balancierten Baum: String testen}
USES Crt;
VAR
  S: STRING[63];  {Eingabestring mit Schlüsseln von Knoten}
  N,              {Stringlänge bzw. Anzahl der Knoten}
  L,              {Länge des jeweiligen Halbierungsintervalls}
  Pos: Integer;   {Position des Schlüssels im String S}

PROCEDURE Aus(Pos,L: Integer);
BEGIN
  IF (L > 1) AND (Pos > 0) AND (Pos <= N)
    THEN
      BEGIN
        WriteLn(S[Pos],':   Pos = ',Pos:2,' und L = ',L:2);
        L := (L+1) DIV 2;
        Aus(Pos - L, L);
        Aus(Pos + L, L);
      END;
END;

BEGIN
  ClrScr;
  WriteLn('Einen balancierten Baum aus einem String von Schlüsseln erzeugen.');
  Write('Welcher String? '); ReadLn(S);
```

```
    N := Length(S);  WriteLn('String mit Knotenanzahl N = ',N);
    L := (N+1) DIV 2;
    Pos := (N+1) DIV 2;
    Aus(Pos,L);                    {Ausgabe der Knoten des Binärbaumes}
    WriteLn('Ende von Programm BaumUeb1.');
  END.
```

Drei Ausführungen zu Programm BaumUeb1:

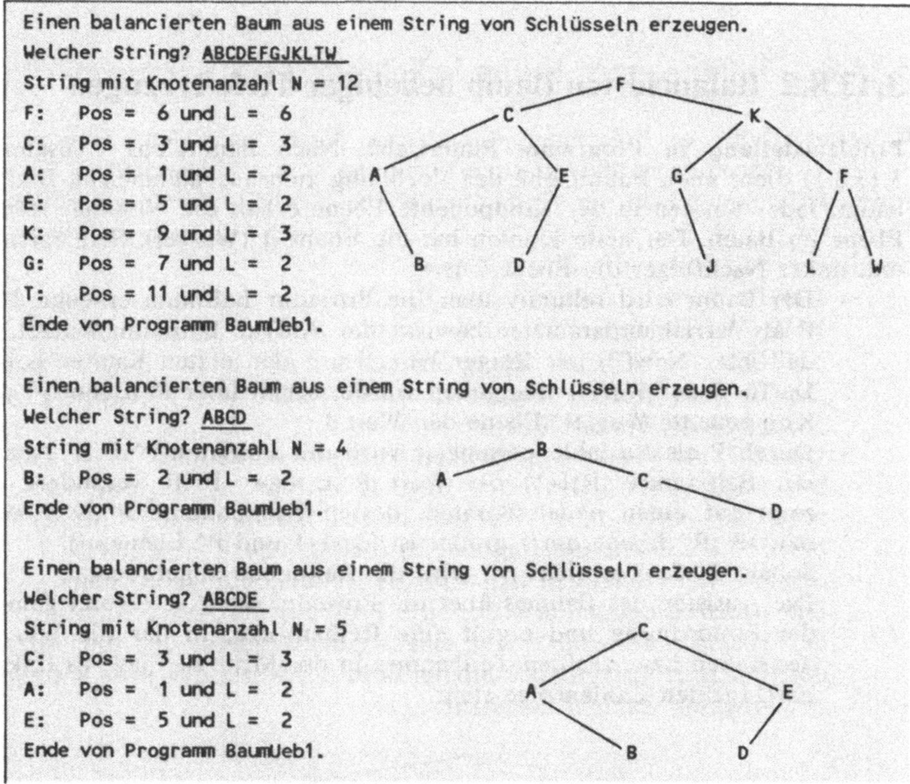

```
Einen balancierten Baum aus einem String von Schlüsseln erzeugen.
Welcher String? ABCDEFGJKLTW
String mit Knotenanzahl N = 12
F:   Pos =  6 und L =  6
C:   Pos =  3 und L =  3
A:   Pos =  1 und L =  2
E:   Pos =  5 und L =  2
K:   Pos =  9 und L =  3
G:   Pos =  7 und L =  2
T:   Pos = 11 und L =  2
Ende von Programm BaumUeb1.

Einen balancierten Baum aus einem String von Schlüsseln erzeugen.
Welcher String? ABCD
String mit Knotenanzahl N = 4
B:   Pos =  2 und L =  2
Ende von Programm BaumUeb1.

Einen balancierten Baum aus einem String von Schlüsseln erzeugen.
Welcher String? ABCDE
String mit Knotenanzahl N = 5
C:   Pos =  3 und L =  3
A:   Pos =  1 und L =  2
E:   Pos =  5 und L =  2
Ende von Programm BaumUeb1.
```

Ausgabe gemäß Präordnung über Prozedur Aus (Programm BaumUeb1):
Prozedur Aus gibt einen Buchstaben an der Stelle Pos aus. Im ersten Ausführungsbeispiel ist dies F. Die nächsten Positionen erhält man durch Subtraktion bzw. Addition des halben Stringlänge zur letzten Position in Pos. Pos wie auch die halbe Stringlänge L werden rekursiv an Aus übergeben.

- Die Ausgabe entspricht der Präordnung "Wurzel-LUB-RUB" (vgl. Abschnitt 3.13.1). Fügt man in dieser Reihenfolge die Elemente einer sortierten Menge an einen Binärbaum an, so *muß* ein Sortierbaum entstehen.

- Die Bedingung (Pos>0) AND (Pos<=0) sorgt dafür, daß Pos innerhalb des Strings bleibt. Wenn bei einem Schritt der Länge 1 kein zugehöriges Element vorhanden ist, würde ein bereits ausgegebenes Zeichen nochmals gezeigt; daher die Bedingung IF L>1. Am Ende können noch Elemente übrig bleiben, die dann vom Benutzer "per Hand" in den Baum einzutragen sind)hier z.B. B,D,J,L,W).

3.13.8.2 Balancierten Baum beliebiger Tiefe erzeugen

Problemstellung zu Programm BaumUeb2: Nach BaumUeb1 (Abschnitt 3.13.8.1) dient auch BaumUeb2 der Vorübung zum ausbalancierten Binärbaum. Jeder Knoten in der Komponente Ebene erhält die Nummer seiner Ebene im Baum. Der erste Knoten hat die Ebene 1 (Wurzel). Sein rechter und linker Nachfolger die Ebene 2 usw.

- Der Baum wird rekursiv über die Prozedur BalBaum erzeugt. Mit P als Variablenparameter bewirkt der Aufruf BalBaum(Wurzel,1), daß über New(P) der Zeiger Wurzel auf den ersten Knoten zeigt. Da für I der Wert 1 übergeben wurde, erhält über P^.Ebene:=I die Komponente Wurzel^.Ebene den Wert 1.
- Durch P als Variablenparameter wird mit BalBaum(P^.L,I+1) bzw. mit BalBaum(P^.R,I+1) der Wert P^.L bzw. P^.R verändert: er zeigt auf einen neuen Knoten, dessen Komponente P^.L^.Ebene bzw. P^.R^.Ebene um 1 größer ist (da I+1 und P^.Ebene:=I).
- Sobald Tiefe=I erreicht ist, wird die Rekursion abgebrochen.
- Die Ausgabe des Baumes über die Prozedur SortAus erfolgt gemäß der Postordnung und ergibt eine Reihenfolge, in der die Wurzel des linken bzw. rechten Teilbaumes in der Mitte der jeweils linken bzw. rechten Zahlenfolge steht.

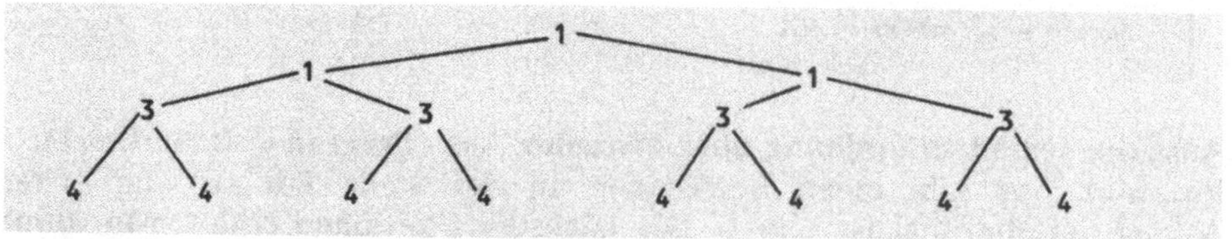

Balancierter Binärbaum für Tiefe=4 (jeder Knoten enthält als Schlüssel die Nummer seiner Ebene)

Pascal-Quelltext zu Programm BaumUeb2:

```
PROGRAM BaumUeb2;
  {Übung zum balancierten Baum: Baum mit beliebiger Tiefe erzeugen}
USES Crt;
TYPE
  ZeigerTyp = ^KnotenTyp;
  KnotenTyp = RECORD
                Ebene: Integer;
                L,R:   ZeigerTyp;
              END;
VAR
  Wurzel: ZeigerTyp;
  Tiefe:  Integer;

PROCEDURE SortAus(P: ZeigerTyp);
BEGIN
  IF P <> NIL
    THEN
      BEGIN
        SortAus(P^.L);
        Write(P^.Ebene:2);
        SortAus(P^.R);
      END;
END;

PROCEDURE BalBaum(VAR P: ZeigerTyp; I: Integer);
BEGIN
  New(P);
  P^.Ebene := I;
  P^.L := NIL; P^.R := NIL;
  IF I < Tiefe
    THEN
      BEGIN
        BalBaum(P^.L,I+1);
        BalBaum(P^.R,I+1);
      END;
END;

BEGIN
  ClrScr;
  WriteLn('Einen balancierten Binärbaum beliebiger Tiefe erzeugen.');
  Write('Welche Tiefe soll der Baum haben? '); ReadLn(Tiefe);
  BalBaum(Wurzel,1);
  WriteLn('Ausgabe des Baumes nach der Postordnung:');
  SortAus(Wurzel);
  WriteLn; WriteLn('Ende von Programm BaumUeb2.');
END.
```

Drei Ausführungen zu Programm BaumUeb2:

```
Einen balancierten Binärbaum beliebiger Tiefe erzeugen.
Welche Tiefe soll der Baum haben? 2
Ausgabe des Baumes nach der Postordnung:
 2 1 2
Ende von Programm BaumUeb2.

Einen balancierten Binärbaum beliebiger Tiefe erzeugen.
Welche Tiefe soll der Baum haben? 3
Ausgabe des Baumes nach der Postordnung:
 3 2 3 1 3 2 3
Ende von Programm BaumUeb2.

Einen balancierten Binärbaum beliebiger Tiefe erzeugen.
Welche Tiefe soll der Baum haben? 4
Ausgabe des Baumes nach der Postordnung:
 4 3 4 2 4 3 4 1 4 3 4 2 4 3 4
Ende von Programm BaumUeb2.
```

3.13.8.3 Aus einer sortierten Datei einen balancierten Baum erzeugen

Problemstellung zu Programm BiBaum33: Eine sortierte Datei ist Datensatz für Datensatz in einen Array einzulesen, um aus den Feldelementen dann einen balancierten Binärbaum aufzubauen.

Vorgehensweise in Programm BiBaum33:

- Über die Prozedur DateiLesen alle Sätze aus der sortierten Datei FS in einen Array namens Datei einlesen. Die Diskettendatei wurde über Programm BiBaum32 (Abschnitt 3.13.5) gespeichert.
- Über die Prozedur BalBaum aus den Feldelementen des Arrays Datei einen balancierten Baum aufbauen. Mit BalBaum(Pos,L) werden - entsprechend Programm BaumUeb1 - das mittlere Feldelement Pos und die halbe Feldlänge L übergeben.
- Über die Prozedur BaumEinfuegen wird das Feldelement in den Baum eingefügt. BaumEinfuegen sucht rekursiv die Einfügestelle, die als Blatt die Bedingung P^.L=Nil bzw. P^.R=Nil erfüllen muß. Da P als Ein-/Ausgabeparameter vereinbart ist, wird mit dem

Prozeduraufruf BaumEinfuegen(Pos,P^.L) bewirkt, daß über New(P) automatisch P^.L auf den Nachfolger zeigt.

- Der neue Knoten ist aber noch leer. Sein Inhalt wird durch Pos im Feld Array angezeigt und über P^.Info:=Datei[Pos].Info zugewiesen.
- Die Stelle Pos im Array Datei wird nun mit Eingeordnet:=True markiert, damit die verbleibenden Elemente (entsprechend Programm BaumUeb1) in RestBaum noch eingeordnet werden können.

Pascal-Quelltext zu Programm BiBaum33:

```
PROGRAM BiBaum33;
  {Aus einer sortierten Datei einen balancierten Baum erzeugen}
USES Crt;
TYPE
  ZeigerTyp   = ^KnotenTyp;
  EnglDeutTyp = RECORD
                  Engl,Deut: STRING[20];
                END;
  KnotenTyp   = RECORD
                  Info: EnglDeutTyp;
                  L,R:  ZeigerTyp;
                END;
VAR
  Datei: ARRAY[1..63] OF RECORD
                           Info:        EnglDeutTyp;
                           Eingeordnet: Boolean;
                         END;
  Wurzel:     ZeigerTyp;
  Fs:         FILE OF EnglDeutTyp;
  Fss:        STRING[14];                {Dateiname auf Diskette}
  N,Pos,L,I: Integer;

PROCEDURE DateiZeigen;
BEGIN
  WriteLn('Von Datei ',Fss,' wurden eingelesen:');
  FOR I := 1 TO N DO
    Write(Datei[I].Info.Engl,' ',Datei[I].Info.Deut,'    ');
  WriteLn; WriteLn;
END;

PROCEDURE DateiLesen;
BEGIN
  Write('Von welcher Diskettendatei lesen? '); ReadLn(Fss);
  Assign(Fs,Fss);
```

```
    Reset(Fs); N := 0;
    WHILE NOT Eof(Fs) DO
      BEGIN
        N := N+1;
        Read(Fs,Datei[N].Info);
      END;
    Close(Fs);
    WriteLn('Anzahl der Elemente bzw. Datensätze: ',N);
    FOR I := 1 TO N DO Datei[I].Eingeordnet := False;
  END;

  PROCEDURE SortAus(P: ZeigerTyp);
  BEGIN
    IF P <> NIL
    THEN
      BEGIN
        SortAus(P^.L);
        Write(P^.Info.Engl,' ',P^.Info.Deut,'    ');
        SortAus(P^.R);
      END;
  END;

  PROCEDURE BaumEinfuegen(Pos: Integer; VAR P: ZeigerTyp);
  BEGIN
    IF P = NIL
      THEN
        BEGIN
          New(P);
          P^.L := NIL; P^.R := NIL;
          P^.Info := Datei[Pos].Info;
          Datei[Pos].Eingeordnet := True; WriteLn(P^.Info.Engl);
        END
      ELSE
        IF Datei[Pos].Info.Engl < P^.Info.Engl
          THEN
            BaumEinfuegen(Pos, P^.L)
          ELSE
            BaumEinfuegen(Pos, P^.R);
  END;

  PROCEDURE BalBaum(Pos,L: Integer);        {entspricht Programm BaumUeb1}
  BEGIN
    IF (L>1) AND (Pos>0) AND (Pos<=N)
    THEN
      BEGIN
```

```
      BaumEinfuegen(Pos,Wurzel);
      L := (L + 1) DIV 2;
      BalBaum(Pos - L, L);
      BalBaum(Pos + L, L);
    END;
END;

PROCEDURE RestBaum;
BEGIN
  FOR I := 1 TO N DO
    IF NOT Datei[I].Eingeordnet
      THEN BaumEinfuegen(I,Wurzel);
END;

BEGIN
  ClrScr;
  WriteLn('Aus der durch Programm BiBaum32 abgespeicherten sortierten');
  WriteLn('sequentiellen Datei einen balancierten Binärbaum erzeugen.');
  WriteLn; WriteLn('1. Datei von Diskette einlesen:');
  DateiLesen;
  DateiZeigen;
  Wurzel := NIL;
  L := (N + 1) DIV 2; Pos := (N + 1) DIV 2;
  WriteLn('2. In Binärbaum einordnen:');
  BalBaum(Pos,L);
  SortAus(Wurzel);
  WriteLn; WriteLn;
  WriteLn('3. Restliche Elemente in Binärbaum einordnen:');
  RestBaum;
  SortAus(Wurzel);
  WriteLn; WriteLn('Ende von Programm BiBaum33.')
END.
```

Ausführung zu Programm BiBaum33:

```
Aus der durch Programm BiBaum32 abgespeicherten sortierten
sequentiellen Datei einen balancierten Binärbaum erzeugen.

1. Datei von Diskette einlesen:
Von welcher Diskettendatei lesen? b:bibaum32.dat
Anzahl der Elemente bzw. Datensätze: 6
Von Datei b:bibaum32.dat wurden eingelesen:
bicycle Fahrrad    children Kinder    dog Hund    holidays Ferien    man Mann
 woman Frau
```

```
2. In Binärbaum einordnen:
dog
bicycle
man
bicycle Fahrrad    dog Hund    man Mann

3. Restliche Elemente in Binärbaum einordnen:
children
holidays
woman
bicycle Fahrrad    children Kinder    dog Hund    holidays Ferien    man Mann
 woman Frau
Ende von Programm BiBaum33.
```

3.13.9 Liste als Binärbaum strukturieren

Problemstellung zu Programm ListBaum: Es soll eine Datenstruktur erzeugt werden, die zugleich *lineare Liste* und *Binärbaum* ist.

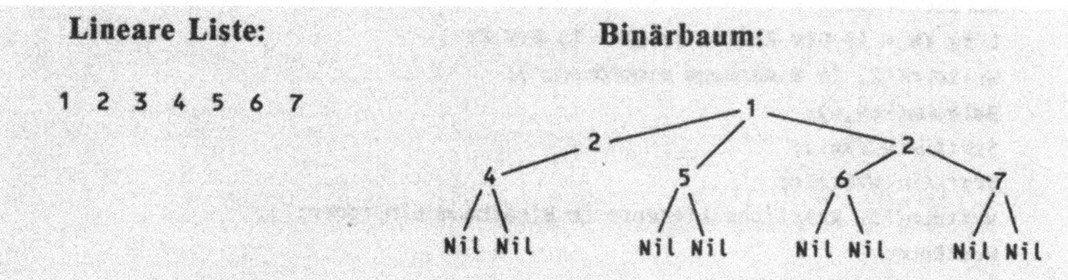

Sieben Zahlen als lineare Liste und als Binärbaum

Vorgehen in Programm ListBaum:

- Die Strukturelemente von Liste und Baum sind vom Typ Knoten vereinbart und weisen drei Zeiger auf:

```
Zeiger = ^Knoten;
Knoten = RECORD
           Info:  Integer;       Nutzdatenteil bzw. Informationsteil
           L,R,N: Zeiger         Zeigerteil for Links, Rechts, Nachher
         END;
```

- In der Prozedur NeuList wird die Liste erzeugt. Die Zeiger für den linken und rechten Nachfolger werden mit Nil belegt, da sie zur Bildung der Liste überflüssig sind.
- Über die Prozedur LesList wird anschließend die Liste vom Anfang (Wurzel) bis zum Ende (Nil) gelesen.
- In der Prozedur BaumStrukturieren wird aus der Liste ein Baum erzeugt, der dann über die Prozedur BaumAusgabe am Bildschirm gezeigt wird.

Pascal-Quelltext zu Programm ListBaum:

```
PROGRAM ListBaum;
  {Eine Struktur erzeugen, die zugleich Liste und Binärbaum ist}
USES Crt;
CONST
  Laenge = 7;                  {Länge der Liste}
TYPE
  ZeigerTyp = ^KnotenTyp;
  KnotenTyp = RECORD
                Info: Integer;    {Informationsteil des Baumelements}
                L,                {Linksfolger}
                R,                {Rechtsfolger}
                N:    ZeigerTyp;  {Nachfolger}
              END;
VAR
  Wurzel: ZeigerTyp;

PROCEDURE NeuListe;            {Lineare Liste mit 7 Elementen erzeugen}
VAR
  P: ZeigerTyp;
  I: Integer;
BEGIN
  New(P); Wurzel := P;
  FOR I := 1 TO Laenge - 1  DO
    BEGIN
      P^.Info := I;
      P^.L := NIL; P^.R := NIL;
      New(P^.N);
      P := P^.N;
    END;
  P^.Info := Laenge;
  P^.L := NIL; P^.R := NIL;
  P^.N := NIL;
END;
```

```
PROCEDURE LesListe;                {Liste lesen und zeigen}
VAR
  P: ZeigerTyp;
BEGIN
  P := Wurzel;                     {... mit der Wurzel beginnen}
  WHILE P <> NIL DO                {... mit NIL beenden}
    BEGIN
      Write(P^.Info,' ');
      P := P^.N;
    END;
  WriteLn;
END;

PROCEDURE BaumStrukturieren;       {Aus der Liste einen Baum erzeugen}
VAR
  P,Q: ZeigerTyp;
BEGIN
  P := Wurzel; Q := Wurzel;
  REPEAT
  Q := Q^.N;
  IF Q <> NIL
    THEN
      BEGIN
        Write('links ',P^.Info,'->',Q^.info);
        P^.L := Q;
      END;
  IF Q <> NIL THEN Q := Q^.N;
  IF Q <> NIL
    THEN
      BEGIN
        WriteLn('  rechts ',P^.Info,'-->',Q^.Info);
        P^.R := Q;
      END;
  P := P^.N;
  UNTIL Q = NIL;
END;

PROCEDURE BaumAusgabe(P: ZeigerTyp);     {Binärbaum ausgeben}
BEGIN
  IF P <> NIL
    THEN
      BEGIN
        Write(P^.Info);
        IF P^.L <> NIL
```

```
          THEN Write(P^.L^.Info:10)
          ELSE Write('':10);
        IF P^.R <> NIL
          THEN Write(P^.R^.Info:10);
        WriteLn;
        BaumAusgabe(P^.L);
        BaumAusgabe(P^.R);
      END;
  END;

  BEGIN
    ClrScr;
    WriteLn('Eine lineare Liste als Binärbaum strukturieren.');
    WriteLn; WriteLn('1. Eine lineare Liste erzeugen und anzeigen:');
    NeuListe;
    LesListe;
    WriteLn; WriteLn('2. Aus der Liste einen Binärbaum erzeugen:');
    BaumStrukturieren;
    WriteLn; WriteLn('3. Binärbaum anzeigen (entsprechend Präordnung):');
    BaumAusgabe(Wurzel);
    WriteLn('Ende von Programm ListBaum.')
  END.
```

Ausführung zu Programm ListBaum:

```
Eine lineare Liste als Binärbaum strukturieren.

1. Eine lineare Liste erzeugen und anzeigen:
1 2 3 4 5 6 7

2. Aus der Liste einen Binärbaum erzeugen:
links 1->2  rechts 1-->3
links 2->4  rechts 2-->5
links 3->6  rechts 3-->7

3. Binärbaum anzeigen (entsprechend Präordnung):
1         2         3
2         4         5
4
5
3         6         7
6
7
Ende von Programm ListBaum.
```

3.13.10 Baumartige Liste von Listen

Problemstellung zu Programm ListList: Es ist eine Liste von Listen mit folgendem Aussehen zu erzeugen (die Wortpaare "Englisch-Deutsch" beziehen sich auf das unten wiedergegebene Ausführungsbeispiel zu Programm ListList):

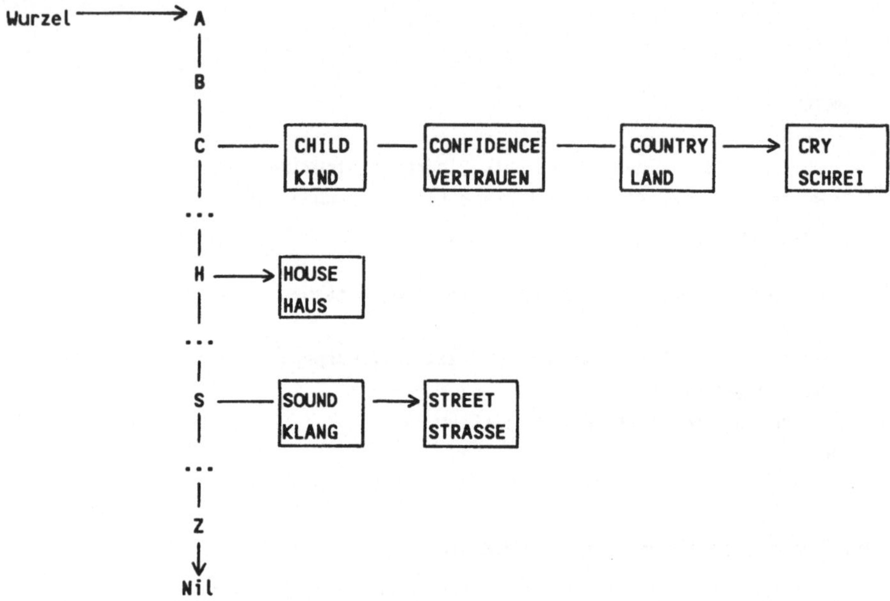

Prozedur LeerStruktur von Programm ListList: Es wird eine leere Liste mit den Anfangsbuchstaben A bis Z erzeugt. Zeiger KnotenFolger weisen auf den nächsten Anfangsbuchstaben. Die Liste kann wie folgt dargestellt werden:

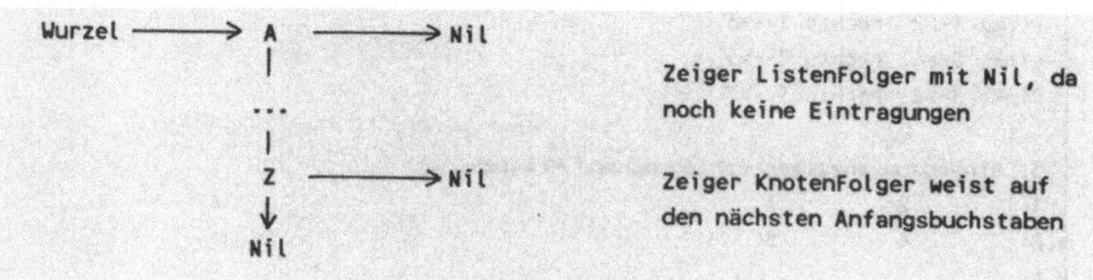

Leere Liste

Prozedur Einfuegen von Programm ListList: Wortpaare "Englisch-Deutsch" werden in die jeweilige Seitenkette so eingefügt, daß die englischen Worte in alphabetischer Reihenfolge abgelegt werden. Dazu geht man in drei Schritten vor:

1. *Abspeicherung eines Wortpaares:* Mit New(R) ein neues Listenelement erzeugen und dann ein Wortpaar ablegen.
2. *Suchen des passenden Anfangsbuchstabens:* Über eine Schleife den Zeiger P z.B. auf C als ErstBuchstabe stellen.
3. *Zeigerzuweisung,* damit das englische Wort alphabetisch geordnet in der Seitenkette steht. Dabei ist zu unterscheiden, ob die Seitenkette noch leer ist (z.B. bei CRY) oder ob einzufügen ist (vorne, mitten bzw. hinten).

Prozedur Suchen von Programm ListList: Ein englisches Wort suchen und die dazu gespeicherte deutsche Übersetzung ausgeben. Über die Prozedur GesamtAusgabe wird die "baumartige Listenstruktur" am Bildschirm angezeigt.

Pascal-Quelltext zu Programm ListList:

```
PROGRAM ListList;
  {Erzeugen einer "baumartigen" Liste von Listen}
USES Crt;
TYPE
  StringTyp        = STRING[20];
  KnotenZeigerTyp  = ^KnotenTyp;
  ListenZeigerTyp  = ^ListenElementTyp;
  ListenElementTyp = RECORD
                       Engl:   StringTyp;
                       Deut:   StringTyp;
                       Folger: ListenZeigerTyp;
                     END;
  KnotenTyp = RECORD
                ErstBuchstabe: Char;
                ListenFolger:  ListenZeigerTyp;
                KnotenFolger:  KnotenZeigerTyp;
              END;
VAR
  Wurzel: KnotenZeigerTyp;
  W:      Char;

FUNCTION Gross(X:StringTyp):StringTyp;  {Umwandlung in Großbuchstaben}
VAR I:Integer;
BEGIN
```

```
    FOR I := 1 TO Length(X) DO
      Gross[I] := UpCase(X[I]);
    Gross[0] := X[0];
  END;

  PROCEDURE LeerStruktur;
  VAR
    Z: Char;
    K: KnotenZeigerTyp;
  BEGIN
    New(Wurzel);
    K := Wurzel;
    FOR Z := 'A' TO 'Z' DO
      BEGIN
        K^.ErstBuchstabe := Z;
        K^.ListenFolger := NIL;
        IF Z = 'Z' THEN K^.KnotenFolger := NIL
                   ELSE New(K^.KnotenFolger);
        K := K^.KnotenFolger;
      END;
    K := Wurzel;
    REPEAT                              {Ausgabe zur Kontrolle}
      Write(K^.ErstBuchstabe);
      K := K^.KnotenFolger;
    UNTIL K = NIL; WriteLn;
    WriteLn('Leerstruktur erzeugt.'); WriteLn;
  END;

  PROCEDURE Einfuegen;
  VAR
    E,D: StringTyp;
    P:   KnotenZeigerTyp;
    Q,R: ListenZeigerTyp;
  BEGIN
    Write('Englisch? '); ReadLn(E);
    Write('Deutsch?  '); ReadLn(D);
    New(R);
    R^.engl := E; R^.Deut := D;
    P := Wurzel;
    WHILE P^.ErstBuchstabe < UpCase(E[1]) DO
      P := P^.KnotenFolger;
    Q := P^.ListenFolger;
    IF Q = NIL
      THEN                        {Seitenkette leer}
        BEGIN
```

```
        R^.Folger := NIL;
        P^.ListenFolger := R
      END
    ELSE                        {Seitenkette nicht leer}
      IF Gross(E) < Gross(Q^.Engl)
        THEN                    {vorne einfügen}
          BEGIN
            R^.Folger := P^.ListenFolger;
            P^.ListenFolger := R
          END
        ELSE                    {mitten oder hinten einfügen}
          REPEAT
            IF Q^.Folger = NIL
              THEN              {hinten einfügen}
                BEGIN
                  R^.Folger := NIL;
                  Q^.Folger := R
                END
              ELSE              {mitten einfügen}
                IF Q^.Folger^.Engl = E
                  THEN WriteLn(E,' schon vorhanden.')
                  ELSE IF Gross(Q^.Folger^.Engl) > Gross(E)
                         THEN
                           BEGIN
                             R^.Folger := Q^.Folger;
                             Q^.Folger := R
                           END
                         ELSE Q := Q^.Folger;
          UNTIL Q^.Folger^.Engl = E
END;

PROCEDURE Suchen;
VAR
  E,D: StringTyp;
  P:   KnotenZeigerTyp;
  Q:   ListenZeigerTyp;
BEGIN
  Write('Suchbegriff Englisch? '); ReadLn(E);
  P := Wurzel;
  REPEAT
    P := P^.KnotenFolger;
  UNTIL P^.ErstBuchstabe = UpCase(E[1]);
  Q := P^.ListenFolger;
  WHILE (Q^.Engl <> E) AND (Q <> NIL) DO
    Q := Q^.Folger;
```

```
    IF Q = NIL
      THEN WriteLn(E,' nicht vorhanden.')
      ELSE WriteLn(E,' für ',Q^.Deut);
    WriteLn;
  END;

  PROCEDURE GesamtAusgabe;
  VAR
    P: KnotenZeigerTyp;
    Q: ListenZeigerTyp;
  BEGIN
    P := Wurzel;
    REPEAT
      IF P^.ListenFolger <> NIL
        THEN
          BEGIN
            WriteLn(P^.ErstBuchstabe);
            Q := P^.ListenFolger;
            WHILE Q <> NIL DO
              BEGIN
                WriteLn(Q^.Engl,' ',Q^.Deut);
                Q := Q^.Folger;
              END;
          END;
      P := P^.KnotenFolger;
    UNTIL P = NIL; WriteLn;
  END;

  PROCEDURE Menue;
  BEGIN
    Write('0=Ende 1=Einfügen 2=Suchen 3=Ausgeben: Ihre Wahl? ');
    ReadLn(W);
  END;

  BEGIN
    ClrScr;
    WriteLn('Erzeugen einer "baumartigen" Liste von Listen.'); WriteLn;
    LeerStruktur;
    REPEAT
      Menue;
      CASE W OF
        '1': EinFuegen;
        '2': Suchen;
        '3': GesamtAusgabe;
      END;
```

```
    UNTIL W = '0';
    WriteLn('Ende von Programm ListList.');
  END.
```

Ausführung zu Programm ListList:

```
Erzeugen einer "baumartigen" Liste von Listen.

ABCDEFGHIJKLMNOPQRSTUVWXYZ
Leerstruktur erzeugt.

0=Ende 1=Einfügen 2=Suchen 3=Ausgeben: Ihre Wahl? 1
Englisch? STREET
Deutsch?  STRASSE
0=Ende 1=Einfügen 2=Suchen 3=Ausgeben: Ihre Wahl? 1
Englisch? CRY
Deutsch?  SCHREI
0=Ende 1=Einfügen 2=Suchen 3=Ausgeben: Ihre Wahl? 1
Englisch? SOUND
Deutsch?  KLANG
0=Ende 1=Einfügen 2=Suchen 3=Ausgeben: Ihre Wahl? 3
C
CRY SCHREI
S
SOUND KLANG
STREET STRASSE

0=Ende 1=Einfügen 2=Suchen 3=Ausgeben: Ihre Wahl? 1
Englisch? CONFIDENCE
Deutsch?  VERTRAUEN
0=Ende 1=Einfügen 2=Suchen 3=Ausgeben: Ihre Wahl? 1
Englisch? CHILD
Deutsch?  KIND
0=Ende 1=Einfügen 2=Suchen 3=Ausgeben: Ihre Wahl? 1
Englisch? HOUSE
Deutsch?  HAUS
0=Ende 1=Einfügen 2=Suchen 3=Ausgeben: Ihre Wahl? 1
Englisch? COUNTRY
Deutsch?  LAND
0=Ende 1=Einfügen 2=Suchen 3=Ausgeben: Ihre Wahl? 3
C
CHILD KIND
CONFIDENCE VERTRAUEN
COUNTRY LAND
```

```
CRY SCHREI
H
HOUSE HAUS
S
SOUND KLANG
STREET STRASSE

0=Ende 1=Einfügen 2=Suchen 3=Ausgeben: Ihre Wahl? 2
Suchbegriff Englisch? SOUND
SOUND für KLANG

0=Ende 1=Einfügen 2=Suchen 3=Ausgeben: Ihre Wahl? 2
Suchbegriff Englisch? CHILDREN
CHILDREN nicht vorhanden.

0=Ende 1=Einfügen 2=Suchen 3=Ausgeben: Ihre Wahl? 0
Ende von Programm ListList.
```

3

Program ierkurs mit Turb Pascal Aufbauk s

3.1 Set (Menge) als strukturi tentyp	19
3.2 Record (Verbund) als st ter Datentyp	35
3.3 File (Datei) als strukturi tentyp	55
3.4 Pointer (Zeiger) für dyn Datentypen	85
3.5 Rekursive Abläufe	109
3.6 Programmorganisation	137
3.7 Suchen, Sortieren, Misch ruppieren von Daten	149
3.8 Sequentielle Dateiorgani	199
3.9 Direktzugriff-Dateiorgan	216
3.10 Index-sequentielle Dat ation	228
3.11 Stapel und Schlange	237
3.12 Zeigerverkettete Liste	277
3.13 Binärbaum	316
3.14 Gesteuerter Zugriff auf externe Einheiten	383
3.15 Objektorientierte Programmierung (OOP)	451

Vier Ebenen zum Zugriff auf Adressen: Der IBM PC wird gesteuert, indem man auf bestimmte Adressen (Speicher- bzw. Ein/Ausgabe-Adressen (Ports)) zugreift. Der Zugriff kann auf vier Ebenen erfolgen:

1. Programmierung auf der Ebene der Programmiersprache
2. BIOS-Routinen des Betriebssystems aufrufen
3. DOS-Funktionen des Betriebssystems aufrufen
4. Zugriff auf Adressen unmitelbar

Beim Programmieren bewegt man sich auf der höchsten Ebene. Das bringt die größte Kompatibilität mit anderen Systemen.

Gesteuerter Zugriff auf externe Einheiten: Die folgenden Anwendungen zeigen, wie man den PC von Turbo Pascal aus auf *niedrigerer Ebene programmieren* kann. Es sollen dabei folgende Einheiten angesprochen bzw. gesteuert werden:

- Drucker (Abschnitt 3.14.1)
- Tastatur (Abschnitt 3.14.2)
- Bildschirm (Abschnitt 3.14.3)
- Diskettenlaufwerk bzw. externe Datei (Abschnitt 3.14.4)

Dadurch erhält man auch einen Einstieg in die maschinennahe Programmierung.

3.14.1 Zugriff auf den Drucker

3.14.1.1 Druckersteuerung über Steuerzeichen

Zehn Programme für zehn typische Druckprobleme: Die Probleme der Druckersteuerung werden im folgenden an kleinen Programmbeispielen dargestellt. Die Abläufe sind auf einem IBM Graphikdrucker IIB getestet; er wurde gewählt, da die Steuerzeichen dieses Druckers den meisten Druckern anderer Fabrikate ähnlich sind. Damit dürfte das Anpassen der Programme an Ihren Drucker kaum Schwierigkeiten machen. Nach dem Durcharbeiten der Programme sollten Sie Ihr Druckerhandbuch besser nutzen können.

8-Bit-Steuerzeichen senden: Hat man die Unit Printer eingebunden, kann man mit

```
Write(Lst,...);
```

8-Bit-Zeichen zum Drucker (Gerätename Lst) schicken. Manche Zeichen sind Steuerzeichen und beeinflussen das Aussehen der nachfolgenden Zeichen, andere hingegen bleiben ohne sichtbare Wirkung.

1. Druckausgabe einzelner Zeichen testen über Programm DruTest1:
Einige Beispiele: ASCII-Zeichen 9 bewirkt einen Tabulatorsprung, 10 und 11 einen Zeilenvorschub, 12 einen Seitenvorschub; 14 bewirkt, daß anschließend in der Zeile breiter geschrieben wird, und nach 15 wird in der Zeile enger geschrieben.

```
PROGRAM DruTest1;
USES Printer,Crt;
VAR I: Byte;
BEGIN
  ClrScr;
  FOR I := 0 TO 255 DO
    Write(I,' ',Chr(I),' ');
  WriteLn;
  WriteLn('Testen, wie einzelne Zeichen auf dem Drucker erscheinen.');
  Write('Nummer des Zeichens (0=Ende) '); Read(I);
  WHILE I <> 0 DO
    BEGIN
      GotoXY(30,21); ClrEol; Read(I); WriteLn(Lst,I,' ',Chr(I),' ',I);
    END;
  WriteLn('Ende von Programm DruTest1.')
END.
```

2. Wirkung verschiedener Steuersequenzen testen (Programm DruTest2):
Steuersequenzen beginnen (siehe Druckerhandbuch) zumeist mit dem *Escape-Zeichen* (ASCII-Nummer 27 über Chr(27) bzw. #27), dem dann eines oder mehrere Steuerzeichen folgen.

```
PROGRAM DruTest2;
USES Printer,Crt;
CONST
  String1  = '1234567890';
  String2  = String1  + 'abdcefghij';
  String5  = String2  + String2 + String1;
  String8  = String5  + String2 + String1;
  String10 = String5  + String5;
  String15 = String10 + String5;
```

Steuerzeichen IBM Graphikdrucker:	
#18#27'I'#0	Standardschrift
#15	Verdichtete Schrift
#27':'	96 Zeichen pro Zeile
#27'I'#6	Textqualität
#27'G'	Doppelanschlag
#27'H'	Doppelanschlag weg
#27'E'	Fette Schrift
#27'F'	Fette Schrift weg

```
PROCEDURE Standard;
BEGIN
  Write(Lst,Chr(18),Chr(27),'I',Chr(0));       {Normalschrift als Standard}
END;
```

```
PROCEDURE Verdichten;
BEGIN
  Write(Lst,Chr(15));
END;

BEGIN
  ClrScr;
  WriteLn(Lst,String10);
  WriteLn(Lst,'Standardeinstellung 10 CPI DP Modus 80 Zeichen pro Zeile.');
  WriteLn(Lst,Chr(27),':',String10);
  WriteLn(Lst,String10);
  WriteLn(Lst,'Ermöglicht das Drucken von 96 Zeichen auf einer Zeile.');
  WriteLn(Lst,Chr(18),String10);
  WriteLn(Lst,'Zurücksetzen in die Standardeinstellung.');

  WriteLn(Lst,Chr(27),'I',Chr(0),'DP: Standardformat.');
  WriteLn(Lst,Chr(27),'I',Chr(2),'Text-Qualität resident.');
  WriteLn(Lst,Chr(27),'I',Chr(4),'DP: ladbar.');
  WriteLn(Lst,Chr(27),'I',Chr(6),'Text-Qualität ladbar.');

  Standard;
  WriteLn(Lst,Chr(27),'G',String2,Chr(27),'H',String2);
  WriteLn(Lst,'Doppelanschlag und dessen Aufhebung.');
  WriteLn(Lst,Chr(27),'E',String2,Chr(27),'F',String2);
  WriteLn(Lst,'Hervorgehobener (Emphasized) Modus mit Aufhebung.');
  WriteLn(Lst,Chr(27),'E',Chr(27),'I',Chr(2),String10);
  WriteLn(Lst,'NLQ hervorgehobener (Emphasized) Modus.');
  WriteLn(Lst,Chr(27),'F',Chr(27),'I','0','Normal-Modus.');

  WriteLn(Lst,Chr(15),String15);
  WriteLn(Lst,'Verdichteter Druck 137 Zeichen pro Zeile.');
  WriteLn(Lst,Chr(27),'W',Chr(1), String5 + String2 + String1);
  WriteLn(Lst,'Verdichtet in doppelter Weite 68 Zeichen pro Zeile.');
  Standard;
  WriteLn(Lst,Chr(14),String2,Char(20),String2);
  WriteLn(Lst,'Doppelt breiter Druck zeilenweise und aufheben.');
  WriteLn(Lst,Chr(27),'W',Chr(1),String2+String2);
  WriteLn(Lst,Chr(27),'W',Chr(0),String8);
  Verdichten;
  WriteLn(Lst,Chr(27),'W',Chr(1),String2+String2);
  WriteLn(Lst,Chr(27),'W',Chr(0),String8);
END.
```

Ausführung zu Programm DruTest2:

```
1234567890abdcefghij1234567890abdcefghij12345678901
abdcefghij1234567890
Standardeinstellung 10 CPI DP Modus 80 Zeichen pro
1234567890abdcefghij1234567890abdcefghij12345678901234567890a
7890
1234567890abdcefghij1234567890abdcefghij12345678901234567890a
7890
Ermöglicht das Drucken von 96 Zeichen auf einer Zeile.
1234567890abdcefghij1234567890abdcefghij12345678901
abdcefghij1234567890
Zurücksetzen in die Standardeinstellung.
DP: Standardformat.
Text-Qualität resident.
DP: ladbar.
Text-Qualität ladbar.
1234567890abdcefghij1234567890abdcefghij
Doppelanschlag und dessen Aufhebung.
1234567890abdcefghij1234567890abdcefghij
Hervorgehobener (Emphasized) Modus mit Aufhebung.
1234567890abdcefghij1234567890abdcefghij12345678901
abdcefghij1234567890
NLQ hervorgehobener (Emphasized) Modus.
Normal-Modus.
1234567890abdcefghij1234567890abdcefghij12345678901234567890abdcefghij1234567890abdcefg
hij1234567890
Verdichteter Druck 137 Zeichen pro Zeile.
1234567890abdcefghij1234567890abdcefghij1234
ij1234567890
Verdichtet in doppelter Weite 68 Zeichen pr
1234567890abdcefghij12345
Doppelt breiter Druck zei
fheben.
1234567890abdcefghij12345
1234567890abdcefghij1234567890abdcefghij12345678901
1234567890abdcefghij1234567890abdcefghij
1234567890abdcefghij1234567890abdcefghij12345678901234567890abdcefghij1234567890
```

3. Zeilenabstand neu einstellen über Programm DruTest3:
Mit der Escape-Sequenz EscAn läßt sich der Zeilenabstand auf n/72 Zoll einstellen. Zur Aktivierung muß noch Esc2 geschickt werden. 12/72 Inch ist der Standardzeilenabstand. Für n sind Werte von 1 bis 85 möglich.

Pascal-Quelltext zu DruTest3:

```
PROGRAM DruTest3;
  {Veränderung des Zeilenabstandes}
USES Printer,Crt;
VAR N: Byte;

PROCEDURE Standard;
BEGIN
  Write(Lst,Chr(18),Chr(27),'I',Chr(0));
END;

PROCEDURE TextZeilenAbstand(N: Byte);
BEGIN
  Write(Lst,Chr(27),'A',Chr(N),Chr(27),'2');
END;

BEGIN
  ClrScr;
  Standard;
  FOR N := 1 TO 24 DO
    BEGIN
      TextZeilenAbstand(N);
      WriteLn(Lst,'____________________');
      IF N = 12 THEN WriteLn(Lst,'Einfacher Zeilenabstand.');
    END;
  IF N = 24 THEN WriteLn(Lst,'Doppelter Zeilenabstand.');
  IF N = 24 THEN WriteLn(Lst,'Doppelter Zeilenabstand.');
  Write(Lst,Chr(27),'A',Chr(12),Chr(27),'2');
  WriteLn(Lst,'Auf normalen Zeilenabstand zurückgesetzt.');
  WriteLn(Lst,'Auf normalen Zeilenabstand zurückgesetzt.');
END.
```

Ausführung zu DruTest3:

Einfacher Zeilenabstanc

4. In doppelter Breite bzw. Höhe drucken über Programm DruTest4:

```
PROGRAM DruTest4;
  {Drucken in doppelter Höhe}
USES Printer,Crt;
CONST
  M1: Byte = 0;
  M2: Byte = 0;
VAR M3,M4: Byte;
BEGIN
  M3 := 2;                         {Zeichen mit doppelter Höhe}
```

```
    M4 := 1;                          {Zeichen mit einfacher Breite}
    Write(Lst,Chr(27),'[','@',Chr(4),Chr(0),M1,M2,M3,M4);
    WriteLn(Lst,'Doppelte Höhe, einfache Breite.');
    WriteLn(Lst);
    M4 := 2;                          {Zeichen in doppelter Breite}
    Write(Lst,Chr(27),'[','@',Chr(4),Chr(0),M1,M2,M3,M4);
    WriteLn(Lst,'Doppelte Höhe, doppelte Breite.');
    M3 := 1;                          {Zeichen in einfacher Höhe}
    Write(Lst,Chr(27),'[','@',Chr(4),Chr(0),M1,M2,M3,M4);
    WriteLn(Lst,'Einfache Höhe, doppelte Breite.');
    Write(Lst,Chr(27),'P',Chr(1)); {Proportionalschrift}
    WriteLn(Lst,'Einfache Höhe, doppelte Breite.');
  END.
```

Ausführung zu Programm DrtTest4:

```
Doppelte Höhe, einfache Breite.
Doppelte Höhe, doppelte B
Einfache Höhe, doppelte B
Einfache Höhe, doppelte Bre
```

5. Hoch- und Tiefstellen der Schrift über Programm DruTest5:

```
Normalschrift hochgestellt
Hochstellung aufgehoben
Normalschrift tiefgestellt
Tiefstellung aufgehoben
Hervorgehoben hochgestellt
```

```
PROGRAM DruTest5;
  {Hoch- und Tiefstellung}
USES Printer,Crt;
BEGIN
  WriteLn(Lst,'Normalschrift ',Chr(27),'S',Chr(0),'hochgestellt');
  WriteLn(Lst,Chr(27),'T','Hochstellung aufgehoben');
  WriteLn(Lst,'Normalschrift ',Chr(27),'S',Chr(1),'tiefgestellt');
  WriteLn(Lst,Chr(27),'T','Tiefstellung aufgehoben');
  WriteLn(Lst,Chr(27),'E','Hervorgehoben ',Chr(27),'S',Chr(0),'hochgestellt');
END.
```

6. Unter- bzw. überstreichen von Textstellen über Programm DruTest6:

```
PROGRAM DruTest6;
  {Kontinuierliches Unterstreichen}
USES Printer;
```

```
BEGIN
  WriteLn(Lst,'Hier beginnt die ',Chr(27),'-',Chr(1),'Untersteichung und');
  WriteLn(Lst,'endet hier.',Chr(27),'-',Chr(0),' Man kann auch ',Chr(27),'_',
           Chr(1),'überstreichen');
  WriteLn(Lst,'und die Überstreichung',Chr(27),'_',Chr(0),' wieder aufheben.');
  WriteLn(Lst,'Oder ',Chr(27),'E',Chr(27),'-',Chr(1),'hervorgehoben',
           Chr(27),'F',Chr(27),'-',Chr(0),' unterstreichen.');
END.
```

```
Hier beginnt die Untersteichung und
endet hier. Man kann auch überstreichen
und die Überstreichung wieder aufheben.
Oder hervorgehoben unterstreichen.
```

7. Zeichen selbst entwerfen über Programm DruTest7:
Mit Esc= können eigene Zeichen definiert werden. Die Ausführung zu Programm DruTest7 zeigt, wie die Zeichen ausgegeben werden. Jede Spalte entspricht einem Byte. Addiert man die Stellenwerte der gedruckten Punkte, so ergibt sich der Wert des Bytes. Im Programm DruTest7 soll das ASCII-Zeichen 64 bzw. '@' (Startcode) ersetzt werden. Mit EscIn wird dazu ein Zeichensatz ausgewählt. Nur die ladbaren Zeichensätze 4 und 6 bringen das neue Zeichen; die Zeichensätze 1,3,5,7 haben keine Wirkung.

```
PROGRAM DruTest7;
USES Printer;
VAR
  Esc,Z1,Z2,Id,St,A1,A2: Char;
  I: Integer;

BEGIN
  Esc := Chr(27);
  Z1  := Chr(15);        {Zahl1}
  Z2  := Chr(0);         {Zahl2}
  Id  := Chr(20);        {DruckerID}
  St  := Chr(64);        {Startcode}
  A1  := Chr(0);         {Attributbyte1}
  A2  := Chr(0);         {Attributbyte2}
  WriteLn(Lst,Esc,'=',Z1,Z2,Id,St,A1,A2,Chr(1),Chr(2),Chr(4),Chr(8),
          Chr(16),Chr(32),Chr(64),Chr(128),Chr(255),Chr(129),Chr(129));
  FOR I := 0 TO 7 DO
    WriteLn(Lst,I,' ',Esc,'I',Chr(I),Chr(64),'@@@');
  Write(Lst,Esc,'I',Chr(0),'@@@@@@@@@@');
END.
```

8. Eine "Wellenlinie" drucken über Programm DruTest8:
Mit dem Steuerbefehl EscK wählt man den Bit-Abbild-Grafikmodus normaler Dichte aus; er hat das Format EscKn1n2v1..vn.

- v1..vn sind die gedruckten Bytes.
- n = n1 + (n2*256).
- Man kann jede von 8 übereinanderliegenden Nadeln (0..7) ansprechen: die unterste mit 1, die zweite mit 2, die dritte mit 4, ..., die oberste mit 128.
- Um z.B. die Nadeln Nr. 2 und Nr. 5 gleichzeitig anzuschlagen, druckt man 36 (4+32).

```
PROGRAM DruTest8;
USES Printer;
VAR
  N,I,K,N1,N2: Integer;
BEGIN
  Write(Lst,Chr(27),'K');
  FOR N := 1 TO 30 DO
    BEGIN
      I := 256;
      FOR K := 1 TO 8 DO
        BEGIN
          I := I SHR 1;   {schnelle Division durch 2}
          Write(Lst,Chr(I));
        END;
      FOR K := 1 TO 6 DO
        BEGIN
          I := I SHL 1;   {schnelle Multiplikation mit 2}
          Write(Lst,Chr(I));
        END;
    END;
END.
```

9. Ein vorgedrucktes Formular mit variablen Zeilenabständen bedrucken über Programm Zeugnis1:
Bei vorgedruckten Formularen muß man häufig den *Zeilenabstand ändern*. Das Programm Zeugnis1 löst dieses Problem anhand eines Zeugnisdrucks. Die Prozedur Za verändert über Esc A den Zeilenabstand. Für N sind dabei Werte von 1..85 erlaubt. Um einen bestimmten Abstand zu erhalten, muß man vor dem Drucken mit WriteLn(Lst,...) für den Vorschub

sorgen. Zur schrittweisen Druckausgabe wird nach jeder Eingabe die Zeile sofort gedruckt.

```
PROGRAM Zeugnis1;
  {Ein vorgedrucktes Zeugnisformular bedrucken}
USES Printer,Crt;
VAR A:STRING;
    I:Integer;
    Z:Byte;

PROCEDURE Za(N:Byte);
BEGIN
  Write(Lst,#27#65,Chr(N),#27,'2');
END;

FUNCTION T(Z:Byte):STRING;
BEGIN
  CASE Z OF
    0: T:='----------- ';
    1: T:='sehr gut    ';
    2: T:='gut         ';
    3: T:='befriedigend';
    4: T:='ausreichend ';
    5: T:='mangelhaft  ';
    6: T:='ungenügend  ';
  END;
END;

BEGIN
  ClrScr;
  Za(45); WriteLn(lst); WriteLn(Lst);
  Write(Lst,'                                                  88/89');

  Write('Name: '); ReadLn(A);
  Za(20); WriteLn(Lst);
  Write(Lst,'                         '#14,A,#18);
  Za(18); WriteLn(Lst);
  Write('Geburtsdatum: '); ReadLn(A);
  WriteLn(Lst,'                         '#14,A,#18);
  Write('Geburtsort: '); ReadLn(A);
  WriteLn(Lst,'                         '#14,A,#18);
  Za(24); WriteLn(Lst);
  WriteLn(Lst,'                         '#14,'W3KIV',#18);

  WriteLn('Nun Noten eingeben: 1..6 (0 = Nichtteilnahme)');
```

```
   Write('Religionslehre: '); ReadLn(Z);
   Write(Lst,#10,'                        ',T(Z));
   Write('Besuchter Unterricht (ev rk ------) '); ReadLn(A);
   Za(18); WriteLn(Lst);
   Write(Lst,'              ',A);
   Write('Buchführung: '); ReadLn(Z);
   Za(3); WriteLn(Lst);
   Write(Lst,'                                                            ',T(Z));
   Write('Deutsch: '); ReadLn(Z);
   Za(24); WriteLn(Lst);
   Write(Lst,'                          ',T(Z));
   Write('Wirtschaftsrechnen: '); ReadLn(Z);
   WriteLn(Lst,'                        ',T(Z));
   Write('Gemeinschaftskunde: '); ReadLn(Z);
   Write(Lst,'                          ',T(Z));
   Write('Datenverarbeitung: '); ReadLn(Z);
   WriteLn(Lst,'                        ',T(Z));
   Write('AWL: '); ReadLn(z);
   WriteLn(Lst,'                          ',T(Z),
               '                          -----------');
   Write('SBWL: '); ReadLn(Z);
   WriteLn(Lst,'                          ',T(z),
               '       ----------  -----------');
   WriteLn(Lst,'       ----------  -----------');
   WriteLn(Lst,'       ----------  -----------        ----------  -----
------');
   WriteLn(Lst,'       ----------  -----------        ----------  -----
------');
   Za(25); WriteLn(Lst);
   Write(Lst,'     ------------------------      --------------------
----');
   Za(24); WriteLn(Lst);
   Write(Lst,'     ------------------------      --------------------
----');
   Za(47); WriteLn(Lst); WriteLn(Lst);
   WriteLn(Lst,'                          26.1.1989');
   Za(12);  {normaler Zeilenabstand}
 END.
```

10. Den rechten Druckrand ändern über Programm DruRand:
Standardmäßig ist der IBM Graphikdrucher IIB auf DIN A4-Format eingestellt, was 80 Zeichen pro Zeile entspricht. Spannt man ein breiteres Papier ein, ändert das an der Einstellung nichts. Mit dem Programm DruRand kläßt sich der rechte Rand bis auf 136 Zeichen verbreitern.

```
PROGRAM Drurand;
  {Rechten Druckrand ändern}
USES Printer;
VAR R,L: Byte;
BEGIN
  Write('Linker Rand: '); ReadLn(L);
  Write('Rechter Rand: '); ReadLn(R);
  Write(Lst,#27'X',Chr(L),Chr(R));
  WriteLn(Lst);
END.
```

Ausführung zu Programm Zeugnis1:

ZEUGNIS

DER KAUFMÄNNISCHEN BERUFSSCHULE

Klassenstufe ______ Schuljahr 19 88/89 1. Schulhalbjahr

Vor- und Zuname Sebastian Hoffmann

geboren am 12.6.69

in Heidelberg

Fachklasse W3KIV

Leistungen in den einzelnen Fächern:

Religionslehre -----------

(---------)

Deutsch befriedigend

Gemeinschaftskunde ausreichend

Allgemeine Wirtschaftslehre sehr gut

Spezielle Betriebswirtschaftslehre gut

Rechnungswesen

Buchführung gut

Wirtschaftsrechnen sehr gut

Datenverarbeitung gut

Maschinenschreiben -----------

Wahlpflichtfächer

Teilnahme an Arbeitsgemeinschaften:

Bemerkungen:

Datum 26.1.1989

3.14.1.2 Druckausgabe über BIOS-Interrupts

BIOS-Interrupt 17h: Zeichen lassen sich auf zwei Arten zum Drucker senden: über Write(Lst,...) oder über den BIOS-Interrupt 17h.

- BIOS ist eine Software-Schnittstelle zwischen Programm und Hardware.
- Aufrufe von BIOS-Funktionen haben den Vorteil, daß man sich nicht um bestimmte Adressen zu kümmern braucht; dadurch ergeben sich weniger Kompatibilitätsprobleme, als wenn man auf bestimmte Adressen zugreift.
- Der Aufruf der BIOS-Funktionen erfolgt über *Software Interrupts*. Die Parameterübergabe erfolgt über Prozessorregister.

Aufruf von BIOS-Routinen: In Turbo Pascal kann man mit der Prozedur

```
Intr(Interruptnummer,Register);
```

BIOS-Routinen aufrufen. Register sind dabei nicht die wirklichen Prozessorregister, sondern ein Abbild der Prozessorregister im Speicher. Der Registertyp namens Register ist in der Unit Dos wie folgt definiert.

```
TYPE Registers = RECORD
  CASE Integer OF
    0: (AX,BX,CX,DX,BP,SI,DI,DS,ES,Flags: Word);
    1: (AL,AH,BL,BH,CL,CH,DL,DH: Byte);
  END;
```

Registers ist ein Variantentyp, d.h. AL,AH belegen denselben Speicherplatz wie AX.
Bevor man mit Intr einen BIOS-Interrupt aufruft, schreibt man in Pseudoregister des Typs Registers bestimmte Werte. Nach Ausführung des Interrups findet man dort dann die Ergebnisse.

Zur Druckerausgabe eines Zeichens müssen belegt sein:

```
AH = 0                  {Funktionsnummer des Interrupts $17}
AL = Zeichen            {Zeichen, das gedruckt werden soll}
DX = Druckernummer      {0..2}
```

Nach Ausführung des Interrupts befindet sich in AL der Druckerstatus.

Problemstellung zu Programm Intr1: Die Zeichen 'A'..'Z' sind über den BIOS-Interrupt 17h auf dem Drucker auszugeben. Dabei werden die Registerinhalte aus Gründen der besseren Lesbarkeit in hexadezimaler

Schreibweise angegeben; die Funktion H wandelt dazu ein Wort in den entsprechenden String um.

```
PROGRAM Intr1;
  {Druckerausgabe über BIOS-Interrupt 17h}
USES Dos,Crt;
TYPE
  HexTyp = STRING[5];
VAR
  R: Registers;
  I: Byte;

FUNCTION H(X:Word):HexTyp;
VAR
  Z,I: Byte;
  T: HexTyp;
BEGIN
  T := '';
  FOR I := 1 TO 4 DO
    BEGIN
      Z := X AND $F;
      IF (Z <= 9)
        THEN T := Chr(Z+48) + T
        ELSE T := Chr(Z+55) + T;
      X := X SHR 4;
    END;
  H := '$' + T;
END;

PROCEDURE RegAus;
BEGIN
  WITH R DO
    BEGIN
      WriteLn(' AX=',H(AX),' BX=',H(BX),' CX=',H(CX),' DX=',H(DX));
      WriteLn(' BP=',H(BP),' SI=',H(SI),' DI=',H(DI),' DS=',H(DS),
              ' ES=',H(ES),' Flags=',H(Flags));
    END;
END;

BEGIN
  ClrScr;
  RegAus;
  FOR I := 65 TO 90 DO
    BEGIN
      R.AH := 0;              {Schreibt ein Zeichen auf den Drucker.}
```

```
        R.AL := I;              {Auszugebendes Zeichen.}
        R.DX := 0;              {Erster Druckerport}
        Intr($17,R);
      END;
    R.AH := 0;
    R.AL := 10;                 {Zeilenvorschub}
    R.DX := 0;
    Intr($17,R);
    R.AH := 0;
    R.AL := 13;                 {Wagenrücklauf}
    R.DX := 0;
    Intr($17,R);
    RegAus;
  END.
```

3.14.1.3 Verwendung von INLINE-Anweisungen

Im Turbo Pascal-System lassen sich über die Anweisung

```
INLINE(Maschinencode);
```

kurze Befehlsfolgen in Maschinencode direkt in den Quelltext einfügen. Die Bytes des Maschinencodes werden dabei durch "\" (Alt-92) voneinander getrennt. Um den Maschinencode zu ermitteln, kann man z.B. das MS-DOS-Programm Debug verwenden.

Problemstellung zu Programm Intr2: Über eine INLINE-Anweisung ist das Zeichen 'A' nacheinander 10 mal auszudrucken.

```
PROGRAM Intr2;
  {Verwendung von INLINE-Code.}
USES Dos,Crt;
TYPE
  HexTyp = STRING[5];
VAR
  R: Registers;
  I: Byte;

BEGIN
  ClrScr;
  FOR I := 1 TO 10 DO
      INLINE(
        $B4/$00/        {MOV AH,0}              'A' bzw. Chr(65) erscheint 10 mal
```

```
        $B0/$41/           {MOV AL,65}
        $BA/$00/$00/       {MOV DX,0}
        $CD/$17);          {INT $17}

  R.AH := 0;
  R.AL := 10;              {Zeilenvorschub}
  R.DX := 0;
  Intr($17,R);
  R.AH := 0;
  R.AL := 13;              {Wagenrücklauf}
  R.DX := 0;
  Intr($17,R);
END.
```

3.14.1.4 Einbindung von Assemblerprogrammen

Problemstellung zu Programm Intr3: Eine Objektdatei namens A1.OBJ soll in das Demonstrationsprogramm Intr3 eingebunden werden. In A1.OBJ ist eine Prozedur ZeichDruck definiert, die unter Verwendung des BIOS-Interrupts die Zeichen 'A'..'Z' ausdruckt.

**Compilerbefehl {$L Objektdatei} zum Einbinden:** Der Compilerbefehl {$L A1} bindet beim Linken die Objektdatei A1.OBJ in das Programm Intr3 ein.

- Das Programm A1.OBJ ist durch einen Assembler aus dem Assemblerprogramm A1.ASM erzeugt worden.
- PROCEDURE ZeichDruck; EXTERNAL; besagt, daß die Prozedur ZeichDruck in einem anderen Modul definiert worden ist, nämlich in A1.OBJ. Damit eine Assemblerroutine von einem anderen Programm aus aufgerufen werden kann, muß sie als PUBLIC vereinbart worden sein.
- Die Prozedur ZeichDruck gibt über int 17h die Zeichen 'A'..'Z' auf dem Drucker aus.

```
PROGRAM Intr3;
USES Printer;
VAR I:Integer;

{$L A1}
PROCEDURE ZeichDruck; EXTERNAL;

BEGIN
  FOR I := 1 TO 5 DO
```

```
    ZeichDruck;
  WriteLn(Lst,'Ende von Programm Intr3.');
END.


;Programm A1.ASM

CODE        SEGMENT  PUBLIC
            ASSUME   CS:CODE
            PUBLIC   ZeichDruck

ZeichDruck           PROC  NEAR
            MOV      AH,0
            MOV      AL,41h
loop:       MOV      DX,0
            PUSH     AX
            INT      17h
            POP      AX
            INC      AX
            CMP      AX,5Ah
            JNG      loop
            MOV      AH,0
            MOV      AL,0Dh         ;Wagenrücklauf
            MOV      DX,0
            INT      17h
            MOV      AH,0
            MOV      AL,0Ah         ;Zeilenvorschub
            INT      17h
            RET
ZeichDruck           ENDP

CODE        ENDS
            END
```

3.14.1.5 INLINE-Deklarationen

INLINE-Prozeduren bestehen aus Maschinencode. An sie können über den Stack Parameter übergeben werden. Das Programm Intr4 gibt die Zeichen 'A'..'Z' auf dem Drucker aus.

- Der Aufruf der Prozedur ZeiDru bringt den Parameter X auf den Stack.
- pop ax holt ihn ins Register ax und entfernt ihn vom Stack.

- Zur Druckausgabe über int 17h muß sich noch eine 0 im Register dx befinden.

```
PROGRAM Intr4;
  {Verwendung einer INLINE-Deklaration}
VAR I:Word;

PROCEDURE ZeiDru(X:Word);
INLINE(
  $58/               {pop ax}
  $BA/$00/$00/       {mov dx,0}
  $CD/$17);          {int 17h}

BEGIN
  FOR I := 65 TO 90 DO
    ZeiDru(I);
  ZeiDru(10);        {Zeilenvorschub drucken}
  ZeiDru(13);        {Wagenrücklauf drucken}
END.
```

3.14.1.6 Schreiben eigener Interruptroutinen

Programm Intr5: Die Adressen der Interruptroutinen befinden sich in einen Interruptvektor an der Adresse *4 x Interruptnummer*. Mit Interruptprozeduren kann der Benutzer seine eigenen Interruptroutinen schreiben.

- Setzt man mit SetIntVec einen Interruptvektor auf die eigene Interruptprozedur, dann wird diese bei jedem Aufruf des Interrupts ausgeführt.
- Hat man zuvor mit GetIntVec den alten Interruptvektor in einer Pointervariablen abgelegt, kann mit SetIntVec der alten Zustand wiederhergestellt werden.
- Die Interrupts $F1..$FF sind für Benutzerprogramme reserviert.
- Das Programm Intr5 zeigt dies anhand einer Interruptprozedur namens NeuInt auf.

```
PROGRAM Intr5;
USES Dos;
VAR
  AltInt: Pointer;
  R: Registers;
```

```
Der neue Interrupt $F1 wurde aufgerufen.
Ende von Programm Intr5.
```

```
PROCEDURE NeuInt; INTERRUPT;
BEGIN
  WriteLn('Der neue Interrupt $F1 wurde aufgerufen.');
END;

BEGIN
  GetIntVec($F1,AltInt);              {Rettung des alten Interruptvektors $F1}
  SetIntVec($F1,@NeuInt);             {Interruptvektor $F1 auf NeuInt setzen}
  Intr($F1,R);                        {Aufruf des Interrups $F1}
  SetIntVec($F1,AltInt);              {Alten Interrupt wiederherstellen}
  WriteLn('Ende von Programm Intr5.')
END.
```

Interrupt 17h durch die Interruptroutine NeuInt17 ersetzen anhand Programm Intr6: Mit SetIntVec wird der Interruptvektor auf die Routine NeuInt17 gesetzt. Erst nach dem Zurücksetzen kann wieder ein Zeichen auf dem Drucker ausgegeben werden. Mit der Ausführung von Intr6 wird der Drucker aktiviert.

```
Der neue Interrupt $17 wurde aufgerufen.
Ende von Programm Intr6.
```

```
PROGRAM Intr6;
USES Dos;
VAR
  AltInt17: Pointer;                {Zum Retten bzw. Zurücksetzen}
  R: Registers;

PROCEDURE NeuInt17; INTERRUPT;
BEGIN
  WriteLn('Der neue Interrupt $17 wurde aufgerufen.');
END;

BEGIN
  GetIntVec($17,AltInt17);          {Rettung des alten Interruptvektors $17}
  R.AX := $0041; R.DX := $0000;
  Intr($17,R);
  SetIntVec($17,@NeuInt17);         {Interruptvektor $17 auf NeuInt17 setzen}
  R.AX := $0042; R.DX := $0000;
  Intr($17,R);                      {Aufruf des Interrups $17}
  SetIntVec($17,AltInt17);          {Alten Interrupt wiederherstellen}
  R.AX := $0043; R.DX := $0000;
  Intr($17,R);
  WriteLn('Ende von Programm Intr6.')
END.
```

3.14.2 Zugriff auf die Tastatur

3.14.2.1 Lesen von Spezialtasten

ReadKey zum Lesen erweiterten Tastaturcodes über Programm Tast1: Mit der Funktion ReadKey stellt man fest, welche Taste gedrückt wurde. Mit dem Drücken einer Spezialtaste werden zwei Zeichen erzeugt.

- Ist das erste Zeichen Chr(0), dann wird damit signalisiert, daß weiterer Tastaturcode wartet.
- Ein erneuter Aufruf von ReadKey liefert dann den *Scancode* der entsprechenden Spezialtaste.
- F1 zum Beispiel entspricht dem Tastaturcode Chr(0)+Chr(59).

```
PROGRAM Tast1;
  {Lesen einer gedrückten Taste}
USES Crt;
VAR C: Char;

PROCEDURE SonderTaste;
BEGIN
  Write('Sie haben eine Sondertaste getippt. Scancode = ');
  C := ReadKey;
  WriteLn(Ord(C));
END;

BEGIN
  ClrScr;
  WriteLn('Bitte eine Taste drücken: (^C = Ende)');
  REPEAT
  C := ReadKey;
    IF C <> Chr(0)
      THEN WriteLn('Sie haben ',C,Ord(C):4,' getippt.')
      ELSE SonderTaste;
  UNTIL C = Chr(3);
  WriteLn('Ende von Programm Tast1.')
END.
```

```
Bitte eine Taste drücken: (^C = Ende)
Sie haben q 113 getippt.
Sie haben eine Sondertaste getippt. Scancode = 22          Alt-U gedrückt
Sie haben eine Sondertaste getippt. Scancode = 59          F1 gedrückt
Sie haben   32 getippt.                                    Leertaste gedrückt
Sie haben eine Sondertaste getippt. Scancode = 77          Cursor rechts
Sie haben 6  54 getippt.                                   6 gedrückt
```

```
  13 getippt.                                  Return gedrückt
Sie haben ♥   3 getippt.                       Strg-C gedrückt
Ende von Programm Tast1.
```

Zugriff über Funktion 0 von BIOS-Interrupt 16h (Programm Tast2):
Eine Spezialtaste wie z.B. F1 wird nicht durch die Tastatur selbst in den Tastaturcode Chr(0)+Chr(59) umgewandelt, sondern durch die entsprechende BIOS-Routine. In Programm Tast2 wird gezeigt, wie man über den BIOS-Interrupt 16h man auf die Tastatur zugreifen kann.

- Die Funktion 0 von Interrupt 16 liest ein Zeichen von der Tastatur ein.
- Sie liefert in AH den Scancode und in AL das ASCII-Zeichen.

```
PROGRAM Tast2;
  {Lesen von Tasten über int 16h}
USES Dos;
VAR R: Registers;

BEGIN
  WriteLn('Bitte eine Taste drücken.');
  R.AH := 0;                                       {Funktionsnummer}
  Intr($16,R);
  WriteLn('Scancode = ',R.AH);
  WriteLn('ASCII Zeichen = ',R.AL,Chr(R.AL):4);
  WriteLn('Ende von Programm Tast2.')
END.
```

```
Bitte eine Taste drücken.                Strg-S wurde gedrückt
Scancode = 31
ASCII Zeichen = 19    ‼
Ende von Programm Tast2.

Bitte eine Taste drücken.                F1 wurde gedrückt
Scancode = 59
ASCII Zeichen = 0
Ende von Programm Tast2.
```

Tastaturstatus über Funktion 1 von int 16h prüfen (Programm Tast3):
Mit der Funktion 1 von BIOS-Interrupt 16h kann man z.B. prüfen, ob die CapsLock- oder die Shift-rechts-Taste gedrückt ist.

```
PROGRAM Tast3;
  {Tastaturstatus prüfen mit int 16h}
```

```
USES Dos,Crt;
VAR R: Registers;
    C: Char;
    D: Byte;

BEGIN
  ClrScr;
  WriteLn('Bitte eine Taste drücken.');
                       {Zur Eingabe einer Shift-, Alt- oder Ctrl-Kombination}
  C := ReadKey;
  D := Mem[$0:$417];
  R.AH := 2;
  Intr($16,R);
  WriteLn(R.AL,D:4);                  {R.AL und Mem[$0:$417] sind identisch}
  IF ($80 AND R.AL) <> 0
    THEN WriteLn('Einfügmodus an')
    ELSE WriteLn('Einfügmodus aus');
  IF ($40 AND R.AL) <> 0
    THEN WriteLn('Caps Lock an')
    ELSE WriteLn('Caps Lock aus');
  IF ($20 AND R.AL) <> 0
    THEN WriteLn('Num Lock an')
    ELSE WriteLn('Num Lock aus');
  IF ($10 AND R.AL) <> 0
    THEN WriteLn('Scroll Lock an')
    ELSE WriteLn('Scroll Lock aus');
  IF ($8 AND R.AL) <> 0
    THEN WriteLn('Alt-Taste gedrückt')
    ELSE WriteLn('Alt-Taste nicht gedrückt');
  IF ($4 AND R.AL) <> 0
    THEN WriteLn('Ctrl-Taste gedrückt')
    ELSE WriteLn('Ctrl-Taste nicht gedrückt');
  IF ($2 AND R.AL) <> 0
    THEN WriteLn('Linke Shift-Taste gedrückt')
    ELSE WriteLn('Linke Shift-Taste nicht gedrückt');
  IF ($1 AND R.AL) <> 0
    THEN WriteLn('Rechte Shift-Taste gedrückt')
    ELSE WriteLn('Rechte Shift-Taste nicht gedrückt');
  WriteLn('Ende von Programm Tast3.')
END.
```

```
Bitte eine Taste drücken.
8   8
Einfügmodus aus
Caps Lock aus
Num Lock aus
Scroll Lock aus
Alt-Taste gedrückt
Ctrl-Taste nicht gedrückt
Linke Shift-Taste nicht gedrückt
Rechte Shift-Taste nicht gedrückt
Ende von Programm Tast3.
```

Es wurde Alt-U eingegeben

3.14.2.2 Zeicheneingabe über DOS-Funktionen

Funktionscalls über Interrupt 21h vornehmen: Es gibt auch einige DOS-Funktionen, die auf die Tastatur zugreifen. In Turbo Pascal kann man über die Prozedur

```
PROCEDURE MsDos(VAR Register: Registers);
```

DOS-Funktionen über Int 21h aufrufen. Die Funktionsnummer muß sich dabei im Register AH befinden.

Ein Zeichen mit Echo über Int 21h eingeben (Programm Tast4):
Die Funktion 1 des Interrupts 21h liest ein Zeichen mit Echo von der Tastatur in AL ein. ^C bewirkt, daß Int 23h ausgeführt wird.

```
PROGRAM Tast4;
  {Zeicheneingabe mit Echo über int 21h Funktion 1}
USES Dos;
VAR R: Registers;
    S: STRING;
    C: Char;
    P: Pointer;

PROCEDURE Ausgabe; Interrupt;
BEGIN
  WriteLn; WriteLn(S);
END;

BEGIN
  GetIntVec($23,P);
  SetIntVec($23,@Ausgabe);
  S := '';
  WriteLn('Zeichen tippen (versuchen Sie auch ^C, # = Ende):');
  R.AH := 1;
  MsDos(R);
  C := Chr(R.AL);
  WHILE C <> '#' DO
    BEGIN
      S := S + C;
      R.AH := 1;
      MsDos(R);
      C := Chr(R.AL);
    END;
  SetIntVec($23,P);
  WriteLn('Ende von Programm Tast4.')
END.
```

Im folgenden Ausführungsbeispiel zu Programm Tast4 wurde zuerst ^C eingegeben, dann: "Tilli478", F2 bzw. " ;", F4 bzw. " >", "Klaus", Insert-Taste bzw. " R", Cursor-rechts-Taste bzw. " M":

```
Zeichen tippen (versuchen Sie auch ^C; #=Ende):
^C
Tilli478 ; > Klaus  R M* H#
Ende von Programm Tast4.
```

Zeicheneingabe ohne Echo über Int 21h (Programm Tast5):
Die Dos-Funktion 7 wartet, bis eine Taste gedrückt wird. Die Eingabe erfolgt ohne Echo. Der Tastaturcode wird im AL-Register zurückgegeben. Spezialtasten ergeben zunächst den Signalwert 0. Ein abermaliger Aufruf der Funktion 7 liefert in Register AL den entsprechenden Auswahlcode.

```
PROGRAM Tast5;
  {Int 21h Funktion 7}
USES Dos;
VAR R: Registers;
    A,B: Byte;

PROCEDURE Eingabe(VAR X: Byte);
BEGIN
  R.AH := 7;
  MsDos(R);
  X := R.AL;
END;

BEGIN
  WriteLn('Tasten drücken (Alt-X = Ende)');
  REPEAT
    Eingabe(A); Write(A);
    IF A=0 THEN
             BEGIN
               Eingabe(B); WriteLn(B:4);
             END
           ELSE
             WriteLn;
  UNTIL (A=0) AND (B=45);
  WriteLn('Ende von Programm Tast5.')
END.
```

```
Tasten drücken (Alt-x=Ende):
84
105
108
108
105
0  59
19
0  19
0  72
53
0  45
Ende von Programm Tast5.
```

Stringeingabe über Funktion 10 von Int 21h (Programm Tast6): Die Dos-Funktion 10 liest einen String von Bytes von der Standardeingabeeinheit bis zu einem Wagenrücklauf und speichert den String (einschließlich des Wagenrücklaufzeichens) in einen vom Programm angegebenen Puffer.

- Das erste Byte des Puffers enthält die Anzahl der Zeichen, die maximal gelesen werden können (bis zu 255 Zeichen).
- Das zweite Byte enthält die Anzahl der gelesenen Zeichen ohne den Wagenrücklauf.
- Das Registerpaar DS:DX zeigt auf den Puffer, die Funktionsnummer steht in AH.

In Programm Tast6 wird ein String mit der Dos-Funktion 10 eingegeben und mit der Dos-Funktion 9 ausgegeben. Die Dos-Funktion 9 erfordert ein $-Zeichen am Stringende und das Registerpaar DS:DX muß auf das erste auszugebende Zeichen zeigen. Die Funktion 9 kann nicht verwendet werden, um Strings auszugeben, die ein $-Zeichen enthalten.

```
PROGRAM Tast6;
  {Stringeingabe mit Int 21h Funktion 10}
USES Dos,Crt;
CONST MaxLen = 10;
VAR Buf: ARRAY[-1..MaxLen+1] OF Byte;
    R: Registers;

PROCEDURE Eingabe;
VAR I: Integer;
BEGIN
  FOR I := 0 TO MaxLen+1 DO
    Buf[I] := 0;
  Buf[-1] := MaxLen+1;
  R.AH := $A;
  R.DS := Seg(Buf); R.DX := Ofs(Buf);
  MsDos(R);
  WriteLn;
  FOR I := -1 TO MaxLen+1 DO
    Write(Buf[I]:4);
  WriteLn;
END;

PROCEDURE Ausgabe;
BEGIN
  Buf[Buf[0]+1] := $24;     {Zeichen $ an das Stringende}
  R.AH := 9;
  R.DS := Seg(Buf); R.DX := Ofs(Buf) + 2;
  MsDos(R);
END;
```

```
Bitte einen String eingeben.
Freiburg
  11   8  70 114 101 105  98 117 114 103  13   0   0
Freiburg
Ende von Programm Tast6.
```

```
BEGIN
  ClrScr;
  WriteLn('Bitte einen String eingeben.');
  Eingabe;
  Ausgabe;
  WriteLn('Ende von Programm Tast6.')
END.
```

3.14.3 Ausgabe auf dem Bildschirm

3.14.3.1 Bildschirmsteuerung über BIOS-Interrupt $10

```
$0  Setze den Videomodus
$1  Setze den Cursortyp
$2  Setze die Cursorposition
$3  Lies die Cursorposition
$4  Lies die Lichtgriffelposition
$5  Wähle die aktive Ausgabeseite
$6  Aktive Seite nach oben rollen
$7  Aktive Seite nach unten rollen
$8  Lies das Attribut/Zeichen an der augenblicklichen Cursorposition
$9  Schreibe das Attribut/Zeichen an die augenblickliche Cursorposition
$A  Schreibe ein Zeichen an die augenblickliche Cursorposition
$B  Setze die Farbpalette
$C  Schreibe einen Punkt
$D  Lies einen Punkt
$E  Schreibe ein Teletype auf die aktive Seite
$F  Lies den augenblicklichen Videostatus
$10 Setze die Palettenregister
$11 Zeichengenerator
$12 Alternative Auswahl
$13 Schreibe einen String
```

Wichtige Funktionen des BIOS-Interrupt $10 zur Bildschirmsteuerung

Ermittlung des Ausgabemodus (Programm Crt1): In Programm Crt1 wird gezeigt, wie man die Funktion $F zur Ermittlung des Ausgabemodus verwendet.

```
PROGRAM Crt1;
  {Bildschirmmodus feststellen}
USES Dos;
VAR R: Registers;

BEGIN
  R.AH := $F;
  Intr($10,R);
  WriteLn('BildschirmSeite: ',R.BH);
  WriteLn('ZeilenLänge: ',R.AH);
  WriteLn('AusgabeModus: ',R.AL);
WriteLn('Ende von Programm Crt1.')
END.
```

```
BildschirmSeite: 0
ZeilenLänge: 80
AusgabeModus: 7
Ende von Programm Crt1.
```

Videomodus setzen (Programm Crt2): Mit der Routine 0 des Int 10h kann man den Videomodus setzen. Ein wiederholter Aufruf dieser Routine nach der Funktion $F löscht den Bildschirm.

```
PROGRAM Crt2;
  {Videomodus setzen und Bildschirm löschen}
USES Dos;
VAR R: Registers;

PROCEDURE ModusTest;
BEGIN
  R.AH := $F;
  Intr($10,R);
  WriteLn('BildschirmSeite: ',R.BH);
  WriteLn('ZeilenLänge: ',R.AH);
  WriteLn('AusgabeModus: ',R.AL);
END;

PROCEDURE Cls;
BEGIN
  ModusTest;
  R.AH := $0;
  Intr($10,R);
END;

PROCEDURE SetMode;
VAR Modus: Byte;
BEGIN
  WriteLn('Die Wirkung des Bildschirmmodus ist von Ihrem System abhängig.');
  Write('Bitte wählen Sie einen Modus von 0..19: '); ReadLn(Modus);
  R.AH := 0;          {Funktion 0}
  R.AL := Modus;
  Intr($10,R);
END;

BEGIN
  SetMode;
  R.AL := 99;
  ModusTest;
  Write('Return-Taste drücken.'); ReadLn;
  Cls;
END.
```

```
Die Länge des Bildschirms ist von Ihrem System abhängig.
Bitte wählen Sie einen Modus von 0..19: 7
BildschirmSeite: 0
ZeilenLänge: 80
AusgabeModus: 7
Return-Taste drücken.
Ende von Programm Ctr2.
```

Cursortyp setzen bzw. verändern (Programm Crt3): Mit der Funktion 1 des Interrupts $10 kann man den Cursortyp verändern. So wird in Programm Crt3 durch 31 in CH und 8 in CL einen rechteckigen Cursor erzeugt.

```
PROGRAM Crt3;
  {Cursortyp setzen}
USES Dos;
VAR R: Registers;
BEGIN
  Write('CH = '); ReadLn(R.CH);
  Write('CL = '); ReadLn(R.CL);
  R.AH := 1;
  Intr($10,R);
WriteLn('Ende von Programm Crt3.')
END.
```

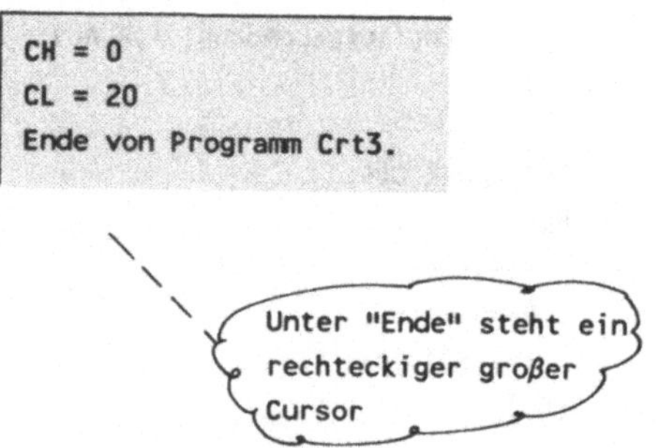

Bewegung des Cursors (Programm Crt4): Im Programm Crt4 wird der Cursor mit Hilfe der Funktion 2 des Interrupts $10 über den Bildschirm bewegt. Die Routine 0 des int 16h liest einen Tastendruck.

- Beim Drücken von ^C hat AL den Wert 3. Wenn AL = 0 ist, wurde eine Sondertaste gedrücht; Für AH erhält man dann:
  - AH = 72, wenn Pfeiltaste nach oben
  - AH = 75, wenn Pfeiltaste nach links
  - AH = 77, wenn Pfeiltaste nach rechts
  - AH = 80, wenn Pfeiltaste nach unten gedrückt wurde.
- Die Prozedur LiesCursor liest die Position des Cursors, um zu verhindern, daß der Cursor aus dem Bildschirm hinausbewegt wird.
- Die Routine 2 des Int 10h setzt den Cursor.
- (DH,DL) für (Zeile,Spalte) und (0,0) für linke obere Ecke.
- BH enthält die Seitennummer.

```
PROGRAM Crt4;
  {Bewegung des Cursors}
USES Dos,Crt;
VAR X,Y,C: Byte;
    R: Registers;

PROCEDURE LiesCursor(VAR X,Y: Byte);
BEGIN
  R.AH := 3;
  R.BH := 0;  {Seitennummer}
  Intr($10,R);
  X := R.DL; Y := R.DH;
END;

PROCEDURE Oben;
BEGIN
  IF Y > 0 THEN
    BEGIN
      R.AH := 2; R.BH := 0; R.DH := Y-1; R.DL := X; Intr($10,R);
    END;
END;

PROCEDURE Links;
BEGIN
  IF X > 0 THEN
    BEGIN
      R.AH := 2; R.BH := 0; R.DH := Y; R.DL := X-1; Intr($10,R);
    END;
END;

PROCEDURE Rechts;
BEGIN
  IF X < 79 THEN
    BEGIN
      R.AH := 2; R.BH := 0; R.DH := Y; R.DL := X+1; Intr($10,R);
    END;
END;

PROCEDURE Unten;
BEGIN
  IF Y < 24 THEN
    BEGIN
      R.AH := 2; R.BH := 0; R.DH := Y+1; R.DL := X; Intr($10,R);
    END;
END;
```

```
Richtungstasten drücken (Ctrl-C = Ende)

         46   3
Ende von Programm Crt4.
```

Cursor kann frei bewegt werden

```
BEGIN
  ClrScr;
  WriteLn('Richtungstasten drücken (Ctrl-C = Ende)');
  R.AH := 0;
  Intr($16,R);
  WHILE R.AL <> 3 DO  {Ctrl-C}
    BEGIN
      IF R.AL = 0 THEN
      C := R.AH;
      LiesCursor(X,Y);
        CASE C OF
          72: Oben;
          75: Links;
          77: Rechts;
          80: Unten;
        END;
      R.AH := 0;
      Intr($16,R);
    END;
  WriteLn(R.AH,R.AL:4);
  WriteLn('Ende von Programm Crt4.')
END.
```

Zugriff auf eine bestimmte Cursorposition (Programm Crt5): Die Routine 8 liest das Zeichen an der durch GotoXY gesetzten Cursorposition und die Routine 9 schreibt es wieder zurück.

```
PROGRAM Crt5;
USES Crt,Dos;
VAR X,Y: Byte;
    Attribut,AsciiZeichen: Byte;
    R: Registers;

BEGIN
  WriteLn('Wohin den Cursor bewegen?');
  Write('X='); ReadLn(X);
  Write('Y='); ReadLn(Y);
  GotoXY(X,Y);
  R.AH := 8;   {Routine 8}
  R.BH := 0;   {Bildschirmseite 0}
  Intr($10,R);
  Attribut := R.AH;
  AsciiZeichen := R.AL;
```

```
  Write(Attribut,AsciiZeichen:4);
  ReadLn;
  GotoXY(X,Y);
  R.AH := 9;  {Routine 9}
  R.AL := AsciiZeichen;
  R.BH := 0;  {Bildschirmseite}
  R.BL := Attribut;
  R.CX := 5;  {Anzahl der Zeichen}
  Intr($10,R);
END.
```

```
Wohin den Cursor bewegen?
X=20
Y=10                        7 32

Ende von Programm Crt5.
```

7 32 steht an der Cursorposition 20/10

Videofenster einrichten (Programm Crt6): In Programm Crt6 wird mit der Routine 7 des Interrupts 10h ein Videofenster initialisiert. Bei der Ausführung des Programms erscheint ca. 3 Sekunden lang ein großes hell unterlegtes Rechteck hochkant am Bildschirm.

```
PROGRAM Crt6;
  {Videofenster initialisieren}
USES Dos,Crt;
VAR R: Registers;
BEGIN
  R.AH := 0;          {Funktion Video Modus setzen}
  R.AL := 0;          {40x25 schwarz und weiß Text Ausgabe Modus}
  Intr($10,R);
  R.AH := 7;          {Funktion Fenster initialisieren}
  R.AL := 0;          {das ganze Fenster löschen}
  R.BH := $70;        {im reversen Video Attribut}
  R.CH := 5;          {y der linken oberen Ecke}
  R.CL := 10;         {x der linken oberen Ecke}
  R.DH := 20;         {y der rechten unteren Ecke}
  R.DL := 30;         {x der rechten unteren Ecke}
  Intr($10,R);
  Delay(3000);        {etwa 3 Sekunden Warten}
END.
```

Einen farbigen Strich zeichnen)Programm Crt7): Zuerst wird der 320x200 Pixel große Vier-Farben-Graphik-Modus gewählt, um dann den farbigen Strich zu ziehen.

```
PROGRAM Crt7;
  {Linie im Graphik-Modus zeichnen}
USES Dos,Crt;
VAR R: Registers;
    I: Integer;
```

```
BEGIN
  R.AH := 0;           {Funktion Video Modus setzen}
  R.AL := 4;           {320x200 4 Farben Graphik}
  Intr($10,R);
  R.AH := $C;          {Funktion schreibe Graphik-Pixel}
  R.AL := 3;           {Pixel Wert 0-3}
  R.CX := 200;         {x Koordinate}
  R.DX := 100;         {y Koordinate}
  Intr($10,R);
  FOR I := 0 TO 199 DO
    BEGIN
      R.AH := $C;
      R.AL := 2;
      R.CX := I;
      R.DX := I;
      Intr($10,R);
    END;
  Delay(3000);         {etwa 3 Sekunden Warten}
  WriteLn('Ende von Programm Crt7.')
END.
```

3.14.3.2 Escape-Sequenzen von ANSI.SYS

Escape-Sequenzen des ANSI-Treibers (Programm Crt8): Für einige Steuersequenzen ist die Installation von ANSI.SYS in CONFIG.SYS mittels DEVICE=ANSI.SYS erforderlich ist. In Programm Crt8 werden einige Esc-Sequenzen des ANSI-Treibers demonstriert; so z.B. die Belegung der Tasten durch andere Zeichen (nach Ausführung von Crt8 sind die Tasten q,Q und a,A vertauscht).

Esc[#;#H	Setze die Cursor Position
Esc[HEsc[J	Bildschirmlöschen
Esc[#A	Cursor um # Stellen nach oben
Esc[#B	Cursor um # Stellen nach unten
Esc[#C	Cursor um # Stellen nach rechts
Esc[#D	Cursor um # Stellen nach links
Esc[s	Save Cursor Position
Esc[u	Cursor Position wiederherstellen
Esc[K	Löschen bis zum Zeilenende
Esc[2J	Löschen bis zum Bildschirmende
Esc[ascii1;ascii2p	Zeichen1 auf Tastatur durch Zeichen2 ersetzen

Escape-Sequenzen

```
PROGRAM Crt8;
  {Benutzung des ANSI-Treibers}
CONST
  Cls = #27'[H'#27'[J';   {Steuersequenz zum Bildschirmlöschen}
  B = #254;
VAR
  Zeile,Spalte: Byte;
  S: STRING;

PROCEDURE SetCur(Zeile,Spalte:Byte);
BEGIN
  Write(#27'[',Zeile,';',Spalte,'H');
END;

BEGIN
  Write(Cls);
  Zeile := 5; Spalte := 30;
  SetCur(Zeile,Spalte);
  Write(#27'[s');              {save Cursor Position}
  Write(B,B,B,B,B,B,B,B);
  Write(#27'[u');              {Cursor Position wiederherstellen}
  Write(#27'[3B');             {Cursor 3 Stellen nach unten}
  Write(B,B,B,B,B,B,B,B);
  Write(#27'[65;81p');         {Taste A wird zu Q}
  Write(#27'[97;113p');        {Taste a wird zu q}
  Write(#27'[81;65p');         {Taste Q wird zu A}
  Write(#27'[113;97p');        {Taste q wird zu a}
  WriteLn;
  WriteLn('Tasten A,a,Q,q sind vertauscht, versuchen Sie es.');
  ReadLn(S);
END.
```

3.14.4 Zugriff auf Diskette

Auf die Diskette bzw. auf eine Datei der Diskette verwendet man DOS-Funktionen.

Unter einer DOS-Funktion versteht man eine Funktion des int 21h.

Zu unterscheiden sind neue und klassische DOS-Funktionen.

Neue DOS-Funktionen und Handle: Ab Version 2 von MS-DOS gibt für Dateizugriffe neue DOS-Funktionen. Die Dateien werden dabei durch den *Handle* als logische Dateinummer gekennzeichnet (vgl. Abschnitt 3.14.1).

Klassische DOS-Funktionen und FCB: Die klassischen DOS-Funktionen arbeiten mit einem *File Control Block*, abgekürzt als FCB (vgl. Abschnitt 3.14.2).

3.14.4.1 Neue DOS-Funktionen

Eine neue Datei mit DOS-Funktion $3C erzeugen (Programm Datei1):
Mit der Funktion $3C kann man eine neue Datei erzeugen. Wenn die angegebene Datei bereits existiert, wird ihr Inhalt gelöscht. Nach erfolgreicher Ausführung der Funktion $3C ist die Datei eröffnet, das Carry Flag ist 0 und in AX befindet sich ein 16 Bit Handle, über das man auf die Datei zugreifen kann. Der Aufruf der Funktion $3C erfolgt mit folgenden Parametern:

- AH als Funktionsnummer,
- CX als Dateiattribut: $00 normal, $01 nur lesen, $02 versteckt, $04 system.
- DS:DX als Adresse eines ASCIIZ Strings, der den Zugriffspfad der Datei angibt.

Unter einem ASCIIZ-String versteht man eine Folge von Zeichen, die mit $00 beendet wird; dadurch braucht die Länge des Strings nicht angegeben zu werden (wie sonst in einem String mit dem 0. Element).
FCarry ist eine Konstante $0001, die in der Unit Dos definiert ist.

```
PROGRAM Datei1;
  {Erzeugung einer neuen Datei}
USES Dos;
VAR R: Registers;
    DateiName: ARRAY[0..100] OF Byte;
    DName: STRING[99] ABSOLUTE DateiName;
```

```
Dateiname mit Zugriffspfad: a:datei1.dat
Datei erzeugt. Handle = 5
Ende von Programm Datei1.
```

```
BEGIN
  Write('Dateiname mit Zugriffspfad: '); ReadLn(Dname);
  R.AH := $3C;                          {Funktionsnummer}
  R.CX := 0;                            {Dateiattribut}
  R.DS := Seg(DName);
  R.DX := Ofs(DName)+1;                 {erstes ASCIIZ Element}
  DateiName[DateiName[0]+1] := 0;       {$00 anhängen}
  MsDos(R);
  IF R.Flags AND FCarry = 0             {Überprüfung des Carry Flags}
    THEN WriteLn('Datei erzeugt. Handle = ',R.AX)
    ELSE WriteLn('Datei konnte nicht erzeugt werden. Fehlercode = ',R.AX);
END.
```

Eine Datei öffnen, lesen und schließen (Programm Datei2):
In Programm Datei2 werden einige Funktionen zum Dateizugriff demonstriert. Es soll die Datei 'B:DATEI2.PAS' gelesen und auf dem Bildschirm ausgegeben werden; das Programm liest seinen eigenen Quelltext.

- Mit der Funktion $3D kann man eine existierende Datei eröffnen. DS:DX enthält die Adresse eines ASCIIZ-Strings, der die Datei angibt; CX enthält das Dateiattribut.
- Bei erfolgreicher Eröffnung enthält AX das Dateihandle und das Carryflag ist 0. Mit der Funktion $3F kann eine in CX angegebene Anzahl von Bytes in einen Puffer gelesen werden, dessen Adresse sich in DS:DX befindet. BX muß das FileHandle der eröffneten Datei enthalten.
- Bei erfolgreichem Lesen enthält AX die Anzahl der gelesenen Bytes und das Carryflag ist 0.
- Am Dateiende ist AX = 0.
- Mit der Funktion $3E wird die Datei geschlossen und das Filehandle wieder freigegeben.

```
PROGRAM Datei2;
  {Datei öffnen, lesen, schließen}
USES Dos,Crt;
CONST MaxAnz = 256;
VAR DateiName: STRING;
    R: Registers;
    Carry: Byte;
    Handle,Fehler: Word;
    Buffer: ARRAY[1..256] OF Byte;
```

```
PROCEDURE DateiOeffnen;
BEGIN
  R.AH := $3D;
  R.AL := 0;                    {zum Lesen eröffnen}
  R.DS := Seg(DateiName);
  R.DX := Ofs(Dateiname)+1;
  MsDos(R);
  IF R.Flags AND FCarry = 0
    THEN
      BEGIN
        Carry := 0; Handle := R.AX;
        WriteLn('Datei eröffnet. Handle = ',Handle);
      END
    ELSE
      BEGIN
        Carry := 1; Fehler := R.AX;
        WriteLn('Datei konnte nicht eröffnet werden. Fehler = ',Fehler);
      END;
END;

PROCEDURE DateiSchliessen;
BEGIN
  R.AH := $3E;
  R.BX := Handle;
  MsDos(R);
  IF R.Flags AND FCarry = 0
    THEN WriteLn('Datei geschlossen.')
    ELSE WriteLn('Datei konnte nicht geschlossen werden.');
END;

PROCEDURE Lesen;
VAR I: Integer;
BEGIN
  REPEAT
    R.AH := $3F;
    R.BX := Handle;
    R.CX := MaxAnz;
    R.DS := Seg(Buffer);
    R.DX := Ofs(Buffer);
    MsDos(R);
    IF R.Flags AND FCarry = 0
      THEN
        BEGIN
          WriteLn(R.AX,' Zeichen gelesen.');
          FOR I := 1 TO R.AX DO
```

```
            Write(Chr(Buffer[I]));
          WriteLn; Write('RETURN drücken.'); ReadLn;
        END
      ELSE
        BEGIN
          WriteLn('Lesefehler'); R.AX := 0;
        END;
  UNTIL R.AX = 0;
END;

BEGIN
  ClrScr;
  DateiName := 'B:DATEI2.PAS'+#0;
  DateiOeffnen;
  Lesen;
  DateiSchliessen;
  WriteLn('Ende von Programm Datei2.')
END.
```

Ausführung zu Programm Datei2:

```
Datei eröffnet. Handle = 5
256 Zeichen gelesen.
PROGRAM Datei2;
  {Datei öffnen, lesen, schließen.}
USES Dos,Crt;
ROCEDURE DateiOeffnen;
....
  R.AH :=
RETURN drücken.

... usw. Es werden stets 256-Zeichen bis zum nächsten Return gelesen.

0 Zeichen gelesen
RETURN drücken
Ende von Programm Datei2.
```

Eine Datei über die DOS-Funktion $41 löschen (Programm Datei3):
Mit der Funktion $41 kann eine Datei gelöscht werden. DS:DX zeigt auf einen ASCIIZ-String, der die Datei angibt.

```
PROGRAM Datei3;
  {Löschen einer Datei}
USES Dos;
```

```
VAR R: Registers;
    DateiName: ARRAY[0..100] OF Byte;
    DName: STRING[99] ABSOLUTE DateiName;

BEGIN
  WriteLn('Welche Datei löschen?');
  Write('Dateiname mit Zugriffspfad: '); ReadLn(Dname);
  R.AH := $41;
  R.DS := Seg(DName);
  R.DX := Ofs(DName)+1;
  DateiName[DateiName[0]+1] := 0;
  MsDos(R);
  IF R.Flags AND FCarry = 0
    THEN WriteLn('Datei gelöscht.')
    ELSE WriteLn('Datei nicht zu löschen. Fehlercode = ',R.AX);
  WriteLn('Ende von Programm Datei3')
END.
```

```
Dateiname mit Zugriffspfad: a:dateiX.dat
Datei zu löschen. Fehlercode = 2
Ende von Programm Datei3.
```

Eine Datei erzeugen und löschen (Programm Datei4):
In Programm Datei4 wird mit der Funktion $5B eine Datei erzeugt und mit der Funktion $41 dann wieder gelöscht.

```
PROGRAM Datei4;
  {Datei erzeugen und löschen}
USES Dos,Crt;
VAR R: Registers;
    DateiName: ARRAY[0..100] OF Byte;
    DName: STRING[99] ABSOLUTE DateiName;
    Handle: Word;

PROCEDURE NeuDatei;
BEGIN
  R.AH := $5B;
  R.CX := 0;
  R.DS := Seg(DateiName);
  R.DX := Ofs(DateiName)+1;
  MsDos(R);
  IF R.Flags AND FCarry = 0
    THEN WriteLn('Datei erzeugt. Handle = ',R.AX)
    ELSE WriteLn('Datei konnte nicht erzeugt werden. Fehlercode = ',R.AX);
END;
```

```
Welche Datei erzeugen und löschen?
Dateiname mit Zugriffspfad: a:datei4.dat
Datei erzeugt. Handle = 5
Loesche aufgerufen
Datei gelöscht.
Ende von Programm Datei4.
```

```
PROCEDURE LoescheDatei;
BEGIN
  WriteLn('Loesche aufgerufen');
  R.AH := $41;
  R.DS := Seg(DName);
  R.DX := Ofs(DName)+1;
  DateiName[DateiName[0]+1] := 0;
  MsDos(R);
  IF R.Flags AND FCarry = 0
    THEN WriteLn('Datei gelöscht.')
    ELSE WriteLn('Datei konnte nicht gelöscht werden. Fehlercode = ',R.AX);
END;

BEGIN
  ClrScr;
  WriteLn('Welche Datei erzeugen und löschen?');
  Write('Dateiname mit Zugriffspfad: '); ReadLn(Dname);
  DateiName[DateiName[0]+1] := 0;
  NeuDatei;
  LoescheDatei;
  WriteLn('Ende von Programm Datei4.')
END.
```

Eine Datei über Funktion $40 beschreiben (Programm Datei5):
Mit der Funktion $3C wird eine neue Datei erzeugt oder eine bestehende Datei gelöscht und eröffnet. Mit der Funktion $40 wird die in CX angegebene Anzahl von Bytes in die Datei geschrieben, deren Handle sich in BX befindet. DS:DX zeigt auf einen Puffer, der die zu schreibenden Bytes enthält.

```
PROGRAM Datei5;
  {Schreiben von 10 Sätzen auf eine Datei}
USES Dos,Crt;
VAR R: Registers;
    DateiName: ARRAY[0..100] OF Byte;
    DName: STRING[99] ABSOLUTE DateiName;
    Handle: Word;
    Satz1,Satz2: RECORD
                   Name: String[31];
                   Betrag: Real;
                 END;

PROCEDURE NeuDatei;
BEGIN
```

```
Datei erzeugt. Handle = 5
... was schreiben? Jakob + Severin
Datei beschrieben.
Datei geschlossen
Datei eröffnet, Handle = 5
0 Jakob + Severin   123.456
1 Jakob + Severin   123.456
2 Jakob + Severin   123.456
3 Jakob + Severin   123.456
4 Jakob + Severin   123.456
5 Jakob + Severin   123.456
6 Jakob + Severin   123.456
7 Jakob + Severin   123.456
```

```
8 Jakob + Severin   123.456
9 Jakob + Severin   123.456
10 ***      0.000
Ende von Programm Datei5.
```

```
    R.AH := $3C;
    R.CX := 0;
    R.DS := Seg(DateiName);
    R.DX := Ofs(DateiName)+1;
    MsDos(R);
    IF R.Flags AND FCarry = 0
      THEN
        BEGIN
          Handle := R.AX;
          WriteLn('Datei erzeugt. Handle = ',Handle)
        END
      ELSE
        WriteLn('Datei konnte nicht erzeugt werden. Fehlercode = ',R.AX);
  END;

  PROCEDURE Schreiben;
  VAR I: Integer;
  BEGIN
    Write('... was schreiben? ');
    ReadLn(Satz1.Name);
    Satz1.Betrag := 123.456;
    FOR I := 1 TO 10 DO
      BEGIN
        R.AH := $40;
        R.BX := Handle;
        R.CX := SizeOf(Satz1);
        R.DS := Seg(Satz1);
        R.DX := Ofs(Satz1);
        MsDos(R);
      END;
    WriteLn('Datei beschrieben.');
  END;

  PROCEDURE Schliessen;
  BEGIN
    R.AH := $3E;
    R.BX := Handle;
    MsDos(R);
    IF R.Flags AND FCarry = 0
      THEN WriteLn('Datei geschlossen');
  END;

  PROCEDURE Eroeffnen;
  BEGIN
    R.AH := $3D;
```

```
    R.AL := 0;          {zum Lesen eröffnen}
    R.DS := Seg(DName);
    R.DX := Ofs(DName)+1;
    MsDos(R);
    IF R.Flags AND FCarry = 0
      THEN
        BEGIN
          Handle := R.AX;
          WriteLn('Datei eröffnet, Handle = ',Handle);
        END
      ELSE
        WriteLn('Eröffnungsfehler = ',R.AX);
  END;

  PROCEDURE Lesen;
  VAR I: Integer;
  BEGIN
    I := 0;
    REPEAT
      Satz2.Name := '***'; Satz2.Betrag := 0;
      R.AH := $3F;          {Datei lesen}
      R.BX := Handle;
      R.CX := SizeOf(Satz2);
      R.DS := Seg(Satz2);
      R.DX := Ofs(Satz2);
      MsDos(R);
      WriteLn(I,' ',Satz2.Name,Satz2.Betrag:10:3);
      Inc(I);
    UNTIL R.AX = 0;
  END;

  BEGIN
    ClrScr;
    DName := 'B:ABC'+Chr(0);
    NeuDatei;
    Schreiben;
    Schliessen;
    Eroeffnen;
    Lesen;
    WriteLn('Ende von Programm Datei5.')
  END.
```

Datensatz überschreiben mit DOS-Funktion $42 (Programm Datei6):
AL gibt an, von wo aus die Position des Dateizeigers zu berechnen ist: 0 vom Beginn der Datei aus, 1 von der augenblicklichen Position aus, 2 vom Dateiende aus. BX enthält das Handle. CX enthält den höherwertigen Teil des Dateioffsets und DX den niederwertigen Teil.

```
PROGRAM Datei6;
  {ändern von Datensätzen}
USES Dos,Crt;
VAR R: Registers;
    DName: STRING[99];
    Handle: Word;
    Satz: RECORD
            Name: String[31];
            Betrag: Real;
          END;

PROCEDURE Aendern;
VAR I: Integer;
BEGIN
  Write('Welchen Satz ändern? Satznummer: '); ReadLn(I);
  R.AH := $42;              {Dateizeiger bewegen}
  R.AL := 0;                {Position ab Dateianfang}
  R.BX := Handle;
  R.CX := 0;                {Höherwertiger Teil des Offsets in der Datei}
  R.DX := I * SizeOf(Satz); {Niederwertiger Teil des Offsets in der Datei}
  MsDos(R);
  IF R.Flags AND FCarry = 0
    THEN WriteLn('Neuer Dateizeiger ',R.DX,'-',R.AX)
    ELSE WriteLn('Fehler bei DateiZeigerbewegung.');

  Write('Name: '); ReadLn(Satz.Name);
  Write('Betrag: '); ReadLn(Satz.Betrag);
  R.AH := $40;              {Schreiben auf Datei}
  R.BX := Handle;
  R.CX := SizeOf(Satz);
  R.DS := Seg(Satz);
  R.DX := Ofs(Satz);
  MsDos(R);
  IF R.Flags AND FCarry = 0
    THEN WriteLn(Satz.Name,' ',Satz.Betrag,' erfolgreich geschrieben.')
    ELSE WriteLn('Fehler beim Schreiben.');
END;
```

```
PROCEDURE Schliessen;
BEGIN
  R.AH := $3E;
  R.BX := Handle;
  MsDos(R);
  IF R.Flags AND FCarry = 0
    THEN WriteLn('Datei geschlossen');
END;

PROCEDURE Eroeffnen;
BEGIN
  R.AH := $3D;
  R.AL := 2;              {zum Lesen und Schreiben eröffnen}
  R.DS := Seg(DName);
  R.DX := Ofs(DName)+1;
  MsDos(R);
  IF R.Flags AND FCarry = 0
    THEN
      BEGIN
        Handle := R.AX;
        WriteLn('Datei eröffnet, Handle = ',Handle);
      END
    ELSE
      WriteLn('Eröffnungsfehler = ',R.AX);
END;

PROCEDURE Lesen;
VAR I: Integer;
BEGIN
  I := 0;
  REPEAT
    R.AH := $3F;          {Datei lesen}
    R.BX := Handle;
    R.CX := SizeOf(Satz);
    R.DS := Seg(Satz);
    R.DX := Ofs(Satz);
    MsDos(R);
    IF R.AX <> 0
      THEN WriteLn(I:2,' ',Satz.Name,Satz.Betrag:10:3);
    Inc(I);
  UNTIL R.AX = 0;
END;

BEGIN
  ClrScr;
```

```
    DName := 'B:ABC'+Chr(0);
    Eroeffnen;
    Lesen;
    Aendern;
    Schliessen;
    Eroeffnen;
    Lesen;
    Schliessen;
  WriteLn('Ende von Programm Datei6.')
  END.
```

```
Datei eröffnet, Handle = 5
 0 Jakob + Severin   123.456
 1 Jakob + Severin   123.456
 2 Jakob + Severin   123.456
 3 Jakob + Severin   123.456
 4 Jakob + Severin   123.456
 5 Jakob + Severin   123.456
 6 Jakob + Severin   123.456
 7 Jakob + Severin   123.456
 8 Jakob + Severin   123.456
 9 Jakob + Severin   123.456
Welchen Satz ändern? Satznummer: 3
Neuer Dateizeiger 0-114
Name: Tillmann
Betrag: 100.64
Tillmann  1.0064000000E+02 erfolgreich geschrieben.
Datei geschlossen
Datei eröffnet, Handle = 5
 0 Jakob + Severin   123.456
 1 Jakob + Severin   123.456
 2 Jakob + Severin   123.456
 3 Tillmann   100.640
 4 Jakob + Severin   123.456
 5 Jakob + Severin   123.456
 6 Jakob + Severin   123.456
 7 Jakob + Severin   123.456
 8 Jakob + Severin   123.456
 9 Jakob + Severin   123.456
Datei geschlossen
Ende von Programm Datei6.
```

Es wird die Datei ABC gelesen, die von Programm Datei5 erzeugt worden ist.

Einen Datensatz an die Datei anhängen (Programm Datei7):
Die Funktion $42 bewegt den Dateizeiger an das Ende der Datei. AL = 2 gibt an, daß die Position ab Dateiende zu rechnen ist. Die Funktion $40 schreibt die in CX angegebene Anzahl von Bytes auf die Datei, deren Handle sich in BX befindet. DS:DX zeigt den zu schreibenden Puffer.

```
PROGRAM Datei7;
  {Anhängen von Datensätzen}
USES Dos,Crt;
VAR R: Registers;
    DName: STRING[99];
    Handle: Word;
    Satz: RECORD
            Name: String[31];
            Betrag: Real;
          END;

PROCEDURE Append;
BEGIN
  R.AH := $42;                {Dateizeiger bewegen}
  R.AL := 2;                  {Position ab Dateiende}
  R.BX := Handle;
  R.CX := 0;                  {Höherwertiger Teil des Offsets in der Datei}
  R.DX := 0;                  {Niederwertiger Teil des Offsets in der Datei}
  MsDos(R);
  IF R.Flags AND FCarry = 0
    THEN WriteLn('Neuer Dateizeiger ',R.DX,'-',R.AX)
    ELSE WriteLn('Fehler bei Dateizeigerbewegung.');

  Write('Name: '); ReadLn(Satz.Name);
  Write('Betrag: '); ReadLn(Satz.Betrag);
  R.AH := $40;                {Schreiben auf Datei}
  R.BX := Handle;
  R.CX := SizeOf(Satz);
  R.DS := Seg(Satz);
  R.DX := Ofs(Satz);
  MsDos(R);
  IF R.Flags AND FCarry = 0
    THEN WriteLn(Satz.Name,' ',Satz.Betrag,' erfolgreich geschrieben.')
    ELSE WriteLn('Fehler beim Schreiben.');
END;

PROCEDURE Schliessen;
BEGIN
  R.AH := $3E;
```

```
    R.BX := Handle;
    MsDos(R);
    IF R.Flags AND FCarry = 0
      THEN WriteLn('Datei geschlossen');
  END;

  PROCEDURE Eroeffnen;
  BEGIN
    R.AH := $3D;
    R.AL := 2;              {zum Lesen und Schreiben eröffnen}
    R.DS := Seg(DName);
    R.DX := Ofs(DName)+1;
    MsDos(R);
    IF R.Flags AND FCarry = 0
      THEN
        BEGIN
          Handle := R.AX;
          WriteLn('Datei eröffnet, Handle = ',Handle);
        END
      ELSE
        WriteLn('Eröffnungsfehler = ',R.AX);
  END;

  PROCEDURE Lesen;
  VAR I: Integer;
  BEGIN
    I := 0;
    REPEAT
      R.AH := $3F;          {Datei lesen}
      R.BX := Handle;
      R.CX := SizeOf(Satz);
      R.DS := Seg(Satz);
      R.DX := Ofs(Satz);
      MsDos(R);
      IF R.AX <> 0
        THEN WriteLn(I:2,' ',Satz.Name,Satz.Betrag:10:3);
      Inc(I);
    UNTIL R.AX = 0;
  END;

  BEGIN
    ClrScr;
    DName := 'B:ABC'+Chr(0);
    Eroeffnen;
    Lesen;
```

```
    Append;
    Schliessen;
    Eroeffnen;
    Lesen;
    Schliessen;
    WriteLn('Ende von Programm Datei7.')
  END.
```

```
Datei eröffnet, Handle = 5
 0 Jakob + Severin   123.456
 1 Jakob + Severin   123.456
 2 Jakob + Severin   123.456
 3 Tillmann   100.640
 4 Jakob + Severin   123.456
 5 Jakob + Severin   123.456
 6 Jakob + Severin   123.456
 7 Jakob + Severin   123.456
 8 Jakob + Severin   123.456
 9 Jakob + Severin   123.456
Neuer Dateizeiger 0-380
Name: Lena
Betrag: 9999
Lena  9.9990000000E+03 erfolgreich geschrieben.
Datei geschlossen
Datei eröffnet, Handle = 5
 0 Jakob + Severin   123.456
 1 Jakob + Severin   123.456
 2 Jakob + Severin   123.456
 3 Tillmann   100.640
 4 Jakob + Severin   123.456
 5 Jakob + Severin   123.456
 6 Jakob + Severin   123.456
 7 Jakob + Severin   123.456
 8 Jakob + Severin   123.456
 9 Jakob + Severin   123.456
10 Lena  9999.000
Datei geschlossen
Ende von Programm Datei7.
```

Datum und Uhrzeit einer Datei ändern (Programm Datei8):
Mit dem beim Eröffnen erhaltenen Handle kann man mit der Funktion $57 das Datum und die Uhrzeit einer Datei lesen oder setzen.

- 0 in AL liest und 1 in AL setzt das Datum und die Uhrzeit einer Datei.

- Das Datum ist in DX verschlüsselt. Die Bits 9h..Fh enthalten das Jahr relativ zu 1980, die Bits 5h..8h den Monat und die Bits 0h..4h den Tag (0..31).
- In CX ist die Uhrzeit verschlüsselt: Bits Bh..Fh für die Stunde, 5h..Ah für die Minute und Bits 0h..4h für die Anzahl der Doppelsekunden (0..29).

```
PROGRAM Datei8;
  {Ändern von Datum und Uhrzeit einer Datei}
USES Dos,Crt;
VAR R: Registers;
    DName: STRING;
    Handle: Word;
    Jahr,Monat,Tag,Stunde,Minute,Sekunde: Integer;
    A: Char;

PROCEDURE Eroeffnen;
BEGIN
  R.AH := $3D;
  R.AL := 2;
  R.DS := Seg(DName);
  R.DX := Ofs(DName)+1;
  MsDos(R);
  IF R.Flags AND FCarry = 0
    THEN
      BEGIN
        Handle := R.AX;
        WriteLn('Datei eröffnet, Handle := ',Handle);
      END;
END;

BEGIN
  ClrScr;
  Write('Dateiname mit Zugriffspfad: '); ReadLn(DName);
  DName := DName + Chr(0);
  Eroeffnen;
  R.AH := $57;
  R.AL := 0;            {Datum und Zeit lesen}
  R.BX := Handle;
  MsDos(R);
  Jahr := (R.DX SHR 9) + 1980;
  WriteLn('Jahr = ',Jahr);
  Monat := (R.DX SHL 8) SHR 13;
  WriteLn('Monat = ',Monat);
  Tag := R.DX AND $1F;
```

```
    WriteLn('Tag = ',Tag);
    Stunde := R.CX SHR 11;
    WriteLn('Stunde = ',Stunde);
    Minute := R.CX SHL 5 SHR 10;
    WriteLn('Minute = ',Minute);
    Sekunde := (R.CX AND $1F) * 2;
    WriteLn('Sekunde = ',Sekunde);
    Write('Neues Datum und neue Zeit setzen? (J/N) '); ReadLn(A);
    IF (A <> 'J') AND (A <> 'j')
      THEN Exit;
    Write('Jahr (19xx): '); ReadLn(Jahr);
    Write('Monat :'); ReadLn(Monat);
    Write('Tag: '); ReadLn(Tag);
    Write('Stunde: '); ReadLn(Stunde);
    Write('Minute: '); ReadLn(Minute);
    Write('Sekunde: '); ReadLn(Sekunde);
    R.DX := ((Jahr - 1980) SHL 9) + (Monat SHL 5) + Tag;
    R.CX := (Stunde SHL 11) + (Minute SHL 5) + (Sekunde DIV 2);
    R.AH := $57;
    R.AL := 1;          {Setze Datum und Zeit}
    R.BX := Handle;
    MsDos(R);
  END.
```

```
Dateiname mit Zugriffspfad: b:abc
Datei eröffnet, Handle := 5
Jahr = 1989
Monat = 3
Tag = 9
Stunde = 1
Minute = 19
Sekunde = 50
Neues Datum und neue Zeit setzen? (J/N) j
Jahr (19xx): 1989
Monat :4
Tag: 10
Stunde: 12
Minute: 0
Sekunde: 0
Ende von Programm Datei8.
```

```
B:\>dir abc
 Datenträger in Laufwerk B hat keinen Namen
 Verzeichnis von B:\
ABC              418 10.04.89   12.00
        1 Datei(en)      78848 Byte frei
B:\>
```

Das Systemdatum über DOS-Funktion $2A lesen (Programm Datum1):
Mit der Funktion $2B kann man das Datum setzen, wenn man in CX das Jahr (1980..2099), in DH den Monat (1..12) und in DL den Tag (1..31), einträgt. Über Programm Datum1 wird das Datum mit $2A gelesen.

```
PROGRAM Datum1;
  {Systemdatum lesen}
USES Dos;
VAR R: Registers;

BEGIN
  R.AH := $2A;
  MsDos(R);
  WriteLn('Datum: ',R.DL,'.',R.DH,'.',R.CX);
END.
```

```
Datum: 9.3.1989
Ende von Programm Datum1.
```

Die Zeit über die Funktion $2C lesen (Programm Zeit1):
Mit der Funktion $2D wird die Zeit gesetzt, wenn in CH die Stunden, in CL die Minuten, in DH die Minuten und in DL die hundertstel Sekunden eingetragen werden. Programm Zeit1 zeigt das Lesen über $2C.

```
PROGRAM Zeit1;
  {Lesen der Systemzeit}
USES Dos;
VAR R: Registers;

BEGIN
  R.AH := $2C;
  MsDos(R);
  WriteLn('Zeit: ',R.CH,':',R.CL,':',R.DH,':',R.DL);
END.
```

```
Zeit: 0:12:33:41
Ende von Programm Zeit1.
```

Die DOS-Version feststellen (Programm Version1):
Manche DOS-Routinen sind von der DOS-Version abhängig. Deshalb kann es notwendig sein, die DOS-Version über die Funktion $30 zu ermitteln. AL enthält die Hauptversionsnummer und AH die Unterversionsnummer.

```
PROGRAM Version1;
  {DOS-Version feststellen}
USES Dos;
VAR R: Registers;
```

```
DOS 4.0
Ende von Programm Version1.
```

```
BEGIN
  R.AH := $30;
  MsDos(R);
  WriteLn('DOS ',R.AL,'.',R.AH);
END.
```

Das Standardlaufwerk setzen (Programm Disk1):
Mit der Funktion $E kann man das Standardlaufwerk setzen. DL enthält die Laufwerksnummer. 0 entspricht Laufwerk A:, 1 entspricht Laufwerk B: usw. In AL wird die Anzahl der logischen Laufwerke zurückgegeben.

```
PROGRAM Disk1;
  {Standardlaufwerk setzen}
USES Dos;
VAR R: Registers;
    L: Char;
BEGIN
  WriteLn('Welches Laufwerk soll Standardlaufwerk werden ?');
  REPEAT
    Write('A,B,... ? '); ReadLn(L);
  UNTIL L IN ['A'..'Z'];
  R.AH := $E;
  R.DL := Ord(L) - 65;
  MsDos(R);
  WriteLn('Es gibt ',R.AL,' logische Laufwerke.');
  WriteLn('Ende von Programm Disk1.')
END.
```

```
Welches Laufwerk soll Standardlaufwerk werden?
A,B,... ?b
A,B,... ?B
Es gibt 5 logische Laufwerke.
Ende von Programm Disk1.
```

3.14.4.2 Klassische DOS-Funktionen

Im Gegensatz zu den *neuen DOS-Funktionen* (vgl. Abschnitt 3.14.4.1) greifen die *klassischen DOS-Funktionen* nicht über den Handle auf die Datei bzw. Diskette zu, sondern über den File Control Block (FCB).

Struktur des Dateisteuerblocks FCB:
Der FCB ist ein Speicherbereich, welcher Informationen über die Datei enthält. Man kann ihn als ARRAY[-7..36] OF Byte definieren.

- Der FCB besteht aus zwei Teilen: aus FCB[0..36] als dem eigentlichen FCB und aus einem Vorspann FCB[-7..-1].
- Die 7-Byte-Erweiterung benötigt man nur bei Dateien mit ungewöhnlichen Attributen.
- Der FCB wird vom Beginn des Hauptteils FCB[0] aus adressiert.

- Felder mit der Verwendung 1 sollten belegt werden, bevor die Datei eröffnet wird. Felder mit der Verwendung 2 sollten belegt werden, bevor Daten gelesen oder geschrieben werden. Felder mit der Verwendung DOS sollten nicht geändert werden.

Offset	Größe	Verwendung	Beschreibung
-7	1	1	Erweiterung aktiv $FF = ja
-6	5	1	sollte auf 0 gesetzt werden
-1	1	1	Dateiattribut bei aktiver Erweiterung
0	1	1	spezielle Laufwerksnummer
1	8	1	Dateiname
9	3	1	Dateinamenerweiterung
12	2	2	aktuelle Blocknummer
14	2	2	Datensatzlänge
16	4	DOS	Dateilänge
20	2	DOS	Dateidatum
22	2	DOS	Dateizeit
24	8	DOS	
32	1	2	aktuelle Datensatznummer (0..127)
33	4	2	Datensatznummer für wahlfreien Zugriff

Belegung des FCB (File Control Block)

Eine Datei über den FCB öffnen (Programm Disk2):
Der Dateizugriff über den FCB wird an den Programmen Disk1 bis Disk6 demonstriert. Das folgende Programm Disk2 benutzt die *klassische Funktion $F*, um mit dem Dateisteuerblock FCB eine Datei zu eröffnen.

```
PROGRAM Disk2;
USES Dos,Crt;
CONST DName: STRING[11] = 'DISK2   PAS';
VAR R: Registers;
    FCB: ARRAY[-7..36] OF Byte;
    F: RECORD
         Filler: ARRAY[-7..-1] OF Byte;
         Laufwerk: Byte;
         DateiName: ARRAY[1..11] OF Char;
         BlockNummer: Word;
         DatenSatzLaenge: Word;
         DateiLaenge: LongInt;        {4 Bytes}
         Datum: Word;
         Filler2: ARRAY[1..10] of Byte;
         AktuelleSatzNummer: Byte;
```

```
Datei eröffnet.
Laufwerk = 2
SatzLänge = 128
Dateilänge = 1425
Datum: 9.3.1989
AktuelleSatzNummer = 0
SatzNummer = 11141149
Ende von Programm Disk2.
```

```
        SatzNummer: LongInt;                  {Für wahlfreien Zugriff}
      END ABSOLUTE FCB;
    I: Integer;

PROCEDURE DatumAusgabe(X: Word);
VAR Jahr,Monat,Tag: ShortInt;
BEGIN
  Jahr := X SHR 9; Monat := (X SHR 5) AND $000F; Tag := X AND $001F;
  WriteLn('Datum: ',Tag,'.',Monat,'.',Jahr+1980);
END;

BEGIN
  ClrScr;
  FOR I := -7 TO -1 DO
    FCB[I] := 0;
  FCB[0] := 0;          {Standardlaufwerk};
  FOR I := 1 TO 11 DO
    FCB[I] := Ord(DName[I]);
  R.AH := $F;
  R.DS := Seg(FCB);
  R.DX := Ofs(FCB)+7;
  MsDos(R);
  IF R.AL = 0 THEN WriteLn('Datei eröffnet.');
  IF R.AL = $FF THEN WriteLn('Datei konnte nicht eröffnet werden.');
  WriteLn('Laufwerk = ', F.Laufwerk);
  WriteLn('SatzLänge = ', F.DatenSatzLaenge);
  WriteLn('Dateilänge = ', F.DateiLaenge);
  DatumAusgabe(F.Datum);
  WriteLn('AktuelleSatzNummer = ', F.AktuelleSatzNummer);
  WriteLn('SatzNummer = ', F.SatzNummer);
END.
```

Eine Datei anlegen über den FCB (Programm Disk3):
Bei der Erzeugung der Datei wird das aktuelle Datum und nicht das gesetzte Datum verwendet.

```
PROGRAM Disk3;
  {Neue Datei anlegen}
USES Dos;
CONST DName: STRING[11] = 'XYZ
VAR R: Registers;
    FCB: ARRAY[-7..36] OF Byte;
    F: RECORD
         Filler: ARRAY[-7..-1] OF Byte;
```

```
Jahr: (19xx) 1988
Monat: (1..12) 11
Tag: (1..31) 18
Datum: 18.11.1988
Datei erzeugt.
Laufwerk = 2
SatzLänge = 128
```

```
        Laufwerk: Byte;
        DateiName: ARRAY[1..11] OF Char;
        BlockNummer: Word;
        DatenSatzLaenge: Word;
        DateiLaenge: LongInt;       {4 Bytes}
        Datum: Word;
        Filler2: ARRAY[1..10] of Byte;
        AktuelleSatzNummer: Byte;
        SatzNummer: LongInt;          {Für wahlfreien Zugriff}
      END ABSOLUTE FCB;
    I: Integer;

PROCEDURE DatumAusgabe(X: Word);
VAR Jahr,Monat,Tag: ShortInt;
BEGIN
  Jahr := X SHR 9; Monat := (X SHR 5) AND $000F; Tag := X AND $001F;
  WriteLn('Datum: ',Tag,'.',Monat,'.',Jahr+1980);
END;

FUNCTION Datum: Word;
VAR Jahr,Monat,Tag: Integer;
BEGIN
  Write('Jahr: (19xx) '); ReadLn(Jahr);
  Write('Monat: (1..12) '); ReadLn(Monat);
  Write('Tag: (1..31) '); ReadLn(Tag);
  Datum := (Jahr-1980)*512 + Monat*32 + Tag;
END;

BEGIN
  FOR I := -7 TO -1 DO
    FCB[I] := 0;
  FCB[0] := 0;          {Standardlaufwerk};
  FOR I := 1 TO 11 DO
    FCB[I] := Ord(DName[I]);
  F.Datum := Datum;
  DatumAusgabe(F.Datum);
  R.AH := $16;
  R.DS := Seg(FCB);
  R.DX := Ofs(FCB)+7;
  MsDos(R);
  IF R.AL = 0 THEN WriteLn('Datei erzeugt.');
  IF R.AL = $FF THEN WriteLn('Datei konnte nicht erzeugt werden.');
  WriteLn('Laufwerk = ', F.Laufwerk);
  WriteLn('SatzLänge = ', F.DatenSatzLaenge);
  WriteLn('Dateilänge = ', F.DateiLaenge);
```

```
Dateilänge = 0
Datum: 9.3.1989
AktuelleSatzNummer = 0
SatzNummer = 39424
Ende von Programm Disk3.
```

```
    DatumAusgabe(F.Datum);
    WriteLn('AktuelleSatzNummer = ', F.AktuelleSatzNummer);
    WriteLn('SatzNummer = ', F.SatzNummer);
    WriteLn('Ende von Programm Disk3.')
  END.
```

Eine Datei über den FCB sequentiell beschreiben (Programm Disk4):

```
PROGRAM Disk4;
  {Neue Datei anlegen beschreiben}
USES Dos,Crt;
VAR R: Registers;
    FCB: ARRAY[-7..36] OF Byte;
    F: RECORD
         Filler: ARRAY[-7..-1] OF Byte;
         Laufwerk: Byte;
         DateiName: ARRAY[1..11] OF Char;
         BlockNummer: Word;
         DatenSatzLaenge: Word;
         DateiLaenge: LongInt;      {4 Bytes}
         Datum: Word;
         Filler2: ARRAY[1..10] of Byte;
         AktuelleSatzNummer: Byte;
         SatzNummer: LongInt; {wahlfreier Zugriff}
       END ABSOLUTE FCB;
    I: Integer;
    DName: STRING[15];
    DiskTransferBereich: ARRAY[1..128] OF Byte;

PROCEDURE DateiName;
BEGIN
  WriteLn('Laufwerk:Dateiname.Erweiterung?');
  ReadLn(DName);
  DName := DName + #0;
  R.AH := $29;
  R.AL := 5;
  R.DS := Seg(DName);
  R.SI := Ofs(DName)+1;
  R.ES := Seg(FCB);
  R.DI := Ofs(FCB)+7;
  MsDos(R);
END;
```

```
Laufwerk:Name.Erweiterung?
a:disk4a.dat
Laufwerk = 1
Dateiname: DISK4A  DAT
Aktuelle Blocknummer = 0
SatzLänge = 0
Dateilänge = 0
AktuelleSatzNummer = 0
SatzNummer = 0
Datei erzeugt.
Laufwerk = 1
Dateiname: DISK4A  DAT
Aktuelle Blocknummer = 0
SatzLänge = 128
Dateilänge = 0
AktuelleSatzNummer = 0
SatzNummer = 0
R.AL = 0  R.AL = 0  R.AL = 0
Laufwerk = 1
Dateiname: DISK4A  DAT
Aktuelle Blocknummer = 0
SatzLänge = 128
Dateilänge = 384
AktuelleSatzNummer = 3
SatzNummer = 0
Datei geschlossen
Ende von Programm Disk4.
```

```
PROCEDURE FCBAusgabe;
VAR I: Byte;
BEGIN
  WriteLn('Laufwerk = ', F.Laufwerk);
  Write('Dateiname: '); FOR I := 1 TO 11 DO Write(F.DateiName[I]); WriteLn;
  WriteLn('Aktuelle Blocknummer = ',F.BlockNummer);
  WriteLn('SatzLänge = ', F.DatenSatzLaenge);
  WriteLn('Dateilänge = ', F.DateiLaenge);
  WriteLn('AktuelleSatzNummer = ', F.AktuelleSatzNummer);
  WriteLn('SatzNummer = ', F.SatzNummer);
END;

PROCEDURE NeuDatei;
BEGIN
  R.AH := $16;
  R.DS := Seg(FCB);
  R.DX := Ofs(FCB)+7;
  MsDos(R);
  IF R.AL = 0 THEN WriteLn('Datei erzeugt.');
  IF R.AL = $FF THEN WriteLn('Datei konnte nicht erzeugt werden.');
END;

PROCEDURE SetDTA;
BEGIN
  R.AH := $1A;
  R.DS := Seg(DiskTransferBereich);
  R.DX := Ofs(DiskTransferBereich);
  MsDos(R);
END;

PROCEDURE Schliessen;
BEGIN
  R.AH := $10;         {Datei schließen}
  R.DS := Seg(FCB);
  R.DX := Ofs(FCB)+7;
  MsDos(R);
  IF R.AL = 0 THEN WriteLn('Datei geschlossen');
END;

PROCEDURE Schreiben;
BEGIN
  SetDTA;                {Adresse eines Disk Transfer Bereichs angeben}
  FOR I := 1 TO 128 DO DiskTransferBereich[I] := 65;
  FOR I := 1 TO 3 DO
    BEGIN
```

```
      R.AH := $15;          {Sequentielles Schreiben}
      R.DS := Seg(FCB);
      R.DX := Ofs(FCB)+7;
      MsDos(R);
      Write('  R.AL = ',R.AL);            {Fehlercode}
    END;
  WriteLn;
END;

BEGIN
  ClrScr;
  FOR I := -7 TO 36 DO FCB[I] := 0;
  FCBAusgabe;
  DateiName;
  FCBAusgabe;
  NeuDatei;
  FCBAusgabe;
  Schreiben;
  FCBAusgabe;
  Schliessen;
  WriteLn('Ende von Programm Disk4.')
END.
```

Eine Datei über den FCB lesen (Programm Disk5):

```
PROGRAM Disk5;
  {Datei sequentiell lesen}
USES Dos,Crt;
VAR R: Registers;
    FCB: ARRAY[-7..36] OF Byte;
    F: RECORD
         Filler: ARRAY[-7..-1] OF Byte;
         Laufwerk: Byte;
         DateiName: ARRAY[1..11] OF Char;
         BlockNummer: Word;
         DatenSatzLaenge: Word;
         DateiLaenge: LongInt;       {4 Bytes}
         Datum: Word;
         Zeit: Word;
         Filler2: ARRAY[1..8] of Byte;
         AktuelleSatzNummer: Byte;
         SatzNummer: LongInt;          {Für wahlfreien Zugriff}
       END ABSOLUTE FCB;
    I: Integer;
```

```
    DName: STRING[15];
    DiskTransferBereich: ARRAY[1..128] OF Char;

PROCEDURE DatumAusgabe(X: Word);
VAR Jahr,Monat,Tag: ShortInt;
BEGIN
  Jahr := X SHR 9; Monat := (X SHR 5) AND $000F; Tag := X AND $001F;
  Write('   Datum: ',Tag,'.',Monat,'.',Jahr+1980);
END;

PROCEDURE ZeitAusgabe(X: Word);
VAR Stunde,Minute: ShortInt;
BEGIN
  Stunde := F.Zeit SHR 11;
  Minute := (F.Zeit SHR 5) AND $1F;
  WriteLn('   Zeit: ',Stunde,':',Minute);
END;

PROCEDURE DateiName;
BEGIN
  Write('Laufwerk:Dateiname.Erweiterung '); ReadLn(DName);
  DName := DName + #0;
  R.AH := $29;
  R.AL := 5;
  R.DS := Seg(DName);
  R.SI := Ofs(DName)+1;
  R.ES := Seg(FCB);
  R.DI := Ofs(FCB)+7;
  MsDos(R);
END;

PROCEDURE FCBAusgabe;
VAR I: Byte;
BEGIN
  Write('Laufwerk = ', F.Laufwerk);
  Write('   Dateiname: '); FOR I := 1 TO 11 DO Write(F.DateiName[I]);
  WriteLn('   Blocknummer = ',F.BlockNummer);
  Write('SatzLänge = ', F.DatenSatzLaenge);
  Write('  Dateilänge = ', F.DateiLaenge);
  DatumAusgabe(F.Datum);
  ZeitAusgabe(F.Zeit);
  Write('AktuelleSatzNummer = ', F.AktuelleSatzNummer);
  WriteLn('    SatzNummer = ', F.SatzNummer);
END;
```

```
PROCEDURE Eroeffnen;
BEGIN
  R.AH := $F;
  R.DS := Seg(FCB);
  R.DX := Ofs(FCB)+7;
  MsDos(R);
  IF R.AL = 0 THEN WriteLn('Datei eröffnet.');
  IF R.AL = $FF THEN WriteLn('Datei wurde nicht eröffnet.');
END;

PROCEDURE SetDTA;
BEGIN
  R.AH := $1A;
  R.DS := Seg(DiskTransferBereich);
  R.DX := Ofs(DiskTransferBereich);
  MsDos(R);
END;

PROCEDURE Schliessen;
BEGIN
  R.AH := $10;          {Datei schließen}
  R.DS := Seg(FCB);
  R.DX := Ofs(FCB)+7;
  MsDos(R);
  IF R.AL = 0 THEN WriteLn('Datei geschlossen');
END;

PROCEDURE Lesen;
LABEL E;
VAR I: Integer;
BEGIN
  SetDTA;                 {Adresse eines Disk Transfer Bereichs angeben}
  REPEAT
    R.AH := $14;          {Sequentielles Lesen}
    R.DS := Seg(FCB);
    R.DX := Ofs(FCB)+7;
    MsDos(R);
    IF R.AL = 1 THEN GOTO E;
    FOR I := 1 TO 128 DO Write(DiskTransferBereich[I]);
    WriteLn(' BlockNummer = ',F.BlockNummer,
            ' Satznummer = ',F.AktuelleSatzNummer);
E:UNTIL R.AL <> 0;
END;
```

```
BEGIN
  ClrScr;
  FOR I := -7 TO 36 DO FCB[I] := 0;
  DateiName;
  Eroeffnen;
  FCBAusgabe;
  Lesen;
  FCBAusgabe;
  Schliessen;
END.
```

Disk5.DAT existiert nicht

```
Laufwerk:Dateiname.Erweiterung a:disk5.dat
Datei wurde nicht eröffnet.
Laufwerk = 1  Dateiname: DISK5   DAT   Blocknummer = 0
SatzLänge = 0  Dateilänge = 0  Datum: 0.0.1980   Zeit: 0:0
AktuelleSatzNummer = 0    SatzNummer = 0
Laufwerk = 1  Dateiname: DISK5   DAT   Blocknummer = 0
SatzLänge = 128  Dateilänge = 0   Datum: 0.0.1980   Zeit: 0:0
AktuelleSatzNummer = 0    SatzNummer = 0
Ende von Programm Disk5.
```

Datei ABC existiert

```
Laufwerk:Dateiname.Erweiterung b:abc
Datei eröffnet.
Laufwerk = 2  Dateiname: ABC           Blocknummer = 0
SatzLänge = 128  Dateilänge = 418   Datum: 10.4.1989   Zeit: 12:0
AktuelleSatzNummer = 0    SatzNummer = 0
Jakob + Severin & i╪ú ┐ ú ┐ ç•└xΘvJakob + Severin & i╪ú ┐ ú ┐
ç•└xΘvJak
ob + Severin & i╪ú ┐ ú ┐ ç•└xΘTillmannSever BlockNummer = 0 Satznummer = 1
in & i╪ú ┐ ú ┐ çz¶«GIJakob + Severin & i╪ú ┐ ú ┐ ç•└xΘvJakob + Severin
&
 i╪ú ┐ ú ┐ ç•└xΘvJakob + Severin & i╪ú ┐ ú BlockNummer = 0 Satznummer = 2
  ┐ ç•└xΘvJakob + Severin & i╪ú ┐ ú ┐ ç•└xΘvJakob + Severin & i╪ú ┐ ú ┐
ç•└xΘvJakob + Severin & i╪ú ┐ ú ┐ ç•└xΘv♦Len BlockNummer = 0 Satznummer = 3
ab + Severin & i╪ú ┐ ú ┐ Ä   <─
                                         BlockNummer = 0 Satznummer = 4
Laufwerk = 2  Dateiname: ABC           Blocknummer = 0
SatzLänge = 128  Dateilänge = 418   Datum: 10.4.1989   Zeit: 12:0
AktuelleSatzNummer = 4    SatzNummer = 0
Datei geschlossen
Ende von Programm Disk5.
```

Datei über den FCB im Direktzugriff beschreiben (Programm Disk6):

```
PROGRAM Disk6;
  {Datei wahlfrei schreiben und lesen}
USES Dos,Crt;
VAR R: Registers;
    FCB: ARRAY[-7..36] OF Byte;
    F: RECORD
         Filler: ARRAY[-7..-1] OF Byte;
         Laufwerk: Byte;
         DateiName: ARRAY[1..11] OF Char;
         BlockNummer: Word;
         DatenSatzLaenge: Word;
         DateiLaenge: LongInt;      {4 Bytes}
         Datum: Word;
         Zeit: Word;
         Filler2: ARRAY[1..8] of Byte;
         AktuelleSatzNummer: Byte;
         SatzNummer: LongInt;          {Für wahlfreien Zugriff}
       END ABSOLUTE FCB;
    I: Integer;
    DName: STRING[15];
    DiskTransferBereich: ARRAY[1..128] OF Char;
    Satz: RECORD
            Name: STRING[30];
            Betrag: Real;
          END ABSOLUTE DiskTransferBereich;

PROCEDURE DatumAusgabe(X: Word);
VAR Jahr,Monat,Tag: ShortInt;
BEGIN
  Jahr := X SHR 9; Monat := (X SHR 5) AND $000F; Tag := X AND $001F;
  Write('   Datum: ',Tag,'.',Monat,'.',Jahr+1980);
END;

PROCEDURE ZeitAusgabe(X: Word);
VAR Stunde,Minute: ShortInt;
BEGIN
  Stunde := F.Zeit SHR 11;
  Minute := (F.Zeit SHR 5) AND $1F;
  WriteLn('   Zeit: ',Stunde,':',Minute);
END;

PROCEDURE DateiName;
BEGIN
```

```
  Write('Laufwerk:Dateiname.Erweiterung '); ReadLn(DName);
  DName := DName + #0;
  R.AH := $29;
  R.AL := 5;
  R.DS := Seg(DName);
  R.SI := Ofs(DName)+1;
  R.ES := Seg(FCB);
  R.DI := Ofs(FCB)+7;
  MsDos(R);
END;

PROCEDURE FCBAusgabe;
VAR I: Byte;
BEGIN
  Write('Laufwerk = ', F.Laufwerk);
  Write('   Dateiname: '); FOR I := 1 TO 11 DO Write(F.DateiName[I]);
  WriteLn('    Blocknummer = ',F.BlockNummer);
  Write('SatzLänge = ', F.DatenSatzLaenge);
  Write('  Dateilänge = ', F.DateiLaenge);
  DatumAusgabe(F.Datum);
  ZeitAusgabe(F.Zeit);
  Write('AktuelleSatzNummer = ', F.AktuelleSatzNummer);
  WriteLn('     SatzNummer = ', F.SatzNummer);
END;

PROCEDURE Create;
BEGIN
  R.AH := $16;
  R.DS := Seg(FCB);
  R.DX := Ofs(FCB)+7;
  MsDos(R);
  IF R.AL = 0 THEN WriteLn('Datei erzeugt.');
  F.DatenSatzLaenge := SizeOf(Satz);
END;

PROCEDURE Eroeffnen;
BEGIN
  R.AH := $F;
  R.DS := Seg(FCB);
  R.DX := Ofs(FCB)+7;
  MsDos(R);
  IF R.AL = 0 THEN WriteLn('Datei eröffnet.');
  IF R.AL = $FF THEN WriteLn('Datei wurde nicht eröffnet.');
  F.DatenSatzLaenge := SizeOf(Satz);
END;
```

```
PROCEDURE SetDTA;
BEGIN
  R.AH := $1A;
  R.DS := Seg(DiskTransferBereich);
  R.DX := Ofs(DiskTransferBereich);
  MsDos(R);
END;

PROCEDURE Schliessen;
BEGIN
  R.AH := $10;          {Datei schließen}
  R.DS := Seg(FCB);
  R.DX := Ofs(FCB)+7;
  MsDos(R);
  IF R.AL = 0 THEN WriteLn('Datei geschlossen');
END;

PROCEDURE LeerDatei;
VAR I: Integer;
BEGIN
  SetDTA;               {Adresse eines Disk Transfer Bereichs angeben}
  FOR I := 0 TO 100 DO
    BEGIN
      Satz.Name := '***';
      Satz.Betrag := 0;
      F.Satznummer := I;
      R.AH := $22;          {Wahlfreies Schreiben}
      R.DS := Seg(FCB);
      R.DX := Ofs(FCB)+7;
      MsDos(R);
      Write(R.AL,' ',F.AktuelleSatzNummer,'  ');
    END;
END;

PROCEDURE Eingabe;
LABEL E;
BEGIN
  REPEAT
    Write('Name: (0 = Ende) '); ReadLn(Satz.Name);
      IF Satz.Name = '0' THEN GOTO E;
    Write('Betrag: '); ReadLn(Satz.Betrag);
    Write('Satznummer: (0..100) '); ReadLn(F.SatzNummer);
    R.AH := $22;
    R.DS := Seg(FCB);
```

```
    R.DX := Ofs(FCB)+7;
    MsDos(R);
    FCBAusgabe;
E:UNTIL Satz.Name = '0';
END;

PROCEDURE Lesen;
LABEL E;
BEGIN
  WriteLn('Wahlfreies Lesen');
  Eroeffnen;
  FCBAusgabe;
  SetDTA;
  REPEAT
    Write('Satznummer (0..100) (-1 = Ende) '); ReadLn(F.Satznummer);
    IF F.SatzNummer = -1 THEN GOTO E;
    R.AH := $21;    {Wahlfreies Lesen}
    R.DS := Seg(FCB);
    R.DX := Ofs(FCB)+7;
    MsDos(R);
    WriteLn(Satz.Name:30,Satz.Betrag:10:2);
E:UNTIL F.Satznummer = -1;
END;

BEGIN
  ClrScr;
  FOR I := -7 TO 36 DO FCB[I] := 0;
  DateiName;
  Create;
  FCBAusgabe;
  LeerDatei;
  FCBAusgabe;
  Schliessen;
  Eroeffnen;
  Eingabe;
  Schliessen;
  Lesen;
  Schliessen;
  WriteLn('Ende von Programm Datei6.')
END.
```

```
Laufwerk:Dateiname.Erweiterung a:disk6.dat
Datei erzeugt.
Laufwerk = 1   Dateiname: DISK6   DAT   Blocknummer = 0
```

```
SatzLänge = 37  Dateilänge = 0   Datum: 9.3.1989   Zeit: 0:1
AktuelleSatzNummer = 0    SatzNummer = 0
0 0  0 1  0 2  0 3  0 4  0 5  0 6  0 7  0 8  0 9  0 10  0 11  0 12  0 13  0 14
0 15  0 16  0 17  0 18  0 19  0 20  0 21  0 22  0 23  0 24  0 25  0 26  0 27  0
28  0 29  0 30  0 31  0 32  0 33  0 34  0 35  0 36  0 37  0 38  0 39  0 40 0 41
  0 42  0 43  0 44  0 45  0 46  0 47  0 48  0 49  0 50  0 51  0 52  0 53  0 54
0 55  0 56  0 57  0 58  0 59  0 60  0 61  0 62  0 63  0 64  0 65  0 66  0 67  0
68 0 69  0 70  0 71  0 72  0 73  0 74  0 75  0 76  0 77  0 78  0 79  0 80  0 81
  0 82  0 83  0 84  0 85  0 86  0 87  0 88  0 89  0 90  0 91  0 92  0 93  0 94
0 95  0 96  0 97  0 98  0 99  0 100
Laufwerk = 1   Dateiname: DISK6   DAT   Blocknummer = 0
SatzLänge = 37  Dateilänge = 3737   Datum: 9.3.1989   Zeit: 0:1
AktuelleSatzNummer = 100    SatzNummer = 100
Datei geschlossen
Datei eröffnet.
Name: (0 = Ende) Klaus
Betrag: 3333
Satznummer: (0..100) 4
Laufwerk = 1   Dateiname: DISK6   DAT   Blocknummer = 0
SatzLänge = 37  Dateilänge = 3737   Datum: 9.3.1989   Zeit: 0:2
AktuelleSatzNummer = 4    SatzNummer = 4
Name: (0 = Ende) Tillmann
Betrag: 88888
Satznummer: (0..100) 11
Laufwerk = 1   Dateiname: DISK6   DAT   Blocknummer = 0
SatzLänge = 37  Dateilänge = 3737   Datum: 9.3.1989   Zeit: 0:3
AktuelleSatzNummer = 11    SatzNummer = 11
Name: (0 = Ende) 0
Datei geschlossen
Wahlfreies Lesen
Datei eröffnet.
Laufwerk = 1   Dateiname: DISK6   DAT   Blocknummer = 0
SatzLänge = 37  Dateilänge = 3737   Datum: 9.3.1989   Zeit: 0:3
AktuelleSatzNummer = 11    SatzNummer = 11
Satznummer (0..100) (-1 = Ende) 4
                         Klaus   3333.00
Satznummer (0..100) (-1 = Ende) 5
                           ***     0.00
Satznummer (0..100) (-1 = Ende) 11
                      Tillmann  88888.00
Satznummer (0..100) (-1 = Ende) -1
Datei geschlossen
Ende von Programm Disk6.
```

3.14.5 Exit-Prozeduren

Der Benutzer kann seine eigenen Exit-Prozeduren schreiben, die bei Beendigung des Programms ausgeführt werden. Dazu gibt es in Turbo Pascal die globale Zeigervariable ExitProc, die auf eine Routine zeigt, die bei Beendigung von Programmen ausgeführt wird. Läßt man diesen Zeiger auf die eigene Exit-Prozedur zeigen, wird diese bei Beendigung der Programms ausgeführt.
Man sollte aber den ursprünglichen Zustand von ExitProc anschließend wieder herstellen. Ob man das Programm normal beendet oder mit ^C abbricht - in beiden Fällen wird EigenExit ausgeführt.

Eine Exit-Prozedur namens EigenExit ausführen (Programm Exit1):

```
PROGRAM Exit1;
VAR ExitAdresse: Pointer;

{$F+} PROCEDURE EigenExit; {$F-}
BEGIN
  WriteLn('EigenExit wurde aufgerufen.',#7#7#7);
  ExitProc := ExitAdresse;      {wiederherstellen von ExitProc}
END;

BEGIN
  ExitAdresse := ExitProc;      {zwischenspeichern von ExitProc}
  ExitProc := @EigenExit;
  WriteLn('^C drücken');
  ReadLn;
  WriteLn('Ende von Programm Exit1.');
END.
```

Es wurde eine Taste als ^C gedrückt:

```
^C drücken

Ende von Programm Exit1.
EigenExit wurde aufgerufen.
```

Es wurde ^C gedrückt:

```
^C drücken
^C
EigenExit wurde aufgerufen.
```

Ausführung über Halt-Anweisung beenden (Programm Exit2):

```
PROGRAM Exit2;
USES Dos,Crt;
VAR ExitAdresse: Pointer;
    Ex: Word;
```

```
{$F+} PROCEDURE EigenExit; {$F-}
BEGIN
  WriteLn('EigenExit wurde aufgerufen.');
  WriteLn('DosExitCode= ',DosExitCode);
  WriteLn('ExitCode= ',ExitCode);
  WriteLn('ErrorAddr zeigt auf ',Seg(ErrorAddr^),':',Ofs(ErrorAddr^));
  ExitProc := ExitAdresse;     {wiederherstellen von ExitProc}
END;

BEGIN
  ClrScr;
  ExitAdresse := ExitProc;                {Zwischenspeichern von ExitProc}
  ExitProc := @EigenExit;
  Write('Eine Word-Zahl eingeben: '); ReadLn(Ex);
  IF Ex < 10
    THEN Halt(Ex);
  WriteLn('Ende von Programm Exit2.');
END.
```

Ausführung von Exit2 normal beenden:

```
Eine Word-Zahl eingeben: 10000
Ende von Programm Exit2.
EigenExit wurde aufgerufen.
DosExitCode= 0
ExitCode= 0
ErrorAddr zeigt auf 0:0
```

Ausführung über Halt beenden:

```
Eine Word-Zahl eingeben: 1
EigenExit wurde aufgerufen.
DosExitCode= 0
ExitCode= 1
ErrorAddr zeigt auf 0:0
```

Rückgabecode beim Programmaufruf mit Exec testen (Programm Exit3):
Über die Prozeß-Prozedur

```
Exec('b:exit4.exe','');
```

ruft das Programm Exit3 das compilierte Programm Exit4 in B: auf. Der Compilerbefehl {$M $4000,0,0} setzt die Maximalgröße des Heap auf 0, damit das Programm läuft.

```
PROGRAM Exit3;
  {Aufruf eines anderen Programms mit Exec
   und überprüfung des Rückgabecodes}
{$M $4000,0,0}
USES Dos,Crt;
VAR ExitAdresse: Pointer;
    Ex: Word;
```

```
Aufruf von Exit4
Eine Word-Zahl eingeben:
11111
Ende des Programms Exit4.
Ende von Programm Exit3.
EigenExit wurde aufgerufen.
DosExitCode= 0
ExitCode= 0
DosError= 0
ErrorAddr zeigt auf 0:0
```

```
{$F+} PROCEDURE EigenExit; {$F-}
BEGIN
  WriteLn('EigenExit wurde aufgerufen.')
  WriteLn('DosExitCode= ',DosExitCode);
  WriteLn('ExitCode= ',ExitCode);
  WriteLn('DosError= ',DosError);
  WriteLn('ErrorAddr zeigt auf ',Seg(ErrorAddr^),':',Ofs(ErrorAddr^));
  ExitProc := ExitAdresse;      {wiederherstellen von ExitProc}
END;

BEGIN
  ClrScr;
  ExitAdresse := ExitProc;              {Zwischenspeichern von ExitProc}
  ExitProc := @EigenExit;
  WriteLn('Aufruf von Exit4');
  Exec('b:exit4.exe','');               {Exit4 von Exit3 heraus starten}
  WriteLn('Ende von Programm Exit3.');
END.
```

Exit4.EXE wird von Programm Exit3 gerufen:

```
PROGRAM Exit4;
  {Exit4 ist vor dem Aufruf durch Programm Exit3 zu compilieren}
VAR  Ex: Word;

BEGIN
  WriteLn('Eine Word-Zahl eingeben: '); ReadLn(Ex);
  IF Ex < 10
    THEN Halt(Ex);
  WriteLn('Ende des Programms Exit4.');
END.
```

Programm Exit4.EXE von einer Stapeldatei aus aufrufen:
Man kann das Programm Exit4.EXE auch von einer Stapeldatei aufrufen und den durch Halt zurückgegebenen Wert mit IF ERRORLEVEL abfragen. Als Beispiel dafür sei die Datei RufExit.BAT mit vier gestapelten Befehlen angegeben:

```
REM Stapeldatei RufExit.BAT
b:exit4.exe
IF ERRORLEVEL 0 ECHO erfolgreich beendet
IF ERRORLEVEL 5 ECHO errorlevel 5
IF ERRORLEVEL 1 ECHO Fehler
```

3

Programmierkurs mit Turbo Pascal Aufbaukurs

3.1 Set (Menge) als strukturierter Datentyp	19
3.2 Record (Verbund) als strukturierter Datentyp	35
3.3 File (Datei) als strukturierter Datentyp	55
3.4 Pointer (Zeiger) für dynamische Datentypen	85
3.5 Rekursive Abläufe	109
3.6 Programmorganisation	137
3.7 Suchen, Sortieren, Mischen und Gruppieren von Daten	149
3.8 Sequentielle Dateiorganisation	199
3.9 Direktzugriff-Dateiorganisation	216
3.10 Index-sequentielle Dateiorganisation	228
3.11 Stapel und Schlange	237
3.12 Zeigerverkettete Liste	277
3.13 Binärbaum	316
3.14 Gesteuerter Zugriff auf externe Einheiten	383
3.15 Objektorientierte Programmierung (OOP)	451

3.15.1 Objekt mit Daten und Methoden als Eigenschaften

Objektorientierte Programmierung (OOP): Turbo Pascal unterstützt die Strukturierte Programmierung und wurde mit der Version 5.5 um die Möglichkeiten der Objektorientierten Programmierung erweitert.

- *Strukturierte Programmierung:* Ein Problem in Teilprobleme gliedern, um jedes Teilproblem als Modul bzw. Prozedur mit einem Eingang und einem Ausgang zu definieren. Über diese Schnittstellen kann eine Prozedur genutzt werden, ohne dessen innere Struktur zu kennen. Leitidee:

  > "Die Prozedur MMM soll die ihr über die Parameterliste als Schnittstelle übergebenen Daten DDD verarbeiten."

- *Objektorientierte Programmierung:* Daten (Was wird verarbeitet?) und Methoden (Wie ist zu verarbeiten, d.h. durch welche Prozeduren und Funktionen?) zu einem Objekt zusammenfassen. Ein Objekt kann seine Eigenschaften an ein anderes Objekt vererben. Mit der OOP wird der Schwerpunkt von den *Prozeduren* auf die Einkapselung von *Prozeduren und Daten* gelegt. Leitidee:

  > "Das Objekt OOO soll seine Methoden MMM zur Verarbeitung seiner Daten DDD ausführen."

Objekt als Instanz eines Objekttyps bzw. einer Klasse: Im Alltag sind die Dinge mit bestimmten Tätigkeiten verbunden, die man damit ausführen kann. Mit einem Messer kann man schneiden. Messer wäre das "Objekt" und Schneiden die "Methode", die zum Objekt Messer gehört. Griff und Klinge wären "Daten" des Objekts Messer. Wie bringt man nun die Daten und die Methode eines Objekts zusammen, d.h. wie kapselt man sie zu einem Objekt ein? Die *Einkapselung* erfolgt ähnlich wie die Definition eines Records. Bei konsequenter Einkapselung bringt jedes Objekt seine eigenen Methoden mit, und nur diese Methoden werden auf das Objekt angewendet.
Unter *Objekttyp bzw. Klasse* versteht man die mit TYPE vereinbarte Struktur und unter *Objekt* einen Repräsentanten des Objekttyps, d.h. eine Variable des Objekttyps. Wenn man betonen will, daß es sich um eine Variable des Objekttyps handelt und nicht um den Typ, bezeichnet man die Variable als *Instanz (Vorkommen) des Objekttyps* bzw. als *Instanzvariable.*

Beispielprogramm OopTest1: Zuerst vereinbart man Messertyp als Objekttyp und die Prozedur MesserTyp.Schneide als dessen Methode. Nach diesen TPYE- und PROCEDURE-Vereinbarungen existiert noch kein Objekt. Erst durch die anschließende VAR-Vereinbarung werden zwei Objekte Rasiermesser und Obstmesser erzeugt.

```
PROGRAM OopTest1;
  {Definition eines Objekts mit Daten und Methoden als Eigenschaften}
TYPE
  MesserTyp = OBJECT                      {Objekttyp namens Messertyp}
    Klinge, Griff: STRING[20];            {Zuerst Vereinbarung der Daten}
    PROCEDURE Schneide;                   {Danach Vereinbarung der Methode(n)}
  END;

PROCEDURE MesserTyp.Schneide;             {Definition der Methode}
BEGIN
  WriteLn('Ritsch!');
END;

VAR
  Rasiermesser,Obstmesser: MesserTyp;     {Erzeugung zweier Objekte}

BEGIN
  Rasiermesser.Schneide;                  {Ausführung der Methode eines Objekts}
  Obstmesser.Schneide;
  Obstmesser.Klinge := 'Stahl';           {Behandlung wie gewöhnlicher Record}
  Obstmesser.Griff := 'Holz';
  WriteLn('Objekt-Datenbelegung: ',Obstmesser.Klinge,'  ',Obstmesser.Griff);
  WriteLn('Programmende OopTest1.');
END.
```

```
Ritsch!
Ritsch!
Objekt-Datenbelegung: Stahl  Holz
Programmende OopTest1.
```

Prozedur zweimal ausgeführt

Ähnlichkeit von Recordtyp und Objekttyp: Mit dem reservierten Wort OBJECT wird ein Objekttyp vereinbart - ähnlich wie ein Recordtyp. Der Objekttyp enthält die Vereinbarung der *Daten* und der *Methoden*. Die Funktionen und Prozeduren nennt man Methoden. Zu den Methoden werden nur die Funktions- und/oder Prozedurköpfe angegeben; sie müssen *nach* allen Daten vereinbart werden.

Die vollständigen Methoden werden außerhalb der Objekttypvereinbarung definiert.

- Instanzvariablen: Mit Variablen vom Objekttyp wird Speicherplatz für die Objekte geschaffen. Dieses Erzeugen von Objekten bezeichnet man auch als Instantiierung.
- Methode aufrufen: Der Aufruf Obstmesser.Schneide erinnert an die Angabe eines Feldes einer Recordvariablen; die Prozedur Schneide des Objekts Obstmesser wird zur Ausführung gebracht. Die Philosophie der OOP verlangt aber, daß Objekte nur mit ihren eigenen Methoden behandelt werden.
- Daten verarbeiten: Das Beispiel WriteLn(Obstmesser.Klinge) zeigt, daß man auf die Daten eines Objektes genauso zugreifen kann wie auf die Komponenten eines Records.

3.15.2 Vererbung von Daten und Methoden

Eigenschaften eines Objekts durch Vererbung weitergeben: Die Daten und Methoden eines Objekttyps bzw. einer Klasse lassen sich an einen untergeordneten Objekttyp weitergeben, müssen dort somit nicht mehr definiert werden.

Beispielprogramm OopTest2: In diesem Programm werden die Datenfelder Menge und Preis des Objekttyps Warentyp an den Objekttyp ZugangsTyp vererbt. ZugangsTyp als Unterklasse besitzt nun alle Eigenschaften von WarenTyp als Oberklasse. Die Angabe, von welchem Objekttyp geerbt werden soll, erfolgt in Klammern hinter dem Wort OBJECT. Mit der Typvereinbarung

```
TYPE Unterklasse = OBJECT(Oberklasse) ... END;
```

werden alle früher definierten Daten und Methoden von Oberklasse (z.B. WarenTyp) an die neu vereinbarte Unterklasse (ZugangsTyp) vererbt. ZugangsTyp verfügt nun über drei Daten (Menge und Preis geerbt sowie Zugang neu definiert) und zwei Methoden (alle neu hinzugekommen, d.h. nicht geerbt).

```
PROGRAM OopTest2;
  {Vererbung von Daten und Methoden von Oberklasse an Unterklasse}

TYPE
  WarenTyp = OBJECT                    {Klasse mit zwei Daten}
    Menge,Preis: Real;
```

```
  END;

ZugangsTyp = OBJECT(WarenTyp)           {... erbt von WarenTyp}
  Zugang: Real;                         {Klasse mit einem Datum}
  PROCEDURE NeuMenge;                   {und zwei Methoden}
  PROCEDURE Ausgabe;
END;

PROCEDURE ZugangsTyp.NeuMenge;
BEGIN
  Menge := Menge + Zugang;
END;

PROCEDURE ZugangsTyp.Ausgabe;
BEGIN
  WriteLn(Menge:10:2, Zugang:10:2);
END;

VAR Messer: ZugangsTyp;                 {Objekt durch Vereinbarung der}
                                        {Instanzvariablen Messer erzeugt}
BEGIN
  Messer.Menge := 10;
  Messer.Zugang := 5;
  Messer.Ausgabe;                       {Anwendung der Methoden Ausgabe und}
  Messer.NeuMenge;                      {NeuMenge auf das Objekt Messer}
  Messer.Ausgabe;
  WriteLn('Programmende OopTest2.');
END.
```

```
10.00      5.00
15.00      5.00
Programmende OopTest2.
```

Messer.Ausgabe als Prozeduraufruf: Damit wird die Prozedur Ausgabe des Objekts Messer zur Ausführung gebracht. Der Aufruf impliziert, daß Menge und Zugang zum Objekt Messer gehören: Menge wurde als Datum vom Objekttyp WarenTyp geerbt, während Zugang im Objekttyp ZugangsTyp selbst vereinbart worden ist. Die Prozedur Ausgabe ist als Methode des Objekttyps ZugangsTyp vereinbart worden und Messer eine Instanzvariable (kurz als Instanz bezeichnet) von ZugangsTyp.

3.15.3 Neudefinition von Methoden

Am Beispiel des folgenden Programms OopTest3 sollen zwei Sachverhalte erklärt werden:

1. Die Methode Ausgabe wird in einer Unterklasse neu definiert.
2. Die Methode Eingabe wird "nach oben in der Klassen- bzw. Vererbungshierarchie weitergereicht".

Zunächst zum ersten Punkt.

Neudefinition der Prozedur Ausgabe in Programm OopTest3:
In einer Unterklasse können neue Methoden eingeführt oder geerbte Methoden durch Vereinbarung gleichnamiger Methoden ersetzt bzw. überlagert werden. *WohnhausTyp = OBJECT(HausTyp)* vererbt die Eigenschaften (Daten und Methoden) vom Objekttyp HausTyp als Oberklasse an den Objekttyp WohnhausTyp als Unterklasse. In WohnhausTyp wird die Prozedur Ausgabe neu definiert, um die vererbte Prozedur Ausgabe zu überlagern - man bezeichnet letztere als Ahnenmethode.

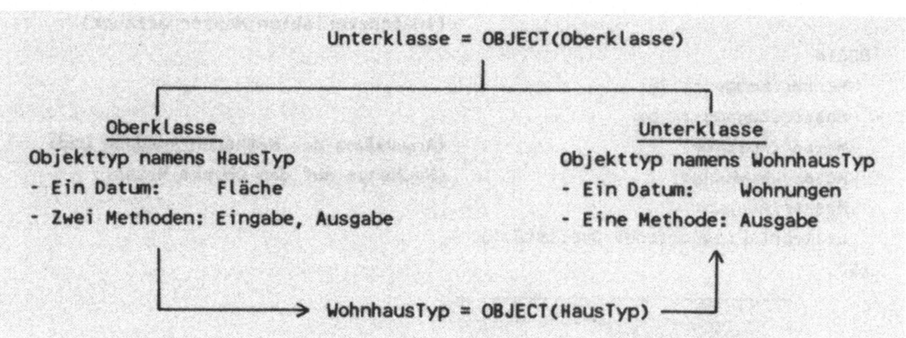

WohnhausTyp erbt zu Wohnungen und Ausgabe die Eigenschaften Fläche, Eingabe (und Ausgabe) hinzu

```
PROGRAM OopTest3;
  {Neudefinition von Methoden}

TYPE
  HausTyp = OBJECT                     {HausTyp als Objekttyp bzw. Klasse}
    Flaeche: Real;                     {Ein Datum}
    PROCEDURE Eingabe(VAR X: Real);    {Zwei Methoden}
    PROCEDURE Ausgabe(X: Real);
  END;

  WohnhausTyp = OBJECT(HausTyp)        {... erbt 3 Eigenschaften von HausTyp}
```

```
    Wohnungen: Integer;
    PROCEDURE Ausgabe(X: Integer);     {Neudefinition von Prozedur Ausgabe}
  END;

PROCEDURE HausTyp.Eingabe(VAR X: Real);
BEGIN
  Write('Welche Fläche hat das Haus? '); ReadLn(X);
END;

PROCEDURE HausTyp.Ausgabe(X: Real);
BEGIN
  WriteLn('Das Haus hat eine Fläche von ',X:5:1,' Quadratmetern.');
END;

PROCEDURE WohnhausTyp.Ausgabe(X: Integer);
BEGIN
  HausTyp.Ausgabe(Flaeche);                        {Ahnenmethode Ausgabe}
  WriteLn('Das Wohnhaus hat ',X,' Wohnungen');
END;

VAR
  Wohnhaus: WohnhausTyp;                 {Wohnhaus als Objekt bzw. Instanz}

BEGIN
  WITH Wohnhaus DO                      {Wohnhaus.Flaeche kurz als Flaeche}
  BEGIN
    Eingabe(Flaeche);
    Wohnungen := 5;
    Ausgabe(Wohnungen);
  END;
WriteLn('Programmende OopTest3.');
END.
```

```
Welche Fläche hat das Haus? 170.5
Das Haus hat eine Fläche von 170.5 Quadratmetern.     HausTyp.Ausgabe
Das Wohnhaus hat 5 Wohnungen.                         WohnhausTyp.Ausgabe
Programmende OopTest3.
```

Aufruf der Ahnenmethode nur in einer abgeleiteten Methode möglich: HausTyp.Ausgabe ist die Ahnenmethode bzw. ursprüngliche Methode, da sie in der Oberklasse definiert und durch die gleichnamige Methode WohnhausTyp.Ausgabe der Unterklasse überlagert wird. Der Aufruf der

Ahnenmethode HausTyp.Ausgabe kann nur in WohnhausTyp.Ausgabe als abgeleiteter Methode erfolgen, und zwar im Aufrufformat

Ahnenmethode.Methode ,

nicht aber im Hauptprogramm. Dazu folgende Beispiele:

- Fügt man im Hauptprogramm OopTest3 den Aufruf von HausTyp.Ausgabe an Stelle 1 ein, erhält man "Error 143: Invalid procedure or function reference".
- Für den Aufruf an Stelle 2 erfolgt "Error 3: Unknown identifier".
- Für den Aufruf HausTyp.Ausgabe(3) an Stelle 2 erhält man ebenfalls Error 143.

```
BEGIN                                  {Änderung von OopTest3 zur Demonstration}
  WITH Wohnhaus DO
  BEGIN
    Eingabe(Flaeche);
    Wohnungen := 5;
    Ausgabe(Wohnungen);
    {HausTyp.Ausgabe(Wohnungen);        ergibt Error 143           Stelle 1}
  END;
  {HausTyp.Ausgabe(Wohnungen);          ergibt Error 3             Stelle 2}
  WriteLn('Programmende OopTest3.');
END.
```

Unbekannte Methode in der Klassenhierarchie nach oben weiterreichen:
In Programm OopTest3 wird mit Wohnhaus.Eingabe(Flaeche) die eine

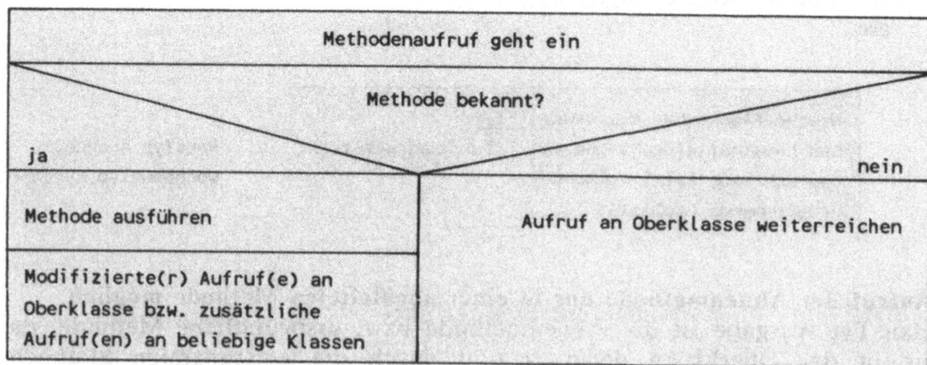

Reaktion des Objekts bei Empfang eines Methodenaufrufs

Methode namens Eingabe aufgerufen, die im Objekt Wohnhaus selbst *unbekannt* ist. Das System reicht den Aufruf an die Oberklasse HausTyp zurück, die nun diese Methode kennt. Andernfalls wäre der Aufruf in der Klassenhierarchie weiter nach oben gereicht worden. Im folgenden Struktogramm wird die Verarbeitung eines Methodenaufrufs dargestellt.

3.15.4 Typverträglichkeit

Man kann die Instanz eines abgeleiteten Objekttyps (Unterklasse) einer Instanz eines Ahnentyps (Oberklasse) zuweisen, nicht aber umgekehrt. So ist die Zuweisung

```
Vater := Sohn;                {korrekt, da Vater die Oberklasse repräsentiert}
```

in Programm OopTest4 korrekt: Vater als Objekt bzw. Instanzvariable vom VaterTyp gehört zur Oberklasse, während Sohn als Instanz von SohnTyp einer Unterklasse angehört, die geerbt hat. Wie die Ausführung zu Programm OopTest4 zeigt, werden durch die obige Zuweisung die Daten 'Klein' und 'Fritz' an das Vater-Objekt zugewiesen.
Der Versuch, die Zuweisung Vater := Sohn zu

```
Sohn := Vater;                {falsch, da Sohn Instanz der Unterklasse ist}
```

umzukehren, wird durch die Meldung "Error 26: Type mismatch" beantwortet. Grund: Sohn ist eine Instanz einer Untergruppe zu der Gruppe von Vater.

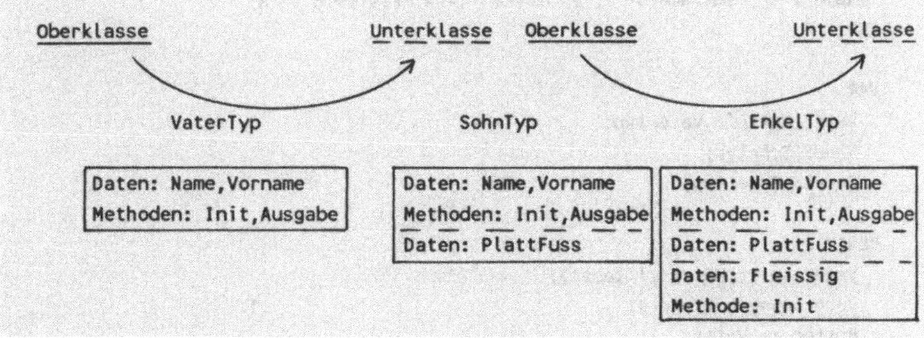

Vererbungs- bzw. Klassenhierarchie mit drei Stufen (Programm OopTest4)

```
PROGRAM OopTest4;
  {Typverträglichkeit abgeleiteter Typen bei Zuweisung von Objekten}
 TYPE
  StringTyp = String[20];

  VaterTyp = OBJECT
    Name,Vorname: StringTyp;
    PROCEDURE Init(X,Y: StringTyp);
    PROCEDURE Ausgabe(X: VaterTyp);
  END;

  SohnTyp = OBJECT(VaterTyp)
    PlattFuss: Boolean;
  END;

  EnkelTyp = OBJECT(SohnTyp)                  EnkelTyp verfügt über
    Fleissig: Boolean;                         vier Daten und drei
    PROCEDURE Init(X,Y: StringTyp; A,B: Boolean);   Methoden (Vererbung)
  END;

PROCEDURE VaterTyp.Init(X,Y: StringTyp);
BEGIN
  Name := X; Vorname := Y;
END;

PROCEDURE VaterTyp.Ausgabe(X: VaterTyp);
BEGIN
  WriteLn(Name,' ',Vorname);
END;

PROCEDURE EnkelTyp.Init(X,Y: StringTyp; A,B: Boolean);
BEGIN
  Name := X; Vorname := Y; PlattFuss := A; Fleissig := B;
END;

VAR
  Vater,Mutter: VaterTyp;
  Sohn: SohnTyp;
  Enkel: EnkelTyp;

BEGIN
  Vater.Init('Meier','Klaus');
  Vater.Ausgabe(Vater);                              1.
  Mutter := Vater;
  Mutter.Vorname := 'Sabine';
  Mutter.Ausgabe(Mutter);                            2.
```

```
    Sohn.Init('Klein','Fritz');
    Vater := Sohn;
    Vater.Ausgabe(Vater);                                    3.
    Sohn.Ausgabe(Sohn);                                      4.
    Enkel.Init('Moritz','Max',False,True);
    Vater := Enkel;
    Vater.Ausgabe(Vater);                                    5.
    Enkel.Ausgabe(Enkel);                                    6.
  END.
```

```
Meier Klaus                                       1.
Meier Anita                                       2.
Klein Fritz                                       3.
Klein Fritz                                       4.
Moritz Max                                        5.
Moritz Max                                        6.
Programmende OopTest4.
```

3.15.5 Vererbung von in Units definierten Objekten

Es lassen sich auch Objekttypen vererben, die in einer Unit vereinbart wurden. Dazu muß die Unit nicht einmal als Quellcode vorliegen. Die Definition der Methoden erfolgt im Implementationsteil. Dies bedeutet, daß ein Objekt compiliert sein kann, bevor sein Nachkommen-Objekttyp überhaupt codiert bzw. ausgedacht worden ist.

Unit OopUnit1 von Programm OUTest1 verwendet: In OopUnit1.TPU wird die Klasse PolygonTyp abgelegt.

```
UNIT OopUnit1;

INTERFACE

TYPE
  PolygonTyp = OBJECT
    Ecken: Integer;
    PROCEDURE Init(X: Integer);
    PROCEDURE Ausgabe(X: Integer);
  END;

IMPLEMENTATION
```

```
PROCEDURE PolygonTyp.Init(X: Integer);
BEGIN
  Ecken := X;
END;

PROCEDURE PolygonTyp.Ausgabe(X: Integer);
BEGIN
  WriteLn('Die Figur hat ',X,' Ecken.');
END;

END.
```

In Programm OUTest1 erbt der Objekttyp VierecktTyp mittels USES OopUnit1 von dem in der Unit OopUnit1 vereinbarten Objekttyp PolygonTyp. Die Methode Ausgabe wird dabei neudefiniert und ersetzt somit die gleichnamige Methode der Klasse PolygonTyp (vgl. Programmausführung).

```
PROGRAM OUTest1;

USES OopUnit1;

TYPE
  ViereckTyp = OBJECT(PolygonTyp)
    Diagonalen: Integer;
    PROCEDURE Ausgabe(X,Y: Integer);
  END;

PROCEDURE ViereckTyp.Ausgabe(X,Y: Integer);
BEGIN
  WriteLn('Das Viereck hat ',X,' Ecken und ',Y,' Diagonalen.');
END;

VAR
  Viereck: ViereckTyp;

BEGIN
  Viereck.Init(4);
  Viereck.Diagonalen := 2;
  Viereck.Ausgabe(Viereck.Ecken,Viereck.Diagonalen);      {Ausgabe neudefiniert}
  WriteLn('Programmende OUTest1.');
END.
```

```
Das Viereck hat 4 Ecken und 2 Diagonalen.
Programmende OUTest1.
```

3.15.6 Polymorphe Objekte und virtuelle Methoden

Polymorphie für gleichnamige Objekte bzw. Methoden:
Neben der *Vererbung* ist die *Polymorphie* (griechisch "Vielförmigkeit") ein zentraler Begriff der OOP. Dazu folgendes Beispiel: Auf dem Bildschirm der Turbo Pascal-Oberfläche können sich mehrere Fenster überlappen. Wird ein Fenster geschlossen, so sendet es an das überschriebene Fenster die Meldung *FensterZeichnen*; daraufhin zeichnet sich das Fenster selbst neu auf dem Bildschirm. Jedes Fenster hat seine Methode *FensterZeichnen*; einerseits ist diese Methode gleichnamig, andererseits jedoch erfolgt das Zeichnen je nach Fenster in seiner speziellen Form. Diese Vielförmigkeit einer Methode - z.B. der Methode *FensterZeichnen* - erfaßt der Begriff der **Polymorphie**.

Mit "polymorphen Objekten" können Objekte verarbeitet werden, deren Typ zum Zeitpunkt der Compilierung noch nicht bekannt ist. Wenn z.B. eine Prozedur in einer Unit abgelegt ist, dann kann sie mit allen Objekten der Unit arbeiten und mit allen Objekten, die von diesen Objekten abgeleitet sind. Wenn die Objekte in der Unit virtuelle Methoden benutzen, können Objekte mit ihren eigenen Bezeichnungen verarbeitet werden. Eine virtuelle Methode, die Sie heute schreiben, kann von einer Unitroutine aufgerufen werden, die vor längerer Zeit compiliert wurde.

Eine virtuelle Methode wird mit dem reservierten Wort VIRTUAL deklariert. Wurde eine Methode als VIRTUAL erklärt, so müssen in allen abgeleiteten Typen die Methoden mit demselben Namen ebenfalls als VIRTUAL deklariert sein.

- Jeder Objekttyp mit virtuellen Methoden muß einen CONSTRUCTOR haben. Ein CONSTRUCTOR ist eine spezielle Prozedur, die einige Initialisierungen für virtuelle Methoden vornimmt.
- Der Constructor muß aufgerufen werden, bevor igendeine virtuelle Methode aufgerufen wurde.
- Jede Instanz eines Objekttyps muß durch ihren eigenen Constructor initialisiert werden.
- Bei Methoden, die von einer virtuellen Methode abgeleitet wurden, darf der Kopf der Methode nicht verändert werden.

Quelltext zur Unit UVirt1.TPU (gerufen von UV1Test und UV2Test):

```
UNIT UVirt1;

INTERFACE

TYPE
  ZinsTyp = OBJECT
    K,P,T,Z: Real;
    CONSTRUCTOR Con;
    FUNCTION Wert(VAR A,B,C,D: Real): Real; VIRTUAL;
  END;

IMPLEMENTATION

CONSTRUCTOR ZinsTyp.Con;
BEGIN
END;

FUNCTION ZinsTyp.Wert(VAR A,B,C,D: Real): Real;
BEGIN
  Wert := A*B*C/36000;
END;

END.
```

Virtuelle Methoden von UVirt1.TPU vererben:
In Programm UV1Test werden die in der Unit UVirt1 vereinbarten virtuellen Methoden aufgerufen und vererbt.

```
PROGRAM UV1Test;

USES UVirt1;

TYPE
  KapitalTyp = OBJECT(ZinsTyp)
    CONSTRUCTOR Con;
    FUNCTION Wert(VAR A,B,C,D: Real): Real; VIRTUAL;
  END;

CONSTRUCTOR KapitalTyp.Con;
BEGIN
END;

FUNCTION KapitalTyp.Wert(VAR A,B,C,D: Real): Real;
BEGIN
```

```
  Wert := D * 36000 / B / C;
END;

VAR
  TagesZins: ZinsTyp;
  Kapital: KapitalTyp;

BEGIN
  WITH TagesZins DO
  BEGIN
    Con;
    K := 1000; P := 10; T := 180; Z := 0;
    Z := Wert(K,P,T,Z);
    WriteLn(K:10:2, P:6:2, T:4:0, Z:10:2);
  END;

  WITH Kapital DO
  BEGIN
    Con;
    K := 0; P := 5; T := 100; Z := 20;
    K := Wert(K,P,T,Z);
    WriteLn(K:10:2, P:6:2, T:4:0, Z:10:2);
  END;

WriteLn('Programmende UV1Test.');
END.
```

```
   1000.00 10.00 180     50.00
   1440.00  5.00 100     20.00
Programmende UV1Test.
```

3.15.7 Dynamische Objekte und Destruktor

Erweiterte Dispose-Prozedur: Im Programm UV2Test werden Objekte dynamisch mit New erzeugt und mit Dispose wieder freigegeben. Dynamische polymorphe Objekte können nur mit einem Destruktor korrekt entfernt werden. Dazu wird

```
Dispose(Objektzeiger,Destructor);
```

als spezielle Anweisung in Turbo Pascal 5.5 bereitgestellt.

Kontrolle des Heap in Programm UV2Test:

- Zunächst wird der verfügbare Speicherplatz auf dem Heap mit MemAvail festgestellt (in Prozedur MemAus). Dieser wird nach dem Aufruf von New kleiner.
- Nach dem Aufruf von Dispose liefert MemAvail wieder den alten Wert (siehe Ausführungsbeispiel).
- P und PTag sind Zeiger, die auf das mit New erzeugte Objekt zeigen. P^ bzw. PTag^ sind die dynamisch erzeugten Objekte.
- P^.Con ruft die Methode Con des Objekts P^ vom Objekttyp TagTyp auf.
- In Turbo Pascal 5.5 kann der Construktor direkt in der Prozedur New angegeben werden, um dann gleich bei der Erzeugung des dynamischen Objekts aufgerufen zu werden:

```
New(Objektzeiger,Constructor);
```

Manchmal kann es sinnvoll sein, für einen Objekttyp mehrere Destruktoren und Construktoren zu vereinbaren.

```
PROGRAM UV2Test;

USES Crt,UVirt1;

TYPE
  PTagTyp = ^TagTyp;

  TagTyp = OBJECT(ZinsTyp)
    PTag: PTagTyp;
    CONSTRUCTOR Con;
    CONSTRUCTOR ConCon;
    DESTRUCTOR Done; VIRTUAL;
    DESTRUCTOR DoneDone; VIRTUAL;
    FUNCTION Wert(VAR A,B,C,D: Real): Real; VIRTUAL;
  END;

  CONSTRUCTOR TagTyp.Con;
    BEGIN
      WriteLn('CONSTRUCTOR TagTyp.Con aufgerufen');
    END;

  CONSTRUCTOR TagTyp.ConCon;
    BEGIN
    END;
```

```
  DESTRUCTOR TagTyp.Done;
    BEGIN
    END;

  DESTRUCTOR TagTyp.DoneDone;
    BEGIN
    END;

  FUNCTION TagTyp.Wert(VAR A,B,C,D: Real): Real;
    BEGIN
      Wert := D * 36000 / A / B;
    END;

PROCEDURE MemAus;
BEGIN
  WriteLn('MemAvail=',MemAvail);
END;

  VAR
    Tag: TagTyp;
    PTag,P: PTagTyp;

BEGIN
  ClrScr;
  MemAus;
  Tag.Con;    MemAus;
  Tag.Done;   MemAus;

  P := New(PTagTyp); MemAus;              {In TP 5.5 ist New eine Funktion,}
  P^.Con;     MemAus;                     {die einen Zeiger liefert}
  WriteLn('Freigabe von SpeicherPlatz');
  Dispose(P); MemAus;                     {Nach Dispose wieder alter Wert}
  P^.Done;    MemAus;

  New(PTag);  MemAus;
  PTag^.Con;  MemAus;
  WriteLn('Freigabe von SpeicherPlatz');
  Dispose(PTag,Done); MemAus;             {gibt den spät gebundenen Spei-}
  New(P,Con); MemAus;                     {cherplatz wieder frei}
  New(PTag,ConCon); MemAus;
  DisPose(PTag,DoneDone); MemAus;
  WriteLn('Programmende UV2Test.');
END.
```

Ausführung zu Programm UV2Test:

```
MemAvail=87056
CONSTRUCTOR TagTyp.Con aufgerufen
MemAvail=87056
MemAvail=87056
MemAvail=87026
CONSTRUCTOR TagTyp.Con aufgerufen
MemAvail=87026
Freigabe von SpeicherPlatz
MemAvail=87056
MemAvail=87056
MemAvail=87026
CONSTRUCTOR TagTyp.Con aufgerufen
MemAvail=87026
Freigabe von SpeicherPlatz
MemAvail=87056
CONSTRUCTOR TagTyp.Con aufgerufen
MemAvail=87026
MemAvail=86996
MemAvail=87026
Programmende UV2Test.
```

Verwaltung einer Virtuelle-Methoden-Tabelle (VMT): Wie das Programm UV1Test benutzt auch das Programm UV2Test die Unit UVirt1, welche als TPU-Datei in compilierter Form vorliegen muß.

- Beim Aufruf einer virtuellen Methode findet das System die Adresse der virtuellen Methode in der *VMT (Virtual Method Table für Virtuelle-Methoden-Tabelle).* Das dauert etwas länger als beim Aufruf einer statischen Methode, man gewinnt aber viel an Flexibilität.
- Für jeden Objekttyp, der virtuelle Methoden besitzt, wird eine VMT im Datensegment angelegt; jede Instanz kann dann auf die VMT zugreifen.
- Jedes dynamische Objekt, das virtuelle Methoden enthält, muß durch einen Constructor-Aufruf initialisiert werden; erst danach können seine Methoden aufgerufen werden. Beim Aufruf eines Constructors werden die Adresse und die Größe des Objektes in die VMT eingetragen.
- Der Aufruf eines Destruktors liefert die Adresse und die Größe des Objektes zurück. Somit kann die Prozedur Dispose den belegten Speicherplatz wieder freigeben.

3.15.8 Zur Syntax der OOP-Sprachmittel

Am Beispiel der Unit OopUnit und des Programms Syntax soll die Syntax zusammengestellt werden, die bei der OOP in Turbo Pascal 5.5 verwendet wird. Das Programm Syntax ist ein lauffähiges Programm, welches Objekttypen der Unit OopUnit übernimmt und erbt. In den abgeleiteten Objekttypen werden virtuelle Methoden desselben Namens wie in den Vorfahrenstypen vereinbart, die gegebenenfalls spezialisiert sind; man spricht dann von Polymorphismen (vgl. Abschnitt 3.15.6). Realisiert werden Polymorphismen durch spätes Binden.

Vereinbart man Zeiger auf Objekttypen, so lassen sich mit New dynamische Objekte erzeugen. Für New gibt es drei Möglichkeiten;

```
1. New(ObjektZeiger);
2. ObjektZeiger := New(Objektzeigertyp);
3. New(Objektzeiger,Construktor);
```

Mit der Prozedur

```
Dispose(Objektzeiger,Destructor);
```

läßt sich der Speicherplatz auf dem Heap dann wieder freigeben.

- Für den Destruktor wird der Name Done empfohlen.
- Polymorphe Objekte müssen mit einem Construktor initialisiert werden.
- Bei allen Methoden kann man natürlich beliebig viele Parameter beliebigen Typs angeben oder mit parameterlosen Methoden arbeiten.

Pascal-Quelltext zur Unit OopUnit.TPU, gerufen von Programm Syntax:

```
UNIT OopUnit;
  {Demonstration zur Syntax der Sprachmittel für OOP}
INTERFACE
  {Objekttypen und Objekte, die in anderen Programmen verwendet werden}
TYPE
  IrgendeinTyp = Byte;                        {beliebiger Typ}

  ObjektTyp1 = OBJECT
    {Vereinbarung der Daten}
```

```
    {Vereinbarung der Methoden}
  END;

  ObjektTyp2ZeigerTyp = ^ObjektTyp2;

  ObjektTyp2 = OBJECT(ObjektTyp1)              {erbt von ObjektTyp1}
    {zusätzliche Daten}
    CONSTRUCTOR Con2( Par: IrgendeinTyp );   {bereitet virtuelle Methoden vor}
    DESTRUCTOR Done( Par: IrgendeinTyp );    {gibt Speicherplatz eines Objekts}
                                             {auf dem Heap frei}
    PROCEDURE Proc2( Par: IrgendeinTyp );                    {statische Methode}
    FUNCTION Func2( Par: IrgendeinTyp ): IrgendeinTyp;       {statische Methode}
    PROCEDURE Proc2V( Par: IrgendeinTyp ); VIRTUAL;          {virtuelle Methode}
    FUNCTION Func2V( Par: IrgendeinTyp ): IrgendeinTyp; VIRTUAL;
                                                             {virtuelle Methode
  END;

VAR
  Objekt1: ObjektTyp1;                      {Objekte, die in anderen Programmen}
  Objekt2: ObjektTyp2;                      {verwendet werden können}
  ObjektTyp2Zeiger: ObjektTyp2ZeigerTyp;

IMPLEMENTATION
  {Konstanten, Typen, Variablen, Prozeduren, Funktionen, die nur im
   Implementationsteil der Unit bekannt sind}

  {Methoden von Objekttyp1}

  CONSTRUCTOR ObjektTyp2.Con2( Par: IrgendeinTyp );
    BEGIN
      {irgendwelche Anweisungen}
    END;

  DESTRUCTOR ObjektTyp2.Done( Par: IrgendeinTyp );
    BEGIN
      {irgendwelche Anweisungen}
    END;

  PROCEDURE ObjektTyp2.Proc2( Par: IrgendeinTyp );
    BEGIN
      {irgendwelche Anweisungen}
    END;

  FUNCTION ObjektTyp2.Func2( Par: IrgendeinTyp ): IrgendeinTyp;
    BEGIN
```

```
    {irgendwelche Anweisungen}
  END;

  PROCEDURE ObjektTyp2.Proc2V( Par: IrgendeinTyp );
    {virtuelle Methode}
  BEGIN
    {irgendwelche Anweisungen}
  END;

  FUNCTION ObjektTyp2.Func2V( Par: IrgendeinTyp ): IrgendeinTyp;
    {virtuelle Methode}
  BEGIN
    {irgendwelche Anweisungen}
  END;

BEGIN
  {Initialisierungsteil der Unit}
END.
```

Pascal-Quelltext zum Demonstrationsprogramm Syntax:

```
PROGRAM Syntax;
  {Demonstration zur Syntax für OOP über die Unit OopUnit}
USES OopUnit;

TYPE
  ObjektTyp3ZeigerTyp = ^ObjektTyp3;

  ObjektTyp3 = OBJECT
    {Datenvereinbarung}
    CONSTRUCTOR Con( Par: IrgendeinTyp );
    DESTRUCTOR Done( Par: IrgendeinTyp );
    {statische und virtuelle Methoden}
  END;

  ObjektTyp4ZeigerTyp = ^ObjektTyp4;

  ObjektTyp4 = OBJECT(ObjektTyp2)
    {Datenvereinbarung}
    CONSTRUCTOR Con( Par: IrgendeinTyp );
    DESTRUCTOR Done( Par: IrgendeinTyp );
    {statische und virtuelle Methoden}
  END;
```

```
  CONSTRUCTOR ObjektTyp3.con( Par: IrgendeinTyp );
    BEGIN
      {irgendwelche Anweisungen}
    END;

  DESTRUCTOR ObjektTyp3.Done( Par: IrgendeinTyp );
    BEGIN
      {irgendwelche Anweisungen}
    END;

  CONSTRUCTOR ObjektTyp4.Con( Par: IrgendeinTyp );
    BEGIN
      {irgendwelche Anweisungen}
    END;

  DESTRUCTOR ObjektTyp4.Done( Par: IrgendeinTyp );
    BEGIN
      {irgendwelche Anweisungen}
    END;

VAR
  Par: IrgendeinTyp;
  Objekt3: ObjektTyp3;
  Objekt4: ObjektTyp4;
  ObjektTyp3Zeiger: ObjektTyp3ZeigerTyp;
  ObjektTyp4Zeiger: ObjektTyp4ZeigerTyp;

BEGIN
  Objekt2.Con2(Par);
  ObjektTyp2Zeiger := New(ObjektTyp2ZeigerTyp);
  ObjektTyp2Zeiger^.Con2(Par);                         {Constructoraufruf}
  New(ObjektTyp3Zeiger,Con(Par));             {New mit Constructoraufruf}
  New(ObjektTyp4Zeiger);
  ObjektTyp4Zeiger^.Con(Par);                          {Constructoraufruf}
  Objekt1 := Objekt2;
  Objekt1 := Objekt4;
  Objekt1 := ObjektTyp2Zeiger^;
  Objekt1 := ObjektTyp4Zeiger^;
  Dispose(ObjektTyp2Zeiger,Done(Par));                 {Destructoraufruf}
  Dispose(ObjektTyp3Zeiger,Done(Par));                 {Destructoraufruf}
  Dispose(ObjektTyp4Zeiger,Done(Par));                 {Destructoraufruf}
END.
```

3.15.9 Grundlegende Begriffe der OOP

Abgeleiteter Typ: Ein Typ, der von einem Objekttyp erbt.

Binden: Dabei erhält der Aufrufer einer Prozedur die Adresse der Prozedur. Geschieht dies beim Compilieren und Linken, so spricht man von *frühem Binden* oder statischem Binden. Geschieht dies beim Programmlauf, so spricht man von *spätem Binden* oder dynamischem Binden. Spätes Binden ist eine der wichtigsten Neuerungen des OOP.

Constructor: Eine Methode mit dem reservierten Wort CONSTRUCTOR. Damit wird ein Objekt initialisiert, welches virtuelle Methoden enthält.

Destructor: Eine Methode, die mit dem reservierten Wort DESTRUCTOR definiert wurde. Damit können Objekte auf dem Heap entfernt werden. Beim Aufruf des Destructors wird der Speicherbereich des Objekts festgestellt. Damit können polymorphe Objekte entfernt werden.

Instanz: Variable eines *Objekttyps,* die als Instanzvariable bzw. als Objekt bezeichnet wird. Erst mit der Instantiierung bzw. VAR-Vereinbarung wird ein Objekt erzeugt.

Methode: Eine Prozedur oder eine Funktion, die neben den Daten zu einem Objekttyp bzw. einer Klasse gehört. In der Klasse werden nur die Prozedur- bzw. Funktionsköpfe definiert.

Objekt: Instanz, Instanzvariable bzw. Representant eines Objekttyps bzw. einer Klasse. Ein Objekt wird mit einer VAR-Vereinbarung erzeugt.

Objekthierarchie oder Klassenhierarchie: Eine Gruppe von Objekttypen, die durch Vererbung verbunden sind. Mit dem Turbo Debugger lassen deren sich die Abhängigkeiten graphisch darstellen.

Objekttyp oder Klasse: Eine Struktur ähnlich wie ein Recordtyp, die Daten und Methoden als Eigenschaften vereinigt.

Polymorphes Objekt: Instanz bzw. Instanzvariable, der das Objekt eines abgeleiteten Typs zugewiesen wurde.

Polymorhismus (Vielförmigkeit): Durch virtuelle Methoden werden in abgeleiteten Objekttypen Methoden mit demselben Namen wie in den Vorfahrenstypen definiert, die aber etwas anderes tun. Wird eine Methode dieses Namens aufgerufen, so wird die richtige ausgeführt.

Spätes Binden: Damit lassen sich Prozeduren aufrufen, deren Adresse erst beim Aufruf bestimmbar ist.

Statische Methode: Die Adresse der Methode wird während der Compilierung festgelegt. Statische Methoden belegen weniger Speicherplatz und laufen schneller als virtuelle Methoden. Aber: die dynamische Methode ermöglicht weitaus effizientere Algorithmen.

Vererbung: Dadurch kann ein Objekttyp Daten und Methoden eines anderen Objekttyps, der früher als Oberklasse definiert wurde, übernehmen. Die Unterklasse (Nachfolger) erbt von der Oberklasse als Ahnenklasse: TYPE Unterklasse = OBJECT(Oberklasse) ... END.

Virtuelle Methode: Virtuelle Methoden haben den Zusatz VIRTUAL; dies bewirkt spätes Binden. Der Constructor sorgt dafür, daß die unterschiedlichen virtuellen Methoden gleichen Namens bei der Programmausführung den erforderlichen Speicherplatz erhalten.

Vorfahrenstyp (ancestor type): Jeder Typ, von dem ein Objekttyp erbt. Man spricht auch vom Ahnentyp. Der in einer Objekttypdefinition angegebene Objekttyp ist der unmittelbare Vorfahre.

Programmverzeichnis (nach Abschnitten)

Menge1, 3.1.2, 22
Menge2, 3.1.4, 26
Menge3, 3.1.4, 30
Menue1, 3.1.5, 31
Vokale1, 3.1.5, 33

Record1, 3.2.2.1, 38
Record2, 3.2.3.1, 42
BildMask, 3.2.3.2, 44
Record3, 3.2.4, 47

NeuDatei, 3.3.2.1, 58
LesDat1, 3.3.2.2, 60
LesDat2, 3.3.2.3, 61
NeuTxt, 3.3.3.2, 64
LesTxt1, 3.3.3.3, 66
LesTxt2, 3.3.3.4, 67
LesTxt3, 3.3.3.5, 68
TBC, 3.3.3.6, 70
ProgDrk, 3.3.4.1, 75
EoLn1, 3.3.4.4, 77
EoLn2, 3.3.4.4, 78
EoF1, 3.3.4.4, 78
EoF2, 3.3.4.4, 78
EoF3, 3.3.4.4, 79
DelFile, 3.3.5.1, 81
RenFile1, 3.3.5.1, 81
RenFile2, 3.3.5.2, 82
CopFile, 3.3.5.3, 83

Zeiger1, 3.4.2.1, 87
Zeiger2, 3.4.3.1, 92
Zeiger21, 3.4.3.2, 94
Haufen1, 3.4.3.2, 96
Zeiger3, 3.4.4, 98
Zeiger40, 3.4.5, 101
Zeiger41, 3.4.5.3, 105

Stapeln1, 3.5.2.1, 112
SummReku, 3.5.3.1, 116
SummIter, 3.5.3.1, 117
FakuIter, 3.5.3.2, 118
FakuReku, 3.5.3.2, 121
Rekurs0, 3.5.4.1, 122
Rekurs2, 3.5.4.2, 125
Rekurs3, 3.5.4.2, 126
Rekurs4, 3.5.4.3, 128
Rekurs5, 3.5.4.3, 128
Rekurs6, 3.5.4.3, 129
Rekurs7, 3.5.4.4, 131
Forward1, 3.5.5, 135

ProzVar1, 3.6.1.1, 138
ProzVek1, 3.6.1.2, 139
ProzVek2, 3.6.1.2, 140
ProzAdr1, 3.6.1.3, 141
ProzAdr2, 3.6.1.3, 143
ProzUni1, 3.6.2, 146
ProzUni2, 3.6.2, 147
ProzUni3, 3.6.2, 148

SuchBin, 3.7.2, 151
SortDat1, 3.7.3.1, 154
SortDat0, 3.7.3.1, 156
SortZeig, 3.7.3.2, 158
SortDat2, 3.7.3.3, 160
MischDat, 3.7.4, 162
GruppDat, 3.7.5, 164
Bub1Sort, 3.7.6, 166
Bub2Sort, 3.7.6, 167
ShakSort, 3.7.7, 169
Ein1Sort, 3.7.8.1, 172
Ein2Sort, 3.7.8.2, 174
Zerlegen, 3.7.9, 176
QuickSrt, 3.7.9, 179
MergNeue, 3.7.10.1, 182
MergLese, 3.7.10.1, 183
MergFile, 3.7.10.1, 184
MergSort, 3.7.10.2, 190
MergTest, 3.7.10.3, 194

Telefon1, 3.8.1, 201
Telefon2, 3.8.2, 209

ArtikelM, 3.9.1, 218
ArtikelD, 3.9.2, 222
ArtikelL, 3.9.2, 223
ArtikelS, 3.9.2, 223

ArtikelF, 3.9.2, 224
ArtikelA, 3.9.2, 225

InsSeqS, 3.10.2, 231
InDSeqL, 3.10.2, 233
IndSeqT, 3.10.2, 235

StapArr1, 3.11.1.1, 239
StapZei1, 3.11.1.2, 243
SchlArr1, 3.11.2.1, 248
RingArr1, 3.11.2.2, 253
RingZei1, 3.11.2.3, 258
SchlZei1, 3.11.2.4, 264
RingOvrM, 3.11.2.5, 270
RingOvrA, 3.11.2.5, 271
RingOvrN, 3.11.2.5, 272
RingOvrE, 3.11.2.5, 273

ListArr1, 3.12.1, 281
ListZei1, 3.12.2.5, 292
ListZei2, 3.12.3, 300
ListZei3, 3.12.4, 307
ListZei4, 3.12.5, 312

BiBaum1, 3.13.2, 321
BiBaum21, 3.13.3, 334
BiBaum22, 3.13.4, 338
BiBaum31, 3.13.5.1, 346
BiBaum32, 3.13.5.2, 351
BiBaum4, 3.13.6, 353
BiBaum5, 3.13.7, 359
BaumUeb1, 3.13.8.1, 364
BaumUeb2, 3.13.8.2, 367
BiBaum33, 3.13.8.3, 369
ListBaum, 3.13.9, 373
ListList, 3.13.10, 377

DruTest1, 3.14.1.1, 385
DruTest2, 3.14.1.1, 385
DruTest3, 3.14.1.1, 388
DruTest4, 3.14.1.1, 388
DruTest5, 3.14.1.1, 389
DruTest6, 3.14.1.1, 389
DruTest7, 3.14.1.1, 390
DruTest8, 3.14.1.1, 391
Zeugnis1, 3.14.1.1, 392
DruRand, 3.14.1.1, 394
Intr1, 3.14.1.2, 396
Intr2, 3.14.1.3, 397
Intr3, 3.14.1.4, 398
Intr4, 3.14.1.5, 400
Intr5, 3.14.1.6, 400
Intr6, 3.14.1.6, 401
Tast1, 3.14.2.1, 402
Tast2, 3.14.2.1, 403
Tast3, 3.14.2.1, 403
Tast4, 3.14.2.2, 405
Tast5, 3.14.2.2, 406
Tast6, 3.14.2.2, 407
Crt1, 3.14.3.1, 408
Crt2, 3.14.3.1, 409
Crt3, 3.14.3.1, 410
Crt4, 3.14.3.1, 411
Crt5, 3.14.3.1, 412
Crt6, 3.14.3.1, 413
Crt7, 3.14.3.1, 413
Crt8, 3.14.3.2, 415
Datei1, 3.14.4.1, 416
Datei2, 3.14.4.1, 417
Datei3, 3.14.4.1, 419
Datei4, 3.14.4.1, 420
Datei5, 3.14.4.1, 421
Datei6, 3.14.4.1, 424
Datei7, 3.14.4.1, 427
Datei8, 3.14.4.1, 430
Datum1, 3.14.4.1, 432
Zeit1, 3.14.4.1, 432
Version1, 3.14.4.1, 432
Disk1, 3.14.4.1, 433
Disk2, 3.14.4.2, 434
Disk3, 3.14.4.2, 435
Disk4, 3.14.4.2, 437
Disk5, 3.14.4.2, 439
Disk6, 3.14.4.2, 443
Exit1, 3.14.5, 448
Exit2, 3.14.5, 448
Exit3, 3.14.5, 449
Exit4, 3.14.5, 450

OopTest1, 3.15.1, 453
OopTest2, 3.15.2, 454
OopTest3, 3.15.3, 456
OopTest4, 3.15.4, 460
OopUnit1, 3.15.5, 461
OUTest1, 3.15.5, 462
UVirt1, 3.15.6, 464
UV1Test, 3.15.6, 464
UV2Test, 3.15.7, 466
OopUnit, 3.15.8, 469
Syntax, 3.15.8, 471

Programmverzeichnis (nach Alphabet)

ArtikelA, 3.9.2, 225
ArtikelD, 3.9.2, 222
ArtikelF, 3.9.2, 224
ArtikelL, 3.9.2, 223
ArtikelM, 3.9.1, 218
ArtikelS, 3.9.2, 223

BaumUeb1, 3.13.8.1, 364
BaumUeb2, 3.13.8.2, 367
BiBaum1, 3.13.2, 321
BiBaum21, 3.13.3, 334
BiBaum22, 3.13.4, 338
BiBaum31, 3.13.5.1, 346
BiBaum32, 3.13.5.2, 351
BiBaum33, 3.13.8.3, 369
BiBaum4, 3.13.6, 353
BiBaum5, 3.13.7, 359
BildMask, 3.2.3.2, 44
Bub1Sort, 3.7.6, 166
Bub2Sort, 3.7.6, 167

CopFile, 3.3.5.3, 83
Crt1, 3.14.3.1, 408
Crt2, 3.14.3.1, 409
Crt3, 3.14.3.1, 410
Crt4, 3.14.3.1, 411
Crt5, 3.14.3.1, 412
Crt6, 3.14.3.1, 413
Crt7, 3.14.3.1, 413
Crt8, 3.14.3.2, 415

Datei1, 3.14.4.1, 416
Datei2, 3.14.4.1, 417
Datei3, 3.14.4.1, 419
Datei4, 3.14.4.1, 420
Datei5, 3.14.4.1, 421
Datei6, 3.14.4.1, 424
Datei7, 3.14.4.1, 427
Datei8, 3.14.4.1, 430
Datum1, 3.14.4.1, 432
DelFile, 3.3.5.1, 81
Disk1, 3.14.4.1, 433
Disk2, 3.14.4.2, 434
Disk3, 3.14.4.2, 435
Disk4, 3.14.4.2, 437
Disk5, 3.14.4.2, 439
Disk6, 3.14.4.2, 443
DruRand, 3.14.1.1, 394
DruTest1, 3.14.1.1, 385
DruTest2, 3.14.1.1, 385
DruTest3, 3.14.1.1, 388
DruTest4, 3.14.1.1, 388
DruTest5, 3.14.1.1, 389
DruTest6, 3.14.1.1, 389
DruTest7, 3.14.1.1, 390
DruTest8, 3.14.1.1, 391

Ein1Sort, 3.7.8.1, 172
Ein2Sort, 3.7.8.2, 174
EoF1, 3.3.4.4, 78
EoF2, 3.3.4.4, 78
EoF3, 3.3.4.4, 79

EoLn1, 3.3.4.4, 77
EoLn2, 3.3.4.4, 78
Exit1, 3.14.5, 448
Exit2, 3.14.5, 448
Exit3, 3.14.5, 449
Exit4, 3.14.5, 450

FakuIter, 3.5.3.2, 118
FakuReku, 3.5.3.2, 121
Forward1, 3.5.5, 135

GruppDat, 3.7.5, 164

Haufen1, 3.4.3.2, 96

InDSeqL, 3.10.2, 233
IndSeqT, 3.10.2, 235
InsSeqS, 3.10.2, 231
Intr1, 3.14.1.2, 396
Intr2, 3.14.1.3, 397
Intr3, 3.14.1.4, 398
Intr4, 3.14.1.5, 400
Intr5, 3.14.1.6, 400
Intr6, 3.14.1.6, 401

LesDat1, 3.3.2.2, 60
LesDat2, 3.3.2.3, 61
LesTxt1, 3.3.3.3, 66
LesTxt2, 3.3.3.4, 67
LesTxt3, 3.3.3.5, 68
ListArr1, 3.12.1, 281
ListBaum, 3.13.9, 373
ListList, 3.13.10, 377
ListZei1, 3.12.2.5, 292
ListZei2, 3.12.3, 300
ListZei3, 3.12.4, 307
ListZei4, 3.12.5, 312

Menge1, 3.1.2, 22
Menge2, 3.1.4, 26
Menge3, 3.1.4, 30
Menue1, 3.1.5, 31
MergFile, 3.7.10.1, 184
MergLese, 3.7.10.1, 183
MergNeue, 3.7.10.1, 182
MergSort, 3.7.10.2, 190
MergTest, 3.7.10.3, 194
MischDat, 3.7.4, 162

NeuDatei, 3.3.2.1, 58
NeuTxt, 3.3.3.2, 64

OopTest1, 3.15.1, 453
OopTest2, 3.15.2, 454
OopTest3, 3.15.3, 456
OopTest4, 3.15.4, 460
OopUnit, 3.15.8, 469
OopUnit1, 3.15.5, 461
OUTest1, 3.15.5, 462

ProgDrk, 3.3.4.1, 75
ProzAdr1, 3.6.1.3, 141
ProzAdr2, 3.6.1.3, 143
ProzDefs, 3.6.2, 147
ProzU, 3.6.2, 148
ProzUni, 3.6.2, 146
ProzUni1, 3.6.2, 146
ProzUni2, 3.6.2, 147
ProzUni3, 3.6.2, 148
ProzVar1, 3.6.1.1, 138
ProzVek1, 3.6.1.2, 139
ProzVek2, 3.6.1.2, 140

QuickSrt, 3.7.9, 179

Record1, 3.2.2.1, 38
Record2, 3.2.3.1, 42
Record3, 3.2.4, 47
Rekurs0, 3.5.4.1, 122
Rekurs2, 3.5.4.2, 125
Rekurs3, 3.5.4.2, 126
Rekurs4, 3.5.4.3, 128
Rekurs5, 3.5.4.3, 128
Rekurs6, 3.5.4.3, 129
Rekurs7, 3.5.4.4, 131
RenFile1, 3.3.5.1, 81
RenFile2, 3.3.5.2, 82
RingArr1, 3.11.2.2, 253
RingOvrA, 3.11.2.5, 271
RingOvrE, 3.11.2.5, 273

RingOvrM, 3.11.2.5, 270
RingOvrN, 3.11.2.5, 272
RingZeil, 3.11.2.3, 258

SchlArr1, 3.11.2.1, 248
SchlZeil, 3.11.2.4, 264
ShakSort, 3.7.7, 169
SortDat0, 3.7.3.1, 156
SortDat1, 3.7.3.1, 154
SortDat2, 3.7.3.3, 160
SortZeig, 3.7.3.2, 158
StapArr1, 3.11.1.1, 239
Stapeln1, 3.5.2.1, 112
StapZeil, 3.11.1.2, 243
SuchBin, 3.7.2, 151
SummIter, 3.5.3.1, 117
SummReku, 3.5.3.1, 116
Syntax, 3.15.8, 471

Tast1, 3.14.2.1, 402
Tast2, 3.14.2.1, 403
Tast3, 3.14.2.1, 403
Tast4, 3.14.2.2, 405
Tast5, 3.14.2.2, 406
Tast6, 3.14.2.2, 407
TBC, 3.3.3.6, 70
Telefon1, 3.8.1, 201
Telefon2, 3.8.2, 209

UV1Test, 3.15.6, 464
UV2Test, 3.15.7, 466
UVirt1, 3.15.6, 464

Version1, 3.14.4.1, 432
Vokale1, 3.1.5, 33

Zeiger1, 3.4.2.1, 87
Zeiger2, 3.4.3.1, 92
Zeiger21, 3.4.3.2, 94
Zeiger3, 3.4.4, 98
Zeiger40, 3.4.5, 101
Zeiger41, 3.4.5.3, 105
Zeit1, 3.14.4.1, 432
Zerlegen, 3.7.9, 176
Zeugnis1, 3.14.1.1, 392

Sachwortverzeichnis

! (Fakultät) 118
#27 385
$F-Funktion 408
. (Qualifizierung) 41
@.. (Adreßoperator) 143
@@.. 143
[..] (Index) 41
[..] (Menge) 20
[] (leere Menge) 28
^typ (Zeigertyp) 86
{$..} 13
32-Bit-Adresse 91

ABSOLUTE 238
Abzählbar 24
Addr 90
Adresse (negativ) 93
Adresse (Prozedurvariable) 141
Adresse 90
Adreßbildung 124
Adreßrechnung 226
Adreßzugriff (Formen) 384
AH 395
Ahnenmethode 457
AL 395
Anhängen (Baum) 330
Anker (Pseudoelement) 305
Anker 98
Anonyme Variable 91
ANSI.SYS 414
Array (Prozedurvariablen) 139
ASCIIZ-String 416

Assembler 398
Assign 57
Aufzähltyp 20

Balancierung (Baum) 363
Baum (Entscheidung) 132
Bezeichner 15
Bezugstyp 86
Bezugsvariable (dynamisch) 90
Bezugsvariable 87 89
Bildschirmmaske 44
Bildschirmsteuerung 408
Binärbaum (als Datei) 327
Binärbaum 317
Binärbaum als Liste 372
Binäres Suchen 151
Binden 398
Binden 473
BIOS-Interrupt 395
Blatt 317
Block (Daten) 37
BlockRead 83
Break/watch 6
Bubble Sort 159 165

CarryFlag 417
CASE (Variante) 47
Chr(0) (Spezialtaste) 402
Chr(27) 385
Close (FILE OF-Datei) 59
Codesegment 124
Compile 2
Compiler-Befehle 13
CONSTRUCTOR 463
Crt 8
CSeg 124

Datei (in Array) 201
Datei 56
Datei beschreiben (über FCB) 437
Datei öffnen (über FCB) 434
Dateihandle 417
Dateizeiger 107
Dateizeiger 58 60
Daten (OOP) 452
Datenflußplan 163
Datenhierarchie 39 54
Datensatz (Speicherplatz) 218
Datensatz 37
Datensatz-Datei 56
Datensatzstruktur 218
Datensatzzeiger 60
Datensegment 124
Datenverkehr 200
Debug 5
DESTRUCTOR 471
Destruktor 465
Differenzmenge 25
Direkte Rekursion 122
Direktzugriff-Datei 216
Dispose (OOP) 465 469
Dispose 94 263
Division-Rest-Verfahren 227
Doppelt verkettete Liste 311
Doppelverkettung 357
Dos 8
DOS-Funktion $42 424
DOS-Funktion 416
Drucker als Datei 75
Druckersteuerung 384
DSeg 124
Durchschnitt 29
Durchwandern (Baum) 319 353
DX 395
Dynamische Variable 86 90
Dynamisches Objekt 465

Edit 2
Einfügen (Baum) 324
Einfügen (Liste) 312
Einkapselung 452
Endlicher Mengentyp 24
Endordnung 320 353
EoF 62 77
EoLn 77
Erase 80
ERRORLEVEL 450
Escape-Sequenz (ANSI.SYS) 414
Escape-Sequenz 385
Exec 449

Exit-Prozedur 448
ExitProc 448
Expliziter Typ 21 41
Externe Folge 107

Fädelung (Baum) 357
FCB (Struktur) 433
FCB und Handle 416
Fehlerbehandlung 81
FIFO 100 248
File (Datei) 37
File 3
FILE OF Char 70
FILE OF-Datei 56 107
FILE-Datei 79 107
FilePos 62
FileSize 62
Folge (Datei) 107
Folge (rekursiv) 130
FORWARD 133
Funktion (rekursiv) 127

Geräte 74
Globale Variable 116
GOTO 105
Graph 8
Graph3 10
Gruppenwechsel 164

Halt 448
Handle 416
Haufen 96
Heap (dyn. Objekte) 466
Heap (Segment) 124
Heap (wächst nach oben) 93
Heap 90 113
Heap löschen (Dispose) 263
HeapPtr 91
Heapzeiger 93 107

Impliziter Typ 21 41
IN 22 31
Index-sequentielle Datei 229
Indexsatz 229
Indirekte Rekursion 133
Indizierung 40
Initialisierte Variable 28 42
INLINE 397
Instanz 452 455
Instanzvariable 454
Int 10h 408
Int 16h 403
Int 17h 395
Int 21h 405
Interne Folge 107
Interruptroutine 400
Intr 395
IOResult 81
ISAM 229
Iteration 114

Kbd 76
Keller 103
Key-Random-datei 229
Klasse 452
Klassenhierarchie 456
Knoten 317
Kompatibilität (Dateityp) 69
Kompatibilität (Prozedurtyp) 138

Lauf (Mischen) 187
Laufender Zeiger 288
Leere Liste 311
Leerer Baum 324
Lesen von Datei 60
LIFO 97 112 238
Linked List 278
Linken 398
Liste 97
Liste als Array 278
Liste als Ringschlange 305
Liste sortieren 291
Liste über Zeiger 287
Liste verwalten 300
Liste von Listen 376
Logische Gerätedatei 75
Logisches Löschen 239
Lokalisierung (Rekursion) 111
Löschen (Datei) 80
Löschen (Listenelement) 290

Löschen (logisch, Stapel) 239
Lst 75 384
LUB 317

Mark 91 94
Maschinencode 397
Maske 44
MaxAvail 91
MaxInt 93
MemAvail 91
Menge 20
Methode 452
Misch-Lauf 187
Mischen (natürlich) 186
Mischverfahren 162

Nachfolger (Liste) 311
Nachfolger 97
New (OOP) 466 469
New 86 94
Nicht-typisierte Datei 56 79
Nil 89 98
Nutzdatenfeld 97 245
Nutzdatenteil (Baum) 317

Oberklasse 454
OBJECT 453
Objekttyp 452
Offset 90
Ofs 90 124
OOP 452
Operation (Baum) 319
Operation (Liste) 287
Operation (Menge) 26
Operation (Schlange) 257
Operation (Zeiger) 90
Options 4
Overlay (Schlange) 269
Overlay 11

Parameter (auf Stack) 124 128
Pfad (Baum) 318
Physisch Löschen (Liste) 290
Polymorphes Objekt 463
POP 238
Postordnung 320 353
Präordnung 319 353
Primärindex 236
Printer 11 384
Programm-Datei 57
Prozedurtyp 138
Prozedurvariable 138
Ptr 90 91
PUBLIC 398
Push 238
Qualifizierung 40

Quick Sort 176

Read (Textdatei) 67
Read 60
ReadKey 402
ReadLn (Textdatei) 66
RECORD 36
Register 124 395
Registers (Typ in Dos) 395
Reihenfolgezugriff 217
Rekursion (Baum) 325
Rekursion (direkt) 122
Rekursion (Durchwandern) 337
Rekursion (Grafik) 114
Rekursion (indirekt) 133
Rekursion (Sortieren) 179
Rekursion (Speichertest) 124
Rekursion (zum Zählen) 127
Rekursion - Iteration 114
Rekursion 110
Release 91 94
Rename 81
Reservierte Wörter 15
Rewrite 57
Ringschlange 252
Routinen 15
RUB 317
Run 4
Running Pointer 288

Satzzeiger 60 217
Scancode 402
Schachtelung (Array) 53

Schachtelung (Records) 50
Schachtelung (Rekursion) 110
Schachtelung (WITH) 44
Schlange 103
Schlange als Array 248
Schlange über Zeiger 257
Schreiben (über DOS-Funktion) 421
Schreiben auf Datei 60
Seek 217
Seg 90 124
Segment 90
Segmentierung 124
Sequentiele Datei 200
SET OF 22
Shake Sort 169
Sohn 317
Sortieren (Baum) 325
Sortieren durch Mischen 181
Sortierverfahren 153
SP Register 125
Spätes Binden 467 474
SPtr 124
Stack (Auf-/Abbauen) 120
Stack (Segment) 124
Stack 103 111
Stack und Heap 113
Stackzeiger 125
Stapel 103 238
Stapel als Array 238
Stapel über Zeiger 243
Statische Methode (OOP) 468
Statische Variable 90
Strg-Z 63
Suchen (Baum) 330
Suchverfahren 151
System 11

Tastaturzugriff 402
TEXT-Datei 63 107
Textdatei (Gerät) 74
Textdatei 56
TPU-Datei (Unit) 222
Trm (Monitor) 76
Turbo3 12
Typisierte Konstante 28 42
Typumwandlung (Prozedurvariable) 142
Typvereinbarung 21 41
Typverträglichkeit (OOP) 459

Unit (Dateiverwaltung) 221
Unit (Overlayprozedur) 269
Unit (Prozedurvariable) 145
Unit (Vererbung, OOP) 461
Unterbaum 317
Unterbereichstyp 20
Unterklasse 454
Untypisierte Datei 80
USES 222
Überlaufsatz 227

Varianten 46
Vater 317
Verbund 36
Vereinigung 29
Vererbung 454
Verkettete Liste 97
VIRTUAL 464
Virtuelle Methode 463 468
VMT 468
Vorfahrenstyp 474
Vorgänger (Liste) 311

WITH 43
Write (FILE OF-Datei) 59
WriteLn (Textdatei) 65
Wurzel 317

Zeichen (benutzergeneriert) 390
Zeiger (laufend) 288
Zeiger (statisch) 90
Zeiger 86
Zeiger umbiegen (einfügen) 307
Zeigerarray 157
Zeigerfeld 97
Zeigerteil (Baum) 317
Zeigerteil 245
Zeigerumkehr 357
Zeigerzuweisung 89
Zeilenabstand (Drucker) 387 391
Zugriff (Datei) 217